《海洋石油工程设计指南》

第十二册

海洋石油工程
深水油气田开发技术

《海洋石油工程设计指南》编委会　编著

石油工业出版社

内 容 提 要

《海洋石油工程设计指南》主要内容包括了海洋石油工程所有各专业的设计和施工、HSE（职业卫生、安全与环保）评价报告的编写，以及海上油气田陆上终端的介绍。

本册包括了第十七篇海洋深水油气田开发技术的内容。第十七篇海洋深水油气田开发技术是按可行性研究的深度编写的，主要介绍了总体设计和单元设计的主要技术特点与技术要求的框架。旨在指导设计人员掌握前期研究阶段立项研究能力和可行性研究设计工作。

本指南适合从事海洋石油工程设计的技术人员和管理人员使用。从事海洋石油工程研究、建设和海上油气田生产管理人员可参考使用。

图书在版编目(CIP)数据

海洋石油工程深水油气田开发技术/《海洋石油工程设计指南》编委会编著. —北京：石油工业出版社，2011.4

（海洋石油工程设计指南）

ISBN 978 – 7 – 5021 – 8281 – 6

Ⅰ. 海…

Ⅱ. 海…

Ⅲ. ①海上油气田 – 油田开发

②海上油气田 – 气田开发

Ⅳ. TE5

中国版本图书馆 CIP 数据核字(2011)第 023718 号

海洋石油工程深水油气田开发技术
《海洋石油工程设计指南》编委会　编著

出版发行：石油工业出版社

（北京安定门外安华里2区1号　100011）

网　　址：www.petropub.com

编辑部：(010)64523535　图书营销中心：(010)64523633

经　　销：全国新华书店

印　　刷：北京中石油彩色印刷有限责任公司

2011年4月第1版　2017年2月第2次印刷

889×1194 毫米　开本：1/16　印张：21

字数：599 千字

定价：160.00 元

（如出现印装质量问题，我社图书营销中心负责调换）

版权所有，翻印必究

《海洋石油工程设计指南》
编 委 会

主　任：周守为

副主任：曾恒一　李　宁　刘立名　杨树波　安维杰

　　　　蔡振东　汪沛泉

委　员：（按姓氏笔画排列）

　　　　尤钊瑛　田　楠　白秉仁　仰书陶　吴植融

　　　　李志刚　李新仲　邱　里　陈荣旗　单彤文

　　　　房晓明　姚德彬　姜锡肇　赵英年　栾湘东

秘　书：秦晓彤

编 写 组

组　长：安维杰

副组长：蔡振东　汪沛泉

组　员：各册编写人

第十二册《海洋石油工程深水油气田开发技术》编写人名单

第十七篇　海洋深水油气田开发技术	编写人	校对人	审核人	统稿人
第一章　概述	谢　彬	王世圣	李新仲	谢　彬
第二章　深水浮式平台及海上安装技术				
第一节　深水浮式平台设计基础	高静坤	王忠畅	杨晓刚	
第二节　深水浮式平台的总体尺度规划	冯　玮	王世圣	谢　彬	
第三节　深水浮式平台的结构规划	王世圣	冯　玮	谢　彬	
第四节　深水浮式平台的总体性能分析	冯　玮	王世圣	时忠民	
第五节　深水浮式平台的结构强度分析	王世圣	冯　玮	时忠民	
第六节　深水浮式平台的疲劳强度分析	王世圣	冯　玮	时忠民	
第七节　深水浮式平台的系泊系统分析	冯　玮	王世圣	时忠民	
第八节　深水浮式平台安装	田　峰	王忠畅	杨晓刚	
第三章　水下生产系统	李清平	安维杰	安维杰	安维杰
第四章　深水海底管道、立管系统及敷设技术				谢　彬
第一节　概述	曹　静	张恩勇	贾　旭	
第二节　深水海底管道	张恩勇	曹　静	贾　旭	
第三节　深水立管系统	曹　静	张恩勇	贾　旭	
第五章　深水模拟试验技术	李　欣 吕海宁	肖龙飞	杨新民	
第六章　天然气水合物开发技术				安维杰
第一节　天然气水合物概述	李清平	喻西崇	安维杰	
第二节　天然气水合物开采技术	白玉湖	李清平	安维杰	
第三节　世界各国天然气水合物钻探取样和试采概况	喻西崇	李清平	安维杰	
第四节　天然气水合物储运技术				
一、天然气水合物快速生成	郑晓鹏	喻西崇	安维杰	
二、天然气水合物储运技术	郑晓鹏	喻西崇	安维杰	
三、天然气水合物的分解技术	郑晓鹏	喻西崇	安维杰	
四、CNG、LNG 和 NGH 储运方案比较	喻西崇	李清平	安维杰	
五、管道中天然气水合物低剂量抑制剂控制技术	姚海元	李清平	安维杰	

序　　言

随着海洋石油工业的发展,海洋石油工程设计的技术水平和管理水平在不断进步和提高,海洋石油工程设计队伍也在不断成长壮大。广大工程设计人员在努力借鉴国际先进技术的基础上,发扬勤于探索、勇于实践的精神,从生产实际出发、从中国海洋石油工业的特点出发,完成了大量的工程设计和工程研究任务,创造出了一批国际先进和国内领先工程设计,为海洋石油工业做出了十分重要的贡献。

为适应海洋石油工业的高速发展和不断提高海洋石油工程设计水平的需要,中国海洋石油总公司组织了200余位具有丰富实践经验和理论基础的工程设计技术人员,用了近5年的时间,在总结既往20多年海洋石油工程设计经验的基础上,吸收国际先进设计技术,编写了这套《海洋石油工程设计指南》。该指南聚焦于海洋石油这一专长领域各类工程的设计,内容丰富,具有强烈的中国海洋石油特色,是一部权威的关于海洋石油工程设计的指导性专著,是中国海洋石油总公司"三基"工作的重大成果,填补了国内工程技术界在该领域里的空白。这部指南的出版凝聚了一大批海洋石油工程设计专家和骨干技术人员的心血,也是海洋石油工程界集体智慧的结晶,是值得庆贺的一件大事。相信该指南对于促进海洋石油工程设计水平和设计质量的进一步提高将会起到重要且不可替代的作用。

希望广大工程设计人员,在工作中结合实际,遵循指南,开展工作。同时,还要结合新的技术发展和技术实践对指南不断丰实和完善。

中国海油正在以前所未有的高速度和高质量向国际一流的能源公司的目标大踏步迈进。希望我们的工程设计队伍在技术创新和技术发展上发挥更大作用,把海洋石油工程设计提高到一个更高的水平上。

2006 年 10 月 8 日

前　　言

　　编写《海洋石油工程设计指南》的目的是为了总结海洋石油工程设计20多年来的经验,吸收国际海洋石油工程科学技术的发展成果,从而指导海洋石油工程设计水平的全面提高。同时也是中海石油研究中心和海洋石油工程股份有限公司自身发展所需要的一项十分重要的基础工作。《海洋石油工程设计指南》的编写与出版是我国海洋石油工程设计发展史上的一个重要里程碑,对海洋石油工程设计水平向国际一流迈进有着重大的意义。从此,我们的海洋石油工程设计更加有章可循;我们的海洋工程建设技术理论基础更加可靠。对于保证和提高海洋工程建设质量和水平有着深远的影响。

　　中国海洋石油总公司各级领导高度重视《海洋石油工程设计指南》的编写工作。将该指南的编写列入了"三基"工作计划,在人力和财力上给予了大力的支持。中国海洋石油总公司成立了专门的指南编写委员会和编写组,全面负责指导和组织该指南的编写工作。

　　该指南由编写委员会负责筹划和指导,由编写组负责组织中海石油研究中心和海洋石油工程股份有限公司进行具体的编写工作。中海石油研究中心和海洋石油工程股份有限公司动用了200余名专业技术人员参加编写和校审工作,共组织了5次编委会和26次专家审查会。最终出版的指南共由13册18篇132章组成,约500万字。中国海洋石油总公司相关职能部门以及中海石油研究中心和海洋石油工程股份有限公司对此项工作的高度重视及体现出的卓越的执行能力与科学态度,是该指南成功出版的关键因素。

　　该指南的内容囊括了海洋石油地面工程设计的方方面面。其中,海洋石油工程设计概论描述了我国海洋石油工程和海洋石油工程设计发展的历史与基本状况;海上油气田工艺设计,海上油气田机械设备设计,海上油气田电气、仪控、通信设计,海上平台结构设计以及海底管道设计是按详细设计深度要求而编写的,着重强调设计基础、设计内容、设计步骤和设计深度等基本要点以及设计过程中的技术关键;加工设计、安装设计和海上油气田调试是按施工设计的深度编写的,是在以上基础上介绍在更深一步的设计步骤中要继续进行的设计工作的基本内容与主要要求;环境保护、安全评价和职业卫生是按基本设计的深度编写的,它满足第三方评价的要求,是海洋石油工程设计所特有的重要组成部分;浮式生产储油装置(FPSO)选型设计、单点系泊系统选型设计及陆上终端设计是按概念设计深度编写的,部分达到基本设计深度,旨在指导设计人员能掌握重要的概念并编制出有相当深度的基本设计委托书;LNG接收终端、深水油气田开发技术、海上边际油气田开发技术是按可行性研究的深度编写的,则是简要介绍了总体设计和单元设计的主要技术特点与技术要求的框架。总之,该指南的内容来源于海洋石油工程设计的第一线,有很强的针对性和实用性,对不同领域和各个阶段的海洋工程设计工作都有十分重要的指导意义。

《海洋石油工程设计指南》的出版是全体编审人员共同努力的结果,是来自于海洋石油工程设计战线上的专家、技术骨干辛勤劳动的结晶,其中一些人已经退休,但他们把经验和心血留给了我们,使我们得以在今后的工作中会做得更好。

目前,海洋石油工程正站在一个高速发展和开创新局面的崭新起点上,指南的出版恰逢其时,影响深远。希望我们的工程设计人员今后能继续发扬优良传统,保持旺盛的进取心、创造力和严谨的作风与科学态度,把海洋石油工程设计水平提到一个新的高度;另一方面也要在实践中不断修正、完善与充实指南。应该说,指南在工作中的使用和对其讨论与丰富才是其价值的最好体现与发挥。希望《海洋石油工程设计指南》常用常新,持续提高!

2006 年 10 月 19 日

总 目 录

第一册 海洋石油工程设计概论与工艺设计

第一篇 海洋石油工程设计概论
- 第一章 海洋石油工程概述
- 第二章 海洋石油工程设计概述

第二篇 海上油气田工艺设计
- 第一章 海上油气田工艺设计总则
- 第二章 原油和天然气的基本性质
- 第三章 油气处理工艺设计
- 第四章 辅助系统工艺设计
- 第五章 给水、排水和水处理
- 第六章 安全消防和救生
- 第七章 P&I 图设计
- 第八章 总图设计
- 第九章 配管设计

附录一 《概念设计、基本设计、详细设计技术文件典型目录》

第二册 海洋石油工程机械与设备设计

第三篇 海上油气田机械设备设计
- 第一章 海上油气田机械设备设计总则
- 第二章 电站装置选型设计
- 第三章 热站装置选型设计
- 第四章 吊机选型设计
- 第五章 泵类设备选型设计
- 第六章 空气压缩机装置选型设计
- 第七章 天然气压缩机装置选型设计
- 第八章 容器类设备设计
- 第九章 钻/修井装置、设施与海洋工程平台设计
- 第十章 采暖、通风、空调(HVAC)设计

附录一 《概念设计、基本设计、详细设计技术文件典型目录》之表 4 机械设备

第三册 海洋石油工程电气、仪控、通信设计

第四篇 海上油气田电气、仪控、通信系统设计
- 第一章 海上油气田开发工程电力系统设计总则
- 第二章 电力系统设计
- 第三章 电力系统的中性点接地和电气设备的安全接地
- 第四章 电力系统的保护
- 第五章 电机拖动应用技术
- 第六章 海底电缆的设计
- 第七章 不间断电源（UPS）系统
- 第八章 导航及障碍灯系统的设计
- 第九章 照明和信号灯系统的设计
- 第十章 电伴热系统的设计
- 第十一章 海上油气田仪控系统设计总则
- 第十二章 常用测量方法选择及仪表选型设计
- 第十三章 仪控系统的设计
- 第十四章 仪控工程设计
- 第十五章 仪表新技术的应用
- 第十六章 海上油气田通信系统概述
- 第十七章 海上油气田通信系统设计
- 第十八章 通信系统方案设计及设备选型

附录一 《概念设计、基本设计、详细设计技术文件典型目录》之表5电气、表6仪表、表11通信

第四册 海洋石油工程平台结构设计

第五篇 海上平台结构设计
- 第一章 海上平台结构设计总则
- 第二章 导管架设计
- 第三章 平台上部结构设计
- 第四章 生活楼及工作间舾装设计
- 第五章 海上平台防腐设计总则
- 第六章 海上平台防腐设计
- 附录1 国内现有平台结构设计参考资料
- 附录2 打桩锤资料
- 附录3 常用钢材特性表
- 附录4 常用结构程序使用要点
- 附录5 附属结构算例

附录一 《概念设计、基本设计、详细设计技术文件典型目录》之表8结构、表9浮体及舾装、表12防腐

第五册　海洋石油工程海底管道设计

第六篇　海底管道设计
  第一章　海底管道工艺设计总则
  第二章　海底输油管道工艺设计
  第三章　海底输气管道工艺设计
  第四章　海底多相流混输管道设计
  第五章　海底输水管道工艺设计
  第六章　海底管道工艺计算软件
  第七章　海底管道结构设计总则
  第八章　海底管道结构设计
  第九章　海底管道防腐设计总则
  第十章　海底管道防腐设计
附录一　《概念设计、基本设计、详细设计技术文件典型目录》之表10 海底管线、表12 防腐

第六册　海洋石油工程结构、焊接、防腐加工设计

第七篇　海洋石油工程加工设计
  第一章　加工设计总则
  第二章　结构加工设计
  第三章　焊接加工设计
  第四章　防腐加工设计
附录二　《施工设计、完工设计技术文件典型目录》之相关部分

第七册　海洋石油工程配管、机械、电仪信加工设计及调试

第七篇　海洋石油工程加工设计
  第一章　加工设计总则
  第五章　配管加工设计
  第六章　机械设备加工设计
  第七章　电气、仪表及通信加工设计
第九篇　海洋石油工程调试
  第一章　调试总则
  第二章　调试准备工作
  第三章　调试技术文件的编写
  第四章　调试工作基本要求
  第五章　调试安全管理
  第六章　调试的管理
附录二　《施工设计、完工设计技术文件典型目录》之相关部分

第八册　海洋石油工程安装设计

第八篇　海上石油工程安装设计
　　第一章　安装设计总则
　　第二章　设计规范和标准
　　第三章　设计依据和条件
　　第四章　导管架安装设计
　　第五章　组块安装设计
　　第六章　单点系泊安装设计
　　第七章　沉箱的安装设计
　　第八章　海底管线安装设计
　　第九章　海底电缆安装设计

附录二　《施工设计、完工设计技术文件典型目录》之相关部分

第九册　海洋石油工程 FPSO 与单点系泊系统设计

第十篇　浮式生产储油装置（FPSO）选型设计
　　第一章　FPSO 选型设计总则
　　第二章　FPSO 方案选择
　　第三章　FPSO 总体设计
　　第四章　FPSO 船体结构设计
　　第五章　FPSO 的发电装置与配电系统
　　第六章　FPSO 的仪表控制系统
　　第七章　FPSO 的生产辅助系统与公用系统
　　第八章　FPSO 的救生与消防系统
　　第九章　FPSO 舾装设计

第十一篇　单点系泊系统选型设计
　　第一章　单点系泊系统选型设计总则
　　第二章　单点系泊系统的几种主要形式
　　第三章　国内两种典型单点系泊装置的选型设计

附录一　《概念设计、基本设计、详细设计技术文件典型目录》之表 9 浮体及舾装

第十册　海洋石油工程陆上终端与 LNG 接收终端

第十二篇　陆上终端设计
　　第一章　陆上终端设计总则
　　第二章　油气处理工艺
　　第三章　供水、排水与消防

第四章　供、配电工程
第五章　供热及采暖通风
第六章　自控仪表
第七章　计量
第八章　机械设计及维修
第九章　防腐、保温、保冷
第十章　通信
第十一章　总图及运输
第十二章　土建工程
第十三章　劳动安全卫生和环境保护
第十四章　工程经济
附录　中国海油已建陆上终端简介

第十三篇　液化天然气(LNG)接收终端
第一章　概述
第二章　天然气的液化
第三章　LNG 运输
第四章　LNG 接收终端专用码头
第五章　接收站的工艺流程
第六章　接收站的主要工艺设备

第十一册　海洋石油工程环境保护、安全评价和职业卫生

第十四篇　环境保护
第一章　海洋环境保护论述
第二章　海洋石油工程环境影响评价大纲
第三章　海洋石油工程环境影响报告书
第四章　海洋石油工程环境保护篇

第十五篇　安全评价
第一章　"总论"卷中的安全保障部分
第二章　"职业卫生、安全与环保"卷中的安全保障部分
第三章　安全预评价报告
第四章　安全专篇

第十六篇　职业卫生
第一章　"总论"卷中的职业卫生部分
第二章　"职业卫生、安全与环保"卷中的职业卫生部分
第三章　职业卫生专篇

附录一　《概念设计、基本设计、详细设计技术文件典型目录》之表 13 环境保护、表 14 安全评价、表 15 职业卫生

第十二册　海洋石油工程深水油气田开发技术

第十七篇　海洋深水油气田开发技术
 第一章　概述
 第二章　深水浮式平台及海上安装技术
 第三章　水下生产系统
 第四章　深水海底管道、立管系统及敷设技术
 第五章　深水模拟试验技术
 第六章　天然气水合物开发技术

第十三册　海洋石油工程边际油气田开发技术

第十八篇　海洋边际油气田开发技术
 第一章　概述
 第二章　新型简易钢结构平台技术
 第三章　单层保温海底管道技术
 第四章　筒型基础平台技术
 第五章　可移动式小型生产装置技术
 第六章　开发边际油气田新思路

目 录

第十七篇　海洋深水油气田开发技术

第一章　概述 (3)
第一节　深水油气田开发技术概况 (3)
一、深水平台概况 (3)
二、浮式平台的基本功能及系统构成 (6)
第二节　深水平台类型及特点 (7)
一、张力腿平台 (7)
二、深吃水立柱式平台 (9)
三、半潜式平台 (10)
四、浮（船）式生产储油装置 (10)
第三节　深水油气田开发工程模式及特点 (11)
一、深水油气田开发工程模式 (11)
二、深水油气田开发工程模式的特点 (14)
三、深水油气田开发工程模式的选择 (18)

第二章　深水浮式平台及海上安装技术 (22)
第一节　深水浮式平台设计基础 (22)
一、深水浮式平台设计基础 (22)
二、深水浮式平台设计规范 (28)
三、深水浮式平台设计计算软件 (29)
第二节　深水浮式平台的总体尺度规划 (30)
一、半潜式平台总体尺度规划 (30)
二、张力腿平台总体尺度规划 (35)
三、SPAR平台总体尺度规划 (37)
四、浮式平台总体尺度规划软件 (39)
第三节　深水浮式平台的结构规划 (43)
一、结构规划原则 (43)
二、结构规划方法 (44)
三、深水浮式平台的结构尺度规划工具软件简介 (46)
第四节　深水浮式平台的总体性能分析 (50)
一、稳性 (50)
二、总体性能分析 (54)
第五节　深水浮式平台的结构强度分析 (60)
一、深水浮式平台的类型及其结构特点 (60)

二、深水浮式平台的载荷分类 ……………………………………………… (61)
　　三、深水浮式平台总体结构强度的分析 ………………………………… (63)
　　四、深水浮式平台的局部结构强度分析 ………………………………… (67)
　　五、许用应力 ………………………………………………………………… (69)
　第六节　深水浮式平台的疲劳强度分析 …………………………………… (69)
　　一、深水浮式平台结构疲劳特点 ………………………………………… (69)
　　二、结构疲劳寿命的计算原理 …………………………………………… (70)
　　三、深水浮式平台的疲劳寿命分析 ……………………………………… (73)
　　四、$S-N$ 曲线选取 ……………………………………………………… (77)
　　五、疲劳寿命安全系数的选取 …………………………………………… (78)
　第七节　深水浮式平台的系泊系统分析 …………………………………… (78)
　　一、系泊系统概述 ………………………………………………………… (78)
　　二、环境条件 ……………………………………………………………… (80)
　　三、悬链式系泊系统设计准则 …………………………………………… (81)
　　四、悬链式系泊系统分析方法 …………………………………………… (83)
　　五、张力腿分析方法 ……………………………………………………… (85)
　第八节　深水浮式平台安装 ………………………………………………… (86)
　　一、安装设计 ……………………………………………………………… (86)
　　二、规范和设计软件 ……………………………………………………… (86)
　　三、安装设计海况 ………………………………………………………… (87)
　　四、安装机具的选择 ……………………………………………………… (88)
　　五、锚固系统的安装 ……………………………………………………… (88)
　　六、浮式平台结构主体系统安装 ………………………………………… (90)
　　七、浮式平台上部组块安装 ……………………………………………… (97)

第三章　水下生产系统 …………………………………………………………… (99)
　第一节　水下生产系统概述 ………………………………………………… (99)
　　一、水下生产系统设计基础与设计原则 ………………………………… (99)
　　二、水下生产系统总体开发方案 ………………………………………… (101)
　　三、水下生产系统应用场合与特点 ……………………………………… (109)
　　四、水下生产系统工程费用构成 ………………………………………… (110)
　　五、水下生产系统标准体系与常用术语 ………………………………… (111)
　　六、水下生产系统应用前景 ……………………………………………… (114)
　第二节　水下生产系统的主要设备 ………………………………………… (115)
　　一、水下井口系统 ………………………………………………………… (115)
　　二、水下采油树系统 ……………………………………………………… (117)
　　三、油管挂 ………………………………………………………………… (123)
　　四、泥线悬挂系统 ………………………………………………………… (124)
　　五、水下基盘和管汇 ……………………………………………………… (125)
　　六、用于水下系统的海底管道端部连接方式 …………………………… (129)
　　七、防护系统 ……………………………………………………………… (135)

八、维护系统 ……………………………………………………………………………………… (135)
　　九、完井/修井立管系统 ………………………………………………………………………… (137)
　　十、典型水下设施安装过程 ……………………………………………………………………… (137)
第三节　水下油气水分离与流动安全保障技术 …………………………………………………… (138)
　　一、水下油气水分离技术 ………………………………………………………………………… (138)
　　二、流动安全系统设计简介 ……………………………………………………………………… (142)
　　三、采用水下生产系统时海底管道布置形式 …………………………………………………… (146)
　　四、崖城13-4气田设计案例 …………………………………………………………………… (148)
第四节　水下人工举升和增压系统选型设计 ……………………………………………………… (150)
　　一、基本类型 ……………………………………………………………………………………… (150)
　　二、海底增压系统 ………………………………………………………………………………… (152)
　　三、水下人工举升方式 …………………………………………………………………………… (158)
　　四、选用原则 ……………………………………………………………………………………… (163)
第五节　水下生产控制系统 ………………………………………………………………………… (164)
　　一、水下生产控制系统的基本类型 ……………………………………………………………… (164)
　　二、水下控制系统组成 …………………………………………………………………………… (170)
　　三、水下控制系统功能设计 ……………………………………………………………………… (172)
　　四、水下控制系统设计参数 ……………………………………………………………………… (174)
　　五、水面控制设备的设计要求 …………………………………………………………………… (175)
　　六、水下控制设备的设计原则 …………………………………………………………………… (178)
　　七、控制脐带缆 …………………………………………………………………………………… (182)
　　八、控制流体的选择 ……………………………………………………………………………… (183)
　　九、典型的水下控制系统设计案例 ……………………………………………………………… (185)
第六节　水下输配电技术进展 ……………………………………………………………………… (191)
　　一、水下输配电系统的基本模式 ………………………………………………………………… (191)
　　二、选型设计要点 ………………………………………………………………………………… (194)
　　三、水下输配电系统主要设备 …………………………………………………………………… (194)
　　四、传输方式 ……………………………………………………………………………………… (194)
第七节　水下生产设备的完整性试验 ……………………………………………………………… (195)
　　一、现场验收检查 ………………………………………………………………………………… (195)
　　三、陆地试验 ……………………………………………………………………………………… (196)
　　三、浅水试验 ……………………………………………………………………………………… (197)
　　四、深水试验及后期完整性试验 ………………………………………………………………… (198)
第八节　水下生产系统的典型投产程序 …………………………………………………………… (198)
　　一、水下油井启动的典型程序 …………………………………………………………………… (199)
　　二、生产主阀(PMV)泄漏试验程序 …………………………………………………………… (199)
　　三、环空、井筒、井下传感器现场试验验证 …………………………………………………… (200)
　　四、试运转过程 …………………………………………………………………………………… (200)
第九节　典型水下生产系统工程方案 ……………………………………………………………… (201)
　　一、流花11-1油田深水开发技术——FPS+FPSO+25井水下生产系统 ………………… (201)

二、陆丰 22-1 深水边际油田开发典范——一艘 FPSO+5 井式水下生产系统 ……………… (206)
三、惠州 32-5 油田——水下生产技术在卫星井开发中的应用 ……………………………… (211)
四、Mensa 凝析气田——水下生产系统回接到浅水固定平台 ……………………………… (212)
五、Scarab/Saffron 气田——水下生产系统回接到深水管汇 ……………………………… (212)
六、挪威 Snøhvit 气田——水下生产系统直接回接到陆上终端 …………………………… (214)

第四章 深水海底管道、立管系统及敷设技术 ……………………………………………………… (215)
第一节 概述 …………………………………………………………………………………………… (215)
一、海底管道系统 ………………………………………………………………………………… (215)
二、海洋立管系统 ………………………………………………………………………………… (215)
三、海底管道和海洋立管结构形式 ……………………………………………………………… (216)
第二节 深水海底管道 ………………………………………………………………………………… (219)
一、深水海底管道结构设计标准、规范 ………………………………………………………… (219)
二、深水海底管道结构设计常用软件 …………………………………………………………… (219)
三、深水海底管道结构设计基础 ………………………………………………………………… (219)
四、设计荷载和荷载组合 ………………………………………………………………………… (220)
五、深水海底管道结构设计 ……………………………………………………………………… (222)
六、深水海底管道悬跨分析 ……………………………………………………………………… (222)
七、深水海底管道铺设分析 ……………………………………………………………………… (227)
第三节 深水立管系统 ………………………………………………………………………………… (227)
一、深水立管系统设计原则 ……………………………………………………………………… (227)
二、深水立管系统设计方法 ……………………………………………………………………… (230)
三、深水立管系统安装铺设方法 ………………………………………………………………… (234)
参考文献 ………………………………………………………………………………………………… (235)

第五章 深水模拟试验技术 ……………………………………………………………………………… (236)
第一节 概述 …………………………………………………………………………………………… (236)
第二节 深水模拟试验的技术要求 …………………………………………………………………… (237)
一、试验任务书 …………………………………………………………………………………… (237)
二、技术要求内容 ………………………………………………………………………………… (238)
三、各型平台的试验内容 ………………………………………………………………………… (239)
四、混合模型试验方法 …………………………………………………………………………… (240)
五、深水混合模型试验中的数值模拟 …………………………………………………………… (241)
第三节 深水模拟试验的程序 ………………………………………………………………………… (242)
一、试验大纲 ……………………………………………………………………………………… (242)
二、试验准备 ……………………………………………………………………………………… (242)
三、试验过程 ……………………………………………………………………………………… (243)
四、试验报告 ……………………………………………………………………………………… (244)
第四节 深水模拟试验的内容 ………………………………………………………………………… (245)
一、环境条件模拟 ………………………………………………………………………………… (245)
二、静水衰减试验 ………………………………………………………………………………… (247)
三、系泊系统刚度试验 …………………………………………………………………………… (247)

四、动力定位系统性能试验 …………………………………………………………… (247)
　　五、风、流作用力试验 …………………………………………………………… (248)
　　六、响应幅值算子(RAO)试验 …………………………………………………… (248)
　　七、风浪流联合作用下的运动及系泊载荷试验 ………………………………… (248)
　　八、全动力定位系统试验与辅助动力定位的系泊系统试验 …………………… (249)
　　九、多浮体系泊作业试验 ………………………………………………………… (249)
　　十、甲板上浪、气隙及波浪砰击试验 …………………………………………… (250)
　　十一、立管的涡激振动试验 ……………………………………………………… (250)
　　十二、深吃水立柱式(SPAR)平台的涡激运动试验 …………………………… (251)
　　十三、自航或拖航过程的耐波性试验 …………………………………………… (251)
　　十四、安装就位试验 ……………………………………………………………… (252)
　　十五、解脱与再连接试验 ………………………………………………………… (252)
　　十六、倾覆试验 …………………………………………………………………… (253)
　　十七、内波试验 …………………………………………………………………… (254)
　第五节　深水模拟试验的结果 ……………………………………………………… (254)
　　一、环境条件模拟结果 …………………………………………………………… (254)
　　二、静水试验结果 ………………………………………………………………… (255)
　　三、风流载荷系数试验结果 ……………………………………………………… (255)
　　四、规则波试验结果 ……………………………………………………………… (256)
　　五、不规则波试验结果 …………………………………………………………… (256)
　　六、特殊试验结果 ………………………………………………………………… (257)
　第六节　全尺寸/实型试验 …………………………………………………………… (258)
　　一、试验目的 ……………………………………………………………………… (258)
　　二、试验场所 ……………………………………………………………………… (258)
　　三、试验准备 ……………………………………………………………………… (258)
　　四、试验内容 ……………………………………………………………………… (258)
　附录　国内外深水试验水池及主要试验设施简介 ………………………………… (259)
　　一、中国海洋深水试验池 ………………………………………………………… (259)
　　二、美国海洋工程研究中心(OTRC)水池 ……………………………………… (260)
　　三、荷兰 MARIN 海洋工程水池 ………………………………………………… (261)
　　四、挪威 MARINTEK 海洋深水试验池 ………………………………………… (261)
　　五、巴西 LabOceano 海洋工程水池 …………………………………………… (262)
　　六、日本国家海事研究所的深水海洋工程水池 ………………………………… (263)

第六章　天然气水合物开发技术 ………………………………………………………… (264)
　第一节　天然气水合物概述 ………………………………………………………… (264)
　　一、水合物的定义及其特性 ……………………………………………………… (264)
　　二、水合物的研究历史与资源分布 ……………………………………………… (269)
　　三、深水浅层天然气水合物对常规油气开发的风险 …………………………… (275)
　第二节　天然气水合物开采技术 …………………………………………………… (278)
　　一、天然气水合物层的地球物理特征 …………………………………………… (278)

二、天然气水合物的地球物理识别技术 ……………………………………………（278）
三、天然气水合物的钻探取样技术 ……………………………………………（279）
四、天然气水合物开采方法 ………………………………………………………（279）

第三节　世界各国天然气水合物钻探取样和试采概况 …………………………（285）
一、苏联麦索雅哈（Messoyakha）冻土带天然气水合物藏商业开采概况 ………（285）
二、加拿大 Mallik 天然气水合物藏试采概况 …………………………………（287）
三、日本南海海槽天然气水合物藏钻探取样概况 ………………………………（288）
四、印度天然气水合物的海上钻探取心概况 ……………………………………（289）
五、韩国天然气水合物的海上钻探取心概况 ……………………………………（290）
六、中国天然气水合物的海上钻探取心概况 ……………………………………（291）

第四节　天然气水合物储运技术 …………………………………………………（292）
一、天然气水合物快速生成 ………………………………………………………（292）
二、天然气水合物储运技术 ………………………………………………………（298）
三、天然气水合物的分解技术 ……………………………………………………（301）
四、CNG、LNG 和 NGH 储运方案比较 …………………………………………（302）
五、管道中天然气水合物低剂量抑制剂控制技术 ………………………………（309）

参考文献 ………………………………………………………………………………（313）

第十七篇　海洋深水油气田开发技术

第一章 概 述

国际上海洋工程界目前并没有深水的统一定义,但较为公认的深水定义通常指大于300m水深的海域,超深水通常指超过1500m水深的海域。

海洋石油开发起始于20世纪40年代,随着浅海资源开采的日渐枯竭,人们把目光投向了广阔的深水海域。从20世纪80年代末开始,人们逐渐开始了深海油气资源的勘探开发,虽然至今仅有20多年的历史,但在世界范围已掀起深海石油勘探开发的热潮,尤其在深水油气勘探开发的"金三角"——美洲的墨西哥湾、拉丁美洲的巴西海域及西非海域,深水石油作业更是取得了令世人瞩目的进展。据统计,目前世界深海油气探明储量已占海洋油气探明储量的65%以上。随着深水海洋工程技术和装备的不断发展,世界深水油气田的开发规模和作业水深不断增加,世界范围深水区域已探明储量达 $500×10^8$ bbl❶油当量,未发现的潜在资源量约 $1000×10^8$ bbl油当量,因此,深水海域已逐渐成为世界海洋石油开发的主战场。

本章将重点介绍深水油气田开发技术的概况、深水平台类型及特点,以及深水油气田开发工程模式及特点等内容,其中第一节主要介绍深水平台的发展及其应用概况、浮式平台的基本功能及系统构成;第二节分别介绍张力腿平台、深吃水立柱平台、半潜式平台和浮(船)式生产储油装置四种主要浮式平台的类型及其特点;第三节主要介绍现有的深水油气田开发工程模式及其特点,重点介绍深水油气田开发工程模式的选择因素及方法。

第一节 深水油气田开发技术概况

一、深水平台概况

深水油气田开发的主要设施之一就是深水平台,目前深水平台可分为固定式平台和浮式平台两种类型。其中固定式平台主要包括:深水导管架平台(FP)和顺应塔平台(CPT);浮式平台主要包括:张力腿平台(TLP)、深吃水立柱式平台(SPAR)、半潜式平台(SEMI-FPS)和浮式生产储油装置(FPSO)(图17-1-1)。由于固定式平台的工程投资随水深增加而大幅增加,所以其经济适用水深受到限制(图17-1-2),深水导管架一般应用于300m水深以内,目前实际应用最大水深仅412m,顺应塔平台实际应用最大水深仅535m。因此,在深水开发中应用最多的还是深水浮式平台,深水浮式平台在深水油气田用量也逐年增加,如图17-1-3所示。

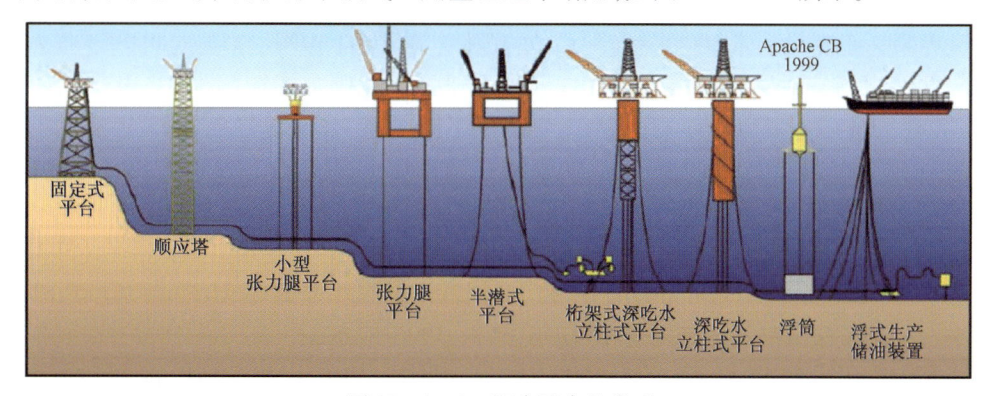

图17-1-1 深水平台的类型

---

❶ 1bbl = $0.158987m^3$。

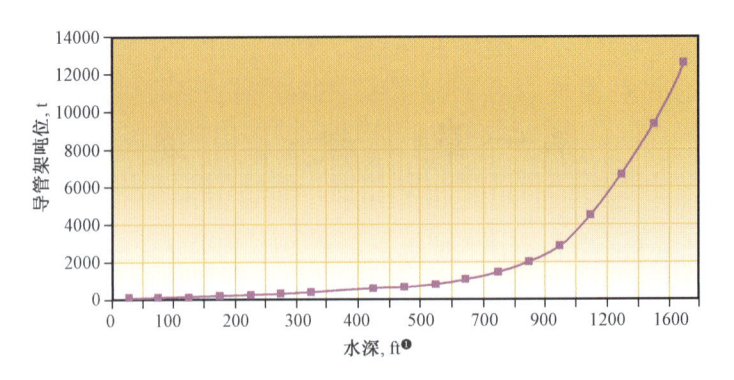

图 17-1-2　水深与导管架重量之间的关系

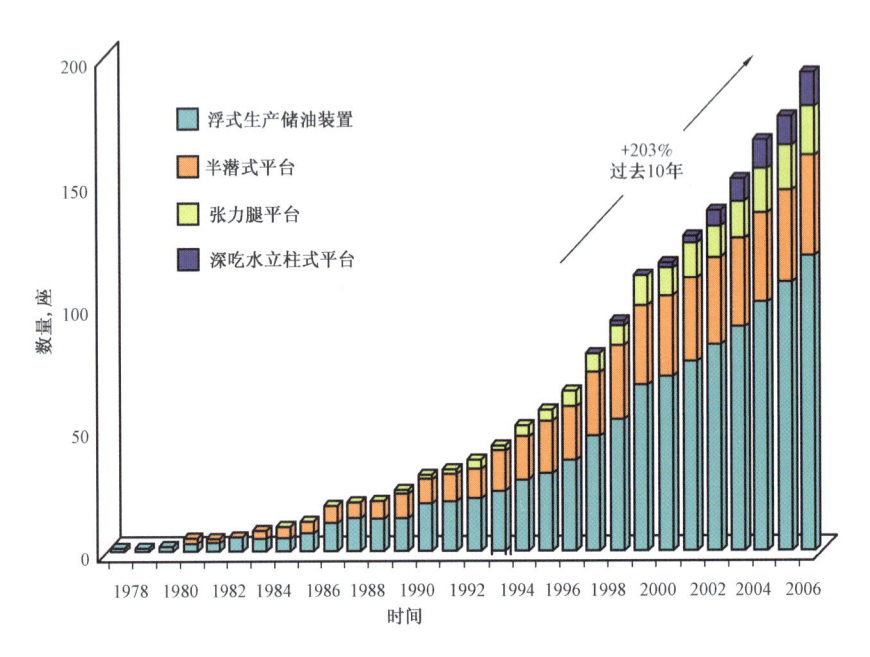

图 17-1-3　深水浮式平台历年建成的数量统计

1954年，美国的R. O. Marsh提出了系泊索群定位的海洋平台概念，被业界公认为张力腿平台的鼻祖，之后30年是张力腿平台的理论和试验研究阶段，各国学者开展了全面的理论分析和实验研究，证明该类型平台在波浪作用下具有良好的运动性能，从而大大促进了张力腿平台的相关研究和发展。1984年，大陆石油公司（CONOCO公司）在英国北海Hutton油田建设了世界上第一座张力腿平台，标示了张力腿平台步入工业应用阶段。此后，在逐步深入的理论和实验研究基础上，1989年、1992年和1994年相继建成Jolliet、Snorre和Auger张力腿平台，1995年在北海安装了世界第一座混凝土张力腿平台，随后，小型张力腿平台（MINI-TLP）、MOSES张力腿平台（MOSES TLP）、伸张式张力腿平台（ETLP）等张力腿平台新概念相继问世，并很快投入工业应用，1998年建成了第一座Seastar TLP，2001年建成了第一座MOSES TLP，2003年建成了第一座ETLP。截止到2005年10月，世界上已建成和在建的张力腿平台约23座，最大应用水深为1425m，主要分布在墨西哥湾、北海、西非和东南亚海域（图17-1-4）。

1972年，北海的油田装卸终端首次应用Brent SPAR，标示着深吃水立柱式平台（SPAR）概念的问世；1987年，Edward E. Horton设计了专门针对深海钻采作业的SPAR平台，但SPAR正式作为生产平台应用于深海油气田开发是在10年以后。1996年，Kerr-McGee公司在墨西哥湾安装了首座作为生产平台的SPAR平台——NEPTUNE SPAR。NEPTUNE SPAR的成功应用表明了

❶ 1ft = 0.3048m。

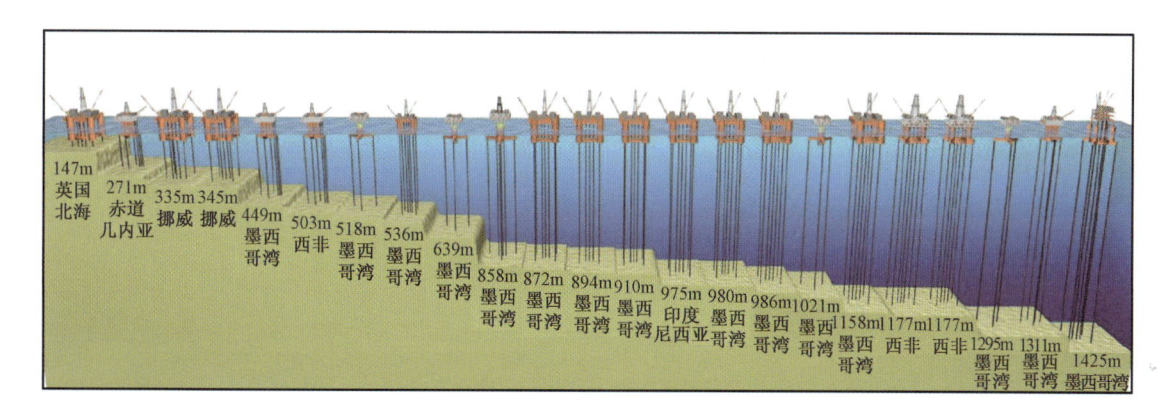

图17-1-4 已投入使用的张力腿平台

SPAR平台具有支持立管、工艺设施及钻井系统的良好性能及可靠性,从而极大地推动了SPAR平台在深海油气田开发中的应用,1998年在墨西哥湾建成了世界首座具备钻井功能的SPAR平台,2001年在墨西哥湾建成世界首座Turss SPAR,2004年在墨西哥湾建成世界首座Cell SPAR,在深海及超深海领域,SPAR平台越来越显示出其独具的优势。截止到2004年11月,世界上已建成和在建的深吃水立柱式平台(SPAR)约16座,最大应用水深为1710m,其中14座分布在墨西哥湾、1座位于东南亚海域(图17-1-5)。

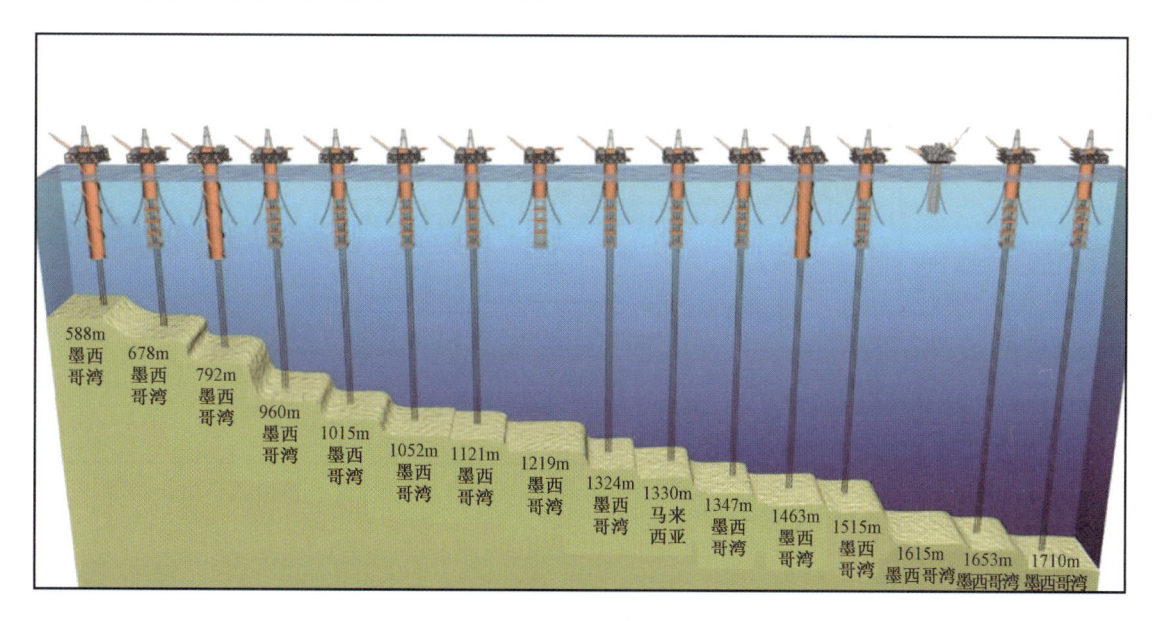

图17-1-5 已投入使用的SPAR平台

相对于张力腿平台和深吃水立柱式平台而言,半潜式平台是一种应用比较普遍、传统型的深水平台。半潜式平台大多数作为移动式钻井平台,因其具有良好的稳定性,移动灵活,使用水深较深,作业可靠等特点,已经成为深海钻井的主要装置,它不仅是今后数十年海上石油勘探开发钻井应用最多的钻井装置,而且也是目前乃至今后最主要的深海油气田生产装备。半潜式生产平台一般由旧平台改造而成,少数采用新建。目前世界上应用于深海的半潜式生产平台已建和在建的43座,主要分布在巴西、北海和墨西哥湾,最大应用水深纪录为2438m,图17-1-6所示为已建成并投入使用的半潜式生产平台。

浮式生产储油装置(FPSO)是另一种广泛使用的深、浅海油气田开发设施。FPSO用于海上油田的开发始于20世纪70年代,它主要由船体(用于储存原油)、上部生产设施(用于处理水下井口产出的原油)和单点(或多点)系泊系统组成,通过穿梭油轮(或其他方式)定期把处理后的原油运送到岸上。FPSO系泊系统大致分为内转塔、外转塔、悬臂式和多点系泊四种形式,前三种

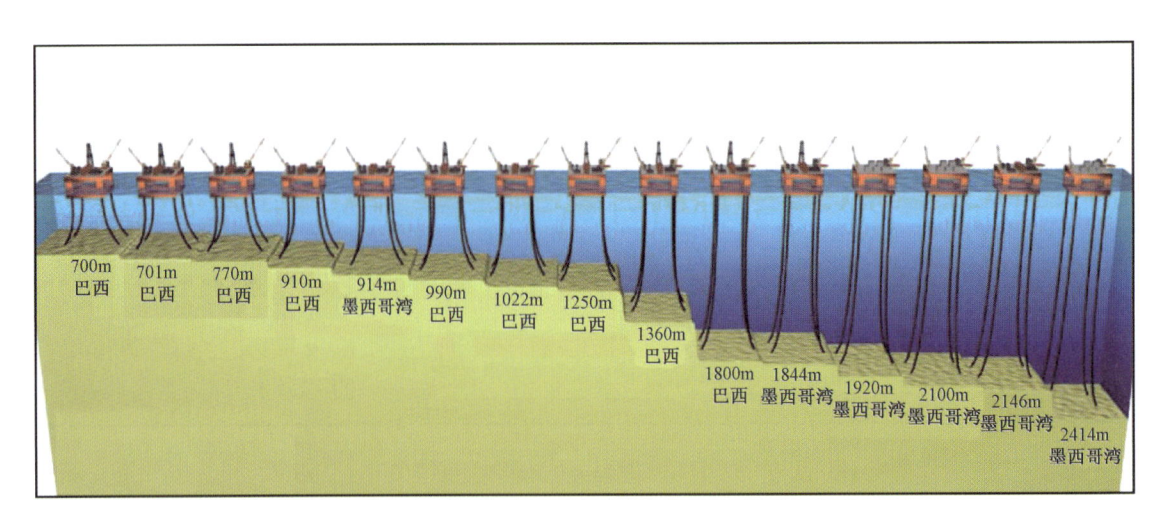

图 17-1-6　已建成半潜式生产平台

均属单点系泊形式,单点系泊装置下的 FPSO 可绕系泊点作水平面内的 360°旋转,使其在风标效应的作用下处于最小受力状态。图 17-1-7 为外转塔式 FPSO 组成简图。目前 FPSO 主要用于北海、巴西、东南亚/南中国海、地中海、澳大利亚和非洲西海岸等海域。截至 2006 年,世界范围内已有 137 余座,其中作业水深最深的 15 座 FPSO 如图 17-1-8 所示。

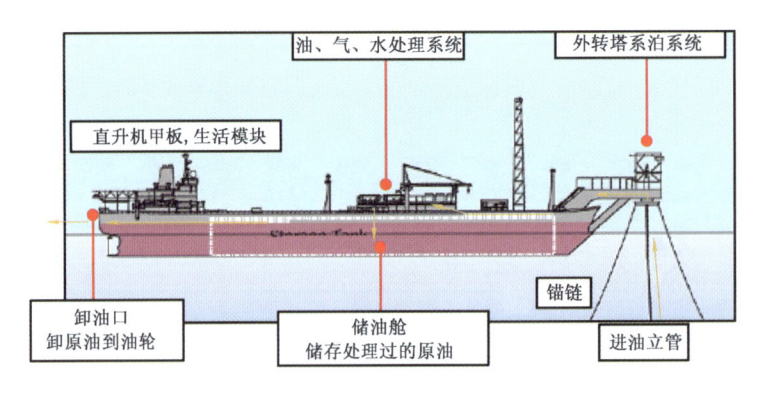

图 17-1-7　浮式生产储油装置 FPSO 结构组成简图

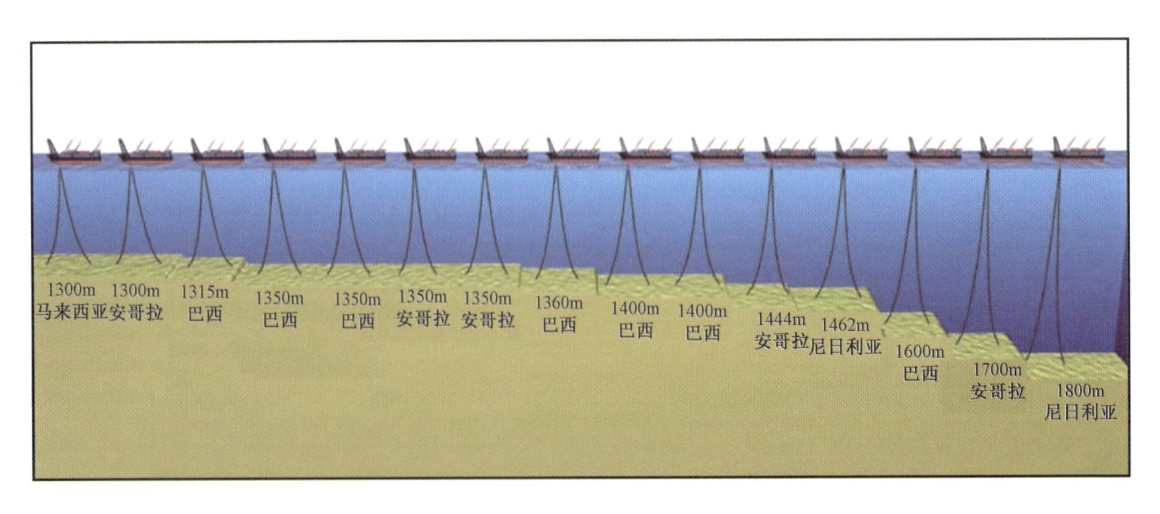

图 17-1-8　在世界上作业水深最深的 15 座 FPSO

二、浮式平台的基本功能及系统构成

浅海油气开发一般采用固定式平台结构,而随着深海油气勘探的日益增多,浮式结构获得了越来越多的应用。在深海油气勘探开发活动中,浮式结构主要从事以下油气勘探开发作业:

(1)勘探钻井；

(2)测井；

(3)预钻生产井；

(4)早期生产；

(5)采油生产；

(6)原油储存及外输；

(7)修井；

(8)平台设施的检测、维修和维护等。

一座浮式平台的功能设计,一般取决于油气田总体开发方案的要求,满足上述部分功能或全部功能的需要。深水浮式生产平台类型主要有：浮式生产储油装置(FPSO)、半潜式平台(SEMI-FPS)、张力腿平台(TLP)和深吃水立柱式平台(SPAR)。但从平台功能来看,FPSO与后几种平台相比,其功能存在明显的差别：其一,FPSO具有原油储存及外输功能,但其他类型浮式平台一般不具备(或不设置)原油储存功能；其二,FPSO一般不具备(或不设置)钻井/修井功能,而其他几种浮式平台一般均设置钻井或修井功能。所以,由于FPSO与其他平台功能上的差异,平台的结构形态和系统配置均有所不同。在结构形态方面,FPSO一般为船型结构,而其他浮式平台一般为非船型结构；在平台系统配置和构成方面,FPSO平台系统一般包括4个主要部分：具备储油功能的船体、定位系统(单点/多点系泊或动力定位系统)、原油输入和输出立管系统以及上部生产处理设施；而其他浮式平台系统一般包括6个主要部分：船体及甲板结构、定位系统、原油输入和输出立管系统、上部生产处理设施系统、钻井/修井/生产钢质立管、钻井/修井机系统。因此,本章内容将主要侧重于非船型深水浮式平台的介绍。

第二节 深水平台类型及特点

一、张力腿平台

张力腿平台由上部组块、浮体、张力腿、顶张力井口立管、悬链式立管(外输/输入)和桩基础构成。浮体的作用是保持足够的浮力使张力腿一直处于拉紧状态,并能支撑上部组块和立管的重量。张力腿的作用是把浮式平台拉紧固定在海底的桩基础上,使平台在环境力作用下的运动控制在允许的范围内。

张力腿平台有许多优点,主要表现在以下一些方面：

(1)平台运动很小,几乎没有竖向移动和转动。整个结构很平稳,平台由张力腿固定于海底。目前已安装的平台一般使用了6~16根张力腿,张力腿是空心钢管,直径从610mm到1100mm不等,壁厚为20~35mm。几种不同类型的张力腿已经应用在工程中。这包括单一直径和壁厚的张力腿、单一直径和不同壁厚的张力腿、不同直径和壁厚的张力腿。

(2)可以使用"干式采油树"使钻井、完井、修井等作业和井口操作变得简单,且便于维修。由于平台的移动很小,使得可以从平台上直接钻井和直接在甲板上进行采油操作。

(3)由于在水面以上进行作业,降低了采油操作费用。

(4)简化了钢制悬链式立管(SCR)的连接。平台运动的减少相应的对立管疲劳的要求降低,有利于SCR的连接。

(5)能同时具有顶张力井口立管和悬链式立管。

(6)实践证明其技术成熟,可应用于大型和小型油气田,水深也可从几百米到2000m左右。

张力腿平台的缺点主要表现在以下几个方面：

(1)对上部结构的重量非常敏感。载重的增加需要排水量的增加,因此又会增加张力腿的预张力和尺寸。

(2)没有储油能力,需用管线外输。

(3)整个系统刚度较强,对高频波浪动力比较敏感。

(4)由于张力腿长度与水深呈线性关系,而张力腿费用较高,水深一般限制在2000m之内。

张力腿平台有以下几种结构形式:传统式(Conventional TLP)、海星式(Seastar TLP)、MOSES(MOSES TLP)及伸张式(ETLP),其中后3种形式相对于传统式可统称为新型TLP。

传统式张力腿平台(图17-1-9)由4个立柱和4个连接的浮体组成。立柱的水切面较大,自由浮动时的稳定性较好,并通过张力腿固定于海底。

海星式TLP(Seastar TLP,图17-1-10)只有一个立柱,因而易于建造;延伸的立柱臂使横摇及纵摇周期较小;使用的张力腿数量一般只要6根。这种结构对上部组块的限制较大,自由漂浮时结构稳定性也很差。

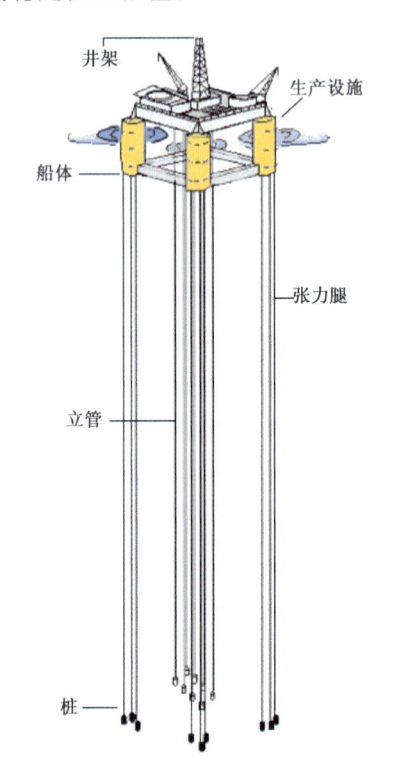

图17-1-9　传统式张力腿平台

图17-1-10　海星式张力腿平台

MOSES(图17-1-11)张力腿平台由底部一个很大的基座和4根立柱组成。张力腿连接到基座上,浮力主要由基座提供。其主要特点是动力反应性能好,效率很高。立柱间距的减小可以降低波浪的挤压作用,减小甲板主梁的跨距,从而减轻甲板重量;缺点是自由漂浮时稳定性受到一定限制。

伸张式张力腿平台(图17-1-12)是在传统式张力腿平台上延长张力腿支撑结构,使结构的动力性能有一定的提高,但自由漂浮时稳定性较差。

长期以来张力腿平台的安装技术一直是工程上的一大挑战。目前有传统式的张力腿式平台、新改进的伸张式张力腿平台和新改进的MOSES张力腿平台可以将上部甲板预安装后拖到现场连接,从而节省了大型海上吊装的费用,降低了风险。

图17-1-11　MOSES张力腿平台

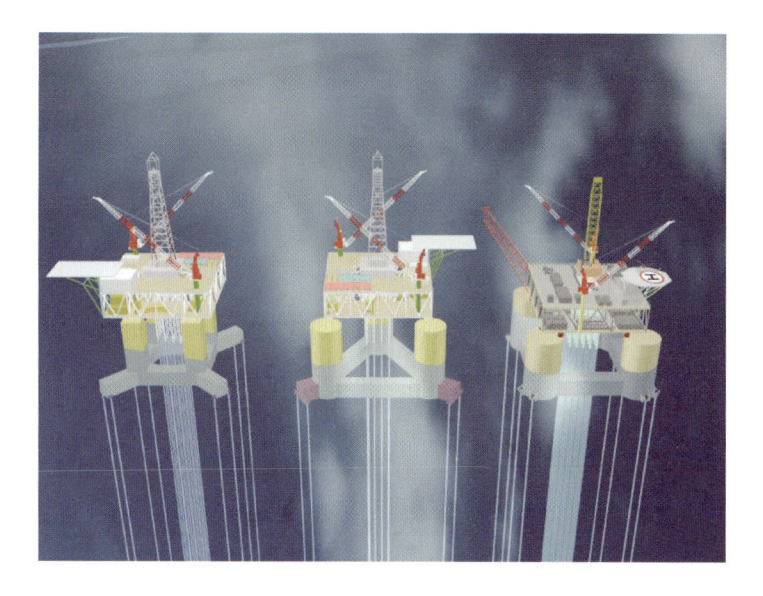

图 17-1-12　伸张式张力腿平台

二、深吃水立柱式平台

深吃水立柱式平台(SPAR)由上部组块、柱式浮体、系泊缆、顶部浮筒式井口立管、悬链式立管(外输/输入)和桩基础构成。浮体的作用是保持足够的浮力以支撑上部组块、系泊缆和悬链式立管的重量,并通过底部压载使浮心高于平台重心,形成不倒翁的浮体性能。系泊缆一般是由锚链+钢缆+锚链构成,其作用是把浮式平台锚泊在海底的桩基础上,使平台在环境力作用下的运动处在允许的范围内。顶部浮筒式井口立管由自带浮筒支撑。

深吃水立柱式平台被广泛应用于水深较大的油田。它的主要优点如下:(1)可支持水上干式采油树,可直接进行井口作业,便于维修,井口立管可由自成一体的浮筒或顶部液压张力设备支撑。(2)升沉运动和张力腿式平台相比要大得多,但和半潜式或浮(船)式平台比较仍然很小。平台的重心通常较低,这样运动相对减小。(3)对上部结构的敏感性相对较小。通常上部结构的增加会导致浮体主体尺度的增加。但对锚固系统的影响不敏感。(4)机动性较大。通过调节系泊系统可在一定范围内移动进行钻井,重新定位较容易。(5)对特别深的水域,造价上比张力腿平台有明显优势。

深吃水立柱式平台的缺点主要表现在以下一些方面:(1)井口立管及其支撑结构的疲劳损伤较严重。由于平台的转动和立管的转动可以是反方向,立管系统在底部支撑的疲劳是一个主要控制因素,立管浮筒和支撑的设计长期以来也是工程上的一项挑战。(2)深吃水浮体可能发生涡激振动,会引起各部分构件的疲劳,如立管浮筒、立管和系泊缆等。(3)由于主体浮筒结构较长,需要平躺制造,安装和运输使用的许多设备会同主体结构发生冲突,造成很多困难,因此建造、运输和安装方案对设计影响很大。

深吃水立柱式平台目前主要有3种形式[分别见图17-1-13(a)、(b)、(c)]:传统式(Classical)、桁架式(Truss)和多筒式(Cell)。

传统式SPAR的长度通常在200m以上。浮力由上部"硬舱"提供,中部的"软舱"起整体连接作用,下部的固定式压载舱主要起到降低重心的作用。

桁架式SPAR的上部浮力系统和下部压载系统与传统式相似,中部"软舱"由桁架取代。这样不仅减少了钢结构重量,同时也减少了水流阻力,对锚固系统的设计提供了帮助。所以桁架式立柱平台目前已取代了传统式立柱平台,被广泛使用。近几年的十余个深吃水立柱式平台全为桁架式。

多筒式SPAR是由几个直径较小的筒体(约6~7m直径)组成一个大的立柱来支撑上部结构。其主要优点是可以采用制造常规导管架的制管工艺进行筒体的制造,极大地简化了SPAR

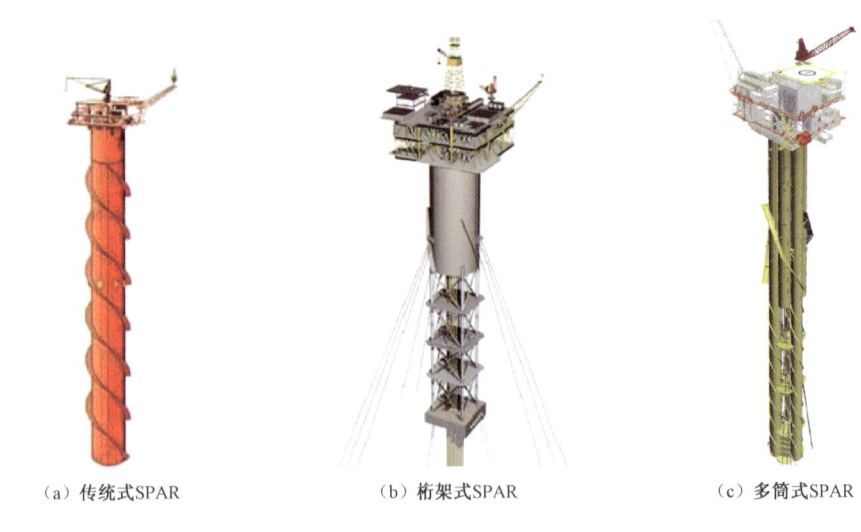

(a) 传统式SPAR　　　　　　(b) 桁架式SPAR　　　　　　(c) 多筒式SPAR

图 17 - 1 - 13　深吃水立柱式平台类型

平台的建造工艺,缩短了建造周期,世界第一个 Cell SPAR 平台已于 2004 年建成投产。

三、半潜式平台

半潜式平台(SIMI - FPS)由上部组块、浮体、系泊系统、悬链式立管(外输/输入)和桩基础构成,如图 17 - 1 - 14 所示。浮体的作用是保持足够的浮力以支撑上部组块、系泊系统和立管的重量。系泊系统是把浮式平台锚泊在海底的桩基础或锚上,使平台在环境力作用下的运动处于允许的范围内。半潜式平台长期以来被用在钻井和采油中,是一种比较成熟的技术。半潜式平台上部甲板提供钻修井、生产和生活等多种功能,平台工作时为半潜状态;浮体没于水面以下部分,提供主要浮力,而且受波浪的扰动力较小。由于它具有较小的水线面面积,整个平台在波浪中的运动响应较小,因而具有较好的运动性能。

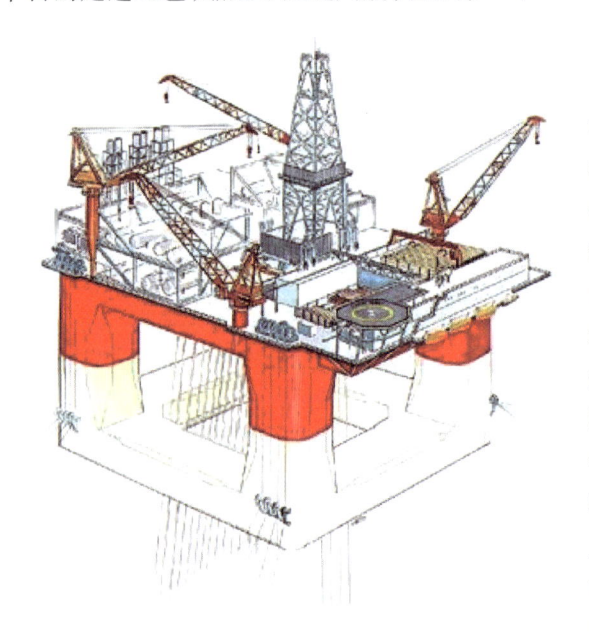

图 17 - 1 - 14　半潜式生产平台

半潜式平台具有以下一些特点:(1)扩展式系泊,不需要特殊转塔系泊系统;(2)大部分用于生产的半潜式平台是由钻井平台改造而成,少数采用新造;(3)相对 FPSO 而言,比较稳定,运动较小;(4)初始投资小;(5)易于连接钢质悬链式立管。

半潜式平台的主要缺点在于:(1)需采用水下湿式井口(subsea trees),不易于井口操作和维修;(2)当需要对油井直接操作时,费用可能会很高;(3)大部分没有储油能力,需用管线外输。近年来,随着油气田开发水深的急速增加,使用半潜式平台的趋势又有所回升。

四、浮(船)式生产储油装置

浮(船)式生产储油装置(FPSO)被广泛应用于浅海和深海油田的开发。作为一种很成熟的技术,它有着许多优点,主要表现在以下几个方面:(1)建造周期快;(2)由于可以用旧船体改装而成,最初投资可能会比较低;(3)有储油能力;(4)用于边远油田,直接储存和外输原油。缺点是:(1)需采用水下湿式井口(subsea trees),不易于井口操作和维修;(2)油井直接操作的费用可能很高;(3)如果需要转塔系泊系统的话,费用会显著增加。

第三节 深水油气田开发工程模式及特点

深水油气田开发项目一般包括勘探、油藏地质评价和开发方案选择、工程可行性方案筛选、概念设计、环境安全经济评价、基本设计、详细设计、建造、安装和调试、投产、废弃等阶段,油气田总体开发策略的确立需要经过建立油藏地质模型,筛选各种油藏开发方案和钻完井方案,研究满足油藏开发方案要求的各种工程模式,针对各种可能的方案开展技术、安全和经济性评价,通过综合研究筛选出最优的开发方案,然后进入概念设计和后续的实施阶段,实施阶段一般包括基本设计及后续阶段。

深水油气田开发不同于浅海油气田开发,它具有更高的技术风险和经济风险,一般呈现以下特征:

(1)海洋环境恶劣;
(2)离岸远;
(3)水深增加将使平台负荷增大;
(4)平台类型多种多样;
(5)钻井难度大和费用高;
(6)海上施工难度大、费用高和风险大;
(7)油井产量高。

由于上述特点及浮式平台的多样性,深水油气田开发工程模式也呈现多种多样的特点,因此,深水油气田开发模式面临更多的方案选择,如何确定经济合理的油气田开发工程模式是前期研究阶段的主要任务。

一、深水油气田开发工程模式

深水油气田开发模式可以根据采油方式不同分为湿式采油、干式采油和干湿组合式采油三种。干式采油是将采油树置于水面以上甲板,井口作业(包括钻井、固井、完井和修井等)均可在甲板进行,井口布置相对集中,平台甲板为了容纳水上采油树的井槽需要足够大的甲板面积,其大小取决于井数和井间距,上部设备只能布置在井区周围,甲板设置大量的生产管汇和可滑移的钻机(或修井机),因此甲板面积需求较大。湿式采油是将采油树置于海底或水中,所有的井口作业(包括钻井、固井、完井和修井等)均需要在水下进行,水下井口分散布置,平台需要设置立管、水下防喷器(BOP)和水下采油树通过的月池,立管和BOP的操作及存放需要较大的甲板,但管汇集成在水下,钻机(修井机)固定,所以甲板面积相对较小。干湿组合采油模式是将湿式采油和干式采油联合应用的开发工程模式,如果地质油藏分布呈集中和分散的双重特征,一般需要采用干、湿组合采油模式。

不同采油方式的实现需要依托不同的工程设施,不同的工程设施与采油方式的结合组成了各种形式的深水油气田开发工程模式,以下重点介绍以常见的 TLP、SPAR、FPSO 和 SEMI – FPS 为主要工程设施的深水油气开发模式。

1. 以干式采油为主的常用工程开发模式

以干式采油为主的常用工程开发模式有以下两种:

(1)TLP(或 SPAR)+外输管道开发模式(图 17 – 1 – 15)。
(2)TLP(或 SPAR)+FPSO 开发模式(图 17 – 1 – 16)。

图 17-1-15　TLP(或 SPAR)+外输管道开发模式　　图 17-1-16　TLP(或 SPAR)+FPSO 开发模式

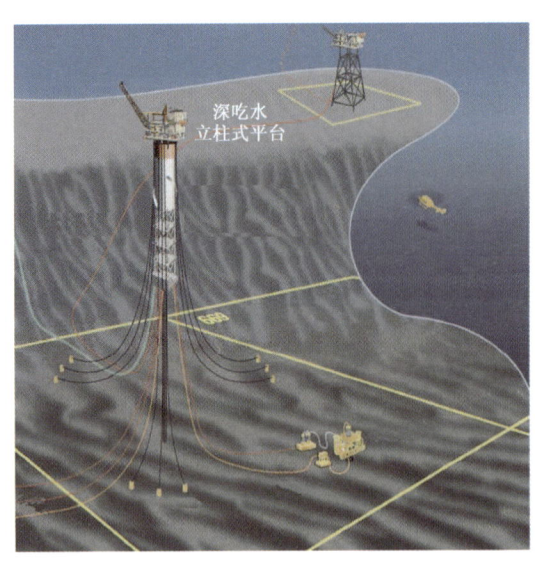

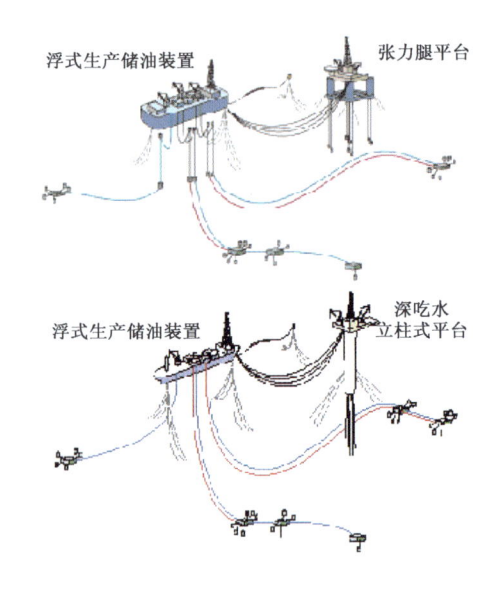

2. 以湿式采油为主的常用工程开发模式

以湿式采油为主的常用工程开发模式有以下 5 种：

(1)FPSO+水下井口联合开发工程模式(图 17-1-17)。

图 17-1-17　FPSO+水下井口联合开发工程模式

(2)SEMI-FPS+水下井口+外输管线联合开发工程模式(图 17-1-18)。

图 17-1-18　SEMI-FPS+水下井口+外输管线联合开发工程模式

(3) SEMI – FPS + FPSO（或 FSO）联合开发工程模式（图 17 – 1 – 19）。

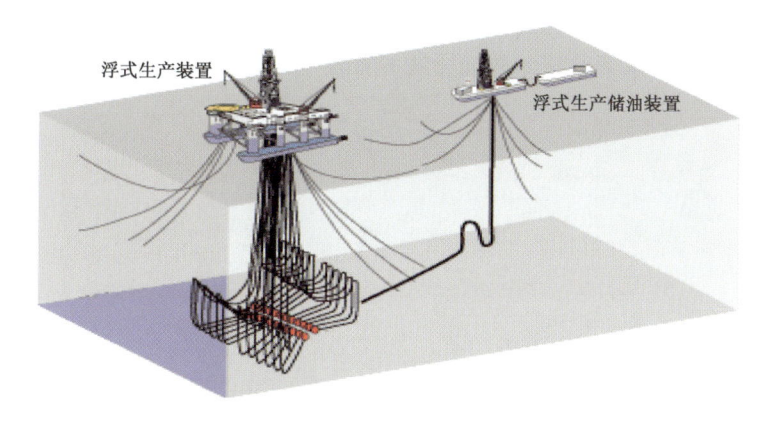

图 17 – 1 – 19　SEMI – FPS + FPSO（或 FSO）联合开发工程模式

(4) 水下井口回接到现有设施工程开发模式（图 17 – 1 – 20）。

图 17 – 1 – 20　水下井口回接到现有设施工程开发模式

(5) 水下生产系统 + 外输管道工程开发模式（图 17 – 1 – 21）。

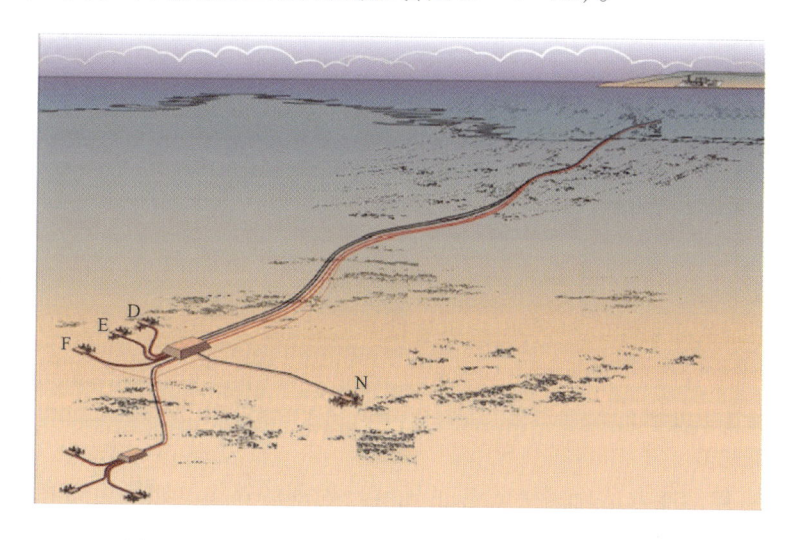

图 17 – 1 – 21　水下生产系统 + 外输管道工程开发模式

3. 以干、湿组合采油为主的常用工程开发模式

以干、湿组合采油为主的常用工程开发模式有以下两种：

(1) TLP(或 SPAR) + 水下井口 + 外输管线的开发模式(图17-1-22)。

图17-1-22　TLP(或 SPAR) + 水下井口 + 外输管线的开发模式

(2) TLP(或 SPAR) + 水下井口 + FPSO 联合开发模式(图17-1-23)。

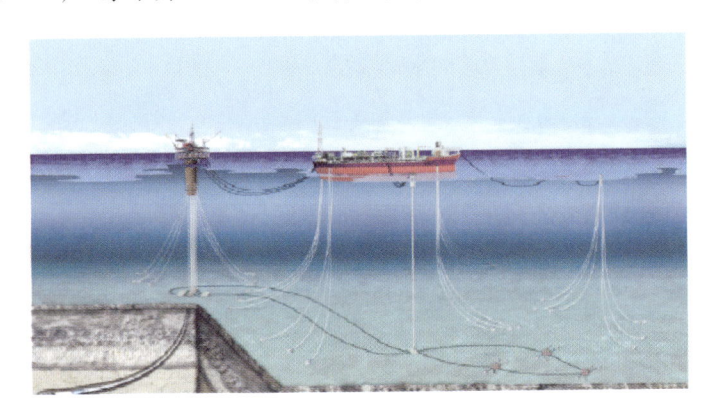

图17-1-23　TLP(或 SPAR) + 水下井口 + FPSO 联合开发模式

二、深水油气田开发工程模式的特点

以下分别简要介绍各种工程模式的主要特点。

1. TLP(或 SPAR) + 外输管道开发模式

TLP(或 SPAR) + 外输管线的开发模式具有下述特点：

(1) 采用干式采油树，同时也可回接水下井口；
(2) 井口相对集中；
(3) 预钻井或平台钻井；
(4) 一般采用张紧式刚性生产立管，也可悬挂钢质悬链式立管；
(5) 具有钻/修井设施；
(6) 原油通过管线外输；
(7) 建设周期较长。

由于 TLP 没有储油能力，因而生产出来的油气经处理后外输。如果距离海岸较近可直接外输上岸，否则，可依托附近已建平台、管网或储油设施实现油气外输。

由于 TLP 平台对上部有效荷载极为敏感，为了减小 TLP 上部的有效荷载，降低 TLP 平台的造价，该模式的一种新的派生工程模式是"TLP + FPU + 外输管道"。该模式的特征与(TLP + 外

输管线)模式相同,其主要特点是减少 TLP 平台上的有效荷载。TLP 平台仅是作为井口平台以及仅保留钻机设施的钻/修井平台,油气处理等均在 FPU 上进行,FPU 处理过的油气通过管线外输,平台在钻/修井期间需要钻井供应船来协助,因此平台的有效荷载明显减少,大大缓解了 TLP 平台对有效荷载敏感的矛盾。印度尼西亚的 West Seno 油田就是采用这种模式的例子如图 17-1-24 所示。

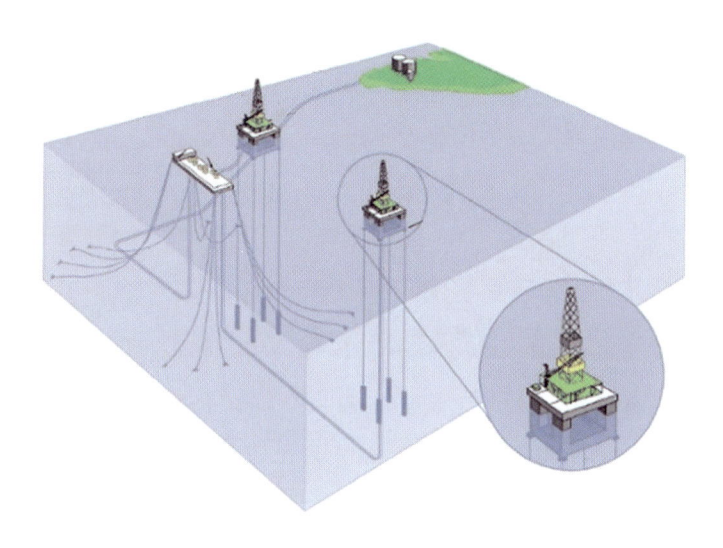

图 17-1-24 West Seno 油田开发模式

2. TLP(或 SPAR)+ FPSO 开发模式

该模式的不同是利用 FPSO 进行原油的处理、储存和外输,处理后的原油利用穿梭油轮外运。该种模式只适用于油田,钻/修井设施放在 TLP(或 SPAR)上,TLP(或 SPAR)仅作为井口和钻/修井平台。

TLP(或 SPAR)+ FPSO 开发模式具有下述特点:

(1)采用干式采油树,可回接水下井口;
(2)井口相对集中;
(3)预钻井或平台钻井;
(4)一般采用张紧式刚性生产立管,也可悬挂钢质悬链式立管;
(5)具有钻/修井设施;
(6)FPSO 进行原油处理和储存;
(7)穿梭油轮外运原油;
(8)仅适用于油田;
(9)建设周期较长。

3. FPSO + 水下井口联合开发工程模式

该模式采用水下井口,采出的油气通过柔性立管输送到 FPSO 进行处理、储存和外输,FPSO + 水下井口联合开发模式具有下述特征:

(1)井口为预钻井;
(2)采用湿式采油树;
(3)一般采用柔性立管;
(4)平台有效荷载大;
(5)钻/修井通过钻井船来完成;
(6)穿梭油轮外运原油;
(7)建设周期短。

如图 17-1-25 所示的尼日利亚 Bonga - Samsung FPSO 生产开发系统就是采用这种模式。水下采油树或井口采出的原油通过立管回接到 FPSO,原油在 FPSO 上处理,经过处理后的原油储存在FPSO内,之后通过穿梭油轮运走。

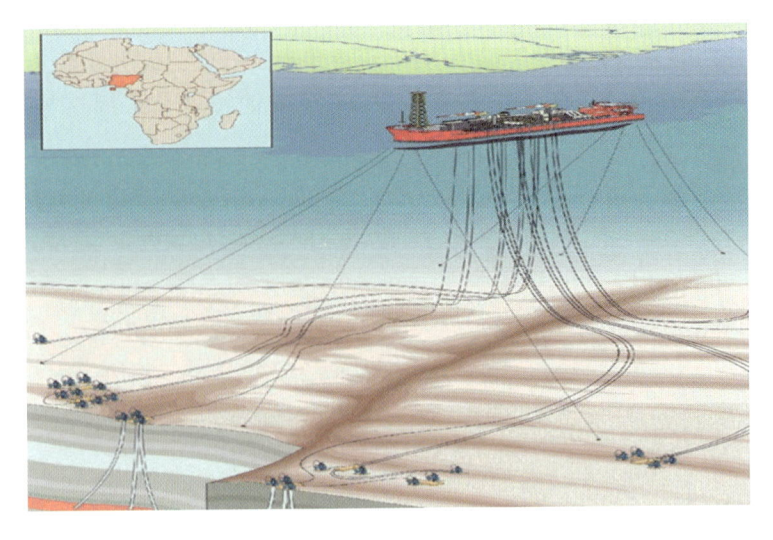

图17-1-25　尼日利亚Bonga-Samsung FPSO开发模式

4. SEMI-FPS+水下井口+外输管线联合开发工程模式

依靠外输管线将油气外输是SEMI-FPS比较常用的工程开发方案,并且不受水深、产量的制约,挪威的Troll West油田、美国墨西哥湾的Na Kika油田和Thunder Horse油田都采用这种方案,如图17-1-26所示。

该模式具有以下特点:
(1)采用湿式采油树;
(2)采用柔性立管,也可采用SCR;
(3)平台有效荷载大,可支持较多的水下井口回接;
(4)钻/修井可通过钻井船来完成,也可通过平台钻/修机完成;
(5)原油通过管线外输;
(6)建设周期居中。

5. SEMI-FPS+FPSO(或FSO)联合开发工程模式

SEMI-FPS可以和FPSO(或FSO)相结合以完成钻井、生产、处理、存储、外输的任务,钻完井设施和动力系统安装在SEMI-FPS上,火炬、储油和处理系统放在FPSO上。中国南海的流花11-1油田就采用了这种开发模式,如图17-1-27所示。

图17-1-26　Na Kika油田的开发模式

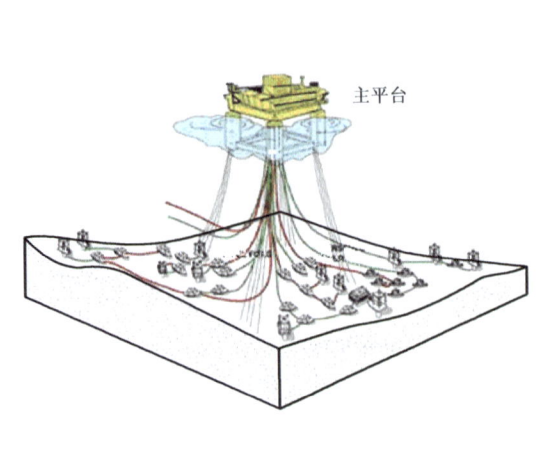

图17-1-27　SEMI-FPS+FPSO(或FSO)

该模式具有以下特点：

(1) 采用湿式采油树；

(2) 采用柔性立管，也可采用SCR；

(3) 平台有效荷载大，可支持较多的水下井口回接；

(4) 钻/修井可通过钻井船来完成，也可通过平台钻/修机完成；

(5) FPSO进行原油处理和储存；

(6) 穿梭油轮外运原油；

(7) 建设周期居中。

6. 水下井口回接到现有设施工程开发模式

水下井口回接到现有设施这种开发模式是在深水油气开发中首先要考虑的模式之一，若可行它可能是最经济的开发模式。

水下井口回接开发模式（图17-1-20）具有以下特征：

(1) 钻完井由钻井船完成；

(2) 水下井口就近回接到现有平台或设施；

(3) 短距离管线投资相对较高；

(4) 要考虑和解决流动安全问题；

(5) 使用钻井船修井。

对于具有油气处理功能的水下系统还要满足下述条件：

(1) 使用遥控控制系统；

(2) 系统的可靠性。

水下井口回接到现有深水固定式平台的例子如Bullwinkle平台。墨西哥湾壳牌石油公司的Bullwinkle平台后期开发就是采用水下井口回接到现有设施的做法，如图17-1-28和图17-1-29所示。Bullwinkle平台是目前世界上水深最深的桩基式导管架平台，1988年建造，水深412.4m，平台共有60个井槽，其生产能力为每天56600bbl原油和$283 \times 10^4 m^3$天然气，单井单日最大产量为8425bbl/d。该平台目前已经成为周边水下生产系统回接和油气处理中心，这不但带动了周边油气田的开发，同时也大大节省了开发投资。目前该平台系统每天可处理20×10^4bbl原油和$906 \times 10^4 m^3$天然气。

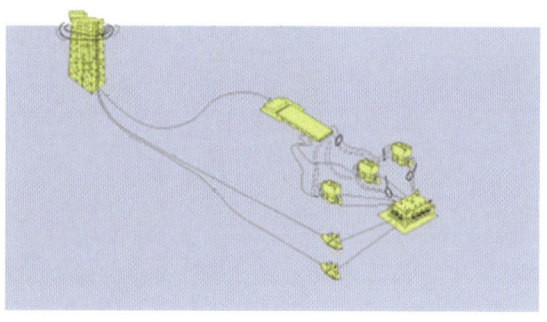

图17-1-28 Bullwinkle平台　　　　图17-1-29 Bullwinkle平台水下井口回接

7. 水下生产系统+外输管道开发模式

水下生产系统+外输管道的开发模式是一种新型的油气田开发模式，一般用于气田开发。电力由陆地终端提供，通过电/光纤系统实施对水下生产的控制，水下采油树采用电-液复合控制。水下生产系统由水下井口和采油树、水下混输泵、水下管汇、水下控制单元、水下控制复合管缆等系统组成。挪威国家石油公司(STATEOIL)的 Snohvit 气田开发首次采用了该模式(图17-1-21)。

8. TLP(或 SPAR)+水下井口+外输管线的开发模式

该模式基本与 TLP(或 SPAR)+外输管线的开发模式相似,只是依托 TLP(或 SPAR)平台,利用水下井口开采平台周边的油气藏,TLP(或 SPAR)平台除具备生产处理能力外,还可回接水下井口,因而这种开发模式适合于既有集中井进行干式开采,又有分散水下卫星井进行湿式回接的大型油田的开发,水下井口采出的油气通过海底管道混输到 TLP(或 SPAR)中心平台进行处理,然后利用管线并入管网后外输。

墨西哥湾的 Serrano 和 Oregano 油气田开发采用了水下回接的方法,该油田水深1036.3m,通过水下生产系统回接到位于水深为859.4m 的 Auger TLP(图17-1-30)平台,

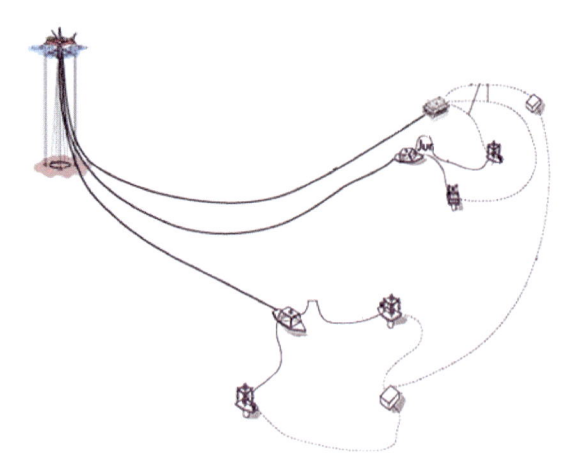

图17-1-30 Serrano 和 Oregano 油田开发示意图

Oregano 油田开采出来的是原油,Serrano 油田开采出来的是天然气伴生凝析油。

9. TLP(或 SPAR)+水下井口+FPSO 联合开发模式

该模式基本与 TLP(或 SPAR)+FPSO 的开发模式相似,只是依托 FPSO,利用水下井口开采平台周边的油气藏,水下井口采出的油气通过海底管道混输到 FPSO 进行处理,利用穿梭油轮进行原油外输。由于 FPSO 本身除具备生产能力外,还可以回接水下井口,因而这种开发模式适合于既有集中井进行干式开采,又有分散水下卫星井进行湿式回接的大型油田的开发。

马来西亚东部 Sabah 海域的 Kikeh 油田采用了 SPAR+水下井口+FPSO 联合开发的模式(图17-1-31),这是马来西亚第一个深水油气开发项目,油田水深1330m,该 FPSO 的日处理能力为 12×10^4 bbl 油,储油能力为 150×10^4 bbl 油。

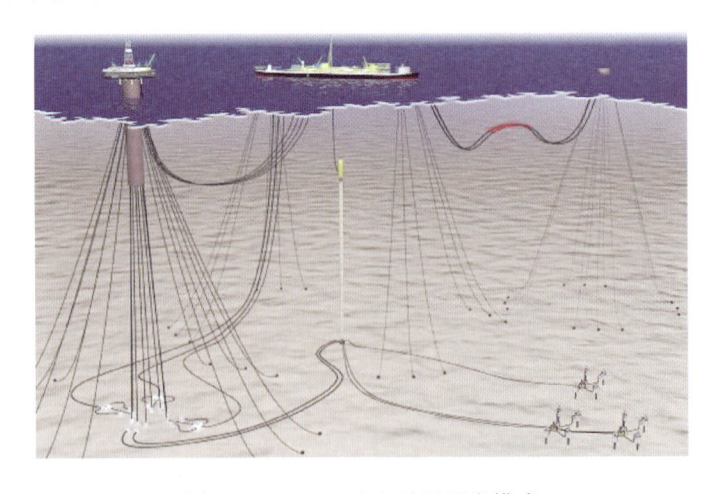

图17-1-31 Kikeh 油田开发模式

三、深水油气田开发工程模式的选择

1. 影响深水油气田开发工程模式选择的因素

影响深水油气田开发工程模式选择的因素很多,但归纳起来主要体现在三个方面:一是油气田开发条件和要求;二是各式浮式平台的特点;三是平台功能要求。

1) 油气田开发条件和要求

油气田开发模式及其生产设施首先必须满足油气田开发的条件和要求,这方面的因素主要

包括：

(1)油气藏特征。油气藏的集中或分散、油气藏以油为主还是以气为主均是油气田开发模式的首要考虑因素。集中的油气藏一般采用丛式开发井方式，分散的油气藏可考虑水下井口回接方式；油田开发需要考虑原油储存和外输方式，气田开发更适合采用水下井口开发方式。

(2)油气产量。可采油气量决定生产设施的规模，可采油气量小可采用水下设施回接到附近平台上的工程模式，边际油气田可采用迷你型低成本的平台来开发，大型油气田可采用TLP或SPAR或半潜+外输管线或FPSO模式来开发。

(3)水文环境条件。环境条件决定一些浮式平台类型的选用，恶劣的环境会引起浮式平台的运动响应过大，比如，当水深较大时，TLP可能仅适用于环境比较好的海域。

(4)水深。水深直接影响平台类型的选择，直接影响到平台的技术可行性和工程费用，同时对系泊和立管系统的选择有重要影响。

(5)油田离岸距离。油气田离岸距离的远近影响到总体开发方式，离岸近可能考虑采用海底管道外输上岸方式开发，离岸远可能考虑全海式开发方式，利用FPSO(或FSU)进行原油储存和外输。

(6)有无现有依托设施：充分利用海上现有工程设施是最有经济效益的开发模式，如果具有依托条件，应优先考虑依托开发模式。

(7)开发井布置及数量：开发井的布置模式(分布或丛式)将影响开发工程的钻井和工程设施的方案，距离较远的分布式油藏构造可考虑采用水下井口设施开发，井数较多的丛式开发井布置可采用干式采油平台(如TLP或SPAR)开发，而开发井的数量影响到平台的规模。

(8)修井作业频率：修井作业频率高时一般采用干式采油树，修井作业频率低时一般采用湿式采油树，干式采油和湿式采油会影响到平台的选型和平台设施的配置不同。

(9)作业人员的安全风险：人员安全风险随模式不同会有所差异，不同的平台形式会因其结构响应和水动力响应的不同导致安全风险的差别，良好的平台设计应具备适当的完整稳性和破损稳性的冗余度、足够的疲劳强度和性能良好的结构韧性。

依据上述各因素对项目安全、费用和计划上的综合评估结果来确定深海油气田开发工程方案。

2)各式浮式平台的特点

深水浮式平台是深水油气田开发方案中最主要的设施，在确定总体方案后，应依据各类平台的特点和适应性，选择合理的平台类型。表17-1-1给出各型浮式平台的特点，供选择平台类型时参考。

表17-1-1 各式浮式平台的特点

平台类型	TLP	SPAR	FPSO	SEMI-FPS
采油树类型	干式，可回接湿式	干式，可回接湿式	湿式	湿式
钻/修井能力	有(受限)	有(可偏移钻井)	无	有
井口数量	多	受限	多	多
甲板布置	较易	较难	易	较易
上部重量	受限(敏感)	中等	高	中等
储油能力	无	可能	有	无
外输形式	管线	管线	油轮	管线
早期生产	不可以	不可以	可以	可以
适应水深范围，m	500~2000	500~3000	20~3000	30~3000
运动性能	稳定	比较好	中等	中等
可迁移性	困难	中等	容易	容易
立管形式	TTR/SCR	TTR/SCR	柔性管/SCR	柔性管/SCR
定位方式	张力腿(面积小)	锚泊(面积大)	锚泊(面积大)	锚泊(面积大)

3) 平台的功能要求

为实现钻井、生产和外输等作业要求,浮式平台一般需要满足以下要求:

(1) 足够的甲板面积、承载能力,以及油和水储存能力。

(2) 在环境荷载作用下具有可接受的运动响应。

(3) 足够的稳性。

(4) 能够抵御极端环境条件的结构强度。

(5) 具有抵御疲劳损伤的结构自振周期。

(6) 有时需要适应平台多功能的组合。

(7) 可运输和安装。

没有哪种平台能够提供上述所有要求的最优功能,所以,每个油气田开发项目都需要根据油气田的具体情况,从各种类型的浮式结构中筛选出较为优化的平台类型。因为上述要求有些是互相矛盾的,比如稳性优异的平台可能导致过大波浪运动,因此,为了解决上述矛盾,海洋石油工业开发了各种类型的浮式平台概念,这些概念呈现出不同的特点,表现出不同的优势和不足。下面将专门介绍各种油气田开发工程模式的选择方法。

2. 深水油气田开发工程模式的选择方法

无论选择哪一种开发工程模式均必须符合上述的油气田开发条件和要求,表17-1-2基于油气田离岸距离、开发井的布置方式和修井作业频率等方面提出开发工程模式选择指南。

表17-1-2 深水油气田开发工程模式的选择

距岸或其他油田设施的距离	开发井布置方式（分布或丛式）	修井作业频率	开发工程模式
短	丛式	低	SEMI + 水下设施 + 外输管线
			SWP + 水下设施 + 外输管线
			FPSO + 水下设施
		高	TLP + 外输管线
			SPAR + 外输管线
			SEMI + Mini - TLP + 外输管线
			SEMI + 水下设施 + 外输管线
			SWP + Mini - TLP + 外输管线
			FPSO + Mini - TLP
	分布式	低	SEMI + 水下设施 + 外输管线
			SWP + 水下设施 + 外输管线
			FPSO + 水下设施
		高	SEMI + Mini - TLP + 外输管线
			SWP + Mini - TLP + 外输管线
			FPSO + Mini - TLP
长	丛式	低	FPSO + 水下设施
			SPAR + 水下设施 + OLS
			SEMI + 水下设施 + FSU 或 DTL
		高	TLP + FSU 或 DTL
			SPAR + OLS
			FPSO + Mini - TLP
			SEMI + 水下设施 + FSU 或 DTL

续表

距岸或其他油田设施的距离	开发井布置方式（分布或丛式）	修井作业频率	开发工程模式
长	分布式	低	FPSO + 水下设施
			SEMI + 水下设施 + FSU 或 DTL
			SPAR + 水下设施 + OLS
		高	FPSO + Mini – TLP
			SPAR + Mini – TLP + OLS

注：OLS—海上外输装载系统；DTL—直接油船装载；FSU—浮式储油轮；SWP—浅水平台。

综上所述，深水油气总体开发模式的选择需要考虑：油藏规模、油品性质、钻/完井方式、井口数量、开采速度、采油方式（干式或湿式开采）、原油外输（外运）方式、油（气）田水深、海洋环境、工程地质条件、现有可依托设施情况、离岸距离、施工建造和海上安装能力、地方法规、公司偏好和经济指标等。深水油气总体开发模式的确定是综合考虑上述各种因素的结果，同时还要考虑技术上的可行性，最大限度地降低技术和经济上的风险，使得油气田在整个生命周期内都能经济有效地开发，如取得最大的净现值、最大的内部收益率和最短的投资回收期等。

第二章 深水浮式平台及海上安装技术

第一节 深水浮式平台设计基础

一、深水浮式平台设计基础

1. 深水浮式平台设计基础概述

目前,典型的海洋深水浮式平台主要有张力腿平台、深吃水立柱平台和半潜式平台等几种,其英文简称分别为 TLP,SPAR 和 SEMI。下面主要介绍这几种浮式平台设计所需要的基础条件和设计要求。

浮式平台设计基础一般包括以下内容:
(1)环境条件,包括水文、气象和工程地质等基础数据;
(2)生产设施的能力要求,包括油气产量、处理规模、自持能力等;
(3)平台形式的选择要求;
(4)平台的外输要求,包括顶部张紧立管、悬链式立管、脐带管等;
(5)平台上部结构总体形式和下部船体结构形式;
(6)浮式平台系泊(锚泊)形式;
(7)浮式平台的基础形式;
(8)浮式平台的制造、运输和安装方式等。

2. 深水浮式平台的总体要求

1)总体设计原则
(1)满足设施功能、安全和环境保护的要求;
(2)满足法律法规、标准规范和业主指南、规格书的要求;
(3)满足建设的经济性要求;
(4)设备、材料、系统的设计具有一定的标准化,满足操作、维修、培训的需要;
(5)满足生产操作及可靠性的要求。

2)总体要求
为了选择平台具体形式和指导设计方向,应首先确定以下因素:
(1)油气田类型。
(2)平台入级的要求。
浮式平台一般有入级的要求,ABS、DNV 等船级社可以进行入级审核工作。
(3)平台设计寿命。
浮式平台应按其操作年限进行设计,操作年限一般为 20 年(或按业主要求)。浮式平台按不同的操作方式所持续的时间,一般按表 17-2-1 假设。

表 17-2-1

操作方式	持续时间
用移动式钻井船进行偏移钻井,平台钻机处于待命状态且无操作重量	1 年
单井完井作业	2 年
正常操作 + 完井(修井)作业	10 年
正常操作,且无完井(修井)作业	10 年

(4) 产量预计。

应确定产油量、注水量、产气量等指标。

(5) 立管和脐带管。

时间：明确在不同阶段安装和运行的立管的时间；

种类：顶部张紧立管、悬链式立管还是悬链式脐带管；

方位：方向、中心定位距离和角度；

数量：管线个数和井槽数(TTR)；

尺寸：管线直径要求。

(6) 平台位置。

平台的坐标系统、坐标位置、平台方位、平台的基准水深和设计水深。

(7) 平台的总体布置。

需确定的主要因素和布置要求有：油气立管与平台相连的方位、预留管线与平台相连的方位、火炬臂的位置、吊机的位置和覆盖范围；供应船靠泊与紧急逃生平台一般位于同侧，主登船平台方位，带缆装置布置在吊机覆盖范围；生活楼位置和直升机平台布置；偏移钻井操作时，浮式平台总体布置尽可能满足移动式钻井船(MODU)可以从各个方向靠近和系泊的要求；由于安装作业时需设置起吊平台，要尽量避免起吊两侧的卸货区、走道和其他附属构件与吊臂碰撞；甲板面积、生活楼定员等。

(8) 安装作业的要求。

制定平台设计方案时应充分考虑安装作业的要求和施工能力的限制。安装作业包括浮式平台各组成部分的装船、运输、海上安装。浮式平台各组成部分主要包括平台上部模块、下部船体、系泊缆或张力腿、基础结构、立管和脐带管等。对半潜式平台和张力腿平台，可以在陆地建造时将上部模块与船体进行连接。进行上述安装作业时，要考虑诸如施工机具能力、场地承载能力、运输船舶能力、起重船吊装能力、铺管船能力等，而这些能力对浮式平台设计方案的影响很大。

(9) 初始重量的确定。

初始重量的确定用于指导浮式平台总体性能设计和总体方案选择，这是区别于固定式平台设计的一个主要特征。

具体需确定的重量主要包括：上部设施、组块结构、生活楼、钻修机、船体结构和舾装、最大压载调节量、柔性管线、顶部张紧立管、悬链式立管及系泊系统。

上述确定的重量至少包括操作和极端两种环境条件下的数值。

3. 设计环境条件

深水浮式平台设计所需要的环境条件，主要包括如下几方面：

(1) 重现期。

分操作条件重现期，极端条件重现期。

(2) 水深和潮位。

零点标高以平均海平面(M.S.L.)或海图基准面(C.D.)为准。潮位包括最高天文潮(H.A.T.)、最低天文潮(L.A.T.)、极端高水位(E.H.W.L.)和极端低水位(E.L.W.L.)等。

(3) 风：

① 在位分析需要油气田海域不同重现期条件下，不同持续时长的相对于海平面10m标高处的风速、风在各方向上的概率分布，用于风谱疲劳计算；

② 不同重现期条件下，不同持续时长的相对于海平面10m标高处的建造场地风速，用于涡激振动分析；

③ 拖航路径的风速和风谱统计，用于拖航风疲劳分析和涡激振动分析。

(4)波浪：

① 不同重现期条件下,有效波高(H_s)和伴随周期(T_s),以及它与跨零波高(H_z)、峰值波高(H_p)与最大波高(H_m)之间的比例因子。

② 波浪方向联合分布数据,用于波谱疲劳计算。

(5)流：

不同重现期条件下不同水深的流速和方向。

(6)海生物：

不同水深下的海生物厚度和比重。

(7)腐蚀：

不同腐蚀区的腐蚀余量和电流密度。

(8)安装海况：

安装作业海域气候窗下的风、波、流等海洋环境条件。

(9)地震数据。

油气田海域的地震数据包括：

① 不同重现期条件下的地震加速度；

② 地震谱。

(10)土壤资料：

① 表层土壤承载能力；

② 各层土壤参数；

③ 不同桩径的侧向土抗力—位移曲线($P-Y$)、桩轴向剪力—位移曲线($T-Z$)、桩端承载力—位移曲线($Q-Z$)曲线；

④ 不同桩径的承载力曲线；

⑤ 海底冲刷情况。

(11)温度、湿度、降雨量。

4. 生产设施

(1)浮式平台生产设施的设计能力,包括原油、生产水及天然气等的年处理能力。

(2)上部模块布置。

平台一般分为上层甲板和下层甲板,设有平台钻机、钻井辅助设施、原油生产设施、原油计量设施、电热站、海水及污水处理设施等公用系统设施,直升机甲板一般位于生活楼顶部。因采用湿式井口,半潜式平台一般不设钻/修机。

在设计基础中要详细描述各个系统的设备组成和技术参数。

5. 总体性能

总体响应分析确定平台的总体运动和响应,并为平台结构提供设计荷载和工况。平台从安装、操作到拆除的每个阶段都要进行这些分析。

1)设计准则

在包含初始的立管、系泊完好和没有偏移钻井状态下,平台的设计应满足下述总体性能要求：

(1)张力腿平台一般要分析百年一遇和一年一遇环境条件下的最大偏移、最大纵摇角度和最大下沉等,并满足张力腿、立管系统和平台操作等限制条件。

(2)深吃水立柱式平台和半潜式平台一般要分析百年一遇和一年一遇环境条件下的最大纵摇角度和最大垂荡等,并满足立管系统和平台操作等限制条件。

2) 荷载工况

船体的总体性能分析和结构设计所需考虑的荷载工况见表 17-2-2。

表 17-2-2 总体性能分析和结构设计所需考虑的荷载工况

阶段	工况	环境	上部有效荷载	许用应力放大
建造	浮体装船	无	—	1.00
运输和安装	干拖	十年一遇风暴	—	1.33
	浮托下水	SPAR:不超越月环境条件的90%	—	1.00
	湿拖	一年一遇风暴或安装海况	—	1.00
	扶正(仅SPAR)	无	—	1.00
	上部组块安装(仅SPAR)	无	吊装	1.00
在位操作	操作	一年一遇风暴	最大	1.00
	极端	百年一遇风暴	最大	1.33
在位完整	极端	最大的波浪对应的百年一遇风暴	风暴	1.33
	极端	最大的风对应的百年一遇风暴	风暴	1.33
	极端	百年一遇的海流	最大	1.33
在位破损	一根锚链破损或一根张力腿充水	百年一遇风暴(最大的风或波浪)	风暴	1.33
	一根锚链破损或一根张力腿充水	百年一遇海流	最大	1.33
	单舱进水	十年一遇风暴(最大的波浪)	风暴	1.33
偏移钻井	操作	一年一遇风暴	最大	1.00
	待机	十年一遇风暴	最大	1.33
	生存	百年一遇风暴	最大	1.33

该荷载工况列表中包括有一根锚链破损或一根张力腿充水的工况,应考虑若干种环境角度,足以包括最不利的荷载和(或)响应。

平台的总体性能设计工况应包括几种悬挂立管工况,即平台刚建成后的最少立管数量工况、最多立管数量工况、立管不平衡工况。

荷载工况按照时间顺序进行编组,如施工阶段、正常生产阶段和未来的生产阶段。

在锚链设计中必须考虑非对称的立管悬挂布置对锚链荷载产生的影响。非对称的立管悬挂布置要求船体压载呈非对称性分布以保证船体不倾斜。在项目的不同时期,立管悬挂的布置可以变化,压载和系泊系统应在设计基础要求的范围内做出相应的调整。对于在位性能,总体分析设计中应考虑下面所列的立管悬挂不平衡工况,见表 17-2-3。

表 17-2-3 立管悬挂不平衡工况表

工 况	定 义	描 述
1	无悬挂立管	无悬挂立管
2	只有外输	只有外输立管
3	所有	外输立管加所有管线

上述所有工况都需要进行立管荷载不平衡计算。而某些工况可能不是设计中的控制工况,可以在以后的计算中忽略。

表 17-2-3 中的工况 2 用来确定永久压载并被作为设计的基本工况。

3) 气隙

气隙依据下列公式计算得出:

气隙 = 静水甲板间隙 - 最大相对竖向运动 - 由于水平偏移产生的竖向下沉 - 波峰放大系数 × 无扰动设计波峰高度。

甲板间隙是静水面与上部组块结构底面间的距离。

气隙由水池试验结果或计算分析方法确定的,该方法应考虑波浪的增强、平台的下沉和不同运动的相位及波浪表面高程。同时,应考虑平台的风、浪、流响应(包括低频运动)的影响。

在完整工况下,至少要保证 1.5m 高的气隙。

4) 船体干舷

船体和其他受影响的系统(包括顶部张紧立管)一般按照表 17-2-4 的干舷工况设计。

表 17-2-4 载荷工况表

工 况	干舷(举例)	操作误差
一般操作	15m	±0.6m
偏移钻井	12m	±0.3m
飓风撤离	15m	无
上部设施安装(SPAR)	6m(最小)	无

15m 的干舷是为了使船体顶部始终高于最大波峰,包括百年一遇的风暴下波浪的爬高效应。然而,由于这些计算自身存在的不确定性,船体顶部附属结构的设计至少应能够抵抗波浪产生的拖曳荷载。

6. 定位系统

1) 张力腿平台

张力腿平台一般具有若干张力腿锚固系统。如有必要可采用变径张力腿。张力腿与海底打入桩或吸力锚桩顶相连。

设计张力腿系泊系统,要具备以下性能:

(1) 一般没有偏移钻井要求。

(2) 移动张力腿平台至海底井口上方位置来安装顶部张力立管(TTR),实现完井和侧钻。在完井和侧钻的位置,该系统应按 10 年重现期的风暴和流来设计。

(3) 连接好侧向悬链式立管(SCR)和预留管线的安装后,把张力腿平台迁至初始设计位置。

所有系泊系统构件要按操作寿命进行设计。构件寿命的计算应包括腐蚀和疲劳的影响,根据 API-2T 规范进行疲劳分析;张力腿疲劳计算要确保所有张力腿的壁厚、连接点、软连接处的疲劳损伤比满足要求;同时要评估预期的服务条件和导致的张力荷载的出现概率特征。在寿命期限内,张力腿疲劳分析要粗略考虑因立管个数的变化、重心位置的改变等因素。一般情况下,操作条件下张力腿、锚、连接点的疲劳分析采用 10 倍的安全系数。

张力腿设计中应考虑张力腿底部张力、张力腿过载分析和安装分析等。

桩基设计应依据规范考虑拉桩的安全系数和就位疲劳分析。

桩的设计要基于动力分析确定的系泊系统容许荷载。在强度设计中应考虑桩就位误差。对桩的设计,更倾向于用系泊系统的最小破断力作为设计标准;分析中,需考虑桩的系泊角。在不同环境荷载条件下,由于土壤的非线性作用,桩设计要满足轴向、侧向安全系数并考虑适当允许应力放大。对于打入桩要进行打入性分析,确保桩承受锤击产生的动应力或冲击应力满足要求,确保打桩锤有足够的能力使桩打入设计深度。桩疲劳分析包括在位(安全系数为10)和打入(安全系数为2)两种状态。锤作用下的桩自由站立校核包括 3° 的垂直面外倾角、作用在桩和锤的流力,以及 $P-\Delta$ 效应(重力二阶效应)。

2）深吃水立柱平台和半潜式平台

深吃水立柱平台和半潜式平台一般由永久的张紧悬链系统固定。锚固系统由平台和锚之间的悬链和钢缆组成。SPAR 的锚链系统,一般设置在 3 个主要方向。半潜式平台的锚链系统,一般设置在 4 个主要方向。

系泊系统设计应具备下列性能：

（1）具有使深吃水立柱平台和半潜式平台的偏移满足指定位移的能力。

（2）使深吃水立柱平台可以移动至海底井口上安装顶部张力立管(TTR),实现完井、钻井或侧钻。在完井、钻井或侧钻的位置,该系统应按 10 年重现期的风暴和流来设计。

（3）在连接好悬链式立管(SCR)后,具有把深吃水立柱平台和半潜式平台拉至初始设计位置的能力。

（4）在位状态时,在极端环境荷载作用下使深吃水立柱平台和半潜式平台强度满足规范要求。

（5）在偏移状态时,在位环境荷载作用下使深吃水立柱平台和半潜式平台强度满足规范要求。

7. 结构设计

结构设计分为组块结构和船体结构两大部分。

1）组块结构

组块结构的设计应综合考虑重力、环境荷载、船体运动荷载、其他诸如安装立管、吊机提升力等功能荷载的联合作用。重力主要包括满足不同操作需要的永久和临时的设备荷载。作用在组块和设备上的环境荷载为风荷载。运动产生的荷载包括侧向和垂向加速度引起的力,以及船体倾斜时由于重力作用产生的等效侧向力。组块结构的设计应考虑建造、拖拉、运输和吊装等工况。

组块结构尺度应满足总体布置要求和安装作业的要求。

设计工况应考虑建造、安装、在位等阶段的不同环境条件,以及许用应力放大。荷载主要包括结构自重、钻/修井荷载、风荷载、惯性力、船体挤压/拉伸荷载、生产立管荷载和设备活荷载,其中甲板/格栅、梁、柱需按一定活荷载进行校核,疲劳分析要重点评估梁、管和柱体连接的节点。

2）船体结构

船体由带筋板壳、环板、强梁、穿舱结构、分舱壁和甲板构成。立柱包括穿舱结构、平板、连接腿柱和竖直分舱壁。矩形浮体由分舱壁和板组成。节点是浮体和立柱的连接点,它包括肘板和舱壁连接板。

船体结构设计的荷载将采用总体性能分析工况,并根据规范和标准进行设计。除了以上校核,位于船体上的管线、设备和船体顶部的附件应设计抵抗水动力拖曳荷载,以满足在位或湿拖条件下上浪的最小要求。平台的总体性能将决定实际的操作极限能力。

8. 船体附属构件

船体附属构件设计应能够承受其所处位置的环境荷载、设计压力、船体运动和运输海况下的荷载。船体附属构件一般包括：

（1）泵和排水管。

（2）通道。

船体内部应设置通道,提供公用设施和人员进出舱的功能。

（3）登船平台。

浮式平台设置登船平台和应急逃生平台各一套。登船平台具有两条到达浮式平台顶端的梯道。登船平台设计应能够承受一定速度、一定吨位船舶的撞击,并能承受在无靠船时的设计风暴条件。应急逃生平台具有到达浮式平台顶端的梯道。

（4）走道和梯口平台。

设置格栅式平台,以提供到达船侧附属构件的通道,包括止链器、供应船系泊点等,这些平台应具有扶栏和笼梯。浸锌格栅将用于外走道、梯口平台、梯子、平台内通道。

(5)舱盖和梯子。

一般进出船体只是为了定期的内部检查,由于其使用率不高且仅为特检人员所使用,出入船舱一般通过舱盖和直梯。对每个空舱设置两个人孔,一般通过水平通道进入空舱。通过铰接开启的方式,在每层甲板上布置用于人员应急逃生用的一个人孔。

9. 防腐系统

通常与海水、潮湿的空气接触的船体部分需要进行防腐处理。这些区域主要包括船体外表面、临时压载舱和永久压载舱。船体浸在水面下的部分用牺牲阳极块保护。飞溅区和露在空气中的船体部分通过防腐涂层保护。永久压载舱采取牺牲阳极块和防腐涂层组合的方式来进行保护。

根据船体防腐保护系统(包括牺牲阳极块和防腐涂层)的设计寿命和确定的飞溅区来考虑腐蚀余量,防腐区应考虑正常操作和钻井引起的偏心吃水。船体牺牲阳极块要求考虑浮式平台系泊系统电流持续性的作用。永久压载舱牺牲阳极块应根据规范考虑防腐涂层的折减系数。

10. 偏移钻井要求

浮式平台钻井设施设计应考虑后期对干式井作偏移钻井的情况;偏移钻井一般在无风暴的季节,将移动式钻井船傍靠在平台一侧进行。当沿着一排井口钻井时,平台钻井设施根据情况移动。半潜式钻井船移动到一特定位置与预设的系泊系统相连,然后调整钻井船到新的海底井口位置。当风暴条件超过一年一遇的冬季风暴,移动式钻井船将悬起钻井设备并放远绞车(仍旧和钻井立管相连)以使它和平台钻井设施间隙最大。当预报会有更恶劣的环境条件时(超过10年一遇的冬季风暴或流),移动式钻井船将和立管断开,放远绞车避开到安全位置,这时平台钻井设施将移回一般操作位置的中心。

偏移钻井在风暴季节一般不会实施。百年一遇的冬季风暴条件用于设计移动式钻井船的系泊系统。

方向性海况条件将用于确定移动式钻井船和浮式平台设施间的间隙。

移动式钻井船系泊安全系数将依据 API RP 2SK 规范。

浮式平台设施和移动式钻井船之间的最小间隙依据 DnV 规范确定(在瞬时运动中取10m)。

移动式钻井船和浮式平台的系泊缆在完整状态下最小容许垂向间隙一般为30m。当移动式钻井船的1条系泊缆破坏时不容许系泊缆相互碰撞的情况发生。

在预测即将有超过10年一遇的风暴或强流影响油(气)田前,必须断开所有连接(如立管必须在达到5°立管角度前断开)。

根据风险分析,确定是否在偏移钻井分析中只考虑浮式平台系泊系统完整状态。

移动式钻井船相对运动将根据浮式平台几何尺寸、海底井口分布和浮式平台运动来计算。

二、深水浮式平台设计规范

常用深水浮式平台设计规范见表17-2-5,设计中应该采用最新版的设计规范。

表17-2-5 常用深水浮式平台设计规范

编号	名字(英文标准原文)
ABS MODU	Rules for Building and Classing Mobile Offshore Drilling Units
ABS FPI	Guide for Building and Classing Floating Production Installations (FPI)
ABS	Guide for Building and Classing Facilities on Offshore Installations
ABS	Rules for Building and Classing Offshore Installations
AISC	Manual of Steel Construction, Allowable Stress Design
API RP 2A	Recommended Practice for Planning, Designing, and Constructing Fixed Offshore Platforms – Working Stress Design (WSD)

续表

编号	名字(英文标准原文)
API RP 2FPS	Recommended Practice for Planning, Designing, and Constructing Floating Platform Systems
API RP 2SK	Recommended Practice for Design and Analysis of Stationkeeping Systems for Floating Structures
API RP 2T	Recommended Practice for Planning, Designing, and Constructing Tension Leg Platforms
API RP 2T-S1	Supplement 1 for API-RP-2T
API RP 2SM	Design, Manufacture, Installation, and Maintenance of Synthetic Fiber Ropes for Offshore Mooring
API Bulletin 2U	Bulletin on Stability Design of Cylindrical Shells
API Bulletin 2V	Bulletin on Design of Flat Plate Structures
API RP 14C	Recommended Practice for Analysis, Design, Installation and Testing of Basic Surface Safety Systems for Offshore Production Platforms
API RP 14E	Recommended Practice for Design and Installation of Offshore Production Platform Piping Systems
API RP 14J	Recommended Practice for Design and Hazards Analysis for Offshore Production Facilities
API RP 75	Development of a Safety and Environmental Management Program for Outer Continental Shelf (OCS) Operations and Facilities
API RP 520	Recommended Practice for Design and Installation of Pressure Relieving Devices in Refineries, Parts I and II
API RP 521	Guide for Pressure-Relieving and Depressurizing Systems
API RP 2RD	Design of Risers for Floating Production Systems and Tension Leg Platforms
AWS D1.1	Structural Welding Code-Steel
DNV 30.1	Buckling Strength Analysis
DNV 30.5	Environmental Conditions and Environmental Loads
DNV-OS-C101	Design of Offshore Steel Structures, General (LRFD METHOD)
DNV-OS-C102	Offshore Standard DNV-OS-C102 Structural Design of Offshore Shops
DNV-OS-C105	Offshore Standard DNV-OS-C105 Structural Design of TLPS (LRFD Method)
DNV-OS-C106	Offshore Standard DNV-OS-C106 Structural Design of Deep Draught Floating Units (LRFD Method)
DNV-OS-E301	Offshore Standard DNV-OS-E301 Position Mooring
DNV-OS-F201	Dynamic Risers
DNV-RP-E301	Recommended Practice DNV-RP-E301 Design and Installation of Fluke Anchors in Clay
DNV-RP-E302	Recommended Practice DNV-RP-E302 Design and Installation of Drag-in Plate Anchors in Clay
NACE RP0176-94	Corrosion Control of Steel, Fixed Offshore Platforms Associated with Petroleum Production

三、深水浮式平台设计计算软件

常用深水浮式平台设计软件见表17-2-6。

表17-2-6 常用深水浮式平台设计软件

编号	主要用途	软件英文名称
1	结构分析	(1) SACS (2) SESAM (3) ANSYS (4) ABAQUS

续表

编号	主要用途	软件英文名称
2	水动力和系泊	系泊 (1) MIMOSA(DNV) (2) DEEP-C(DNV) (3) ORCAFLEX 水动力 (1) POSTRESP(DNV) (2) WADAM/WAMIT(DNV) (3) MOSES
3	安装分析	(1) MOSES (2) SACS (3) OFFPIPE (4) SESAM (5) ANSYS

第二节 深水浮式平台的总体尺度规划

一、半潜式平台总体尺度规划

1. 半潜式平台的分类

半潜式平台可以按照其功能分为"半潜式钻井平台"和"半潜式生产平台"两类,半潜式钻井平台所具有的可移动性是半潜式生产平台所没有的,可移动性使得两类平台在设计上存在不同的侧重点:为了减小移动过程中阻力,半潜式钻井平台下浮体只能由两个浮箱构成,浮箱之间以横撑杆连接;半潜式生产平台从结构整体强度的角度出发,它的下浮体一般由四个浮箱构成;此外,半潜式生产平台一旦安装就位,基本上要坚持生产几十年,为了保证它能够长期安全生产,其系泊系统的设计标准及要求比半潜式钻井平台更高。

2. 半潜式平台设计需要考虑的因素

半潜式平台由上部结构、立柱和浮箱构成,是一种"柱式稳定"结构,其重心位于浮心之上,由立柱提供的回复力矩以保持稳性。在半潜式平台的设计过程中,需要考虑到下面的因素:

(1)重量与重心;

(2)静水力学特性;

(3)完整稳性与破舱稳性;

(4)风荷载;

(5)流荷载;

(6)波浪荷载;

(7)压载;

(8)运动性能。

在设计工作开展之前,需要确定平台功能、系统构成、设备配置、建造条件等,同时应考虑到如下约束条件:

(1)最大空船吃水;

(2)最大宽度;

(3)最大空船重量及干拖重心位置;

(4)运输、操作、生存工况的环境条件;

(5)甲板载荷最大横向偏心;

(6)各环境条件与装载工况下的最大允许运动幅值;
(7)所采用的规范和标准。

3. 半潜式平台总体尺度规划原则

总体尺度规划(Sizing)是初始设计(Initial design)的一个重要组成部分,其目的是在设计之初对平台主体尺度进行的估计,这种规划并不能给出精确的设计结果,而是得到一套概念合理的平台尺度数据,作为细化设计的初始模型,从而为系泊系统、立管系统等子系统的设计,以及稳性、水动力、结构强度等分析工作提供一个比较合理的基础。

1) 总体尺度规划目的

半潜式平台从最初的形式到目前的第六代船型已经发生了较大的改变,其结构越来越趋于简洁。半潜式平台包括四个主要部分:

(1)浮箱,为平台提供主要的排水量;
(2)立柱,为平台提供稳性保障,也提供一部分排水量,是支撑上部载荷的主要部件;
(3)甲板,平台的主要承载结构;
(4)横撑,连接两个立柱、用以抵抗波浪对平台产生的水平分离力的承载部件。

半潜式平台尺度规划的主要目的是:

(1)通过对立柱的数量、尺度和立柱间距,以及甲板的高度等参数的规划,使得平台在最大的海况条件下能够稳定地支撑上部荷载。

(2)通过对浮箱的尺度与形状、立柱的水线面积、立柱与浮箱的排水量分配、立柱间距和浮箱间距等参数的规划,尽可能减小平台对海况条件的响应。

2) 下浮体

半潜式平台的形式通常在设计的初始阶段确定,可以将工程实例的结构类型作为参考,同时也必须考虑到一些惯用做法。例如对半潜式钻井平台而言,为了确保其可移动性能,只能使用双浮箱结构,并且浮箱之间的水平横撑也是必不可少的,如图17-2-1(a)所示;对于半潜式生产平台而言,可移动性能并不重要,因而常常会选择4个浮箱构成的环形下浮体结构,如图17-2-1(b)所示。

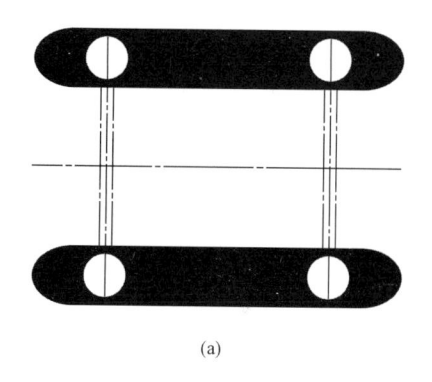

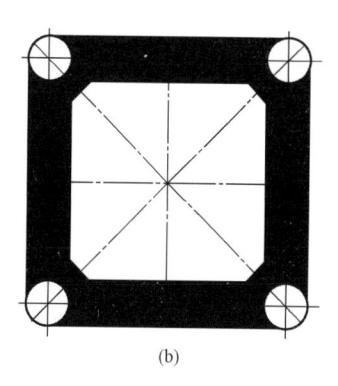

图 17-2-1 半潜式平台的下浮体类型

3) 甲板

甲板可以与船体设计成整体结构也可以设计为单独的模块。整体结构的甲板是大多数半潜式平台的设计选择,其优势在于甲板可以在同一个船厂建造;由模块构成的甲板常应用于半潜式生产平台,不但需要在设计时考虑到分块方案,而且还需要设计专门的连接方案。从整体强度的角度考虑,多层的、整体的箱型甲板成为目前的主流。

4) 立柱

半潜式平台的立柱形式有多种选择,四立柱设计是目前的主流,如图17-2-2所示,其优点是水线面积小,且实践证明这种设计在双浮箱的移动式平台和环形下浮体的生产平台上的应用都是成功的。有时为了减少甲板跨距,也可以考虑在立柱之间增加直径较小的中间立柱。一般而言,立柱数目越少,平台的用钢量越少,因而减少立柱数目将降低整个平台的成本。

5)横撑

半潜式平台的横撑一般位于两个立柱之间,有时也可以位于两个浮箱之间,其主要作用是抵抗波浪对平台产生的水平分离力。对于双浮箱的半潜式钻井平台,每一对立柱之间必须有一个或多个横撑,如图 17-2-3 所示。横撑的形状和截面尺度可以与平台甲板尺度共同考虑。

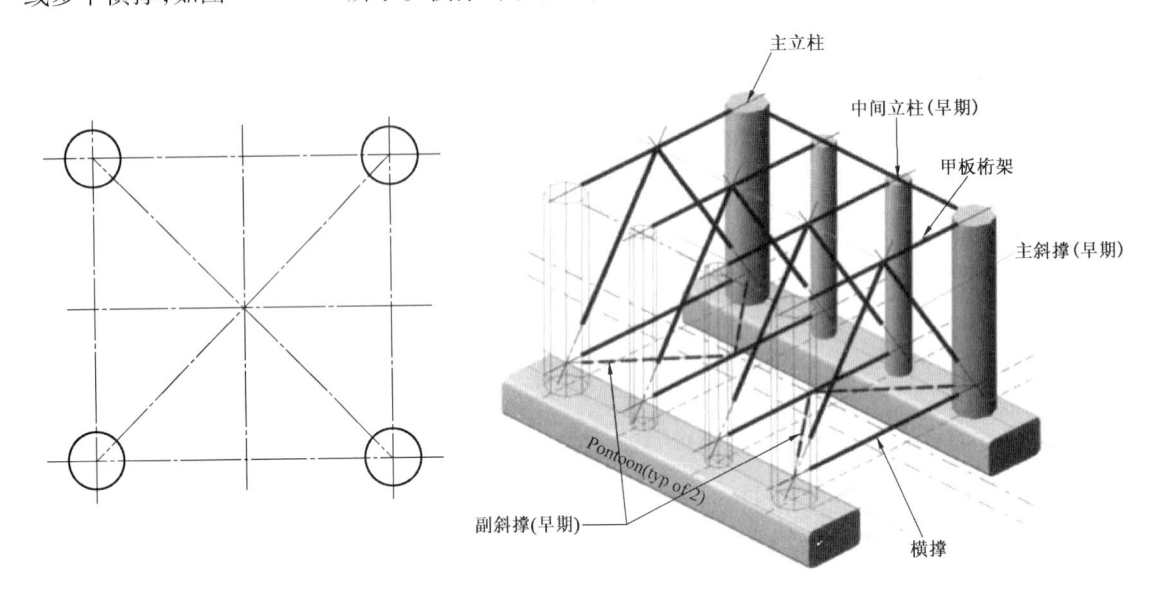

图 17-2-2　半潜式平台的立柱形式　　　图 17-2-3　半潜式平台的立柱与横撑示意图

6)浮箱与立柱的连接

立柱与浮箱的连接处往往作成矩形,并且立柱的舱壁与浮箱舱壁之间尽可能连续,这样可以有效减小连接区域的应力水平。立柱尺度不但受到上述因素的影响,而且还需要考虑到立柱与浮箱连接区域的泵舱、锚链舱、导缆器等因素的影响。

如果下浮体是 4 个浮箱构成环形结构,那么立柱与浮箱的连接方式可以分为两种:

(1)每个浮箱两端与立柱连接;

(2)邻近的浮箱相互连接形成底座,立柱位于底座的四个角。

7)立柱高度

立柱高度与平台的稳性直接相关,并且影响到平台气隙性能。对于采用箱型甲板的平台,立柱将延伸至上甲板,此时箱型甲板将提高平台稳性能力。如果甲板是由桁架模块构成,立柱顶端保持与下甲板同样高度,并提供甲板支撑。

立柱高度可以分为水面以上的部分和水面以下的部分,在水面以上的高度取决于甲板底部至静海面的距离、平台随波浪的垂荡运动、波面升高等因素。进行尺度规划时,平台甲板高度的保守估计为波高最大值的 90% 加上 1.5m。

浮箱吃水深度的增加对减小垂荡运动是有利的,但由于平台在生存状态需要调整压载而减小吃水,为缩短调载时间、减小调整压载的工作量,移动式半潜平台的吃水不能太大。一般情况下,最大的作业吃水深度在 21~24m 范围内,生存状态的吃水深度约为 15~18m。

对于永久系泊的半潜式生产平台,往往选择深吃水以减小垂荡运动幅值,大约为 30m,一些适应上部张紧式立管的平台设计吃水深度可达 45m。深吃水的半潜式平台需要特别考虑安装条件的选择和安装程序的制定。

4. 半潜式平台总体尺度规划方法

首先确定半潜式平台的船型,然后建立平台的参数模型,以便对平台的排水量、压载需求、稳性、运动性能进行初步的判断,在确定了平台大致尺度之后,需要进行更细致的静水力和水动力分析。

双浮箱半潜式平台的参数模型如图17-2-4所示,各变量的具体含义见表17-2-7。

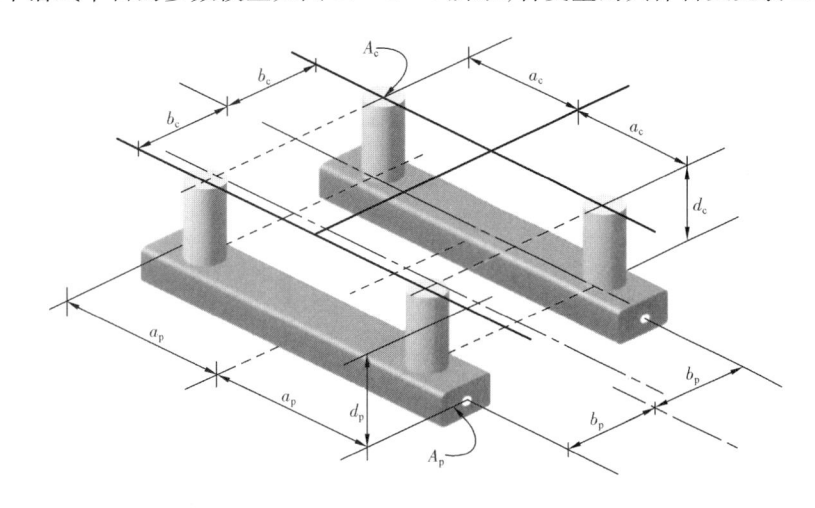

图 17-2-4 双浮箱半潜式平台的参数模型

表 17-2-7 双浮箱半潜式平台参数模型的变量含义

位 置	参 数	含 义
浮箱	A_p	浮箱横截面积
	$L_p = 2a_p$	浮箱长度
	$2b_p$	浮箱中心距离
	d_p	浮箱中心浸没深度
	$V_p = 2A_p L_p$	浮箱体积
立柱	A_c	立柱横截面积
	d_c	浸没立柱高度
	$2a_c$	立柱中心纵向距离
	$2b_c$	立柱中心横向距离
	f_c	水面上立柱高度
	A_{wp}	水线面积
	$V_c = A_{wp} d_p$	立柱浸没体积
	$V_o = V_p + V_c$	总排水体积

根据平台重心高度 KG,可以计算得到平台的初稳性 GM 值,或者根据设定的 GM 值通过改变立柱参数 A_c、a_c、b_c 得到满意的结果。一般情况下,半潜式钻井平台钻井工况时的 GM 值范围是 3.7~4.6m(12~15ft),生存工况时的 GM 值范围是 5.5~6.7m(18~22ft);半潜式生产平台的 GM 值比钻井平台略微大一些,采用桁架甲板的平台 GM 值范围是 5.5~6.7m(18~22ft),采用箱型甲板的平台 GM 值范围是 4.6~5.8m(15~19ft)。需要说明一点,上面给出的数据范围只是用以估计平台的大致尺度,具体的稳性衡准需要进一步的详细计算作为最终设计的依据。

浮箱的设计应首先确定平台拖航吃水深度,即首先考虑自浮时的干舷高。一般情况下,平台自浮时浮箱的浸没深度大约占浮箱高度的92%,此时,根据自浮时的平台重量,则可确定浮箱长度 L_p,并求得浮箱的横截面积 A_p。需要说明一点,规划阶段浮箱的排水体积无需特别精确,选择浮箱尺度的原则是维持平台的垂荡周期大于20s。

平台垂荡周期的估算公式如下:

$$T_z = 2\pi\sqrt{\frac{1}{g}\left[d_c + \frac{V_p}{A_w}(1+C_{az})\right]} \qquad (17-2-1)$$

式中　T_z——平台垂荡周期；
　　　g——重力加速度；
　　　C_{az}——垂荡附加质量系数。

四浮箱环形下浮体半潜式平台的参数模型如图 17-2-5 所示，各变量的具体含义见表 17-2-8。半潜式平台尺度规划流程图如图 17-2-6 所示。

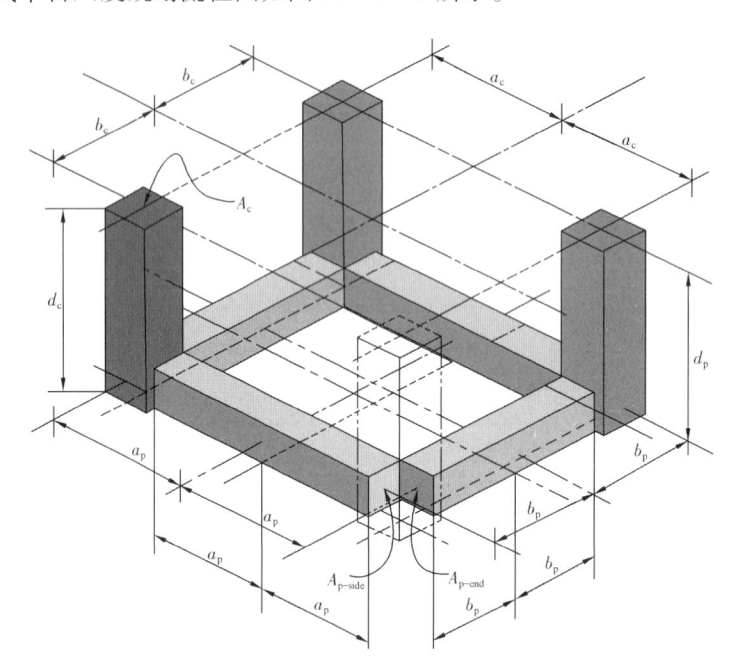

图 17-2-5　环形下浮体半潜式平台的参数模型

表 17-2-8　环形下浮体半潜式平台参数模型的变量含义

位置	参数	含义
浮箱	A_{p-side}	侧翼浮箱横截面积
	$L_{p-side} = 2a_{p-side}$	侧翼浮箱长度
	$2b_{p-side}$	侧翼浮箱中心距离
	A_{p-end}	首尾浮箱横截面积
	$L_{p-end} = 2a_{p-end}$	首尾浮箱长度
	b_{p-end}	首尾浮箱中心距离
	d_p	浮箱中心浸没深度
	f_p	自浮时干舷高
	$V_p = 2(A_{p-side}L_{p-side} + A_{p-end}L_{p-end})$	浮箱体积
立柱	A_c	立柱横截面积
	d_c	浸没立柱高度
	$2a_c$	立柱中心纵向距离
	$2b_c$	立柱中心横向距离
	f_c	水面上立柱高度
	A_{wp}	水线面积
	$V_c = A_{wp}d_p$	立柱浸没体积
	$V_o = V_p + V_c$	总排水体积

二、张力腿平台总体尺度规划

1. 张力腿平台的特点

张力腿平台是一类永久系泊的海上结构物,无储油能力,可变压载仅用于安装过程,无需配置锚链设备。

张力腿平台在外形上与半潜式平台相似,也是由上部结构、立柱和浮箱构成,在水平方向上的刚度不大,会产生纵荡、横荡和偏移运动,影响水动力性能的主要因素同样是立柱和浮箱的尺度及间距、排水量的分布等。张力腿平台使用张力腿系泊,由于张力腿通常由直径较大的圆管制成,因而能够有效地限制平台在垂荡方向上的运动,但张力腿平台会因水平面内的偏移而发生平台重心降低的现象,通常将这种现象称为下坐运动(Set-Down)。

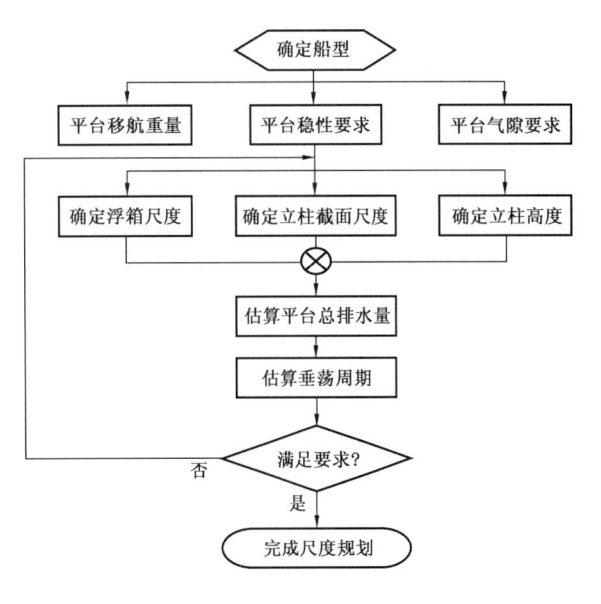

图 17-2-6 半潜式平台尺度规划流程图

2. 张力腿平台总体尺度规划原则

目前现有的张力腿平台有多种结构类型,如 ETLP、MOSES、SEASTAR 等,以下主要以四立柱 ETLP 为例说明张力腿平台总体尺度的规划方法。

1) 基本组成

(1) 浮箱。

与半潜式平台不同,张力腿平台的主要浮力不是来源于浮箱,浮力主要由立柱提供,4 个矩形截面浮箱构成的环形下浮体主要支撑整个船体结构。

(2) 外伸短浮箱。

外伸短浮箱位于环形下浮体的 4 个角上,其长度不大,主要作用是连接张力腿。这种连接方式一方面可以增加抵抗横摇和纵摇的力臂,从而减小张力腿的载荷,另一方面也有助于减小立柱间距,从而改善甲板结构的承载条件。

(3) 立柱。

张力腿平台的立柱和浮箱间距受到井口布置、施工要求和甲板跨距的影响,立柱间距过大时将增加结构受力。张力腿平台的浮力主要由立柱提供,因而其直径较大,为了获得较好的水动力性能,立柱往往采用圆形截面,或者采用圆角半径较大的矩形截面。

2) 尺度规划原则

张力腿平台的主要功能就是支撑平台重量、张力腿的张力和立管荷载,其中平台浮力的大部分用于支撑上部结构和设施的重量,浮力的 25%~45% 提供张力腿的张力。

浮箱的排水量占整个平台排水量的 30% 左右,它的一个重要功能是提供与立柱所承受的波浪荷载方向相反的水动力,另一个功能是与甲板一起承受环境载荷。

张力腿平台一年重现期环境条件下纵摇角一般小于 4°,平台最大偏移不大于 70m;百年重现期环境条件下纵摇角一般小于 7°,平台最大偏移一般不大于 120m。

与半潜式平台相比,张力腿平台的重心位置较高,且下浮体的重量占整个平台总重量的比例较小。承受极端海况条件时,张力腿平台的立柱高度必须提供足够的气隙,同时还需要考虑到平台由水平面内位移引起的平台重心降低(Set-Down)而产生的气隙损失。

3. 张力腿平台总体尺度规划方法

1）参数模型

张力腿平台的参数模型如图 17-2-7 所示，各变量的具体含义见表 17-2-9。

张力腿平台的立柱横截面形状可以是圆形，也可以采用矩形截面或者带圆角的矩形截面，此时外伸浮箱的方向角为 45°。浮箱的横截面均为矩形，其倒角半径较小。浮箱横截面高度与宽度之比是影响垂荡方向波浪力的主要因素，通常假定为 2/3。

2）流程简述

确定平台船型后，需要估计平台的有效荷载、大致重量，也需要对张力腿的预张力范围进行估算（预张力与平台作业水深、水平方向承受的荷载和偏移量等因素有关），然后得出平台排水量的大致范围（排水量等于上部甲板重量、船体重量、张力腿张力、立管张力、压载水重量之和）。

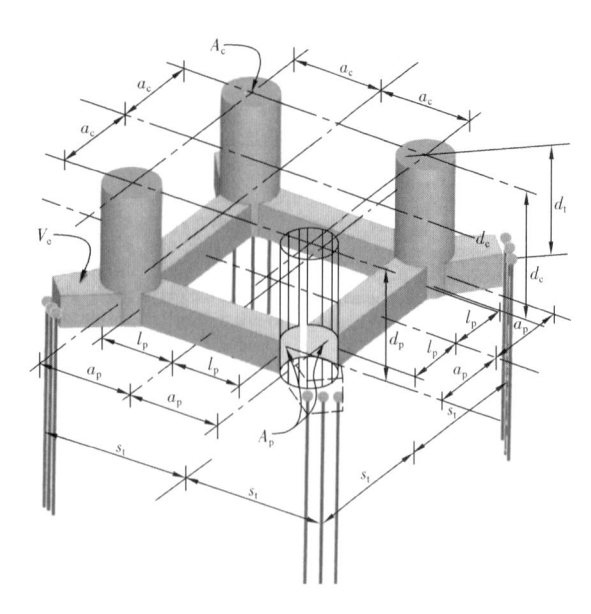

图 17-2-7 张力腿平台的参数模型

表 17-2-9 张力腿平台参数模型的变量含义

位置	参数	含义
立柱	A_c	立柱横截面积
	D_c	立柱直径
	d_c	立柱吃水
	$2a_c$	立柱中心距离
	f_c	水面以上立柱高度
	A_{wp}	水线面积
	$V_c = A_{wp} d_c$	立柱浸没体积
浮箱	A_p	浮箱横截面积
	$2l_p$	浮箱长度
	$2a_p$	浮箱中心距离
	d_p	浮箱中心浸没深度
	$V_p = 4A_p l_p$	浮箱体积
外伸浮箱	A_e	外伸浮箱横截面积
	L_e	外伸浮箱长度
	r_e	外伸浮箱中心与立柱中心距
	d_p	外伸浮箱中心浸没深度
	$V_e = 4A_e L_e$	外伸浮箱体积
	$V_o = V_p + V_c + V_e$	总排水体积
张力腿	$2s_t$	张力腿间距
	d_t	张力腿悬挂点深度

使用参数模型进行尺度规划，首先应当在给定的张力腿预张力 T_0 和立柱吃水 d_c，通过调整浮箱与立柱之间的体积分配来减小垂荡方向的载荷；然后，通过调整立柱间距和浮箱、外伸浮箱的长度，找出张力腿张力最小的那一组参数，即为尺度规划结果。

3)尺度规划方法

张力腿平台尺度规划流程图如图17-2-8所示。

(1)第一步,优化垂荡荷载。

选定张力腿数目,并指定$a_c、V_e/V_p、L_e$,其推荐值为:$V_e/V_p \approx 1:5,L_e \approx 1.0 \sim 1.5D_c$,选择若干组张力腿预张力$T_o$和立柱吃水$d_c$,并选择若干组立柱与浮箱的体积比,将这两组数据进行组合并计算垂荡荷载,将计算结果最小的那一组数据作为优化结果,则可确定$T_o、d_c$以及V_c和$(V_p + V_e)$,从而确定相应的立柱、浮箱横截面积$A_c、A_p$及A_e。

(2)第二步,优化张力腿张力。

张力腿的张力由两部分组成,其一是预张力T_o,其二是由波浪引起的附加项T。在极端海况条件下张力总和的最大值可表示为$T_o + T_{max}$,最小值可表示为$T_o - T_{max}$,对张力进行优化的准则是尽可能减小$T_o + T_{max}$的值,但同时保证$T_o - T_{max} > 0$。

采用第一步得到的立柱与浮箱体积V_c和$(V_p + V_e)$,选定若干组张力腿预张力T_o和立柱吃水d_c,并选择若干立柱间距a_c,计算由波浪引起的张力腿最大张力,找出$T_o + T_{max}$最小、且$T_o - T_{max} > 0$的那一组数据作为优化结果。

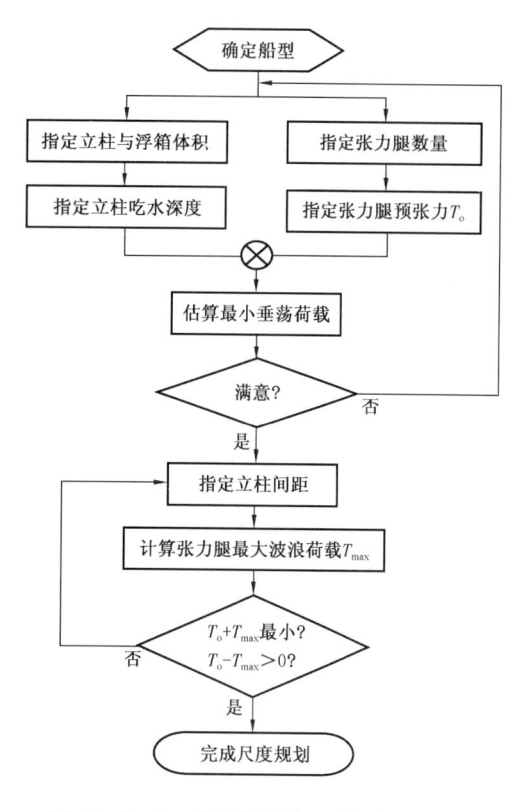

图17-2-8 张力腿平台尺度规划流程图

三、SPAR平台总体尺度规划

1. SPAR平台的特点

SPAR平台与半潜式平台除了在外形上的区别外,还有一个显著特征——重心位置低于浮心位置。SPAR平台主要由4部分组成。

(1)甲板:支撑上部有效荷载的多层结构。
(2)硬舱:为平台提供主要浮力。
(3)中间段:壳体或桁架结构,连接硬舱与软舱,为平台提供深吃水性能。
(4)软舱:位于平台最下端,湿拖过程中为平台提供浮力,在位时为平台提供压载。

2. SPAR平台总体尺度规划原则

SPAR平台总体尺度规划需要考虑到如下因素:
(1)平台需要支撑的上部结构重量、立管载荷;
(2)甲板的偏心情况及相应的压载平衡条件;
(3)容纳立管及其浮力罐的中心井口区面积要求;
(4)一年重现期环境条件下纵摇角小于5°,百年重现期环境条件下纵摇角小于10°;
(5)一年重现期环境条件下最大垂荡幅度1.2m(4ft),百年重现期环境条件下最大垂荡幅度3m(10ft);
(6)运输方式。

3. SPAR平台总体尺度规划方法

1)中心井口区

SPAR平台的尺度除了受到上部结构重量和有效荷载的影响,还取决于中心井口区的尺度。SPAR平台的中心井口区一般是正方形,井口可以按照3×3、4×4或5×5的方式排列,如图

17-2-9 所示,井口区通常位于中心位置。

井口区的尺度取决于用以支撑立管站立的浮力罐的直径,因而在 SPAR 平台的设计工作初期应对立管需求进行分析,并确定所需的最大张紧力,从而确定浮力罐的尺寸。目前投入使用的 SPAR 平台的井槽间距范围是 2.4～4.3m(8～14ft),在不同水深时的推荐尺寸如下:

(1)水深小于 915m(3000ft)时,浮力罐直径约 3.7m(12ft);

(2)水深 915～1525m(3000～5000ft)时,浮力罐直径约 4m(13ft);

(3)水深大于 1525m(5000ft)时,浮力罐直径大于或等于 4.3m(14ft)。

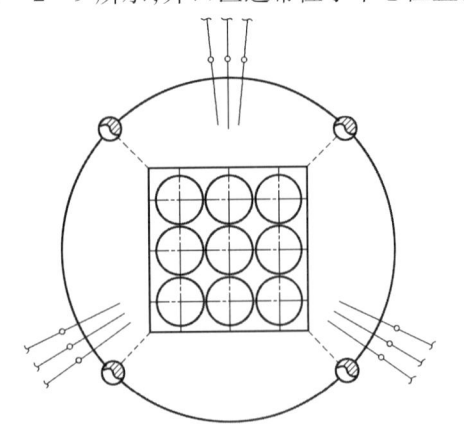

图 17-2-9 SPAR 平台中心井口区示意图

2)浮体

SPAR 平台浮体尺度规划参数如下:硬舱直径、硬舱高度、固定压载、吃水、导缆器标高。

早期设计一般将 SPAR 吃水设定为 200m(650ft)左右,近期的设计将减少吃水至 150m(500ft)左右。

SPAR 平台的建造和运输方法应当在进行尺度规划之初就确定下来,如果采用干拖方式运输,则必须在尺度规划的过程中检查平台在空船条件下是否满足装载的要求。

图 17-2-10 是桁架式 SPAR 的承载示意图,其中平台重量包括空船重量、上部甲板操作重量、立管荷载、压载和系泊系统重量。

3)尺度规划方法

SPAR 的尺度决定了平台的纵摇响应和静倾角,在墨西哥湾百年一遇飓风条件下,SPAR 的最大静倾角为 5°。静倾角取决于稳态环境载荷(包括风力、流力和波浪漂移力)与系泊系统载荷所构成的力矩,用式(17-2-2)表示。

$$M_{env} = F_{env}(KF_{env} - KF_{moor}) \quad (17-2-2)$$

式中 M_{env}——环境载荷产生的力矩;

F_{env}——风力、流力和波浪漂移力的总和;

KF_{env}——浮体基线至环境载荷作用中心的距离;

KF_{moor}——浮体基线至导缆器的距离。

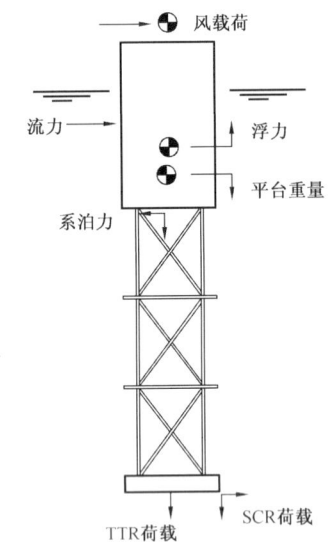

图 17-2-10 桁架式 SPAR 承载示意图

上述力矩由平台浮体的回复力矩平衡,回复力矩刚度表达式如下:

$$K_{Pitch} = GM \cdot V = (KB - KG + I/V)Vg \quad (17-2-3)$$

式中 K_{Pitch}——初始回复力矩刚度,N·m/rad;

GM——静稳性高,m;

V——浮体排水体积,m^3;

KB——船基线至浮心的距离,m;

KG——船基线至重心的距离,m;

I——水线面积惯性矩,m^4;

g——重力加速度,m/s^2。

SPAR 平台尺度规划流程图如图 17-2-11 所示。

SPAR 平台浮体尺度规划的步骤如下：

(1) 确定上部结构重量和所需最大数量的立管重量；

(2) 确定平衡上部结构重量偏心所需的可变压载；

(3) 根据立管浮力罐尺度估算中心井尺寸；

(4) 指定硬舱直径、高度和吃水；

(5) 估算平台重量和重心位置；

(6) 估算排水量和浮心位置，并确定固定压载；

(7) 计算平衡状态的静倾角 $\theta_{env} = M_{env}/K_{Pitch}$；

(8) 返回第(4)步，指定不同的平台直径、硬舱高度和吃水，再次计算直到获得满意结果。

4) 参考数据

表 17-2-10 中列出了一些 SPAR 平台的主尺度数据作为参考。

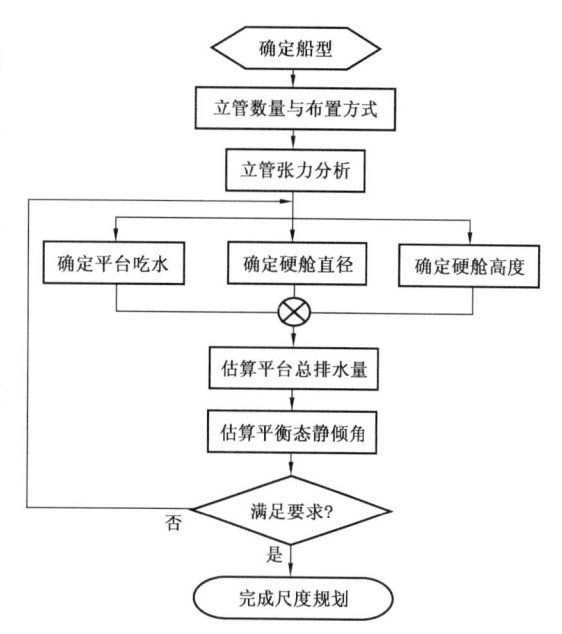

图 17-2-11 SPAR 平台尺度规划流程图

表 17-2-10 SPAR 平台的主尺度参考数据

上部结构质量, t	吃水, m/ft	中心井口区尺度, m/ft	平台直径, m/ft	硬舱高度, m/ft
5500	198/650	10/32	22/72	67/220
7700	150/493	12/40	27/90	57/188
8800	150/493	12/40	27/90	57/188
9300	154/505	16/52	32/106	54/176
18500	154/505	18/60	39/128	59/195
19800	198/650	18/60	37/122	67/220
24000	198/650	13/44	37/122	90/295
28000	211/691	23/75	45/149	72/236

四、浮式平台总体尺度规划软件

中海石油研究中心深水工程重点实验室针对半潜式钻井平台、半潜式生产平台、张力腿平台、SPAR 平台编制了尺度规划软件，简称为"Sizing 工具"，主要由数据输入模块（Input 表格）、默认参数设置模块（Default-Overides 表格）、求解器模块（Solver 表格），以及其他中间结果输出模块构成，其中有关中间结果的各表格能够根据用户输入的参数估算平台的静水力特性、气隙特性、装载特性、相对造价等信息，并将这些信息作为 Solver 表格的计算输入参数，Input 表格、Default-Overides 表格、Solver 表格最为常用。

下面以半潜式钻井平台为例，介绍"Sizing 工具"的基本功能。

1. Input 表格

使用"Sizing 工具"进行尺度规划时，首先需要在如图 17-2-12 所示的表格中输入平台的荷载能力、锚泊作业水深、可变荷载等基本信息,这些信息来源于平台的空船重量和装载条件。

Drilling Semi Global Sizing and Cost Estimating Tools

Project:	CNOOC Deepwater Drilling Semi	Date:	2007-7-16
Title:	Initial Global Sizing	Data Sht:	Input
By:	WY	Pages:	1

Input Sheet

Project: CNOOC Deepwater Drilling Semi
Title: Initial Global Sizing
By: WY
Date: 2007-7-16

Only cells in this color are for input. Do not change cells in other colors.

Functional Input		
Water Depth	m	1500
Field		
Number of risers		1
Ave riser diameter, m		0.5
Environment		3
Enter 1 for Mild		
Enter 2 for Moderate		
Enter 3 for Severe		
Facilities		
Total Dead Load, tonnes		9100
Hull system + Paint, tonnes		1457
Fixed Equipment WT, tonnes		7643
Operating VDL, tonnes		7000
Transit VDL, tones		5000
Total Dead Load + VDL, tonnes		16100
Total DL+VDL w/o hull system and paint, tonnes		14643
Facilities Plan Area for 1 deck, m²		6084
VCG, m above top of column		5
Risers		
Vertical Tension, tonnes		450
Net Horizontal Tension*, tonnes		39
Mooring System		1
Enter 1 for chain-wire-chain		
Enter 2 for polyester taut mooring		
Number of mooring lines		12
Survival Draft Condition Required		1
Enter 1 for Yes		
Enter 2 for No		

* The net horizontal tension is an additional load on the mooring system

图 17-2-12 尺度规划工具的 Input 表格

2. Default – Overides 表格

在如图 17-2-13 所示的表格中定义钻井平台立柱和浮箱的尺度比例范围、倒角半径、最大吃水深度、垂向传递函数幅值与固有周期,此外,在表格中也可以定义平台的海况条件。

3. Solver 表格

输入平台承载能力、作业海况条件等参数后,需要在 Solver 表格中定义立柱间距、立柱长度和高度、浮箱间距、浮箱长度和高度、作业吃水深度,并通过右边的表格查看当前的平台尺度是否合理,如图 17-2-14 所示。

Drilling Semi Global Sizing and Cost Estimating Tools

Project: CNOOC Deepwater Drilling Semi		Date:	2007-7-16
Title: Initial Global Sizing		Data Sht:	Defaults-Overrides
By: WY		Page:	2

Defaults and Overrides:

Default values will be used unless user override column has a value, then user defined value will be used. If a default value is entered, a basis for the default value should also be entered where applicable.

Only cells in this color are for input. Do not change cells in other colors.

		Default Value	User Override	Value Used for Calculations
Functional Constraints				
Operating Draft	Max Operating Draft,m	21	24	24
Operating Draft	Minimum Pontoon Submersion,m	10		10
Survival Draft	Survival Draft	18		18
Transit Draft	Max Trans Draft,m	10	8.6	8.5
Payload Eccentricity	Deck Payload Eccentricity,m	2		2
Deck	Deck Box Depth,m	2	1.6	1.5
Main Pontoon	Bilge Radius	0	0.6	0.5
Column	Corner Radius	0	1.6	1.5
Main Pontoon Dimensions	Minimum Pontoon Aspect Ratio	1.6	1.2	1.2
Main Pontoon Dimensions	Maximum Pontoon Aspect Ratio	2.4	2	2
Stability Constraints				
Operating Freeboard	Opr Minimum Freeboard,m	15	17	17
Operating Stability Limit	Opr Minimum GM,m	3	1	1
Inspection Stability Limit	Insp Minimum GM,m	1	1	1
Motions Constraints				
Heave Natural Period	Opr Minimum Heave Natural Period,s	20.0	21.0	21.0
Heave RAO	Opr Maximum Heave RAO	0.4		0.4
Air Gap Constraints				
Net Air Gap	for the Survival Condition,m	1.5		1.5
Minimum Air Gap	for the Survival Condition,m	22.6		22.6

Weights	Method of Calculating Weight	Default Value	User Override	Value Used for Calculations
Column Main Steel Volumetric Weight Coefficient tonnes/m³	W = C x Volume	0.160		0.160
Column Outfitting Steel Volumetric Weight %	W = % x W	15.0%	10.0%	10.0%
Column Corrosion Protection %	W = % x W	1.0%		1.0%
Pontoon Main Steel Volumetric Weight Coefficient tonnes/m³	W = C x Volume	0.152		0.152
Pontoon Outfitting Steel Volumetric Weight %	W = % x W	5.0%		5.0%
Pontoon Corrosion Protection %	W = % x W	3.0%		3.0%
Hull Systems Coefficient %	W = % (W+W+W+W)	3.7%		3.7%
Well & Utility Systems, tonnes	fixed	215		215
On Vessel Mooring Equipment, tonnes/tonnes	W = C x MBS	1		1
Hull Weight Contingency, %	W = % x W	15.0%		15.0%
Deck Main Steel Coefficient m⁻²	W = C x Deck Area x Max Payload	6.59E-05		6.59E-05
Deck Secondary Steel - Weight Coefficient tonnes/m²	Wds = C x deck area	0.202		0.202
Deck Outfitting Steel Percentage of Deck Box Weight	W = % x W	18%		18%
Deck Weight Contingency, %	W = % x W	15%		15%
Hull Consumables, tonnes	fixed	270		270

Mooring/Installation	Default Value	User Override	Value Used for Calculations
Ground Chain Corrosion/Wear, mm over	8		8
Length of mooring lines, % of water depth	253%	280%	280%
Length of bottom chain section of mooring line, m	1054	1000	1000

Environmental Loading	Mild	Moderate	Severe	Default Value	User Override	Value Used for Calculations
Sig Wave Height,Hs,m	2.7	12.0	16.13	16.13		16.13
Peak Spectral Period,Tp,s	13.3	14.2	17.46	17.46		17.46
Wind Speed (10m, 1hr),m/s	23.8	41	50.9	50.85		50.85
Current Profile(1)						
Surface Current Speed,m/s	2.0	1.1	0.772	0.772		0.8
Surface Current Depth,m	30	60	30.000	30		30.0
Current Speed at top of section 2,m/s	0.30	1.1	0.772	0.772		0.8
Water depth at top of section 3,m	50	50	1000	1000		1000.0
Current Speed at top of section 3,m/s	0.15	0.10	0.5714	0.5714		0.6
Water Depth	1500	1500	1500	1500		[illegible]
Current Speed at Mudline,m/s	0.15	0.10	0	0		0.0

Notes: Environment Basis for Default Values
Mild - West Africa 100yr Wind
Moderate - Gulf of Mexico Hurricane
Extreme - North Sea 100yr

Environment Basis for User Override Values

Notes: (1) Surface Current is assumed constant. Currents below Surface Current are assumed piecewise linear.

图 17-2-13　尺度规划工具的 Default-Overides 表格

图17-2-14 尺度规划工具的Solver表格

由于半潜式平台尺度涉及多个参数，往往输入的参数并不合理，此时可以使用 Solver 表格的求解功能寻求优化解。

4. Output 表格

经过多次数据尝试后，最终得到一组合理的尺度数据，此时"Sizing 工具"将通过中间结果输出表格显示平台的静水力特性、系泊荷载估算、气隙估算、造价估算等结果，其中 Output 表格显示了平台的基本尺度和空船重量，如图 17 - 2 - 15 所示。

```
Drilling Semi Global Sizing
and Cost Estimating Tools

Project:  CNOOC Deepwater Drilling Semi    Date:      2007-7-16
Title:    Initial Global Sizing             Data Sht:  Semi Output
By:       WY                                Pages:     1

Input
  Environment                               Severe
  Water Depth, mm                           1500
  Total Dead Load + VDL, tonnes             16100
  Deck Area, m²                             6084
  Riser Vertical Load, tonnes               450

Output
  Long. dist. between column centers, m     63.8
  Trsv. dist. between column centers, m     63.8
  Main pontoon length, m                    95.9
  Main pontoon width, m                     17.9
  Main pontoon height, m                    9.0
  Horizontal frame width, m                 1.6
  Horizontal frame length, m                1.6
  Column width/length, m                    14.9
  Upper Column Elevation, m                 41.0

  Operating Draft, m                        24.0
  Operating Displacement, tonnes            46,419.2

  Lightship weight, tonnes                  24,411.1
    Steel Construction Weight, tonnes       14,162.0
    Outfitting Weight, tonnes               1,204.0
    Corrosion Protection, tonnes            186.6
    Hull system, tonnes                     364.7
    Fixed Equipment WT, tonnes              7,643.4
    Others (Mooring Equipment,etc.), tonnes 850.4
```

图 17 - 2 - 15 尺度规划工具的 Output 表格

第三节 深水浮式平台的结构规划

一、结构规划原则

深水浮式平台一般由浮体、上部甲板和系泊系统构成，如图 17 - 2 - 16 和图 17 - 2 - 17 所示。深水浮式平台的结构规划主要是指其浮体部分的结构规划。本章第二节总体尺度规划确定了深水浮式平台的总体尺度，包括浮体尺度和分舱，而浮体及其内部舱壁各部分的结构尺寸包括板厚、强框架和加强筋的尺寸则由结构规划确定。设计经验表明：深水浮式平台的设计控制载荷主要是浮体内外的液体产生的静水压力，因此按照静水压力设计浮体结构是结构规划的一般原则。在深水浮式平台各主要连接部位，如张力腿平台（TLP）和半潜式生产平台或钻井平台的立柱与浮箱的连接部位，深吃水立柱式平台（SPAR）的硬舱、软舱与桁架结构的连接部位等，都需要进行局部加强，或采用加大结构尺寸，或采用高强度钢材，并通过总体和局部强度校核，最终确定连接部位的结构尺寸。

根据目前深水浮式平台结构设计的经验，深水浮式平台的结构尺度规划的一般流程为：

确定浮体总体尺度和分舱 → 纵向骨材和桁材布置 → 按规范确定：纵向骨材、桁材和板的尺寸 → 校核验证

图 17-2-16 深吃水立柱式平台

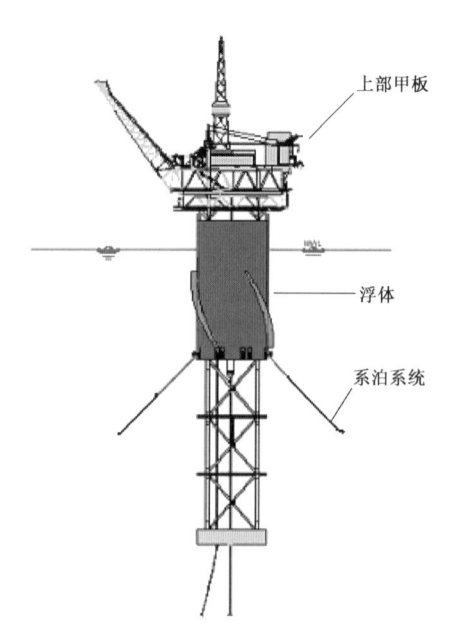

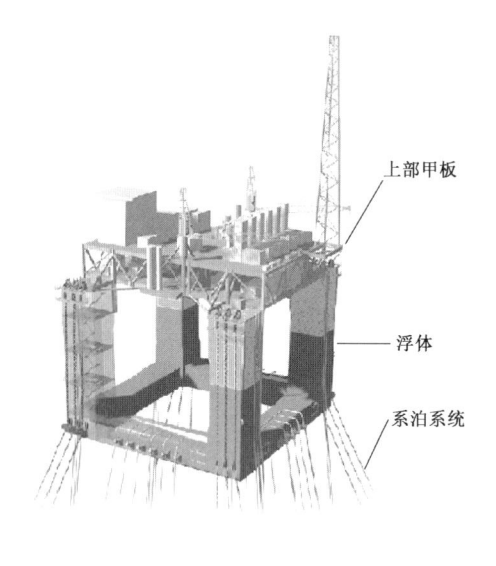

图 17-2-17 半潜式生产平台

二、结构规划方法

深水浮式平台的结构规划是依据静水压力来规划浮体结构主体结构单元的尺寸,浮体结构如图 17-2-18 和图 17-2-19 所示。结构尺寸的确定方法依据 ABS 移动式钻井装置建造与入级规范所规定的最小尺寸要求,或 ABS 关于浮式生产平台建造与入级规范。

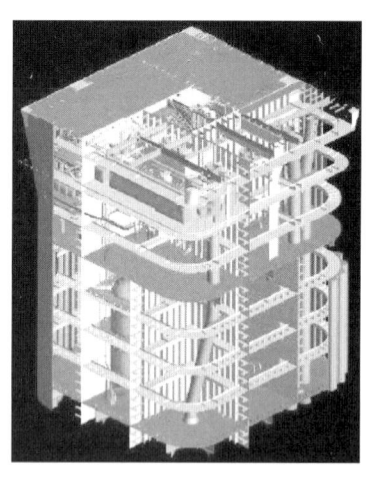

图 17-2-18 立柱结构

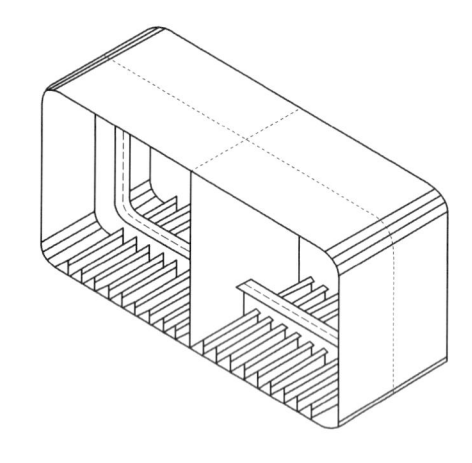

图 17-2-19 浮箱部分结构

ABS 移动式钻井装置建造与入级规范(2006 年版)在第三篇第二章第二节(9 Tank Bulkheads and Tank Flats)给出了浮体外壳板及板上骨材和桁材的计算公式,关于浮体结构尺寸计算公式如下。

板厚计算公式:

$$t = \frac{sk\sqrt{qh}}{254} + 2.5 \tag{17-2-4}$$

其中

$$q = 235/Y$$

式中 t——板厚,mm;

s——骨材间隔距离,mm;

k——系数,当 $a > 2$ 时 $k = 1.0$,当 $1 \leq a \leq 2$ 时 $k = \dfrac{3.075\sqrt{a} - 2.077}{a + 0.272}$;

a——板块的长宽比;

Y——材料的屈服强度或72%的最小拉伸强度,两者取小者,N/mm²;

h——设计压力,从板的最下边到下列位置中的最大距离,m:

(1) $\frac{2}{3}h_0$ 位置,h_0 为从液舱的顶部到通风口顶部之间距离;

(2) 液舱的顶部之上 0.91m 位置;

(3) 载荷线的位置;

(4) $\frac{2}{3}h_1$ 位置,h_1 为甲板干舷高度。

骨材截面模量的计算公式:

$$SM_1 = fchsl^2 \tag{17-2-5}$$

式中 SM_1——骨材截面模量,cm³;

$f=7.8$(当 SM 单位为 in³ 时,取 0.0041);

$c=0.9$,适用于在端部连接到平板上的骨材;或一端连接到平板,另一端由横向筋板支撑;

h——设计压头,当 h 值小于 6.1m 时,h 取这个距离的 0.8 倍再加上 1.22m;

s——骨材的间隔距离;

l——骨材的长度。

桁材截面模量的计算公式:

$$SM_2 = fchsl^2 \tag{17-2-6}$$

式中 SM_2——桁材截面模量,cm³;

$f=4.74$(当 SM 单位为 in³ 时,取 0.0025);

$c=1.5$;

h——设计压头;

l——两支撑之间的距离。

ABS 规范也给出了浮箱内部纵横垂直舱壁以及水平舱壁结构规划的计算公式,以及浮箱内部储存液体舱室的结构规划的计算公式,在进行结构设计时可参考规范的有关规定。

应用 ABS 移动式钻井装置建造与入级规范进行浮体的结构规划,可依据规范规定的最低要求初步确定浮体的结构尺寸,但在浮体的结构设计中有许多局部结构和纵横加强筋的布置,规范没有明确的规定,比如:立柱与浮箱的连接部位结构的尺寸,舱室内存放液体密度的不同对舱室壁厚与加强筋尺寸的影响,还有肘板、支撑板的布置和尺寸等,这些结构尺寸对壳体的整体强度有较大的影响,它们尺寸的确定主要依赖设计者的经验。

在完成平台的结构规划以后,为保证浮体的结构强度以及筋、板的屈曲强度,必须对浮体结构进行结构强度与稳定性校核,利用平台整体有限元的计算方法可以进行浮体结构强度的校核。初步设计阶段,浮体结构的强度与稳定性校核一般采用简化的方法。简化方法仅考虑浮体内外液体的静水压力作用,并考虑动水压力的影响,根据舱室储存液体的变化情况选择组合工况,选取几个关键的横截面进行校核。

简化的浮体结构强度与稳定性校核要解决两个问题:一是载荷工况组合;二是选定关键截面以及截面内带筋板的等效简化,一般是将带筋板用梁去等效。初步设计时浮体截面的有限元模型可简化为全部为梁单元构成的计算模型。

对于浮体不同部位的校核载荷工况组合方法基本类似,一般只需考虑浮体内外液体的静水压力作用及储液舱室在不同操作工况下液面的变化。

浮式平台的浮体一般采用高强度钢制造,最小的屈服极限为 355MPa,在立柱与下浮箱或其他连接部位采用 Z 向钢板。TLP、SPAR 和半潜式生产平台的壳体材料的许用应力按 ABS 规范的规定确定。对于可移动式半潜式钻井平台 ABS 规范规定的许用应力校核准则为：

$$F = F_y/F.S.$$

式中　　F——许用应力；

　　　　F_y——屈服强度（按 ABS 规范第二篇第一章的规定确定）；

　　　　$F.S.$——安全系数，根据应力种类和载荷工况取值。

弯曲强度准则：

（1）静载荷条件 $\sigma_b < 0.6 F_y$

（2）组合载荷条件 $\sigma_b < 0.8 F_y$

（3）破损载荷条件 $\sigma_b < 1.0 F_y$

剪切强度准则：

（1）静载荷条件 $t < 0.4 F_y$

（2）组合载荷条件 $t < 0.53 F_y$

（3）破损载荷条件 $t < 0.58 F_y$

在以上许用应力校核准则中，静载荷是指由于液体对壳体内外产生静水压力，组合载荷考虑了静载荷与有关环境载荷的共同作用，破损载荷工况是按水线上升到平台主甲板时产生的外部静水压力。

对于立柱可采用同样的方法，进行强度校核。校核所采用的软件可以是专用软件如 SACS，也可以应用通用软件如 ANSYS、ABAQUS 等。应用简化模型按静水压力校核浮体的结构强度是一些专业设计公司的习惯做法，而建立局部的浮体结构的有限元模型，按静水压力进行强度校核，能够获得更准确的计算结果，并且能够观察到应力的整体分布情况，这对于改善浮体的结构规划是有益的，完成一个合理结构规划为平台总体设计打下良好的基础。

三、深水浮式平台的结构尺度规划工具软件简介

深水浮式平台的结构尺度规划首先是按照 ABS 规范进行壳体的结构设计，包括：确定壳体的板厚，加强筋、板的尺寸以及局部加强结构的尺寸，然后按照规范规定的强度准则进行校核。中海石油研究中心与 ODL 公司合作编制了深水浮式平台的结构尺度规划工具软件，该软件可用于深水浮式平台，包括：半潜式钻井、生产平台、单立柱式平台和张力腿平台的浮体结构的设计。

深水浮式平台的结构尺度规划工具软件是以 EXCEL 电子表格作为运行环境，利用 EXCEL 电子表格的运算功能，在给定的设计参数下，按 ABS 规范要求自动计算出浮体结构的最小尺寸。在根据计算结果选定浮体结构的相关尺寸（如板厚、纵横向加强筋尺寸）后，还可以按规范对浮体结构的强度进行校核。

深水浮式平台的结构尺度规划工具软件由 3 个电子数据表格构成，深吃水立柱式平台（SPAR 平台）结构尺度规划工具软件要复杂一些。第一个电子数据表格是数据输入与设计压头计算表格，即"DesignHeads"电子数据表格；第二个数据表格是壳体结构尺寸设计计算表格，即"ABS Scantling"电子数据表格；第三个数据表格是壳体结构强度校核表格，即"ASD Checks"电子数据表格。

"DesignHeads"电子数据表格是用来计算在操作和破损条件下的设计压头，计算所得到的设计压头用于确定壳体的结构尺寸。设计压头的计算依据 ABS 规范第三篇"壳体建造和设备"的规定。设计压头所输入的数据如下：

（1）旁通的垂直高度 H_t；

（2）立柱顶端的高程 Ele；

（3）主甲板高程 Ele；

（4）通风口高度 H_{vt}；

（5）操作吃水深度；

（6）破损状态吃水深度；

（7）破损状态许用应力增强系数 AIF，一般取 $AIF = 1.33$。

由于旁通的底面、侧面、顶面以及旁通的纵横向隔板相对高程不同,它们的设计压头要分别计算。对于立柱结构的外壳和各个水平隔板的高程也不相同,设计压头也要分高程段进行计算,如图 17-2-20 所示。按 ABS 规范,计算 5 种情况下的压头,取最大者用于结构设计。

图 17-2-21 为半潜式钻井平台结构规划工具的"DesignHeads"电子数据表。

"ABS Scantling"电子数据表格是依据 ABS 规范进行壳体的结构设计。在这个表格内需要输入的数据如下:

(1) 壳体的几何尺寸,包括旁通的长、宽、高,以及立柱的宽度和高度。

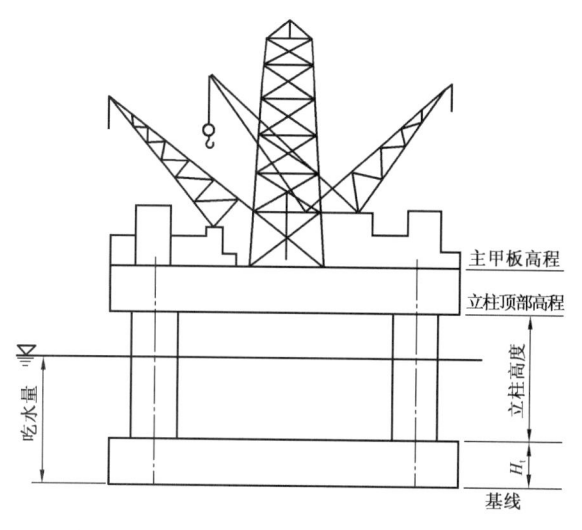

图 17-2-20 半潜式平台的总体尺度与高程

```
Pontoon Ht                       9.00   m
Top of Column Ele               41.00   m
Main Deck Ele                   49.50   m
Vent Ht (above main deck)        1.00   m
Operating Draft                 24.00   m
Damaged Draft                   28.00   m
AIF for Damaged Condition        1.33
```

	PONTOON			COLUMN					PTN	Column Flats					
	Bottom	Sides/Long BHD	Top	0-9.0m	9.0-18.0m	18.0-30.0m	30.0-36.0m	36.0-41.0m	Tran BHD	Keel	9.0 m	18.0 m	30.0 m	36.0 m	41.0 m
Elevation (ft)	0	0	9	0	9	18	30	36	0	0	9	18	30	36	41
2/3 d (tank top to vent)	36.87	36.87	27.87	25.87	15.87	11.33	36.87	25.87	15.87	11.33	6.33				
3ft above tank top	9.91	9.91	0.91	9.91	9.91	12.91	6.91	5.91	9.91	9.91	12.91	6.91	5.91	0.91	
Operating Load Line	24.00	24.00	15.00	24.00	15.00	6.00	-6.00	-12.00	24.00	24.00	15.00	6.00	-6.00	-12.00	-17.00
Damaged Load Line	28.00	28.00	19.00	28.00	19.00	10.00	-2.00	-8.00	28.00	28.00	19.00	10.00	-2.00	-8.00	-13.00
Normalized Damaged Load Line	21.01	21.01	14.25	21.01	14.25	7.50	-1.50	-6.00	21.01	21.01	14.25	7.50	-1.50	-6.00	-9.75
Minimum (20ft)	6.10	6.10	6.10	6.10	6.10	6.10	6.10	6.10	6.10	6.10	6.10	6.10	6.10	6.10	6.10
Design Head (m)	36.67	36.67	27.67	36.67	30.67	25.67	15.67	11.33	36.67	36.67	30.67	25.67	15.67	11.33	6.33

图 17-2-21 "DesignHeads"电子数据表格

(2) 材料特性,包括材料的屈服强度、极限强度,以及 Q 系数,一般钢材 $Q=0.78$,高强度钢 $Q=0.72$。

(3) 输入板的宽度和长度,板宽为纵向加强筋之间的距离,板长为横向加强筋之间的距离。

在输入上述数据以后,"ABS Scantling"电子数据表格可以自动计算出壳体结构所必须的板厚,然后用户选择符合规格要求的板厚,最后进行一致性验算,验算要求要保证验算值小于 1。纵向加强筋的设计方法与一致性验算与板的设计过程相同。

横向加强筋的设计稍有不同,在计算横向加强筋的尺寸之前,先要估算横向加强筋的有效长度,横向加强筋的有效长度与壳体的尺寸(或横向加强筋的全长)有关,也与横向加强筋两端支撑板尺寸有关,一般横向加强筋的有效长度等于横向加强筋的全长减去两端支撑板尺寸的一半,如图 17-2-22 所示。然后,与纵向加强筋的设计方法设计过程相同。

图 17-2-23 为"ABS Scantling"电子数据表格。

"ASD Checks"电子数据表格是应用 AISC(美国钢结构协会)WSD(工作应力法)公式进行纵横向加强筋的弯曲和剪切应力校核,不需要另外输入数据。图 17-2-24 为"ASD Checks"电子数据表格。

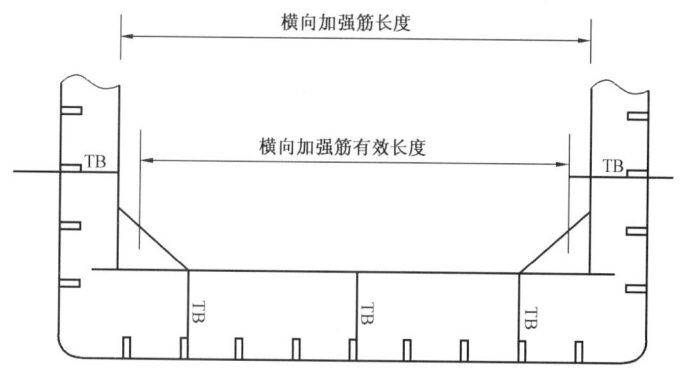

图 17-2-22 横向加强筋的有效长度

Pontoon Length (m)	98
Pontoon Width (m)	17.8
Pontoon Depth (m)	9
Column Width (m)	14.8
Column Height (m)	32

indicate the input cells

	PONTOON			COLUMN					PTN	Column Flats					
	Bottom	Sides/Long.BHD	Top	0-9.0m	9.0-18.0m	18.0-30.0m	30.0-36.0m	36.0-41.0m	Tran BHD	Keel	9.0 m	18.0 m	30.0 m	36.0 m	41.0 m
Yield strength Fy (MPa):	345.00	345.00	345.00	345.00	345.00	345.00	345.00	345.00	345.00	345.00	345.00	345.00	345.00	345.00	345.00
Ult strength U (MPa)	490.00	490.00	490.00	490.00	490.00	490.00	490.00	490.00	490.00	490.00	490.00	490.00	490.00	490.00	490.00
Design Head (m)	36.67	36.67	27.67	36.67	30.67	25.67	15.67	11.33	36.67	36.67	30.67	25.67	15.67	11.33	6.33
Plate width (mm)	593	600	593	593	617	617	617	617	593	617	617	617	617	617	617
Plate length (mm)	1950	1950	1950	1850	1800	2000	2000	1700	2250	1850	1850	1850	1850	1850	1850
Stiffener spacings (mm)	593	600	593.3	593.3	616.7	616.7	616.7	616.7	593.3	616.7	616.7	616.7	616.7	616.7	616.7
Frame spacings (mm)	1950	1950	1950	1850	1800	2000	2000	1700	1800	1850	1850	1850	1850	1850	1850
Pressure (psf):	7699	7699	5809	7699	6439	5389	3290	2380	7699	7699	6439	5389	3290	2380	1330
PLATING															
Aspect ratio a (>1):	3.29	3.25	3.29	3.12	2.92	3.24	3.24	2.76	3.79	3.00	3.00	3.00	3.00	3.00	3.00
k	1.00	1.00	1.00	1.00	1.00	1.00	1.00	1.00	1.00	1.00	1.00	1.00	1.00	1.00	1.00
q	0.68	0.68	0.68	0.68	0.68	0.68	0.68	0.68	0.68	0.68	0.68	0.68	0.68	0.68	0.68
treq (mm)	14.2	14.3	12.6	14.2	13.6	12.7	10.4	9.2	14.2	14.6	13.6	12.7	10.4	9.2	7.5
Plate t(mm)	16	16	14	16	15	14	12	10	16	16	15	14	12	10	9
Unity Check:	0.89	0.89	0.90	0.89	0.91	0.90	0.87	0.92	0.89	0.91	0.91	0.90	0.87	0.92	0.84
STIFFENERS															
f:	7.8	7.8	7.8	7.8	7.8	7.8	7.8	7.8	7.8	7.8	7.8	7.8	7.8	7.8	7.8
c:	1	1	1	1	1	1	1	1	1	1	1	1	1	1	1
Q:	0.72	0.72	0.72	0.72	0.72	0.72	0.72	0.72	0.72	0.72	0.72	0.72	0.72	0.72	0.72
Req sect mod (cm3)	464.56	469.81	350.53	418.13	344.12	355.57	217.04	113.44	395.84	434.63	363.51	304.24	185.70	134.34	75.07
c:	0.80	0.80	0.80	0.80	0.80	0.80	0.80	0.80	0.80	0.80	0.80	0.80	0.80	0.80	0.80
cL/B	2.63	2.60	2.63	2.49	2.34	2.59	2.59	2.21	2.43	2.40	2.40	2.40	2.40	2.40	2.40
Bfl/B	0.80	0.79	0.80	0.78	0.76	0.79	0.79	0.74	0.77	0.77	0.77	0.77	0.77	0.77	0.77
Eff plate width B (mm)	472.22	475.57	472.22	462.89	468.38	488.42	488.42	456.82	457.87	473.75	473.75	473.75	473.75	473.75	473.75
Stiffener:	L9x4x9/16	L9x4x9/16	L8x4x1/2	L9x4x1/2	L8x4x1/2	L8x4x1/2	L6x4x1/2	L4x3x1/2	L9x4x1/2	L9x4x1/2	L8x4x1/2	L7x4x1/2	L5x3 1/2x1/2	L5x3x7/16	L4x3x3/8
tw (in):	0.5625	0.5625	0.5	0.5	0.5	0.5	0.5	0.5	0.5	0.5	0.5	0.5	0.5	0.4375	0.3125
ex (in):	3.33	3.33	2.86	3.31	2.86	2.86	1.99	1.33	3.31	3.31	2.86	2.42	1.66	1.73	1.26
d (in):	9.00	9.00	8.00	9.00	8.00	8.00	6.00	4.00	9.00	9.00	8.00	7.00	5.00	5.00	4.00
A(in2)	7.00	7.00	5.75	6.25	5.75	5.75	4.75	3.25	6.25	6.25	5.75	5.25	4.00	3.31	2.09
I(in4)	59.10	59.10	38.50	53.20	38.50	38.50	17.40	5.05	53.20	53.20	38.50	26.70	9.99	8.43	3.38
Comp section															
A (in2):	18.71	18.79	16.00	17.73	16.64	16.35	13.83	10.33	17.61	18.00	16.76	15.53	12.81	10.65	8.70
N.A. (in):	2.55	2.54	2.22	2.43	2.17	2.18	1.69	1.10	2.45	2.40	2.16	1.92	1.35	1.27	0.88
I (in4):	216.42	216.84	146.78	199.50	149.99	148.10	73.81	23.45	198.94	200.70	150.43	108.90	45.34	35.95	16.96
Splate (in3):	84.74	85.23	66.05	82.04	69.01	67.92	43.57	21.34	81.31	83.62	69.66	56.81	33.52	28.22	19.32
Sstiff (in3):	33.57	33.59	25.40	30.37	25.74	25.45	17.14	8.08	30.36	30.41	25.76	21.42	12.43	9.65	5.43
Min. Comp SM (cm3)	550.19	550.40	416.31	497.75	421.83	417.01	280.89	132.45	497.47	498.33	422.06	351.07	203.71	158.10	89.03
Unity Check:	0.84	0.85	0.84	0.84	0.82	0.85	0.77	0.86	0.80	0.87	0.86	0.87	0.91	0.85	0.84
GIRDERS															
Length L (mm):	9000.00	9000.00	9000.00	9000.00	15000.00	15000.00	15000.00	15000.00	9000.00	9000.00	9000.00	7500.00	7500.00	7500.00	7500.00
Eff. Length L (mm)	6750.00	6300.00	6975.00	6750.00	11000.00	11000.00	11400.00	12000.00	6000.00	6750.00	6975.00	5500.00	5700.00	5900.00	6100.00
Spacing s (mm):	1980.00	1980.00	1980.00	2143.00	1800.00	2000.00	2333.00	2000.00	2250.00	2143.00	1980.00	1875.00	1875.00	1875.00	1875.00
f:	4.74	4.74	4.74	4.74	4.74	4.74	4.74	4.74	4.74	4.74	4.74	4.74	4.74	4.74	4.74
c:	1.5	1.5	1.5	1.5	1.5	1.5	1.5	1.5	1.5	1.5	1.5	1.5	1.5	1.5	1.5
Q:	0.72	0.72	0.72	0.72	0.72	0.72	0.72	0.72	0.72	0.72	0.72	0.72	0.72	0.72	0.72
Req sect mod (cm3)	16933.48	14750.94	13643.08	18327.50	34192.16	31797.06	24316.62	16709.07	15204.02	18327.50	15122.45	7452.44	4885.73	3786.74	2262.01
c:	0.80	0.80	0.80	0.80	0.80	0.80	0.80	0.80	0.80	0.80	0.80	0.80	0.80	0.80	0.80
cL/B	2.73	2.55	2.82	2.52	4.89	4.40	3.91	4.80	2.13	2.52	2.82	2.35	2.43	2.52	2.60
Bfl/B	0.81	0.79	0.82	0.78	0.93	0.91	0.89	0.92	0.73	0.78	0.82	0.76	0.77	0.78	0.79
Eff flange width B (mm)	1596.68	1556.91	1614.70	1678.54	1665.98	1820.73	2076.95	1846.15	1641.46	1678.54	1614.70	1427.03	1448.19	1468.07	1486.74
T Girder:															
tw (mm):	13.00	13.00	13.00	13.00	15.00	15.00	13.00	13.00	13.00	13.00	13.00	11.00	11.00	11.00	10.00
h (mm):	1500.00	1350.00	1350.00	1500.00	2000.00	2000.00	1800.00	1500.00	1500.00	1500.00	1350.00	1000.00	900.00	800.00	700.00
tf (mm):	22.00	22.00	22.00	22.00	26.00	25.00	25.00	26.00	22.00	25.00	26.00	22.00	20.00	20.00	13.00
bf (mm):	350.00	350.00	320.00	400.00	460.00	460.00	380.00	300.00	300.00	350.00	320.00	250.00	180.00	150.00	150.00
A (cm2):	269.14	249.64	243.04	280.14	415.70	411.25	325.75	269.62	258.14	279.25	255.32	162.58	132.80	115.80	88.20
Comp section															
A (cm2):	524.61	498.75	469.10	548.71	665.60	666.15	574.98	454.24	520.77	547.82	497.53	362.36	306.58	262.61	222.01
N.A. (mm):	501.32	448.57	455.95	509.66	808.30	793.59	660.90	574.22	473.33	507.81	463.95	305.43	252.03	224.88	173.50
I (cm4):	1870906	1462434	1361051	2013219	4379464	4346174	3037825	1666566	1773447	2001878	1490423	573358	358488	240041	141830
Splate (cm3):	37319.96	32602.02	29851.16	39501.19	54180.87	54766.07	45964.93	29023.34	37467.58	39421.60	32124.48	18772.29	14223.99	10674.35	8174.71
Sgird (cm3):	18438.29	15940.57	14988.66	20005.36	36293.04	35612.37	26390.64	17809.31	17008.68	19856.21	16541.00	8091.73	5431.88	4102.40	2648.53
Min. Comp SM (cm3)	18438.29	15940.57	14988.66	20005.36	36293.04	35612.37	26390.64	17809.31	17008.68	19856.21	16541.00	8091.73	5431.88	4102.40	2648.53
Unity Check:	0.92	0.93	0.91	0.92	0.94	0.89	0.92	0.94	0.89	0.92	0.91	0.92	0.90	0.92	0.85

图17-2-23　“ABS Scantling”电子数据表格

ITEM	PONTOON			COLUMN				BHDs	Column Flats				
	Bottom	Side/Long.BHD	Top	0-9.0m	9.0-18.0m	18.0-30.0m	30.0-36.0m	36.0-41.0m	Tran.BHD	Keel	9.0 m	18.0 m	30.0 m	36.0 m	41.0 m
STIFFENERS														
Stiff. Span (mm)	1050.00	1050.00	1950.00	1850.00	1800.00	2000.00	2000.00	1700.00	1800.00	1850.00	1850.00	1850.00	1850.00	1850.00
Stiff. Spacing (mm)	593.30	800.00	593.30	593.30	616.70	616.70	616.70	616.70	563.30	616.70	616.70	616.70	616.70	616.70
Stiff. Depth (mm)	228.60	228.60	203.20	228.60	203.20	203.20	152.40	101.60	228.60	228.60	203.20	177.80	127.00	101.60
Stiff. Web Thickness (mm)	14.29	14.29	12.70	12.70	12.70	12.70	12.70	12.70	12.70	12.70	12.70	12.70	12.70	7.94
Elastic modulus S (cm3)	550.19	550.40	416.31	497.75	421.83	417.01	280.89	132.45	497.47	498.33	422.06	351.07	203.71	158.10	89.03
Design Head (m)	36.67	36.67	27.67	36.67	30.67	25.67	15.87	11.33	36.67	36.67	30.67	25.67	15.87	11.33	6.33
Design Pressure (psf)	7898.94	7898.94	5809.20	7898.94	6439.12	5389.26	3289.26	2379.67	7898.94	7898.94	6439.12	5389.26	3289.55	2379.67	1329.82
Design Pressure (N/mm2)	0.37	0.37	0.28	0.37	0.31	0.26	0.16	0.11	0.37	0.37	0.31	0.26	0.16	0.11	0.06
q (N/mm)	218.62	221.09	164.96	218.62	190.06	159.07	97.09	70.24	218.62	227.24	190.06	159.07	97.09	70.24	39.25
Bending moment (N-mm)	########	84090080.49	62725581.93	748227725.88	615780801.53	########	########	########	########	########	########	########	########	########	########
Bending stress (MPa)	151.09	152.74	150.67	150.32	145.98	152.58	138.28	153.26	142.39	156.07	154.12	155.07	163.13	152.05	150.89
Allow bend stress (MPa)	207	207	207	207	207	207	207	207	207	207	207	207	207	207	207
Unity check	0.73	0.74	0.73	0.73	0.71	0.74	0.67	0.74	0.69	0.75	0.74	0.75	0.79	0.73	0.73
GOOD?	OK	OK	OK	OK	OK	OK	OK	OK	OK	OK	OK	OK	OK	OK	OK
Shear force (N)	213154.59	215561.69	160834.83	202223.58	171051.87	159066.79	97094.55	59702.82	196758.08	210199.37	175603.11	147139.58	89812.46	64970.71	38307.16
Shear stress (MPa)	65.26	66.00	62.32	69.65	66.28	81.64	50.17	46.27	67.77	72.40	68.12	65.16	55.68	46.04	45.02
Allow shear stress (MPa)	138.00	138.00	138.00	138.00	138.00	138.00	138.00	138.00	138.00	138.00	138.00	138.00	138.00	138.00	138.00
Unity check	0.47	0.48	0.45	0.50	0.48	0.45	0.36	0.34	0.49	0.52	0.49	0.47	0.40	0.33	0.33
GOOD?	OK	OK	OK	OK	OK	OK	OK	OK	OK	OK	OK	OK	OK	OK	OK
GIRDERS														
Girder Eff. Span (mm)	6750.00	6300	6975	6750	11000	11000	11400	12000	6000	6750	8975	5500	5700	6100
Girder Spacing (mm)	1980.00	1980	1980	2143	1800	2000	2333	2000	2250	2143	1980	1875	1875	1875
Girder Depth (mm)	1500.00	1350	1350	1500	2000	2000	1800	1500	1500	1500	1350	1000	900	700
Girder Web Thickness (m	13.00	13	13	13	13	13	13	13	13	13	11	11	11	10
Elastic modulus S (cm3)	18438.29	15940.57105	14988.8568	20005.3562	36293.3098	36812.3898	26390.6405	17809.307	17008.6772	19856.2102	16541.0003	8091.73145	5431.8334	4102.39718	2648.53453
q (N/mm)	729.59342	729.5934243	550.511402	789.655913	554.73219	515.874138	387.312438	227.78858	829.033437	789.655913	610.205409	483.632005	295.20395	213.551794	119.337767
Bending moment (N-mm)	########	2895756301	2678272378	3597889755	8712259504	6242077075	4773592419	########	2984700372	3597889755	2908687455	1482998814	959117637	743373796	444055833
Bending stress (MPa)	180.29	181.66	178.69	179.85	184.95	175.28	180.88	184.18	175.48	181.20	179.47	180.80	176.57	181.20	167.66
Allowable bend stress (ks)	207	207	207	207	207	207	207	207	207	207	207	207	207	207	207
Unity check	0.88	0.88	0.86	0.87	0.89	0.85	0.87	0.89	0.85	0.88	0.87	0.87	0.85	0.88	0.81
GOOD?	OK	OK	OK	OK	OK	OK	OK	OK	OK	OK	OK	OK	OK	OK	OK
Shear force (N)	########	2298219.29	1919908.51	2665088.71	3051027.05	2837307.76	2093680.89	1366731.48	2487250.31	2665088.71	2128091.37	1329988.01	841331.26	629977.79	363980.19
Shear stress (MPa)	126.28	130.95	109.40	136.67	101.70	94.58	89.47	127.55	130.67	136.67	121.26	120.91	84.98	71.59	52.00
Allow shear stress (ksi)	138	138	138	138	138	138	138	138	138	138	138	138	138	138	138
Unity check	0.92	0.95	0.79	0.99	0.74	0.69	0.65	0.51	0.92	0.99	0.88	0.88	0.62	0.52	0.38
GOOD?	OK	OK	OK	OK	OK	OK	OK	OK	OK	OK	OK	OK	OK	OK	OK

图17-2-24 "ASD Checks" 电子数据表格

第四节 深水浮式平台的总体性能分析

浮式平台总体性能分析的主要目的是考察所设计的平台是否能够满足功能需求,其重点任务是:考察平台总体尺度规划结果的合理性,计算平台运动特征和各自由度上的响应周期,估算平台受到的波浪荷载并搜索设计波,为以后的平台结构设计提供基础数据。一般应满足如下基本要求:

(1)平台排水量必须足以支撑平台重量、系泊系统载荷与立管载荷的总和。
(2)平台必须提供足够的空间以容纳设备和满足操作需求。
(3)平台的稳性和定位能力满足规范的最低要求。

浮式平台的设计工作将遵循如图 17-2-25 所示的"设计螺旋",总体性能分析的工作流程如图 17-2-26 所示,其中列明了所有涉及的从基本功能需求到详细设计的工作内容。

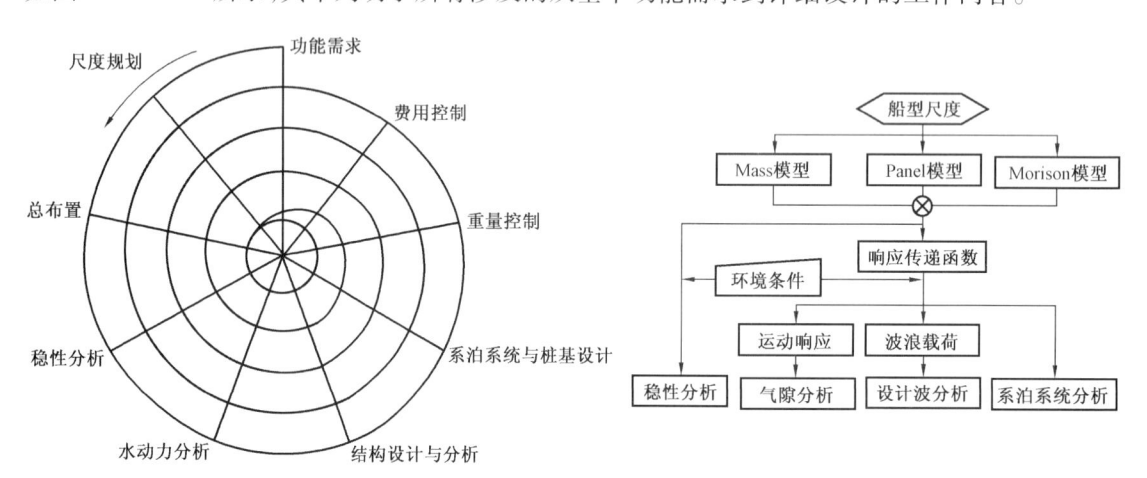

图 17-2-25 浮式平台的"设计螺旋"

图 17-2-26 浮式平台总体性能分析流程图

一、稳性

1. 稳性的定义

浮式平台在作业时,由于受到风浪等外力作用,使其离开原来的平衡位置而产生偏移和倾斜,之后由于平台自身所具有的恢复能力回到平衡位置。浮式平台经常处于上述平衡与不平衡的往复运动之中,为了平台的安全,要求平台具有良好的恢复平衡的能力。

如图 17-2-27 所示,若平台在倾斜力矩作用下缓慢地倾斜一个小角度,其水线由 WL 变为 W_1L_1,由于平台重量在倾斜前后没有改变,则其重心将保持原来的位置,排水体积也没有改变,但由于水线位置的变化使得排水体积的形状发生了改变,故浮心由原来的 B 点移至 B_1 点,此时重心和浮心不再位于同一直线上,因而浮力与重力形成一对力偶 M_R,这个力偶称为恢复力矩,它与倾斜力矩的方向相反,起着抵抗倾斜的作用,若倾斜力矩消失,恢复力矩将促使平台回到原来的平衡位置。浮式平台在外力作用下离开平衡位置,当外力消除后又能够恢复到平衡位置的能力称为稳性。

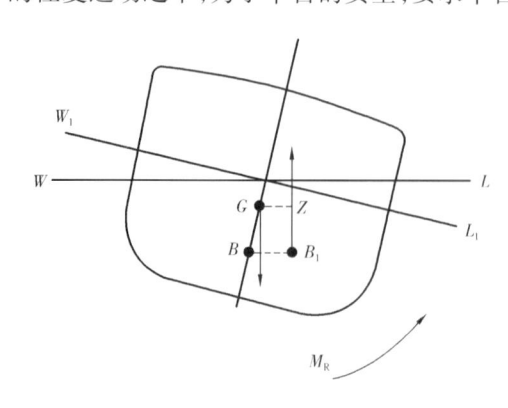

图 17-2-27 平台的倾斜与恢复

倾斜力矩的大小取决于风浪等环境条件,恢复力矩的大小取决于平台排水量、重心高度及浮心移动的距离等因素,讨论浮式平台的稳性问题就是研究倾斜力矩和恢复力矩之间的数学关系。稳性可以作如下分类。

1）按倾斜力矩的性质分类

(1) 静稳性——在静态外力作用下,不计及倾斜角速度的稳性。

(2) 动稳性——在动态外力作用下,计及倾斜角速度的稳性。

2）按平台倾斜方向分类

平台向左舷或右舷倾斜时的稳性称为横稳性,向艏部或艉部倾斜时的稳性称为纵稳性。

3）按平台倾斜角度大小分类

(1) 初稳性——也称小倾角稳性,一般指倾角小于10°或平台上甲板边缘开始入水前(取其小者)的稳性。

(2) 大倾角稳性——一般指倾角大于10°或平台上甲板边缘开始入水后的稳性。

4）按平台结构完整性分类

(1) 完整稳性——平台结构完整状态下的稳性。

(2) 破舱稳性——又称破损稳性,平台结构破损进水后的剩余稳性。

2. 初稳性

如图17-2-28所示,当平台发生小角度倾斜时,浮心从 B 点移至 B_1 点,此时浮力作用线与平台剖面中线 z 相交于点 M,该点称为初稳心,BM 称为稳心半径,GM 的长度称为初稳性高。稳心位置与平台主尺度和船型有关,而重心与平台的装载状态有关,两者中只要有一个改变,就会引起 GM 长度的改变,从而影响平台的稳性,因此,GM 的长度是衡量平台初稳性的一个重要指标。

3. 大倾角稳性

当平台遭遇恶劣风浪条件时,初稳性的假定条件将不再适用,因而不能再用初稳性来判别平台是否具有足够的稳性。如图17-2-29所示,平台倾斜一个大角度 Φ 后,水线位置变为 $W_\Phi L_\Phi$,浮心 B_0 点移至 B_Φ 点,但其移动曲线不再是圆弧,因而浮力作用线与平台剖面中线不再交于初稳心 M 点。

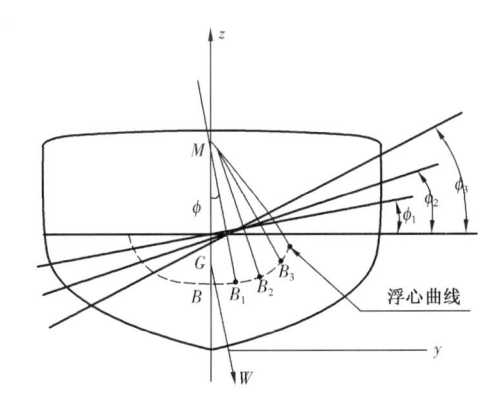

图17-2-28 稳心与稳心半径

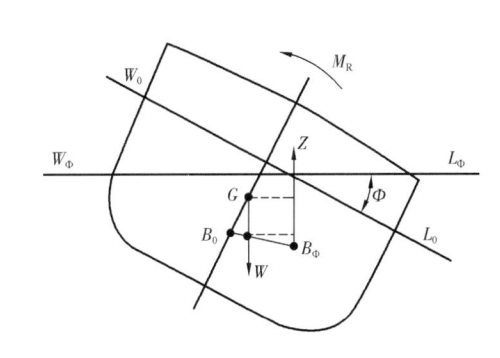

图17-2-29 平台的大倾角倾斜

此时,恢复力臂 l 随倾角而变化,无法用简单公式计算,通常根据计算结果绘制成如图17-2-30所示的静稳性曲线,作为衡量平台大倾角稳性的依据。平台受到的倾斜力矩如果是静力性质的,那么倾斜力矩所做的功全部转化为平台位能,其数值等于静稳性曲线下的面积,这个面积越大,平台的稳性越高。

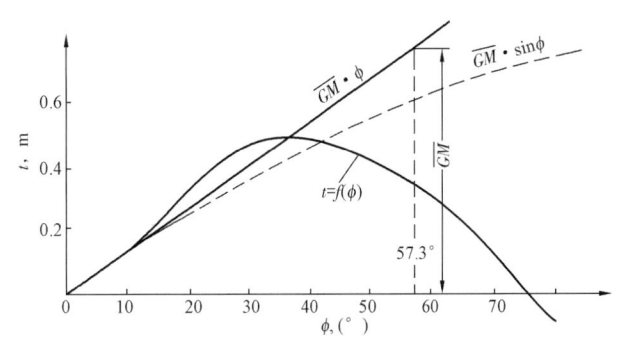

图17-2-30 静稳性曲线

4. 稳性要求

浮式平台的完整稳性和破舱稳性应当满足国际准则和采用的规范。例如 IMO MODU CODE 2001 与 ABS MODU 2006 假定平台处于无系泊约束的漂浮状态,在任何浮态均应当保持稳心高为正。

1) 完整稳性要求

(1) 运输与作业工况下应具备足够的稳性以抵御不小于 36m/s(70kn) 风速,生存工况下能抵御不小于 51.5m/s(100kn) 风速。

(2) 静稳性曲线与风倾力矩曲线(图 17-2-31)下所包含的面积满足:

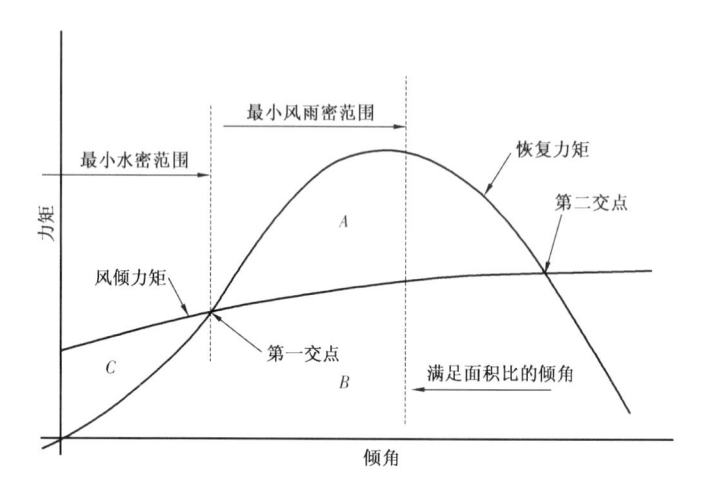

$$(A+B) \geqslant 1.3(B+C)$$

图 17-2-31 完整稳性曲线

2) 破舱稳性要求

(1) 平台发生破舱后的稳性能力能够抵抗不小于 25.8m/s(50kn) 的风速。

(2) 发生破舱后的平台承受风速为 25.8m/s(50kn) 的风倾力矩时,稳性曲线与风倾力矩曲线(图 17-2-32)的第一、第二交点之间跨越的角度大于 7°。

(3) 发生破舱后的平台承受风速为 25.8m/s(50kn) 的风倾力矩时,稳性曲线与风倾力矩曲线(图 17-2-32)的第一、第二交点之间必须存在某一倾角,在该处恢复力矩达到风倾力矩的 2 倍。

(4) IMO MODU CODE 要求,发生破舱后的平台重新建立平衡时,水面以下部分应当保持水密,新平衡状态的水面必须低于风雨密浸水口至少 4m,或者浸水角大于平衡角至少 7°,如图 17-2-33 所示。

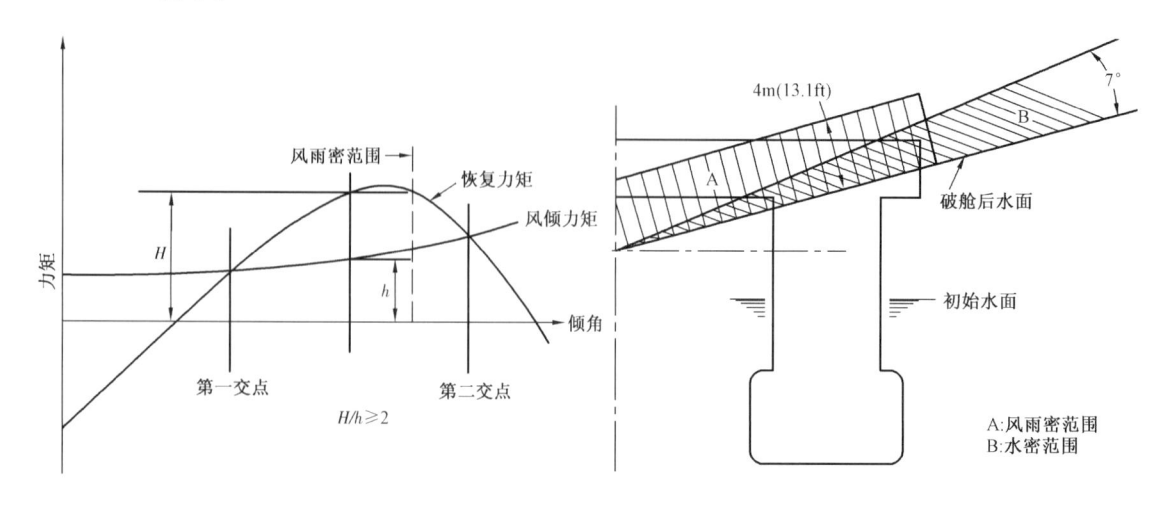

图 17-2-32 破舱稳性曲线

图 17-2-33 破舱状态风雨密要求示意图

(5)IMO MODU CODE 要求,发生破舱后的平台倾斜角不大于25°。

3)破舱范围

计算破舱稳性时遵循下列原则:

(1)立柱破舱仅发生在靠近外侧表面。

(2)立柱破舱可能发生在水面以上5m,水面以下3m的区域内,破舱口的竖向尺度为3m,如果破舱范围内有舱壁,则假定与该舱壁临近的两个舱室均发生破舱。

(3)立柱发生破舱时,破口侵入深度为1.5m。

(4)浮箱或横撑破舱仅在运输过程中发生,破舱范围与程度与立柱相同。

4)稳性分析方法

(1)按照式(17-2-7)计算不同方向、不同横倾角时平台受到的风载荷及风力作用中心位置,从而得到风倾力矩:

$$F = 0.5C_S C_H \rho v^2 A \qquad (17-2-7)$$

式中 F——风载荷;

C_S——形状系数(具体数据见表17-2-11);

表17-2-11 风力形状系数表

形状	球	柱	大尺度平面	井架	线	梁	小部件	孤立物体	集中建筑
C_S	0.4	0.5	1.0	1.25	1.2	1.3	1.4	1.5	1.1

C_H——高度系数(具体数据见表17-2-12);

表17-2-12 风力高度系数表

高度,m	C_H	高度,m	C_H
0~15.3	1.00	137.0~152.5	1.60
15.3~30.5	1.10	152.5~167.5	1.63
30.5~46.0	1.20	167.5~183.0	1.67
46.0~61.0	1.30	183.0~198.0	1.70
61.0~76.0	1.37	198.0~213.5	1.72
76.0~91.5	1.43	213.5~228.5	1.75
91.5~106.5	1.48	228.5~244.0	1.77
106.5~122.0	1.52	244.0~256.0	1.79
122.0~137.0	1.56	>256	1.80

ρ——空气密度(1.222kg/m³);

v——风速;

A——平台受风物体投影面积。

(2)建立平台湿表面模型、质量模型。

(3)根据平台水密性能数据定义浸水口。

(4)指定吃水,使用静水力计算程序计算平台在不同横倾角时的恢复力矩,获得稳性高、浸水口入水横倾角等参数。

(5)绘制稳性曲线、风倾力矩曲线,确定两曲线交点所对应的横倾角。

(6)根据稳性要求校核平台稳性。

(7)在运输工况和生存工况的范围内改变吃水,返回第(4)步重新计算,获得各吃水情况下的重心允许高度。

上述稳性分析方法适用于完整稳性和破舱稳性分析,所不同的是两种工况下平台装载情况和初始倾角、稳性要求等,此外,破舱稳性分析过程中还应考虑到破损舱室的充水率、破损舱室的工况组合对稳性的影响。

5) 稳性分析流程

稳性分析流程图如图 17-2-34 所示。

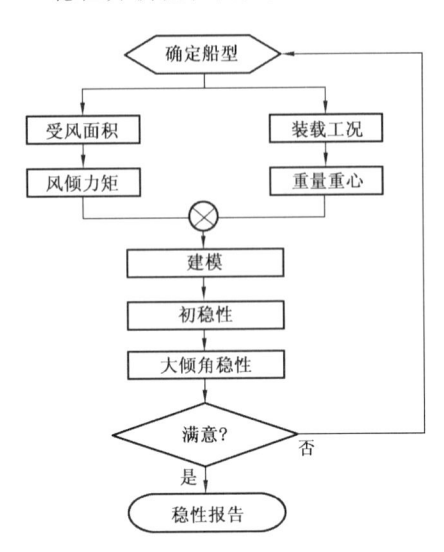

图 17-2-34 浮式平台稳性分析流程图

6) 需进行稳性分析的关键点

(1) 平台浮体干拖时的装船/下水过程;
(2) 湿拖过程;
(3) 平台安装过程;
(4) 平台在位状态。

二、总体性能分析

浮式平台总体性能分析的主要内容包括:

(1) 平台吃水与排水量;
(2) 平台 6 个自由度方向的运动特性;
(3) 平台波浪荷载;
(4) 平台气隙性能;
(5) 系泊系统特性。

总体性能分析的主要步骤如下:

(1) 建立平台分析模型;
(2) 计算平台响应传递函数(RAO);
(3) 进行平台运动响应分析;
(4) 进行平台气隙性能分析;
(5) 进行平台波浪载荷分析;
(6) 确定设计波;
(7) 系泊系统特性分析(有关内容在第二章第七节叙述)。

1. 平台分析模型

浮式平台的总体性能分析需要建立三类分析模型,即用于三维绕射势流理论计算大物体静水力和波浪载荷的三维湿表面模型(Panel model)、用于计算小尺度构件惯性力和黏性阻力的莫里森模型(Morison model),以及描述平台重量重心位置与惯性半径等质量分布特征的质量模型(Mass model)。质量模型可以使用质量点近似模拟平台的质量分布,也可以使用用于结构强度计算的结构模型(Structure model)较为精确地模拟平台质量分布,在设计初期进行运动性能估算时,也可采用重量、重心位置、质量惯性半径等参数对平台质量进行简化模拟。

1) 半潜式平台分析模型

图 17-2-35~图 17-2-37 分别展示了典型的半潜式平台分析模型。

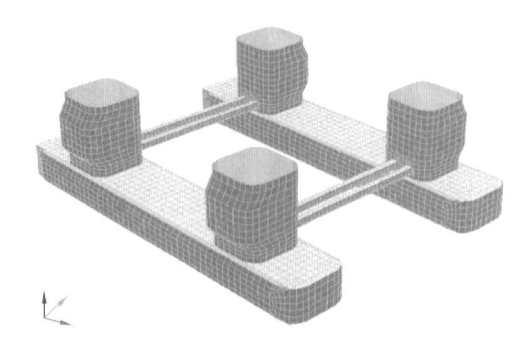

图 17-2-35 半潜式平台的三维湿表面模型

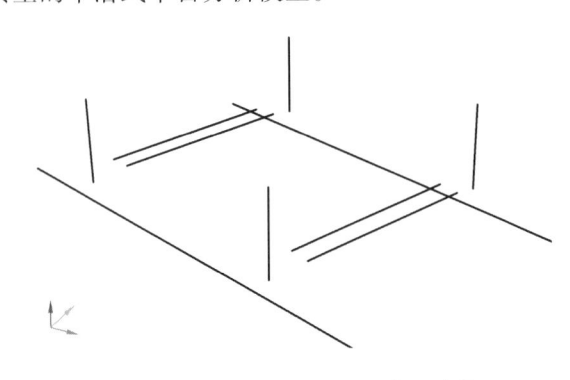

图 17-2-36 半潜式平台的莫里森模型

2）张力腿平台分析模型

张力腿平台的总体性能分析需要建立4类分析模型，除了用于三维绕辐射势流理论计算大物体静水力、附连水质量、流体阻尼和波浪载荷的三维湿表面模型（Panel model）、用于计算小尺度构件惯性力和黏性阻力的莫里森模型（Morison model）、描述平台重量重心位置与惯性半径等质量分布特征的质量模型（Mass model）外，还需要建立用于计算和频（倍频）和差频的二阶水动力荷载的自由水面模型（Free surface model）。图17-2-38～图17-2-41分别展示了典型的张力腿平台分析模型，通过这些模型，可以得到张力腿平台的动力特征、运动响应和荷载响应。

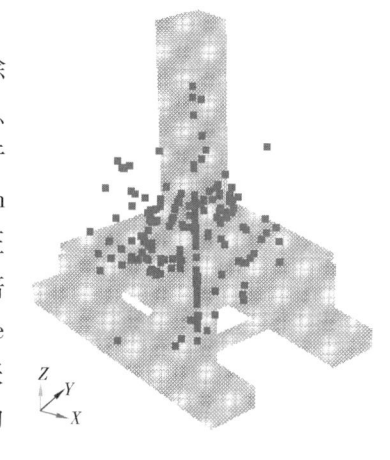

图17-2-37 半潜式平台的质量模型

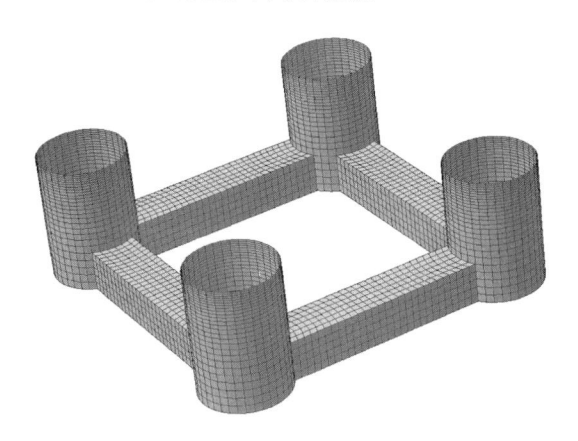

图17-2-38 张力腿平台湿表面模型

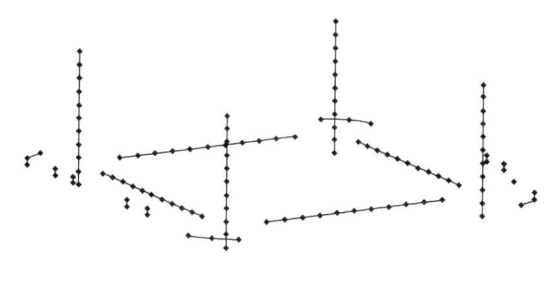

图17-2-39 张力腿平台莫里森模型

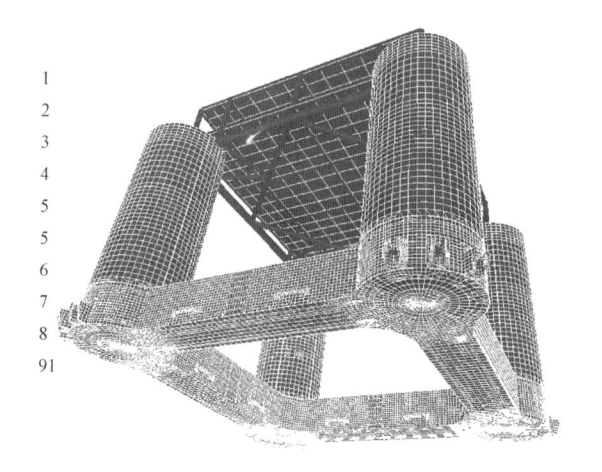

图17-2-40 张力腿平台质量模型

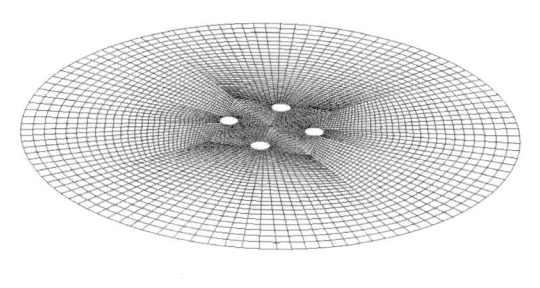

图17-2-41 张力腿平台自由水面模型

3）深吃水立柱式平台分析模型

深吃水立柱式平台与半潜式平台和张力腿平台的计算分析模型建立方法基本相似，需要建立Panel模型、Morison模型和Mass模型，如图17-2-42～图17-2-44。深吃水立柱式平台的外形具有自身特点，例如垂荡板是深吃水立柱式平台的特有部件，其作用是增加平台垂荡周期，以避开波浪能量集中区，同时提供黏性阻尼以减小平台垂荡运动幅值。因此，在Panel模型中除了模拟硬舱和软舱两个浮体外，还需要模拟垂荡板，其阻力可以用拖曳力系数C_d和质量系数C_m来定义。此外，深吃水立柱式平台的硬舱和软舱之间由桁架连接，桁架对平台的水动力特性有不可忽视的影响,因而需要在 Morison 模型中建立硬舱和软舱之间的桁架模型。

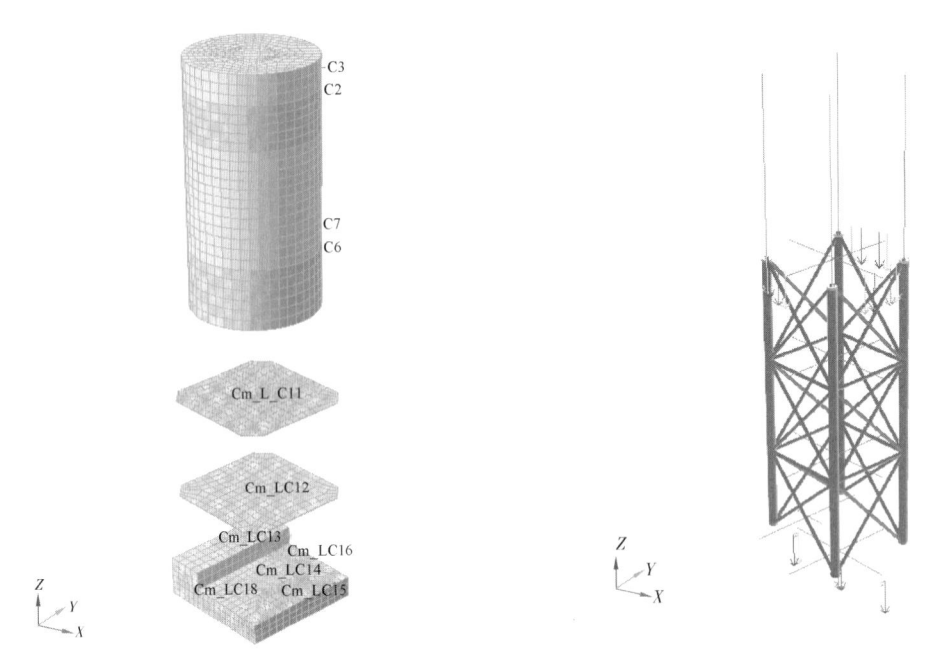

图 17-2-42 深吃水立柱式平台湿表面模型　　图 17-2-43 深吃水立柱式平台莫里森模型

2. 平台响应传递函数(RAO)

建立平台分析模型之后,可以使用水动力分析程序计算平台运动和载荷响应的传递函数(RAO),响应传递函数是平台在单位波幅的规则波作用下的响应,在不规则波平台运动特性分析中使用。一般情况下,需要对生存工况和操作工况分别计算响应传递函数。使用水动力分析程序计算平台运动和载荷响应传递函数 RAO 的步骤如下:

(1)设定入射波方向。应全面考虑来波方向(0°~360°),步长一般取 15°。平台型线若关于中纵剖面或中横剖面对称,入射波的方向可对称选取。

(2)设定规则波周期。分析的规则波周期范围一般为 3~40s,步长 1s,并在关键周期区间上加密。若平台在低频(或者高频)上响应明显,则应扩大上述规则波周期范围。

(3)设定分析模型。

(4)执行水动力分析程序,计算 RAO。

3. 平台响应谱分析

图 17-2-44 深吃水立柱式平台质量模型

获得平台响应的传递函数后,即可结合由平台使用海域海况资料确定的海浪谱,采用谱分析方法预报平台在不规则波中的短期响应。

选择和使用合理的波能谱是获得可靠分析结果的基础。到目前为止,已有不少描述海浪的波能谱公式,但是由于各公式所基于的海域、前提假定和分析手段的不同,其结果相差较大。其中比较典型的有:1952 年提出的适用于波浪充分发展阶段的纽曼波能谱,1964 年提出的适用于波浪充分发展阶段的皮尔逊-莫斯柯维奇波能谱(简称 PM 谱),1969 年提出的适用于有限风区的 JONSWAP 波能谱等。根据国内有关研究单位的研究结果,在中国南海海域可采用 JONSWAP 波能谱。

响应分析内容包括生存工况和操作工况下,平台横荡(Surge)、纵荡(Sway)、垂荡(Heave)、横摇(Roll)、纵摇(Pitch)、艏摇(Yaw)6个自由度的运动响应,各自由度的运动幅值应满足设计规范要求。一般在作业工况下,横摇、纵摇幅值应当小于5°,垂荡幅值应当满足立管补偿装置的要求。

4. 气隙分析

气隙是甲板底部到水面的距离,气隙分析的目的是确保甲板底部在极端环境条件下不会受到波浪冲击,如果甲板底部存在可以上浪的部件,则需要进行局部强度校核。气隙的数值并不是越大越好,随着气隙的增加,平台重心位置将提高,从而增加倾覆力矩并影响平台稳性。气隙最小值可以使用水动力分析程序进行预报。完整状态下最小气隙应不小于1.5m。

在平台气隙计算中,首先要预报平台下甲板某点相对波面的垂向相对运动短期最大值(即相对波面升高最大值),平台静气隙与相对波面升高最大值之差即为平台在波浪中的最小气隙。如果平台在风载荷作用下产生明显的初始倾斜,还要扣除由于倾斜引起的气隙减少。在平台气隙计算中,应考虑如下因素:

(1)平台波频运动;
(2)平台低频运动;
(3)波面升高;
(4)风载荷引起的气隙减少。

5. 波浪载荷分析

半潜式平台与张力腿平台具有相似的结构形状,由于平台内部结构复杂,在波浪中的运动会在结构中产生复杂的应力分布,如果运动中在某些控制截面产生了最大的荷载响应,那么此时的波浪条件就是控制波浪条件,可以作为结构强度校核的依据,所以在进行波浪载荷分析之前,首先必须选定平台控制截面。控制截面一般应选择在波浪荷载响应最大部位和结构最薄弱部位,如图17-2-45所示。

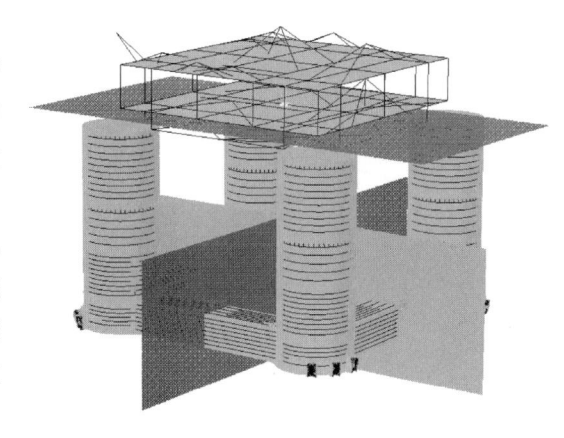

图17-2-45 半潜式平台与张力腿平台波浪载荷控制截面

波浪载荷是进行平台结构强度计算的基础数据,分析内容包括水平分离力、纵向剪力、扭转、甲板重量引起的横向和纵向惯性力、迎浪时的垂向弯矩。

1)水平分离力工况

如图17-2-46所示,当平台遭遇横浪、且波长接近平台宽度两倍时将产生最大水平分离力,该载荷将影响如下部件的设计:

(1)水平横撑;
(2)甲板结构;
(3)立柱与甲板的连接处。

2)纵向剪力工况

如图17-2-47所示,当平台遭遇30°~60°斜浪、且波长接近平台对角线长度一倍半时将产生最大纵向剪力,该工况下横撑将承受最大弯矩。由于纵向剪力与水平分离力同时发生,因此不能仅分析最大纵向剪力工况,需要对多个浪向进行对比,找到最大的组合工况。

图 17-2-46　水平分离力工况　　　　　　图 17-2-47　纵向剪力工况

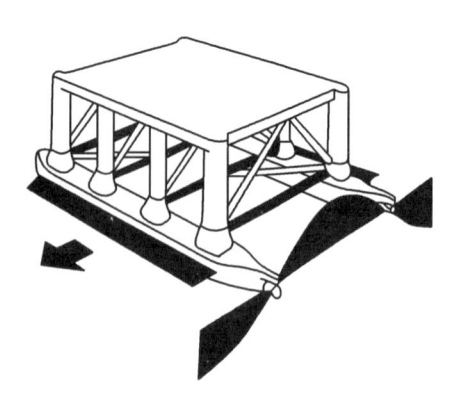

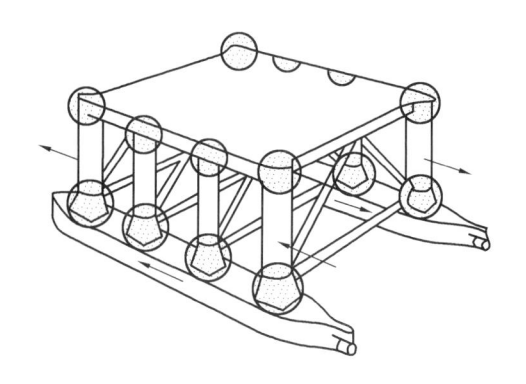

3）扭转工况

如图 17-2-48 所示，当平台遭遇 30°~60°斜浪、且波长接近平台对角线长度时将产生以水平横轴为转轴的最大扭矩，该工况对如下部件为控制工况：

（1）横撑或斜撑；
（2）甲板结构。

4）甲板重量引起的横向和纵向惯性力

如图 17-2-49 所示，当平台迎浪或横浪时，甲板重量将引起纵向或横向加速度，若平台吃水较小，上述惯性力将在立柱与甲板或浮箱的连接部位产生较大的弯矩，因而是平台作业、生存和运输条件的控制工况。

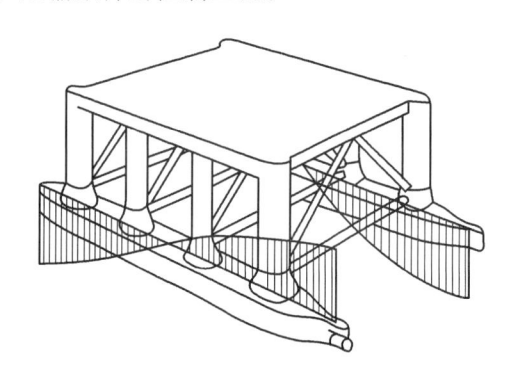

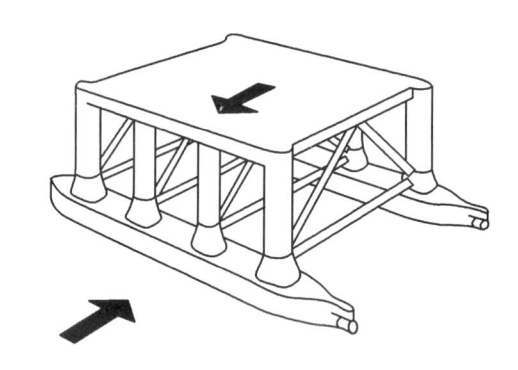

图 17-2-48　扭转工况　　　　　　图 17-2-49　惯性力工况

5）垂向弯矩工况

如图 17-2-50 所示，当平台迎浪、且波长接近浮箱长度时将在浮箱上产生最大垂向弯矩，该弯矩方向因平台与波浪的相对位置而不同：

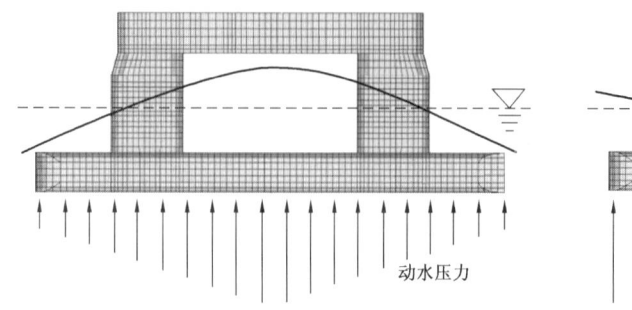

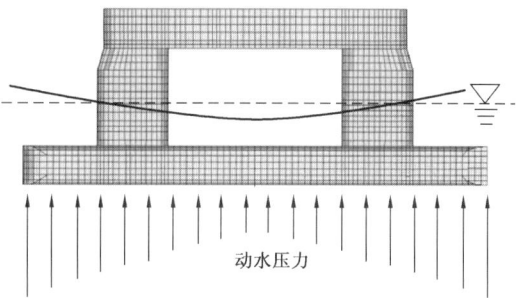

图 17-2-50　垂向弯曲工况

(1)波峰位于平台浮箱中部时因中拱产生的弯矩；
(2)波谷位于平台浮箱中部时因中垂产生的弯矩。

深吃水立柱式平台与半潜式平台或张力腿平台不同，它在竖直方向尺度较大而在水平方向尺度较小，这个特点导致深吃水立柱式平台沿轴向分布的弯矩成为控制载荷。因此，在进行详细的结构数值分析之前，有必要在深吃水立柱式平台上设置不同高度的水平控制截面，如图17－2－51所示，以掌握平台整体所受弯矩分布状态。

6. 设计波

考虑到波浪的效应取决于波高和波周期两个因素，因而半潜式钻井平台结构部件上因波浪载荷而引起的应力最大值有可能不是由最大波高所产生。因此，有必要找出最大波浪载荷所对应的波浪参数，即"设计波"，作为整体结构强度分析的基本数据。

根据波浪描述方式的不同，"设计波"有随机性方法、确定性方法两种确定方法。

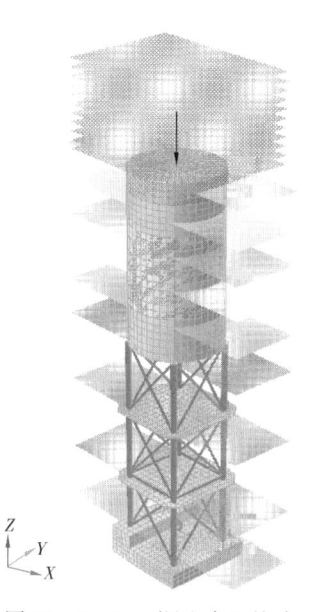

图17－2－51 深吃水立柱式平台波浪载荷控制截面

1）随机性方法

当波浪条件以波谱的形式描述时可采用本方法，以获得设计波幅值和周期。

分析步骤如下：

(1)根据平台几何尺度与特征波浪载荷工况确定浪向和波长 L_C，并通过 L_C 与 T_C 的函数关系式(17－2－8)估算波浪周期 T_C：

$$T_C = \sqrt{\frac{2\pi L_C}{g}} \quad (17-2-8)$$

(2)在 3～25s 周期范围内使用规则波计算特征载荷工况下平台响应传递函数，在 T_C 附近使用 0.2～0.5s 的间隔，其他周期范围内可使用 1.0～2.0s 的间隔，从而得到精确的 T_C 值。

(3)计算不同频率下的响应传递函数 $RAO(\omega)$ 幅值。

(4)根据波陡 S_S，使用式(17－2－9)在 3～18s 跨零周期范围内计算相应的有义波高 H_S，平均跨零周期 T_Z 的间隔为 1s：

$$H_S = \frac{gT_Z^2}{2\pi}S_S \quad (17-2-9)$$

(5)由得到的有义波高 H_S 和平均跨零周期 T_Z 定义波浪谱。

(6)将响应传递函数 $RAO(\omega)$ 幅值的平方与波浪谱密度函数 $S_W(\omega)$ 相乘，得到响应谱 $S_R(\omega)$，并根据响应谱在各波浪条件下预报最大响应，并选择其中的最大值 R_{max}。

(7)使用式(17－2－10)计算设计波幅值 A_D：

$$A_D = (R_{max}/RAO_C) \cdot LF \quad (17-2-10)$$

式中 RAO_C——与 T_C 对应的传递函数幅值；
　　　LF——载荷因子，范围是 1.1～1.3。

2）确定性方法

本方法将根据最大规则波波陡来确定设计波高。

分析步骤如下：

(1)根据平台几何尺度与特征波浪载荷工况确定浪向和波长。

（2）与随机性方法相同，计算不同频率下的响应传递函数 RAO 幅值。

（3）由波陡 S 使用式（17-2-11）在 3～15s 周期范围内计算相应的规则波"限制波高" H：

$$H = \frac{gT^2}{2\pi}S \tag{17-2-11}$$

（4）对各波周期计算载荷响应（由上面得到的"限制波高" H 乘以相应的 RAO 幅值）。

（5）找到最大载荷所对应的波高和波周期，作为设计波参数。

第五节　深水浮式平台的结构强度分析

一、深水浮式平台的类型及其结构特点

深水浮式平台主要指深水浮式生产平台，主要包括深吃水立柱式平台、张力腿平台和半潜式生产平台。深水浮式平台结构包括上部甲板结构和下部浮体结构，本节结构强度分析主要介绍浮体部分的结构强度分析。浮体的结构特点不同，承受的载荷不同，结构的整体应力分布也不相同，应力集中的位置与大小主要取决于浮体的结构特征。

深吃水立柱式平台，国外又称为 SPAR 平台，目前成熟的结构形式有：传统式 SPAR 平台（Classic SPAR）、桁架式 SPAR 平台（Truss SPAR）和多筒式 SPAR 平台（Cell SPAR），在已经投入使用的深吃水立柱式平台中仅有一座是多筒式 SPAR 平台，其他均为传统式 SPAR 平台和桁架式 SPAR 平台，如图 17-2-52 和图 17-2-53 所示。

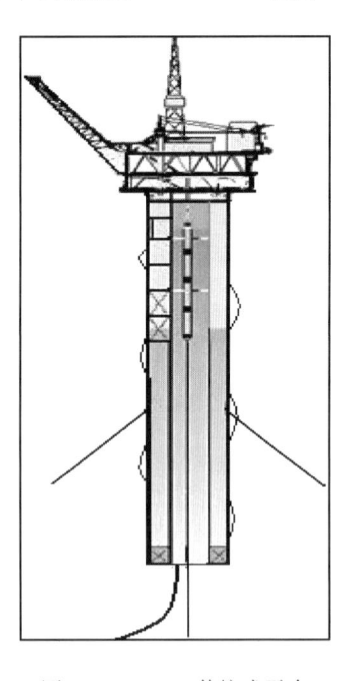

图 17-2-52　传统式平台　　　　　　图 17-2-53　桁架式平台

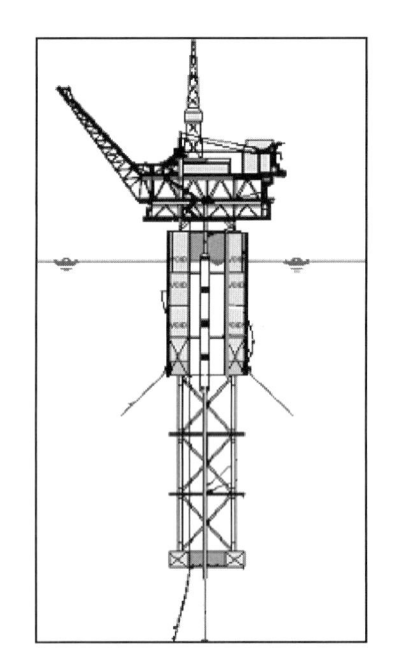

传统深吃水立柱式平台的浮体是一个整体的圆柱壳，在圆柱壳体的上部为硬舱，硬舱在圆周方向划分为 4 个舱室，垂直方向根据需要分割，空舱用来为整个平台提供浮力，同时有部分舱室可用于储存液体或压载水。下部为软舱或压载舱，安装就位时在该舱充入压载物，保证平台的重心始终在浮心的下方。圆柱壳的中心是一个方形的通孔，称为中心井，生产立管通过中心井连接水下井口与位于上部甲板上的处理设备。传统深吃水立柱式平台的中间是用一段圆柱壳把硬舱和软舱连接在一起。桁架式深吃水立柱平台与传统深吃水立柱式平台的主要差异是用桁架取代圆柱壳连接硬舱与软舱，使得平台的壳体用钢量降低许多。桁架式平台的桁架中间设置有几层

垂荡板,垂荡板的作用是增加垂荡阻尼和惯性质量,以增加垂荡周期和降低垂荡幅值。

张力腿平台是采用张力腿系泊的浮式平台,由于其系泊形式不同于锚泊系泊,张力腿平台的运动性能与锚泊系泊的浮式平台有明显的差异。张力腿平台的结构形式如图 17-2-54 和图 17-2-55 所示。

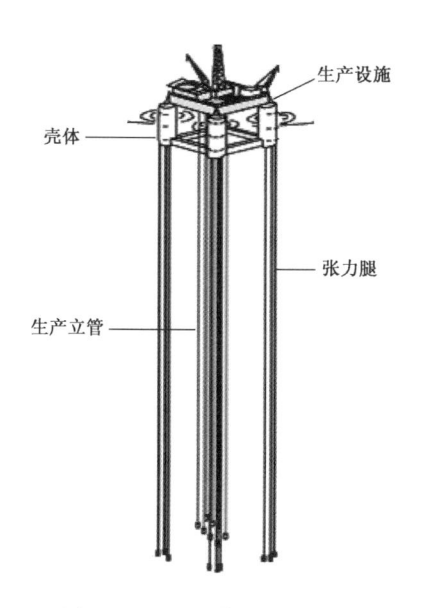

图 17-2-54　传统 TLP 平台　　　　图 17-2-55　Seastar TLP 平台

张力腿平台按其壳体的结构形式不同分为 4 类:传统 TLP 平台(图 17-2-54)、ETLP 平台、MOSES TLP 平台和 Seastar TLP 平台(图 17-2-55)。传统 TLP 平台、ETLP 平台和 MOSES TLP 平台的壳体结构都是由 4 根(或 3 根)立柱与浮箱连接在一起构成,所不同的是 ETLP 平台和 MOSES TLP 平台立柱间距变小,从立柱下端侧向外伸出一定长度的悬臂连接张力腿。张力腿平台依靠下浮箱和立柱产生的排水量为整个平台提供浮力,并为张力腿提供张力。张力腿平台的立柱和浮箱按总体要求划分为多个舱室,其浮体结构按 ABS[ABS 移动式钻井装置建造与入级规范(2006 年版)]进行设计。

半潜式生产平台其浮体的结构形式与传统张力腿平台类似,浮体结构一般由 4 根立柱和连接 4 根立柱的等截面下浮箱构成,如图 17-2-56 和图 17-2-57 所示。所不同的是半潜式生产平台是用锚泊的方式系泊,因而在环境载荷的作用下垂荡运动幅度较大。目前半潜式生产平台多采用水下采油树进行湿式采油,通过钢悬链立管(SCR)连接水下生产系统与平台甲板上油气处理设施。半潜式生产平台的浮体结构的设计,同样按 ABS[ABS 移动式钻井装置建造与入级规范(2006 年版)]的要求进行设计。

二、深水浮式平台的载荷分类

深水浮式平台的强度分析计算的首要工作之一是根据其所处的状态或工况,确定作用在平台上的载荷。对于深水浮式生产平台,其载荷状态可以分为:建造、拖航、安装和在位等不同状态,在位状态又分为正常环境条件和极端环境条件。深水浮式生产平台在这各种不同状态下承受外载荷作用的位置、方向和大小是不同的,要分别加以分析计算。合理选择状态和确定作用在平台的外载荷是平台结构强度计算的关键一步。

深水浮式生产平台安装就位以后,在长期固定的海域操作,它们承受的外载荷类似,总体可分为:环境载荷、静水压力、立管及系泊载荷、自重载荷、操作载荷、活载荷、惯性载荷、波浪砰击载荷及事故载荷。

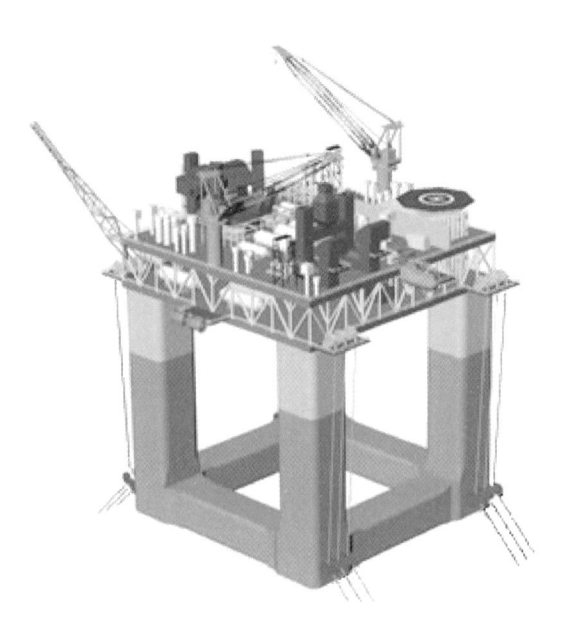

图 17-2-56　半潜式生产平台 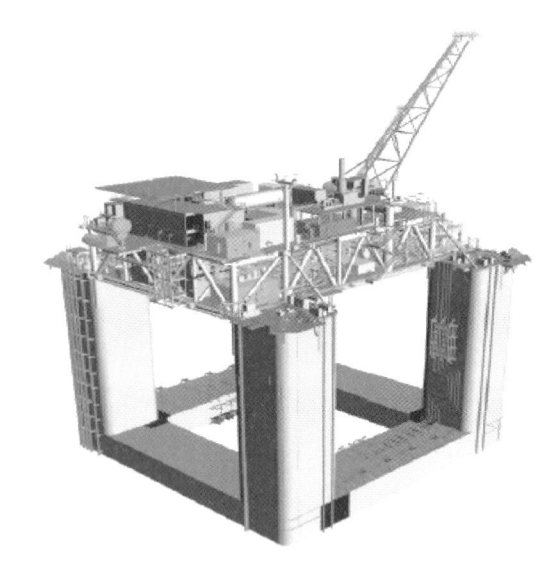　　　　　图 17-2-57　半潜式生产钻井平台

1. 环境载荷

环境载荷主要是指风、浪、流、地震等环境载荷,其中波浪载荷为深水浮式生产平台设计的控制载荷。作用在平台上的波浪载荷的大小取决于浪向、周期及波高,由于波浪载荷是一种随机载荷,准确计算比较困难。目前的波浪载荷的分析方法主要有谱分析法和设计波法两种,而设计波法应用较广泛。所谓设计波法是按照规定工况,对波浪周期、浪向进行搜索,最后确定一个能在结构上产生最大载荷的规则波,然后用这个规则波在结构上产生的波浪载荷与其他作用在平台上的载荷组合进行平台结构强度计算。深水浮式生产平台的结构强度计算一般按照一年一遇的操作海况(或十年一遇的操作工况)和一百年一遇的极端海况确定设计波参数,然后应用水动力分析软件计算波浪载荷,再施加在平台结构上进行结构的应力计算。

2. 静水压力

位于水面以下的结构要承受静水压力作用,在没有动水压力作用的情况下静水压力向上的总合力(浮力)与平台结构产生的重力平衡,平台浮体保持一定的吃水深度,通过调节舱内压载水量可以调节平台的吃水深度。

3. 立管及系泊载荷

浮式生产平台依靠立管,将水下生产系统与上部甲板上的油气处理设备相连接。立管类型包括:顶部张紧立管(TTR)、钢悬链立管(SCR)及控制管缆(UMBILICAL)等。外输立管,即钢悬链立管(SCR)悬挂在平台的一侧。所有立管对平台所产生的拉力必须考虑。另外,还有系泊系统产生的系泊载荷。对于张力腿平台,张力腿的张力也作用在平台上,同样应给予考虑。

4. 自重载荷

平台上所有设备以及平台本身重量包括浮体、上部组块等都应该作为施加在平台上的重量荷载。另外,平台的自重载荷还应包括浮体舱室内的压载水或压载物。

5. 操作载荷

浮式生产平台一般具有钻、完井和修井设备,在钻、完井和修井作业中所产生的载荷同样作用在平台上,这些载荷作用的位置、大小均要在基本载荷工况中考虑。

6. 活载荷

活载荷指平台生存期间平台上可变化和可移动的静载荷,应考虑最大和最小活载荷基本工况,以确定最不利的载荷工况。

7. 惯性载荷

浮式生产平台在环境载荷的作用下,产生6个方向上的运动,运动加速度产生惯性力,惯性力对平台的结构强度有一定影响,在基本载荷工况中应考虑惯性力的影响。

8. 波浪砰击载荷

浮式生产平台在拖航或作业过程中,平台的部分结构,如浮箱、立柱以及甲板下面一侧的支撑梁、柱可能遭受到波浪的砰击作用,波浪砰击载荷对结构强度的影响,一般根据具体设计要求,作为局部载荷单独计算校核。

9. 事故载荷

浮式生产平台结构设计和设备(设施)布置时应考虑使事故载荷的影响降到最小,事故载荷一般包括:船舶碰撞、意外落物的撞击、火灾和爆炸、立管和井口事故等。

三、深水浮式平台总体结构强度的分析

总体结构强度分析的主要目的是校核浮体壳体、内部平板、舱壁、立柱、立柱舱壁等结构单元的名义应力;并根据相应载荷组合工况的结构许用应力,来评估浮体结构规划设计的可行性,或根据应力分布和大小进行结构的设计优化。

深水浮式平台总体结构强度的分析首先要确定作用在平台结构上的外载荷,深水浮式平台在风浪作用下,始终处于运动状态,因此对浮式平台的载荷进行计算是一个非常复杂的动力问题,难以精确计算。目前比较普遍使用的方法是将动力问题转化为准静力问题来处理,即把平台运动产生的惯性力考虑在内,认为所有外载荷保持静力平衡,从而转化为静力问题来简化计算。

1. 组合载荷工况

深水浮式平台总体结构强度分析的第一步是选择组合载荷工况,由于深水浮式平台的总体结构形状不同,各种载荷的作用位置不同,尤其是在波浪载荷的作用下不同的平台结构,其内力和变形的响应的差别很大。因此选择组合载荷工况应考虑平台的结构特点。

1)深吃水立柱式平台的组合载荷工况

深吃水立柱式平台的浮体部分是一个长柱体(Truss SPAR 中间一段是桁架结构),在波浪载荷作用下或安装扶正时,遭受弯矩、剪力和轴向拉力作用。计算载荷的确定一般采用设计波法,根据一年一遇(或十年一遇)的波浪条件和百年一遇的波浪条件搜索设计波,然后按一年一遇的设计波、十年一遇和百年一遇的设计波与其他载荷,如风力、流力、自重、活载荷、立管和系泊载荷等组合,形成组合载荷工况,并根据设计基础的要求列出载荷工况表。

2)张力腿平台的组合载荷工况

根据张力腿平台的结构特点,它在横向波浪载荷作用下,两边的立柱将受到挤压和分离作用,当波长约为浮体宽度两倍的波浪通过时产生最大的挤压和分离力。张力腿平台由于受到张力腿的限制,其主要运动为横向偏移和垂直下降。横向偏移和垂直下降运动加速度产生的甲板结构的惯性力应当在结构强度计算中考虑。与深吃水立柱式平台的组合载荷工况类似,对张力腿平台,也是按一年一遇(或十年一遇)的设计波和百年一遇的设计波与其他载荷组合起来形成组合载荷工况。

3)半潜式生产平台的组合载荷工况

半潜式生产平台一般采用锚链/系泊缆系泊,半潜式生产平台的浮体有两个对称面,纵、横向波浪载荷作用的作用效果差别不大。

当波长约为浮体宽度两倍的波浪横过半潜式生产平台时产生最大的挤压和分离力,半潜式生产平台在波浪载荷作用下的纵、横摇和垂荡加速度使上部甲板产生惯性力,另外纵、横波浪作

用也将在旁通上产生弯矩。确定载荷工况要通过设计波分析,确定一年一遇(或十年一遇)的设计波和百年一遇的设计波并与其他载荷组合起来形成组合载荷工况。

2. 分析方法

深水浮式平台的结构强度计算方法根据使用的软件不同,所采用的方法和步骤有所区别,其中主要区别在于水动力载荷向结构模型的传递方法。目前水动力载荷的计算软件有:WADAM、WAMIT、MOSES 等;结构分析软件有:ANSYS、ABQUS、Sestra(SESAM 结构分析模块)等。水动力载荷向结构模型传递的其中一种方法是利用计算软件计算得到分布在水动力模型湿面单元上的面载荷,通过编制载荷传递程序,把水动力模型湿面上的面载荷直接施加到结构模型的面单元上,然后按照载荷工况组合,利用通用有限元分析软件进行结构分析。SESAM 是由 DNV 开发的适用于海洋工程结构分析的软件系统。该软件系统由多个程序模块组成,各个程序模块之间通过界面文件传递数据,可以进行水动力载荷计算、结构强度和疲劳计算,以及浮体的全耦合分析等。应用 SESAM 进行深水浮式平台的结构强度计算,首先是用前处理模块 Patran – Pre 建立水动力计算模型和平台的有限元结构模型,利用水动力分析模块 WADAM 计算水动力载荷,然后把水动力载荷传递给有限元结构模型,再利用结构分析模块

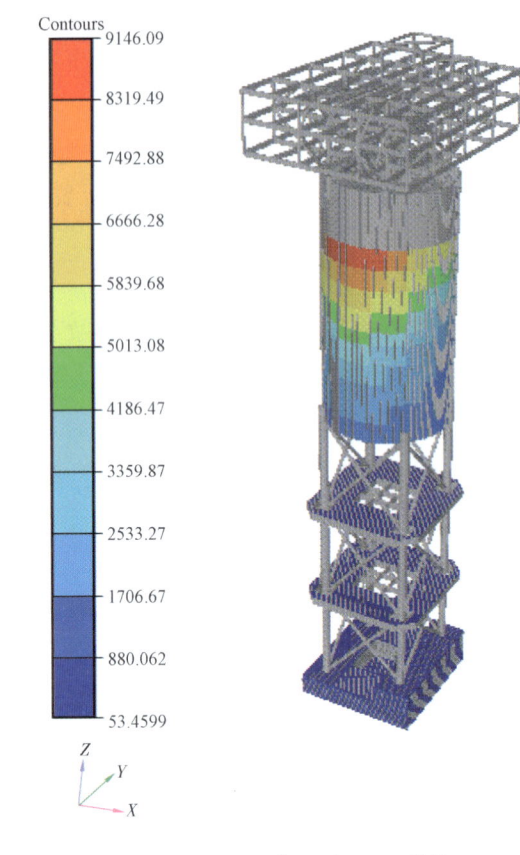

图 17 – 2 – 58 传递到 SPAR 结构模型上的水动力载荷

Sestra 进行结构分析,并使用后处理模块 Xtract 查看结构求解结果,图 17 – 2 – 58 所示为传递到 SPAR 结构模型上的水动力载荷。

这种方法的不足之处是在求解计算之前,看不到施加在结构模型上的载荷,无法判断浮体上的载荷是否平衡。深水浮式平台的结构强度计算的另一种方法是直观方法,即按计算确定的设计波用水动力分析软件计算出作用在浮体的总载荷,然后采用通用有限元分析软件建立结构模型,根据组合载荷工况给结构模型施加波浪载荷以及其他载荷和边界条件,求解后可获得计算结果。

3. 结构有限元模型的建立

平台结构是一种板、梁组合结构,由于板、梁、筋和肘板等构件的尺度差别较大,受有限元单元网格划分的限制,要在整体结构模型中完全模拟所有的构件是困难的,在建立结构有限元模型时一般要如实地模拟主要结构构件和单元。为了简化模型,提高计算效率,可以忽略一些小的构件,但不能对结构有限元模型随意简化,要符合规范的有关规定。

深吃水立柱式平台整体结构为圆柱壳体或圆柱壳体与桁架的组合结构。在建立有限元结构模型时重点是圆柱壳体结构模型的建立。在建立圆柱壳体结构模型时,板及壳采用板单元;硬舱中环向加强结构(ring girder)及软舱中的纵向加强框架及甲板的腹板采用板单元,面板采用梁单元;上部组块所有设备采用质量单元模拟。图 17 – 2 – 59 所示为深吃水立柱式桁架平台壳体结构模型图,图 17 – 2 – 60 所示为深吃水立柱式平台整体结构模型。

图 17-2-59　深吃水立柱式桁架平台整体结构模型

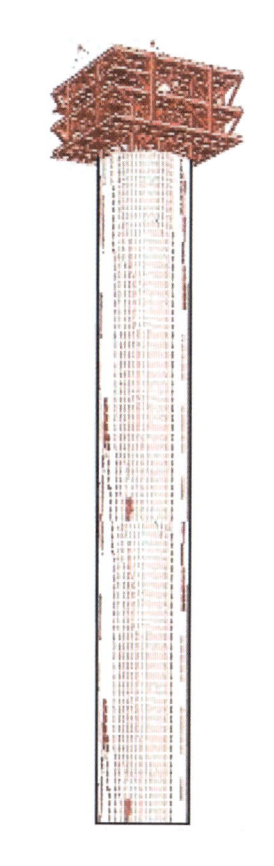

图 17-2-60　深吃水立柱式平台整体结构模型

张力腿平台的立柱截面有方形和圆柱形两种,旁通的截面基本为矩形,无论采用哪一种截面形状,外壳和内部舱室都采用纵向加强筋(stiffener)和环向加强筋(girder)对壁板进行加强。在建立张力腿平台的结构模型中,所有的板及壳采用板单元;环向加强筋(girder)的腹板采用板单元,面板采用梁单元;纵向加强用球扁钢采用梁单元模拟;张力腿模拟为弹簧单元;上部组块所有设备采用质量单元模拟。一般在总体模型中,不模拟次要的结构细节,如次要构件的肘板、加强筋等。图 17-2-61 所示为张力腿平台整体结构模型。

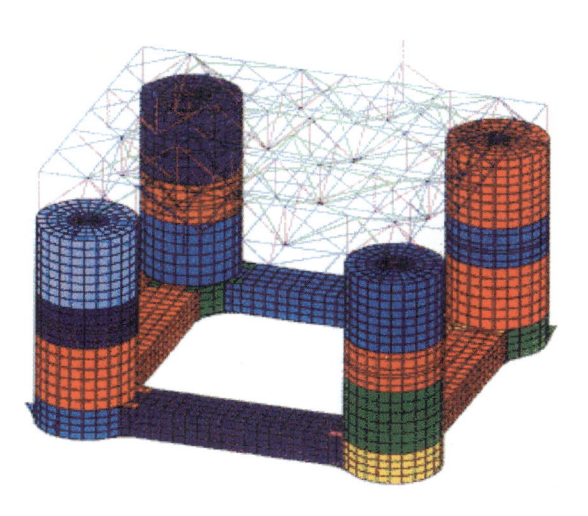

图 17-2-61　张力腿平台整体结构模型

半潜式生产平台的总体结构模拟类似张力腿平台,一般半潜式生产平台由 4 个等截面浮箱和立柱构成,立柱截面形状多为正方形或矩形。半潜式生产平台总体结构模型的建立方法可参照张力腿平台整体结构模型的建立方法。

在建立平台总体结构模型的过程中,由于有限元模型的简化,模型的重量和实际结构的重量必然有差别,所以要通过调整平台材料的密度来调整模型的重量,使模型重量与实际结构的重量相等。

4. 载荷施加与边界条件

在建立起浮式平台的总体结构模型后,必须对模型施加外载荷和边界条件。在施加外载荷的过程中,关于波浪载荷的施加方式在分析方法中已作介绍,其中直观方法是把水动力分析求解出的总载荷施加到结构相应的位置,如横浪时使半潜式平台发生挤压或分离的载荷一般施加在浮箱侧板的中部,同时还要考虑上部甲板结构所受的重力和垂荡加速度产生的惯性力,立柱、下浮体所受的重力和垂荡加速度产生的惯性力,以及横撑的浮力等,如图17-2-62所示为半潜式生产平台横浪荷载工况组合。

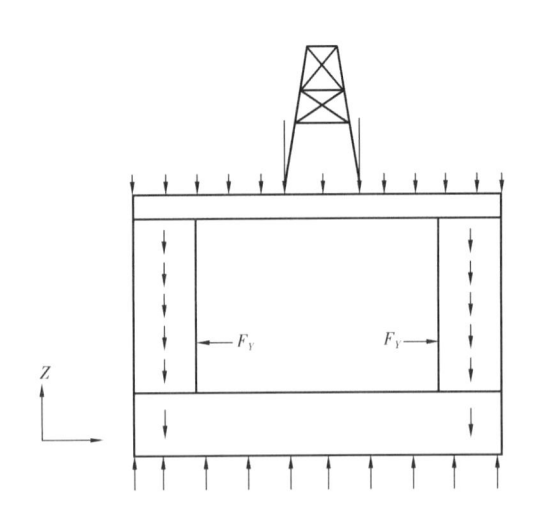

图17-2-62 半潜式生产平台横浪荷载工况组合

根据载荷工况的不同:如拖航、安装和就位,要把平台结构各种受力状态下载荷的组合列举出来,分别施加到结构模型上,分别求解以获得各个载荷组合下的结构应力分布。对于水动力载荷直接面对面的传递法,只需把水动力载荷以外的外载荷如重力、立管和系泊力等施加到相应的作用位置即可。目前分析程序技术已能做到水动力载荷到结构模型的直接施加。

有限元结构模型求解前,必须施加边界条件。实际上作用于浮体结构的外载荷是平衡力系,理论上不需要边界条件,但为了消除其刚体位移,保证有限元结构求解的收敛,需要施加边界条件。采用不同的结构分析软件以及不同的结构边界,边界条件施加位置有所不同,一般要求施加边界的节点要远离结构连接部位,以免影响连接区域的应力分布。

在深吃水立柱式平台的总体模型中,用弹簧模拟锚链对整个结构的约束作用并作为总体强度分析的边界条件,对每个平移自由度使用一个弹簧单元。弹簧单元的刚度为:

$$K_X = K_Y = \frac{F_H}{X} \qquad (17-2-12)$$

$$K_Z = \rho g A_w \qquad (17-2-13)$$

式中 F_H——锚链的水平方向张力;

X——锚链系泊点到其末端的水平距离;

A_w——深吃水立柱式平台的水线面面积。

半潜式生产平台同样采用锚链系泊,边界条件的施加方法可参照深吃水立柱式平台的边界条件施加方式,只不过要在旁通和立柱上施加弹簧边界模拟静水压力,使平台结构处于外力平衡状态。

在张力腿平台的总体模型中用线性弹簧单元模拟张力腿并作为张力腿平台总体强度分析的边界条件,对每个平移自由度使用一个弹簧单元。弹簧刚度为:

$$K_X = K_Y = \frac{P}{L} \qquad (17-2-14)$$

$$K_Z = \frac{EA}{L} \qquad (17-2-15)$$

式中 P——张力腿预张力;

L——张力腿长度;

E——弹性模量;

A——张力腿横截面积;

L——张力腿长度。

浮式平台在漂浮状态下,其承受的所有外载荷包括惯性力与作用在浮体上的静水压力构成平衡力系,外载荷施加的是否合理或有无遗漏,可通过输出的支反力大小来判断,一般支反力的大小为总重量的0.1%为正常。

5. 计算结果的处理与分析

浮式平台总体结构分析的目的是对浮体所有主要板、梁进行强度校核,以确保最大应力值小于许用应力,并为局部分析选择局部结构和控制工况。

浮式平台总体结构分析结果以单元结果列表、节点结果列表等形式输出计算数据,检查浮式平台总体结构应力分布最直接的形式是输出结构的 Von-mises 应力分布云图,通过应力分布云图的观察找出应力值较大的位置,并从单元或节点结果的列表中获得Von-mises 应力值,重点检查结构的连接部位,确定是否要建立局部模型。通过在局部模型上进一步细化有限元网格,把连接处的应力集中现象反映出来,为改进局部连接结构和疲劳强度分析提供依据。

深吃水立柱式平台结构的总体结构强度应力云图显示,在硬舱外壳顶部与上部组块、硬舱与桁架部分相交处,软舱外壳与桁架相交处产生应力集中,这些区域应力大于其他区域的应力。一般要对这些部位进行局部有限元分析,如图 17-2-63 所示为单柱式平台结构的总体结构强度应力云图。

张力腿平台、半潜式生产平台,由于整体结构形式有相似之处,因此应力分布的总的趋势也有相同的地方,一般在立柱顶

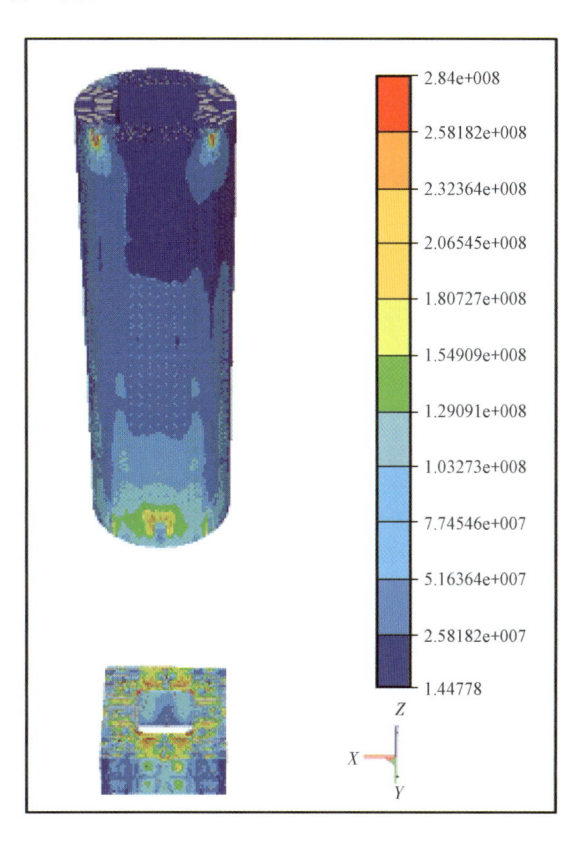

图 17-2-63 深吃水立柱式平台结构的总体结构强度应力云图

部与上部组块相交处,立柱外壳与旁通立板相交处,旁通立板与平板相交处等关键部位产生应力集中,为高应力区域,如图 17-2-64 所示为半潜式生产平台结构的总体结构强度应力云图。

浮式平台的总体结构强度分析在结构设计中起着重要的作用,通过各个工况下的有限元强度分析,检查平台整体应力分布是否比较均匀,以判断结构设计的合理性。同时也为结构的疲劳分析奠定基础,因此,在总体结构强度分析完成后,需对各个载荷工况计算结果进行分析,以评估浮式平台的总体结构强度满足设计规范要求。

四、深水浮式平台的局部结构强度分析

在浮式平台的总体结构强度分析完成后,根据总体结构的计算结果,对重要结构连接位置或应力集中严重的区域,要进一步进行局部强度分析,校核结构的局部强度是否满足要求,并为改进局部结构提供依据。

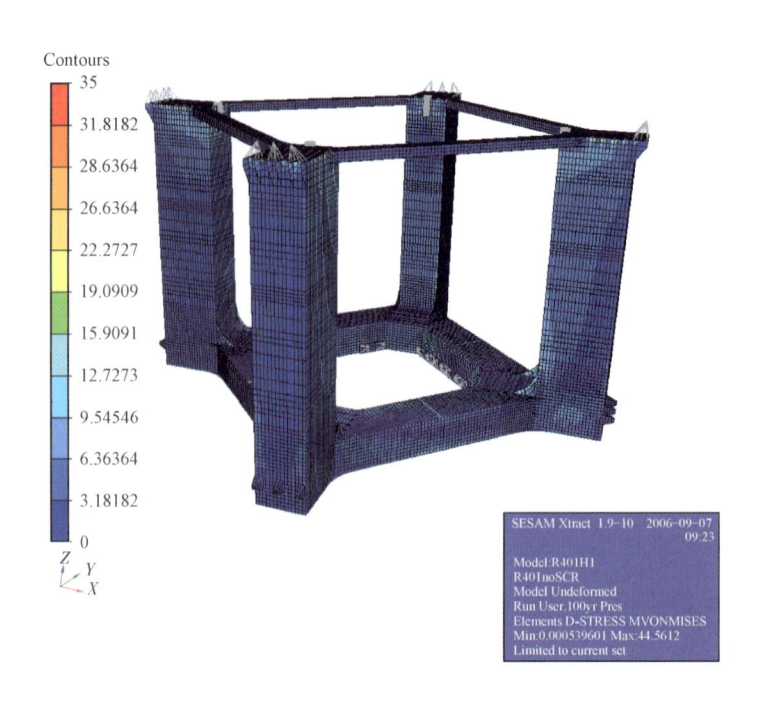

图 17-2-64　半潜式生产平台结构的总体结构强度应力云图

1. 结构局部位置的选取

浮式平台的结构形式不同,需要做局部强度校核的位置也不同,一般是选取重要的连接部位进行局部强度分析。

对于深吃水立柱式平台,局部结构分析位置选在硬舱外壳顶部与上部组块及桁架部分相交处,硬舱和软舱外壳与桁架相交处,这些位置既是应力集中区域,又是关系到整体结构失效的关键位置。

张力腿平台的关键位置或应力集中区域是在立柱外壳及立柱顶部与上部组块相交处,立柱外壳与下浮体立板相交处,下浮体立板与平板相交处等关键部位,应在这些位置选取局部模型进行校核。半潜式生产平台与张力腿平台有类似的结构形式,局部模型的选择可参照张力腿平台。

2. 局部结构模型的建立与边界条件

局部结构分析的原理是圣维南原理,即利用等效载荷代替实际分布载荷后应力和应变只在载荷施加位置的附近有改变。局部有限元模型较整体结构模型更为详细,模型中包括了与关键部位相连的板、壳、肘板及加强筋,各几何体均采用壳单元进行模拟。如图 17-2-65 所示为深吃水立柱式平台硬舱壳体与上甲板立柱连接处的局部模型。

建立局部模型是为了获取连接部位的真实应力分布和大小,必须细化连接处的有限元网格,以反映连接区域的应力变化梯度。局部模型可由整体结构模型上截取后细化,为保证局部模型的受力和变形与在整体结构模型上的受力和变形一致,必须对局部模型施加外载荷和边界条件。施加在局部模型上的外载荷包括重力、惯性力、静水压力以及水动力载荷,这些载荷的大小按照总体结构强度确定的载荷工况确定。局部模型的边界条件为位移边界条件,一般从总体结构分析结果中获取。图 17-2-66 所示为张力腿平台立柱与旁通连接处的局部模型。

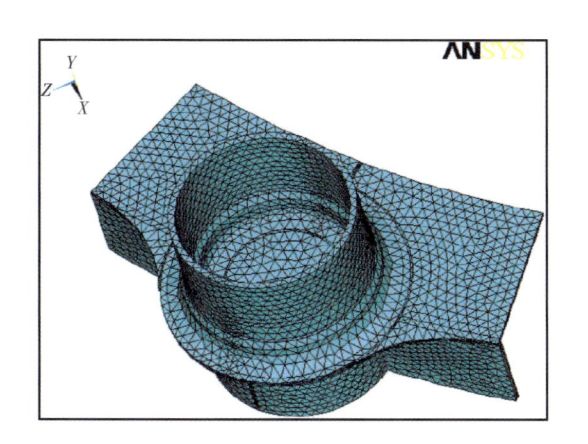

图 17-2-65　深吃水立柱式平台硬舱壳体与
上甲板立柱连接处的局部模型

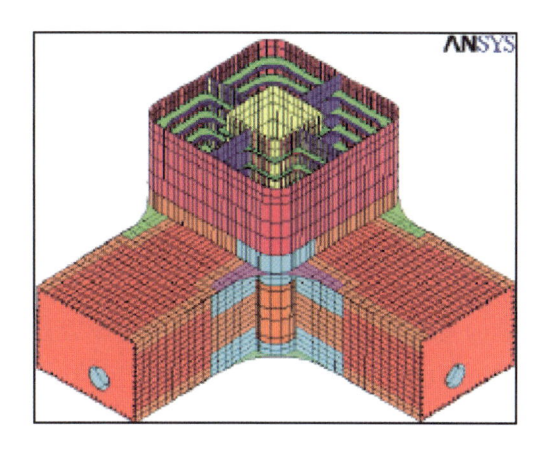

图 17-2-66　张力腿平台的局部模型

3. 局部结构计算

通过局部结构模型求解计算,可以获取结构的应力、位移等计算结果。把单元结果列表、节点结果列表与应力分布云图结合起来,从中找出最大应力值及其发生的位置。在总体结构强度计算中某些部位的应力可能满足强度要求,但局部结构分析所得到的最大应力值可能不满足强度要求。局部结构的应力分析可以为改进局部结构提供指导,但更重要的作用是为疲劳寿命计算提供应力水平的基础数据。

五、许用应力

通过深水浮式平台的结构有限元分析计算,获得了结构的应力分布和最大应力值。平台结构是否满足设计要求,要依据深水浮式平台设计规范规定的准则去评估和判断。深水浮式平台的浮体结构一般采用高强度钢材制造,钢的最小屈服强度为 355MPa。按照 ABS 规范规定:一年一遇操作工况的许用应力系数为 0.6,许用应力为 213MPa;百年一遇极端工况的许用应力系数为 0.8,许用应力为 284MPa。根据 ABS 规范的规定,在给定的载荷工况下浮体结构的最大应力值应小于相应的许用应力值才能满足规范的要求。

第六节　深水浮式平台的疲劳强度分析

一、深水浮式平台结构疲劳特点

深水浮式平台在各种工况下承受多种载荷作用,其中环境载荷是主要的,尤其是波浪载荷。在平台结构强度计算中,需要考虑多种载荷对结构强度的影响。但是在各种工况下并不是所有的载荷都对平台结构的疲劳强度有影响,只是那些使结构产生长期交变应力作用的载荷才会对结构疲劳产生影响。对浮式平台结构产生长期交变应力作用的载荷,主要是波浪载荷,其他载荷作用只占很小的部分而且计算比较复杂,在通常的疲劳分析中可不予考虑。不同的载荷工况对平台结构疲劳强度的影响程度也不同,在生存条件下大波幅波浪主要对结构强度产生显著影响,一般是结构强度设计的控制载荷,但是因生存工况作用时间较短,可能对结构疲劳的影响不大。拖航工况也会引起结构的疲劳,但如果拖航路径短、所用时间短,对结构疲劳的影响不大。对浮式平台作用最长的载荷工况应当是作业工况,对于半潜式钻井平台,钻井作业工况是其长期经历的工况,是对钻井平台疲劳寿命影响最大的工况。浮式生产平台在完成安装以后长期在固定的海域操作,它们在在位工况下所经历的波浪载荷,是评估疲劳寿命的控制载荷。由于波浪载荷是随机载荷,即平台承受的波浪载荷的大小、方向都是随时间变化的,由此引起的交变应力是一个随机过程,要评估它们的疲劳寿命必须建立随机波浪载荷的概率分布模型。波浪载荷作用在结构上产生交变应力,研究表明结构疲劳损伤的程度主要与应力循环时的变动范围,即应力幅值范围的大小及其作用次数有关。因此利用波浪载荷的概率分布模型去获得结构应力范围的概率分布模型,依次计算各个应力循环次数,结合累积疲劳损伤原理,可以计算得到平台结构的疲劳寿命。

深水浮式平台有多种结构类型,如深吃水立柱式平台、张力腿平台、半潜生产平台和半潜钻井平台。不同结构形式的平台在波浪载荷作用下,容易发生结构疲劳损伤的位置及应力幅值的大小也各不相同。因此在计算浮式平台的结构疲劳寿命时,通过分析研究平台结构特点,找出平台结构疲劳的易发生部位是平台结构疲劳分析的关键所在。有关规范对平台结构的疲劳热点位置确定做出了一般性规定,但由于平台结构的复杂性,确定平台结构疲劳的热点部位仍需要做大量分析,以便能确定结构易出现疲劳的位置。

影响深水浮式平台结构疲劳强度的因素很多,包括结构的材料、局部结构形式、焊接形式及焊接质量、波浪载荷作用时间以及波浪载荷大小等都会对平台结构的疲劳寿命产生影响。深水浮式平台疲劳寿命分析的目的就是通过综合考虑内部结构和外部载荷等多种因素的影响,采用合理的计算方法,对平台结构的疲劳寿命进行合理的评估,以满足设计规范的要求。

二、结构疲劳寿命的计算原理

1. 谱疲劳方法

深水浮式平台的结构疲劳主要是由波浪载荷引起的,由波浪载荷产生的结构交变应力幅值与波浪的波高和周期有关,波浪载荷的随机特性决定了结构的交变应力幅值也是随机的,因此对深水浮式平台的结构疲劳寿命的计算不能采用等应力幅值所采用的方法,如应用 $S-N$ 曲线直接计算结构疲劳寿命。根据波浪随机分布理论,海洋波浪的长期分布可以看成是由许多短期海况的序列组成的,在每一短期海况中波浪是一个均值为零的平稳正态随机过程。在结构分析中,可以假定波浪—平台系统是一个线性系统,那么由波浪引起的结构内的应力范围在结构寿命期间的长期分布也可以看成是由许多短期海况的序列组成的,在每一海况中交变应力是一个均值为零的平稳正态随机过程。应力范围的这种长期分布模型称为分段连续型模型。每一短期海况中,应力范围的分布称为短期分布。根据平稳正态交变应力过程的统计特性,应力范围的短期分布可用连续的理论概率密度函数,如瑞利分布或高斯分布来描述。综合所有海况中应力范围的短期分布以及各海况出现的概率,就可得到分段连续形式的应力范围的长期分布。

对于应力范围长期分布的分段连续型模型,各海况中应力范围的短期分布可用连续的理论概率密度函数来描述,这样就可以利用 Miner 线性累积损伤理论计算浮式平台在长期海况下的疲劳寿命。Miner 线性疲劳累积损伤原理基于线性累积损伤理论,该理论假定结构在多级等幅交变应力作用下发生疲劳破坏时,其总损伤量是各应力范围水平下的损伤分量之和,且某一应力范围水平下的损伤分量在总损伤量中所占的比例等于该应力范围的实际循环次数与结构在该应力范围单一作用下达到破坏所需的循环次数之比。即如果设应力范围水平共有 k 级,因此,当结构发生疲劳破坏时,有:

$$D = \sum_{i=1}^{k} d_i = \sum_{i=1}^{k} \frac{n_i}{N_i} \qquad (17-2-16)$$

式中 n_i——应力范围 S_i 的实际循环次数;

N_i——结构在应力范围为 S_i 的等幅交变应力作用下达到破坏所需的循环次数。

疲劳累积损伤度 D 是描述结构疲劳累积损伤的一个变量,由式(17-2-16)可知,当结构发生疲劳时累积损伤度等于1。应用 Miner 线性累积损伤理论,计算疲劳累积损伤度时有两个假设:(1)Miner 理论认为,由一个应力循环引起的损伤与该应力循环在载荷历程中顺序无关;(2)Miner 理论独立于应力水平。这两个假设都与观察到的疲劳现象不一致。因此在处理随机载荷引起的疲劳问题时会出现误差。尽管如此,目前海洋工程结构的疲劳分析基本采用 Miner 线性累积损伤计算方法。

根据 Miner 线性累积损伤理论,第 i 海况作用时间 L_i 期间内的疲劳累积损伤度 D_{L_i} 为:

$$D_{L_i} = \int_{L_i} \frac{\mathrm{d}n}{N} = \int_{L_i} \frac{N_{L_i} f_{S_i}(S) \mathrm{d}S}{A/S^m} = \frac{N_{L_i}}{A} \int_{L_i} S^m f_{S_i}(S) \mathrm{d}S = \frac{N_{L_i}}{A} E(S^m)_i = \frac{L_i}{A} f_{m_i} E(S^m)_i \tag{17-2-17}$$

式中　$\mathrm{d}n$——落在区间 $[S, S+\mathrm{d}S]$ 内的应力范围的循环次数;

N——当应力范围为 S 时根据 $S-N$ 曲线确定的疲劳寿命循环次数;

N_{L_i}——L_i 期间内应力范围的总循环次数;

f_{m_i}——第 i 海况中应力范围的作用频率,$f_{m_i} = \dfrac{N_{L_i}}{L_i}$;

$f_{S_i}(S)$——第 i 海况中应力范围短期分布的概率密度函数;

A, m——$S-N$ 曲线的参数。

根据波浪短期分布理论,波浪的短期分布可以用概率密度函数 Rayleigh 分布来描述,那么由波浪引起的结构内的应力范围的短期分布也可以用 Rayleigh 分布表示。通过结构强度分析可以获得应力范围的传递函数 RAO,再定义一个海浪谱,如 Jonswap 谱或 P-M 谱,利用频域分析方法,可以获得应力范围的能量谱。用能量谱可以确定各阶谱矩,从而确定应力范围 Rayleigh 分布的概率密度函数:

$$f(S) = \frac{S}{4\sigma^2} \exp\left(\frac{S^2}{8\sigma^2}\right) \tag{17-2-18}$$

上跨零频率:

$$f = \frac{1}{2\pi} \sqrt{\frac{m_2}{m_0}} \tag{17-2-19}$$

带宽系数:

$$\varepsilon = \sqrt{1 - \frac{m_2^2}{m_0 m_4}} \tag{17-2-20}$$

其中

$$\sigma = \sqrt{m_0}$$

式中　S——应力范围(两倍的应力幅值);

m_0, m_2, m_4——谱矩。

在确定了应力范围 Rayleigh 分布的概率密度函数后,就可以利用 Miner 线性累积损伤计算方法导出平台结构在短期海况和长期海况下的疲劳损伤计算公式,公式推导参考 ABS 规范 2005 年版附录 1。

Miner 线性累积损伤原理假定:结构总的疲劳损伤是一组不同幅值的循环应力单独作用的叠加,并且与每一单独循环应力作用的次序无关。则总的疲劳损伤可表示为:

$$D = \sum_{i=1}^{N_{\text{total}}} d_i = \sum_{i=1}^{N_{\text{total}}} \frac{n_i}{N_i} \tag{17-2-21}$$

式中　n_i——单独应力范围的循环数;

N_i——根据相关的 $S-N$ 曲线,在恒定载荷幅值作用下,结构发生疲劳时载荷的平均循环数;

N_{total}——单独应力范围的数目。

对 i 海况,已知 $S-N$ 曲线的表达式为 $N = KS^{-m}$,则在结构的短期损伤为:

$$D_i = \left(\frac{T}{K}\right)\int_0^\infty S^m f_{0i} P_i g_i \mathrm{d}s \qquad (17-2-22)$$

式中 D_i——i 海况产生的损伤；

　　　m,K——$S-N$ 曲线的特性参数；

　　　T——预期寿命；

　　　f_{0i}——应力响应的上跨零频率；

　　　P_i——有效波高 H_s 和跨零周期 T_Z 的联合概率分布；

　　　S——应力范围；

　　　g_i——控制应力范围的概率密度函数。

由波浪散布图给出的所有短期海况下所产生的总的疲劳累积损伤为：

$$D = \left(\frac{f_0 T}{K}\right)\int_0^\infty S^m \left[\sum \frac{f_{0i} P_i g_i}{f_0}\right]\mathrm{d}s \qquad (17-2-23)$$

其中

$$f_0 = \sum_i P_i f_{0i}$$

式中 D——总的累积疲劳损伤；

　　　f_0——在预期寿命期间应力范围的平均频率。

应力范围长期的概率密度函数为：

$$g(S) = \frac{\sum_i f_{0i} P_i g_i}{\sum_i f_{0i} P_i} \qquad (17-2-24)$$

在预期寿命期间总的循环次数为 N_T，$N_T = f_0 T$，则总的疲劳累积损伤表达式可重写为：

$$D = \left(\frac{N_T}{K}\right)\int_0^\infty S^m g(S)\mathrm{d}S \qquad (17-2-25)$$

应用以上公式计算结构在预期寿命期间总的疲劳损伤，必须确定应力范围长期的概率密度函数 $g(S)$。大量的实船应力测试结果和理论研究表明，随机波浪外力引起的作用在船体纵向构件上的应力幅值范围(S)的长期分布特征服从两参数的 Weibull 分布，因此只要确定了 Weibull 分布参数，就可以按 Weibull 分布的应力幅值范围(S)计算结构的长期疲劳寿命。

2. 断裂力学方法

谱疲劳分析方法是依据 $S-N$ 曲线来预估疲劳寿命。$S-N$ 曲线中的疲劳寿命包括了疲劳裂纹的起始寿命和疲劳裂纹的扩展寿命。事实上由于结构构件与试样存在着不同程度的缺陷或裂纹，这将降低疲劳裂纹的初始寿命。因此，根据 $S-N$ 曲线并不能对结构安全寿命做出完整的评估。无论从疲劳的起始裂纹（即开裂）或疲劳裂纹的亚临界扩展（从起始裂纹扩展到导致构件最后发生失稳扩展以前的阶段），都取决于构件缺口或裂纹顶点附近局部地区的应力分布，也即取决于该处的应力强度因子，因此，可用断裂力学方法来进一步分析结构构件的疲劳问题。断裂力学是把构件或零件看成是连续和间断的统一体，把材料看成是有微裂纹或缺陷存在的，提出了按照裂纹扩展速率计算疲劳断裂的新方法和设计原则。

断裂力学方法认为损伤为一切工程构件所固有。原有损伤的尺寸通常用无损探伤技术来确定。若在构件中没有发现损伤，则进行可靠性检验，即根据经验对一个结构在应力水平稍稍高于使用应力的条件下进行模拟试验。如果无损试验方法没有检验出裂纹，而且在可靠性检验中也不发生突然的破坏，则根据探伤技术的分辨率来估计最大（未测出）原始裂纹尺寸。疲劳寿命则定义为主裂纹从这一原始尺寸扩展到某一临界尺寸所需的疲劳循环数或时间。可以根据材料的韧性、结构特殊部分的极限载荷、可容许的应变和可容许的构件的柔度变化来选择疲劳裂纹的临界尺寸。应用断裂力学的裂纹扩展经验规律来预测裂纹扩展寿命。根据线弹性断裂力学的要求,只有在满足小范围屈服条件下,也就是远离任何应力集中的塑性应变场,而且与带裂纹构件的特征尺寸(包括裂纹尺寸)相比,裂纹顶端塑性区较小,在弹性加载条件占主导地位的情况下,才可以应用断裂力学方法。在线弹性断裂力学中,有裂纹的构件受应力作用时,裂纹尖端处的受力程度不是用应力表示,而是用一个称为"应力强度因子" K 的参量来描述。应力强度因子 K 的大小,与含裂纹构件的形状、裂纹的大小和位置、载荷大小和加载形式有关,可以用数学力学方法求得 K 的表达式。一般情况下,载荷增大、裂纹增长都使应力强度因子增大。当应力强度因子增大到某个值时,裂纹开始扩展。在断裂力学中,以张开型(Ⅰ型)裂纹最常见,而且最容易发生低应力脆断。

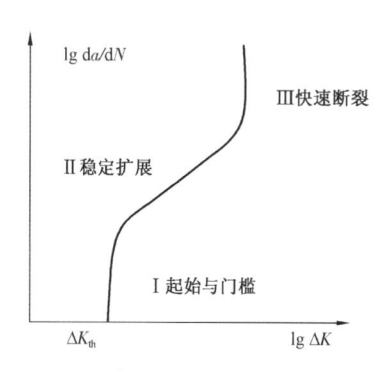

图 17-2-67 金属中的Ⅰ型裂纹扩展速率曲线

金属中的Ⅰ型裂纹扩展速率曲线如图 17-2-67 所示,在第一区域即裂纹起始区通常使用以下公式为:

$$\frac{da}{dN} = C[(\Delta K)^m - (\Delta K_{th})^m] \tag{17-2-26}$$

其中
$$\Delta K = f\sigma \sqrt{\pi a}$$

式中 a ——裂纹长度;

N ——交变应力的循环次数;

da/dN ——应力循环一次裂纹扩展的长度,即裂纹的扩展速率。

ΔK ——裂纹尖端应力强度因子;

ΔK_{th} ——应力强度因子的门槛值,由实验测定;

C, m ——材料常数,也由实验测定;对于结构钢,实测的 m 值一般为 2~7。

在第二区域即裂纹的稳定扩展区则采用 Pari-Erdogaan 裂纹扩展公式为:

$$\frac{da}{dN} = C(\Delta K)^m \tag{17-2-27}$$

在第三区域,裂纹快速扩展,直至最后失效,这个区域在整个疲劳寿命中所占的比例通常很小,一般在工程中不考虑。

有了裂纹扩展速率公式,就可以对结构的疲劳裂纹扩展寿命进行计算,例如对于上述裂纹扩展公式,求积分,即:

$$N_p = \int dN = \int_{a_0}^{a_c} \frac{da}{C(\Delta K)^m} \tag{17-2-28}$$

式中 a_0 ——初始裂纹尺寸;

a_c ——临界裂纹尺寸;

N_p ——从初始裂纹尺寸扩展为临界裂纹尺寸的应力循环次数。

三、深水浮式平台的疲劳寿命分析

1. 深水浮式平台的疲劳寿命分析方法

目前在海洋工程结构疲劳分析中常用的分析方法主要有两种:简化疲劳分析法和谱疲劳分析法。这两种方法的本质是相同,都要考虑长期分布的海况对平台结构疲劳产生累积效应。

简化疲劳分析方法认为结构应力长期分布为 Weibull 分布,通过谱分析或经验数据确定结构应力长期 Weibull 分布的形状参数,而后根据计算得到结构在确定寿命期一遇的最大热点应力,基于 Miner 线性累积损伤理论计算结构的疲劳寿命。在海洋工程结构简化疲劳分析中结构应力长期 Weibull 分布形状参数和结构寿命期一遇最大热点应力是决定结构简化疲劳分析结果准确性的关键因素。该方法具有能反映结构的细节,计算工作量相对较小的优点。目前在船舶与海洋工程结构设计领域,简化疲劳分析方法广泛应用于船舶结构疲劳分析。

深水浮式平台结构简化疲劳分析流程图如图 17-2-68 所示。

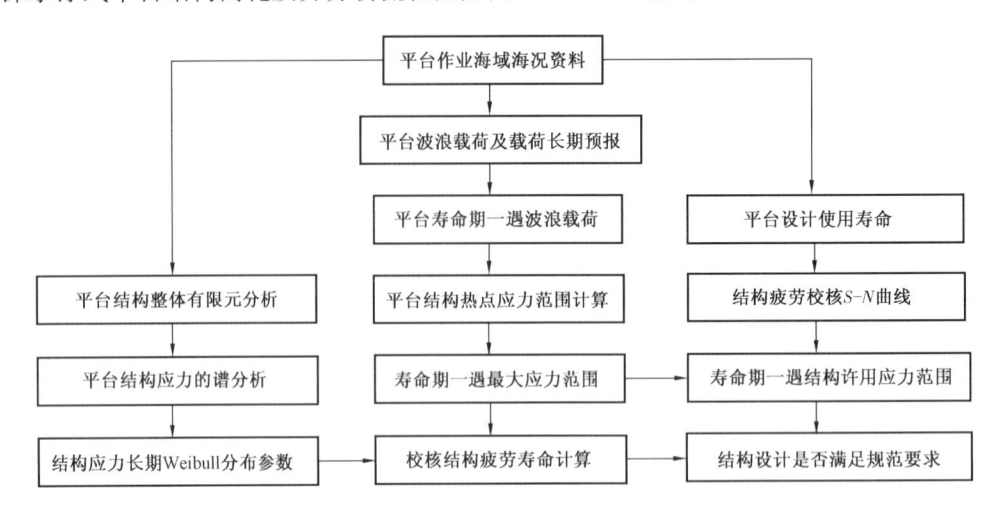

图 17-2-68 简化疲劳分析流程

谱疲劳分析法是一种考虑到波浪的随机特性并用统计方法来描述海况的方法,也称为概率分析方法。可根据实测波浪得出各种海况波浪谱或根据海况参数选用适当的波谱(比如常用的 Jonswap 谱,Pierson-Maskowitz 谱)来表达每一海况的波浪能量,然后根据结构有限元分析而得到的应力传递函数来计算结构中各构件的应力响应谱,最后用 Miner 线性累积损伤理论计算疲劳寿命,目前浮式平台的结构疲劳计算多采用谱分析法。

深水浮式平台谱疲劳分析的一般步骤如下:

(1)建立波浪环境模型。

根据波浪记录做出波浪散布图,表 17-2-13 所示为波浪散布图,用于计算每个波高/周期组合产生的疲劳累积效应。把每个波高/周期组合产生的疲劳累积效应累加起来,获得平台预期的疲劳寿命。

表 17-2-13 波浪散布图

H_s/T_z	=3	3~4	4~5	5~6	6~7	7~8	8~9	9~10	=10	%
0~0.5	2.76	5.5	3.0	0.63	0.11	0.00	0.00	0.00	0.00	12.00
0.5~1.0	1.23	7.44	4.04	2.78	0.82	0.00	0.00	0.00	0.00	16.31
1.0~1.5	0.04	8.87	5.54	2.73	1.43	0.13	0.00	0.00	0.00	18.74
1.5~2.0	0.00	0.95	13.20	2.41	1.09	0.20	0.00	0.00	0.00	17.86
2.0~2.5	0.00	0.00	10.39	2.82	1.03	0.12	0.00	0.00	0.00	14.36
2.5~3.0	0.00	0.00	1.15	8.67	0.52	0.16	0.09	0.00	0.00	10.59
3.0~3.5	0.00	0.00	0.01	5.31	0.54	0.17	0.00	0.00	0.00	6.03
3.5~4.0	0.00	0.00	0.00	1.35	1.21	0.25	0.00	0.00	0.00	2.80
4.0~4.5	0.00	0.00	0.00	0.01	0.60	0.11	0.00	0.00	0.00	0.72
4.5~5.0	0.00	0.00	0.00	0.00	0.11	0.09	0.00	0.00	0.00	0.20
5.0~6.0	0.00	0.00	0.00	0.00	0.11	0.11	0.00	0.00	0.00	0.23
%	4.04	22.76	37.33	26.70	7.59	1.34	0.09	0.00	0.00	99.9

(2)建立水动力荷载模型。

建立水动力荷载模型,计算作用在平台结构上的水动力载荷。水动力载荷是引起结构疲劳的主要载荷。

(3) 建立平台结构有限元模型。

建立平台结构有限元模型,计算平台结构上的应力分布,利用局部有限元模型计算应力集中系数。

(4) 建立循环应力计算模型。

建立循环应力计算模型就是确定结构的疲劳热点位置,按照有关规范的规定计算热点位置的应力,获得热点位置的应力范围的传递函数。

(5) 建立疲劳损伤模型。

对于焊接钢结构,疲劳破坏主要取决于应力范围和每个应力范围作用的循环次数。由于作用在钢结构上的每一个应力范围的大小是不同的,计算总的结构疲劳损伤,必须建立疲劳损伤模型,考虑作用于结构上应力范围的累积效应。

2. 结构疲劳热点位置的选择

深水浮式平台在波浪载荷的作用下,在结构上产生交变的应力作用,平台结构的疲劳寿命取决于交变应力幅值的大小、单位时间内的循环次数,以及局部结构应力热点的焊接情况、几何形状、尺寸效应等因素。计算深水浮式平台的疲劳寿命首先应当分析波浪对平台结构的作用特点,准确选定结构的疲劳敏感位置,这是平台结构疲劳强度校核的最关键的环节。其次是应用有限元法计算结构的疲劳敏感位置的应力范围传递函数,然后根据应力范围的分布状况,用上述的疲劳强度的累积计算原理,计算平台结构的疲劳寿命。由于各类平台的结构特点不同。波浪载荷作用在平台结构上的应力响应也有较大的差别,必须根据各种平台的结构特点,选定结构的疲劳敏感位置。

1) 深吃水立柱式平台的结构疲劳热点位置

深吃水立柱式平台在波浪载荷的作用下,承受弯曲、剪切和轴向拉伸作用。一般应力集中位置发生在截面尺寸突变的部位,对于深吃水立柱式平台,下列位置认为是可能发生疲劳损坏的位置:

(1) 硬舱外壳与桁架连接处;

(2) 桁架与硬舱外壳舱壁交界处;

(3) 硬舱底板与舱壁相交处;

(4) 硬舱顶板与上部组块连接处;

(5) 软舱底板与 Truss 连接处。

深吃水立柱式平台的疲劳强度分析一般选择上述部位的受力构件连接端进行疲劳校核,但是每一校核点的计算工作量十分繁重,一般可以通过筛选校核少数几个点,以保证能够选择到最不利的疲劳热点。

2) 张力腿平台的结构疲劳热点位置

在波浪载荷作用下,张力腿平台的受力状况明显不同于深吃水立柱式平台。张力腿平台的受力状况与波浪作用方向密切相关。张力腿平台在横向波浪载荷作用下,两边的立柱将受到挤压和分离作用,当波长约为浮体宽度两倍的波浪横过时产生最大的挤压和分离力。张力腿平台由于受到张力腿的限制,其运动形式主要是横向偏移和垂直下降。由于横向偏移和垂直下降运动加速度产生的甲板结构的惯性力作用在立柱与上甲板的连接处。张力腿平台疲劳敏感区域位于以下区域:

(1) 立柱与旁通的连接处;

(2) 旁通板与板交界处;

(3) 立柱外壳与上部组块相交处;

(4) 立柱平板。

半潜式生产平台在浮体结构形式上与张力腿平台类似,只是半潜式生产平台的垂荡运动要比张力腿平台大,由垂荡运动加速度产生惯性力作用在立柱与上甲板的连接处,对该处结构疲劳有一定的影响。半潜式生产平台结构疲劳热点位置的选取方法可参照张力腿平台。

3. 结构应力范围的确定

结构应力范围一般应用有限元法计算,$S-N$ 曲线应基于结构类型与平台结构节点的结构形式合理选择。

按在疲劳寿命计算中所采用的应力类型,疲劳寿命评估分为三类:名义应力法、热点应力法和切口应力法。

(1)名义应力:在结构构件中根据其受力和截面特性,用梁等简单理论求得的一般应力。

(2)热点应力:结构接头的热点(临界点)局部应力。由于结构接头处复杂的几何形状或变化梯度大的局部应力,采用名义应力法不合适,因此在这些位置使用热点"hot-spot"应力法,热点应力包括由于结构间断和附加结构的存在而引起的应力集中。

(3)切口应力:在焊缝根部处或切口(热点)处的峰值应力,它考虑了不仅由于结构几何效应,而且还由于焊接存在引起的应力集中。

在用名义应力法估算疲劳寿命时,要根据载荷类型和结构截面特性,计算节点的名义应力幅值。但是大多数情况下船舶结构节点的复杂几何形状和受载情况,均比 $S-N$ 曲线所用的试件要复杂得多。特别当定义名义应力有困难,及所讨论的结构节点形式在已有的 $S-N$ 曲线中又无法找到合适的类型时,采用热点应力法或切口应力法更为合理。海洋工程结构的疲劳寿命评估多采用热点应力法。

用有限元法计算热点应力时,对所采用的有限元类型以及网格大小对热点应力有影响。确定了平台的结构疲劳热点位置,一般在结构分析时应对校核点附近结构进行局部网格加密,图 17-2-69 所示为 SeaStarTLP 平台立柱与悬臂连接处的加密网格。

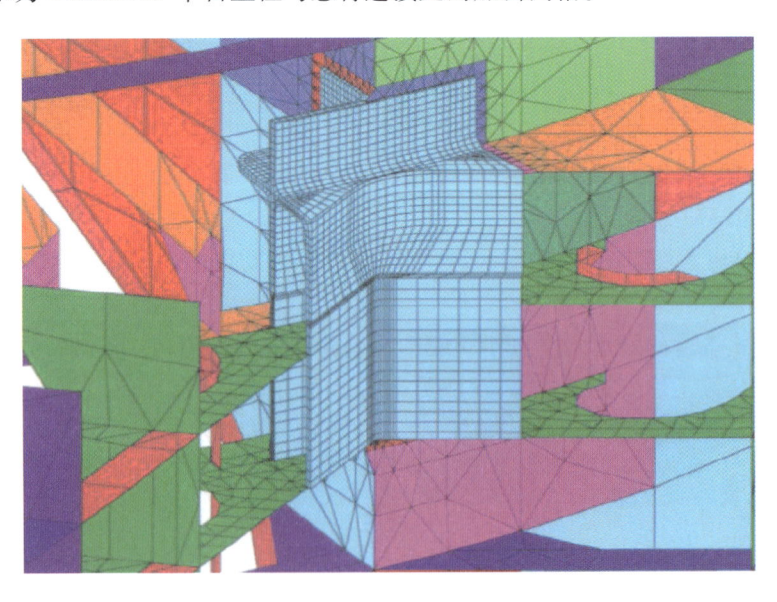

图 17-2-69 SeaStarTLP 平台立柱与悬臂连接处的加密网格

在建立整体结构有限元模型时,模型的大小应保证计算模型的边界条件对校核点附近的应力影响很小。根据已确定的平台结构的疲劳热点位置,该位置的最大应力值要通过波浪搜索确定,首先选择不同波浪方向对平台施加波浪载荷,从中选取波浪载荷最大的浪向进行结构计算,对选定的浪向角,搜索不同相位对应的应力计算结果,可以在某一相位角获得应力峰值。在另一相位角获得应力谷值,疲劳热点的交变应力幅值或应力范围是该工况下两个时刻的应力差值。

在进行结构的疲劳寿命计算时,选用校核点处的循环主应力范围作为疲劳寿命计算时的响应应力,通常主应力范围根据设计规范的要求确定,先进行各类中的应力叠加,然后再进行类与类之间的应力叠加,这样可以计算出总体应力和局部应力叠加范围,进而可计算出应力范围。一般主应力的方向并非完全垂直于目标裂纹。根据 DNV 规范,出于保守考虑,选用垂直于裂纹 45°范围内的主应力。

四、S-N 曲线选取

平台结构构件或节点的疲劳强度分析通常是基于疲劳寿命试验($S-N$曲线)方法。$S-N$曲线是通过实验确定,并考虑到焊接细节和疲劳损伤线性累积。接头是发生疲劳断裂的危险部位,对任何一个焊接接头可能有几个位置发生疲劳裂纹扩展,如在焊趾、焊缝端部和焊缝,因此每一个位置都应该单独分类。在实际的疲劳设计时,应先按规范对接头进行分类,焊接接头被划分为几类,每一类都对应一种$S-N$曲线。所有的圆形接头可假定为是 T 类,其他接头包括圆管对于板的接头将对应 14 类 $S-N$ 曲线的一种。

名义应力法 $S-N$ 曲线的选取依据给定节点形式,热点应力法是参考给定的焊接方式,而切口应力法要考虑焊缝根部处或切口(热点)处母材的影响。$S-N$ 曲线是疲劳寿命—应力幅值曲线,根据所分析构件的不同几何布置(有平面的、焊接连接的和结构构件等),不同波动应力(单向拉压和弯曲等)及构件的加工方法和检查情况,分为 B、C、D、E、F、F_2、G、W 和 T 级,以对数形式表示可写成:

$$\lg S = \lg A - m\lg N \qquad (17-2-29)$$

式中　S——应力范围;

N——按应力范围 S 进行恒幅加载所预期的致伤次数;

m——$S-N$ 均值线负斜率的倒数,常数;

A——疲劳实验常数。

目前用得较多的是由英国能源部(UK Den)推荐的、图 17-2-70 所示的 UK HSE(Health and Safety Executive)$S-N$ 曲线。在国际船级社协会成员中,除德国劳氏船级社(GL)、意大利船级社(RINA)和日本海事协会(NK)外,均在疲劳分析中采用英国 Den 推荐的 $S-N$ 曲线。

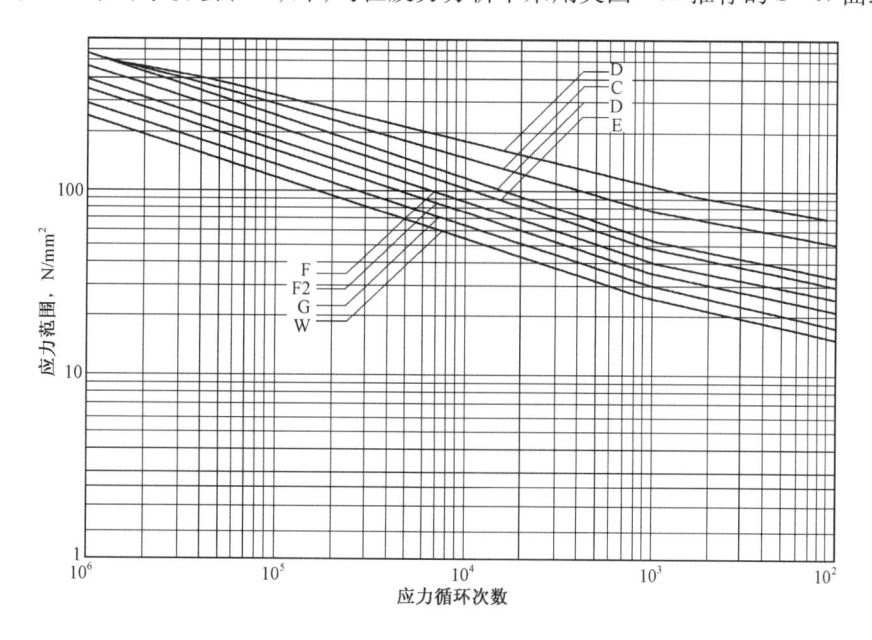

图 17-2-70　UK HSE $S-N$ 疲劳曲线

浮式平台结构是在变化的应力幅值作用下工作,一般通过采用 Miner 线性累积损伤原理使有变化的应力幅值问题也能用 $S-N$ 曲线进行疲劳强度分析。具体做法是应用有关规范给出的

$S-N$ 曲线,对每一个损伤计算点,计算各离散的应力范围单独作用时该点疲劳破坏的循环次数,并计算各离散应力范围产生的疲劳损伤度。累加各离散的应力范围产生的疲劳损伤度,从而得到一个海况下该损伤计算点的疲劳损伤度在不同海况下的损伤,把每一海况下的疲劳损伤度用 Miner 线性疲劳累积叠加,得到服役期间总损伤度,然后就可以给出疲劳寿命。

由于焊接时形成的焊趾几何形状不同,其所产生的应力集中效应相差很大。一般采用焊接细节来确定焊接类型,也用于确定焊接类别以及每种焊接接头的分类。在给定应力幅的情况下,对特定细节类型的焊接接头,其应力幅 S 与循环次数 N 的关系可用 $S-N$ 曲线来描述。因此,焊接类别则可用于指定 $S-N$ 曲线。

五、疲劳寿命安全系数的选取

平台结构疲劳寿命安全系数的选取一般应基于结构局部的区域和位置、检测和维修的难易程度、疲劳损伤的后果及其结构的重要程度等因素,依据所采用的设计规范进行选取。一般情况下,设计疲劳寿命应至少为结构使用寿命的两倍,即取安全系数 2.0。对那些一旦失效将导致灾难性后果的关键构件(如系泊系统及其连接结构、张力腿及其连接结构)应该考虑 10.0 的安全系数。

第七节 深水浮式平台的系泊系统分析

一、系泊系统概述

系泊系统是浮式平台的一个重要组成部分,其主要功能是维持浮式平台的位置在一定的限制范围内,该系统一般由系泊单元和锚固桩构成。系泊系统能够为平台提供非线性恢复力以达到定位的目的。系泊系统刚度增大将会增加系泊缆承受的载荷,而系泊系统刚度减小将会增加平台运动幅值,因此系泊系统的设计就是在系泊张力与平台运动幅值之间进行平衡,以确定系泊系统的数量、布置、系泊缆(链)规格,使浮式平台运动满足设计标准的要求。

1. 浮式平台特点及系泊方式

各类浮式平台因其形式不同而具有不同的固有周期特性,见表 17-2-14。

表 17-2-14 各类浮式平台的固有周期特性

固有周期,s \ 类型 \ 自由度	浮式生产储油装置(FPSO)	深吃水立柱式平台(SPAR)	张力腿平台(TLP)	半潜式平台(SEMI)
纵荡(Surge)	>100	>100	>100	>100
横荡(Sway)	>100	>100	>100	>100
垂荡(Heave)	5~12	20~35	<5	20~50
横摇(Roll)	5~30	50~90	<5	30~60
纵摇(Pitch)	5~30	50~90	<5	30~60
艏摇(Yaw)	>100	>100	>100	>100

系泊系统的系泊方式分为悬链式系泊和张紧式系泊两种不同方式。系泊缆呈悬链线状态的系泊系统称为悬链式系泊,系泊缆被张紧并呈直线段的系泊系统称为张紧式系泊。

1)悬链式系泊

悬链式系泊的主要控制参数包括系泊缆倾斜角度、预张力、水平面内系泊力分量、浸没于水中的悬空段重量等。图 17-2-71 所示的扩展式系泊是浮式平台常用的系泊方式。图 17-2-72 所示的单点系泊方式主要用于浮式生产储油装置的系泊。

当平台的作业水深增加时,系泊缆悬垂段长度的增加将成为影响悬链式系泊系统设计的重要因素,由于系泊缆重量随水深增加十分可观,因而在深水条件下轻质的张紧式合成纤维系泊缆将更有优势。

2)张紧式系泊

采用张紧式系泊方式时,导缆器与锚之间的系泊缆基本上保持直线状态,锚和平台在竖直方向上的作用力相互平衡,由于横向的几何变形不如悬链式系泊那样大,因而对横向载荷的动力响应较小。

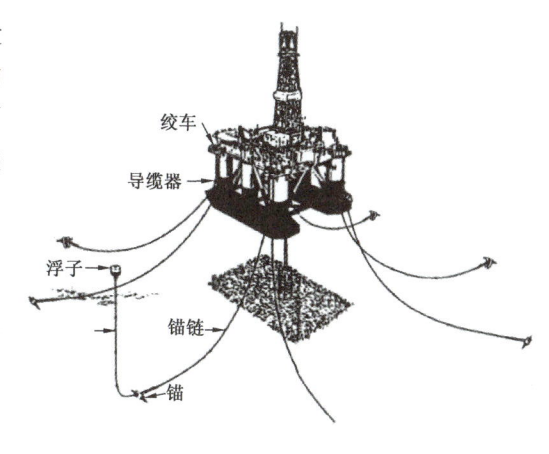

图 17-2-71 扩展式系泊

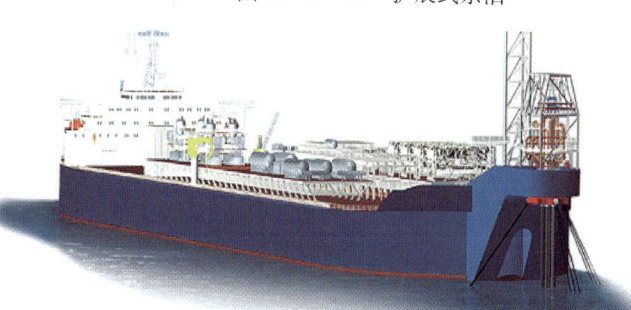

(a)内转塔单点系泊　　(b)外转塔单点系泊

图 17-2-72 单点系泊

3)张力腿

张力腿近似于张紧式系泊方式,不同点在于张力腿通常由大直径的钢管制成并垂直布置,因而在竖直方向的刚度较大,其系泊力取决于张力腿的长度和预张力。

根据平台功能的不同,系泊系统也可以分为永久系泊与可移动式系泊。永久系泊用于浮式生产平台,可移动式系泊主要用于移动式钻井平台。由于可移动式系泊方式能够进行检查和维护,因而其设计条件通常低于永久系泊。

2. 悬链式系泊系统的构成及系泊缆参数

1)系泊缆

系泊缆可以使用锚链、钢缆、人造纤维缆索,也可以组合使用以满足实际需求。缆与锚链相比具有质轻的特性,这个特点在水深较大时非常有利,但是单纯由钢缆构成系泊缆不仅需要较长的系泊缆以提高恢复力,而且带来钢缆与海底发生磨损的问题。全部由锚链构成的系泊缆具有较好的抗摩擦能力,但是随着水深的增加,这种类型的系泊缆重量和预张力将显著增大,从而造成平台负荷的显著增大。目前较为合理的做法是链-缆-链式的系泊缆,与海底接触的部分使用链,不但能够提供较好的锚定能力,而且也能够具备良好的抗摩擦能力,系泊缆的中间段使用钢缆以大幅度减少系泊缆自重。

为了提高系泊缆的性能或者降低成本,在系泊缆接近海底的一段可以使用配重质量块(Clump Weight)以提高系泊缆的恢复力,但配重质量块的使用有可能增加安装工作量或引入不良的动力响应。

弹性浮子(Spring Buoy)也是一种提高系泊缆性能的附加设备,如图17-2-73所示,它通常漂浮在水面附近,能够减小系泊系统给平台带来的荷载,当作业水深较大时弹性浮子能够降低系泊缆的动力响应,也能够减小平台的偏移。但是,弹性浮子的使用同样会增加安装工作量。

2)锚机

锚机用于对系泊缆施加张紧载荷,收放系泊缆以满足定位需求。锚机的类型与设计取决于系泊缆的种类,也取决于平台是否需要对系泊缆进行预张紧操作。

3)锚

用于浮式平台的锚有如下几类:

(1)拖曳埋入式锚(Drag Embedment Anchor);

(2)桩锚(Pile Anchor);

(3)吸力锚(Suction Anchor);

(4)重力锚(Gravity Anchor);

(5)推力埋入式锚(Propellant Embedment Anchor)。

4)系泊缆参数

(1)摩擦系数。

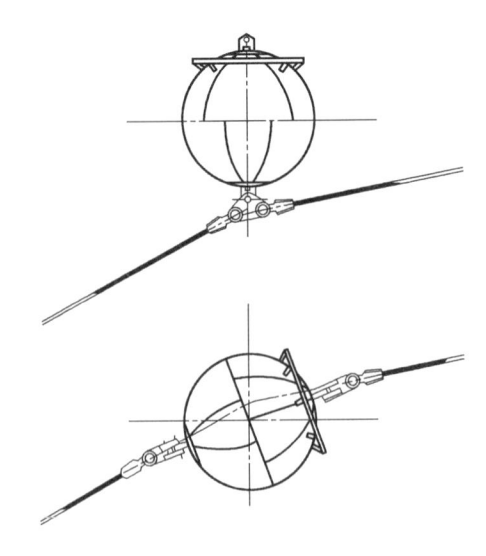

图17-2-73 弹性浮子

一般情况下,系泊缆(锚链)与海底之间的摩擦系数可设定为1.0,钢缆与海底之间的摩擦系数可设定为0.5。

(2)弹性模量。

锚链、钢缆的弹性模量应从供应商处获得。根据 DNV OS E303 规范建议,在初始设计阶段可采用下列值:

① R3 级有档锚链:$(12.028 \sim 0.053d)10^{10} \text{N/m}^2$,$d$ 为锚链直径。

② R4 级有档锚链:$(8.208 \sim 0.029d)10^{10} \text{N/m}^2$,$d$ 为锚链直径。

③ R3 级无档锚链:$(8.37 \sim 0.0305d)10^{10} \text{N/m}^2$,$d$ 为锚链直径。

④ R4 级无档锚链:$(7.776 \sim 0.01549d)10^{10} \text{N/m}^2$,$d$ 为锚链直径。

⑤ 6 股钢丝绳:$7.0 \times 10^{10} \text{N/m}^2$ 乘以钢丝绳的公称直径。

⑥ 螺旋钢丝绳:$1.13 \times 10^{11} \text{N/m}^2$ 乘以钢丝绳的公称直径。

(3)承载能力。

锚链、钢缆的承载能力由极限荷载与破断荷载两个参数描述,不同制造商的产品承载能力也不完全相同。锚链的极限荷载、破断荷载及重量参数可参考 API Spec 2F、DNV OS E303 等规范,也可查阅供货商规格数据。

二、环境条件

系泊系统设计的环境条件可以分为最大设计条件和最大作业条件。

1. 最大设计条件

最大设计条件由风、浪、流等参数共同定义。

对于永久系泊的平台,应当按照设计重现期产生极端荷载的风、浪、流组合条件进行设计,例如重现期100年的波浪加上相应的风、流条件,或者是重现期100年风加上相应的浪、流条件。

可移动式系泊的最大设计条件可以分为远离其他结构物作业、靠近其他结构物作业两类情况。对于远离其他结构物的可移动式系泊的平台,其最大设计条件可以采用不小于5年重现期的环境条件,但如果下面几种情况得到满足时,环境条件重现期可以根据风险分析结果适当减小,但不能低于1年:

(1)已经将各种系泊失效情况对安全性带来的影响进行了评估;

(2)制定了热带风暴人员撤离计划;

(3) 当地天气预报能够提供足够精确的预警;
(4) 钻井作业时,在热带风暴来临前钻井立管已经卸下;
(5) 平台周围没有其他结构物。

对于在其他结构物附近作业的可移动式系泊平台,如果发生系泊失效,有可能对附近的结构物造成威胁,例如走锚有可能破坏区域内的管线,系泊缆断裂有可能危及附近的辅助平台或供应船,因而此时的最大设计条件必须依据系泊失效风险分析结果确定,且环境条件重现期不能少于10年。

2. 最大作业条件

最大作业条件由风、浪、流等参数共同定义,其目的是为作业者决定何时作业、何时停工提供合理的依据。一般情况下,最大作业条件比最大设计条件要求低,但对于那些必须在恶劣环境中持续作业的生产平台而言,最大作业条件可能等同于最大设计条件。

三、悬链式系泊系统设计准则

悬链式系泊系统的设计一般考虑如下3种状态:
(1) 完整状态,即所有系泊缆均保持完好。
(2) 破损状态,即某一根系泊缆破损失效后,平台达到新的平衡状态。
(3) 瞬时状态,即某一根系泊缆发生破损失效后、平台尚未达到新平衡之前的状态。

系泊系统的分析方法可分为准静力方法和动力方法,表17-2-15中引用了 API RP 2SK 规定的不同系泊类型所对应的分析方法与设计状态。

表17-2-15 系泊类型与分析方法、设计状态对应关系表

系泊类型		分析方法	分析工况
永久系泊	初步设计	准静力或动力	完整、破损
	最终设计	动力	完整、破损、瞬时
	疲劳分析	动力	完整
可移动式系泊	远离其他结构物	准静力或动力	完整
	系泊缆跨越管线	准静力或动力	完整、破损
	邻近其他结构物	准静力或动力	完整、破损、瞬时

1. 位移

平均位移是指由流力、波浪漂移力和风力造成的平台位移。最大位移是指平均位移加上平台的波频和低频运动,其计算公式为:

$$S_{\max} = \begin{cases} S_{\text{mean}} + S_{\text{lfmax}} + S_{\text{wfsig}} & (\text{当 } S_{\text{lfmax}} > S_{\text{wfmax}}) \\ S_{\text{mean}} + S_{\text{wfmax}} + S_{\text{lfsig}} & (\text{当 } S_{\text{lfmax}} < S_{\text{wfmax}}) \end{cases} \quad (17-2-30)$$

式中 S_{mean}——平均位移;
$S_{\max}$——最大位移;
S_{wfmax}——最大波频运动;
S_{lfmax}——最大低频运动;
S_{wfsig}——有义波频运动;
S_{lfsig}——有义低频运动。

对于钻井作业,平台位移量必须得到控制,以免钻井立管或者生产立管受到损害。在钻井作业时,钻井立管球形铰允许的位移角将决定平台的最大位移,一般情况下允许的平均位移量应当控制在水深的2%(作业水深600~1000m)~4%(作业水深小于100m),最大位移量应当控制在水深的8%（作业水深600~1000m）~12%（作业水深小于100m）。位移分析仅需要对钻井操作工况的完整状态进行。

对于生产作业，需要区分刚性立管和柔性立管两类情况。刚性立管的最大允许位移量应当控制在水深的8%（作业水深600~1000m）~12%（作业水深小于100m），作业水深在600~1000m时柔性立管的最大位移量应当控制在水深的10%~15%，作业水深在100m以内时柔性立管的最大位移量应当控制在水深的15%~30%。

如果平台附近不可避免地存在其他结构物如辅助钻井船，那么平台的在完整状态、破损状态和瞬时状态下的位移量必须加以控制，以避免平台与其他船体或系泊缆的碰撞。

2. 系泊缆张力

系泊缆平均张力是指对应于平台平均位移的张力，最大张力是平均张力加上相应的波频和低频张力，计算公式如下：

$$T_{\max} = \begin{cases} T_{\text{mean}} + T_{\text{lfmax}} + T_{\text{wfsig}} & (当 T_{\text{lfmax}} > T_{\text{wfmax}}) \\ T_{\text{mean}} + T_{\text{wfmax}} + T_{\text{lfsig}} & (当 T_{\text{lfmax}} < T_{\text{wfmax}}) \end{cases} \quad (17-2-31)$$

式中 T_{mean}——平均张力；

$T_{\max}$——最大张力；

T_{wfmax}——最大波频张力；

T_{lfmax}——最大低频张力；

T_{wfsig}——有义波频张力；

T_{lfsig}——有义低频张力。

上述计算方法适用于完整状态和破损状态。张力极限值可以用系泊缆名义强度的百分比来描述，缆的名义强度就是其标明的破断强度，锚链的名义强度是其破断载荷试验值。上述名义强度均假定系泊缆为未使用状态，如果系泊缆不是新的，则其名义强度有可能已经减小，因而需要通过测试确定。

系泊缆张力应当满足国际准则和采用的规范，例如美国船级社（ABS）的《浮式生产系统建造和入级指南》（GUIDE FOR BUILDING AND CLASSING OF FLOATING PRODUCTION INSTALLATIONS, APRIL 2004）、挪威船级社（DNV）《海洋工程标准》（OFFSHORE STANDARD DNV-OS-E301, OCTOBER 2004）、法国船级社（BV）《永久海上装置系泊系统入级》（CLASSIFICATION OF MOORING SYSTEMS FOR PERMANENT OFFSHORE UNITS, JUNE 2004）等。表17-2-16中列出了API RP 2SK关于系泊缆不同工况条件下张力极限值以及对应的等效安全系数的判别准则。

表17-2-16 系泊缆张力极限值以及对应的等效安全系数表

工况条件	分析方法	张力极限值,%	等效安全系数
完整状态	准静力	50	2.00
	动力	60	1.67
破损状态	准静力	70	1.43
	动力	80	1.25
瞬时状态	准静力	85	1.18
	动力	95	1.05

3. 系泊缆长度

如果使用悬链式系泊方式，系泊缆需要海底提供沿海底平面的抓力，此时系泊缆需要足够的长度以避免在锚上作用竖直方向的上拔力；如果在柔软的土壤上使用桩锚等具备抗拔能力的锚时,系泊缆长度可以适当减小。一般而言,由于永久系泊的生产平台有可能承受极端恶劣的环境条件,因而其系泊缆长度应予以充分考虑。

如果使用张紧式系泊方式,系泊缆与海底除锚点外没有其他接触,系泊缆在海底的锚点除了产生沿海底平面的载荷外,还将产生竖直向上的上拔力,此时需要校核上拔力是否符合锚的抗拔能力要求。

4. 锚系能力

锚系能力取决于锚的类型和海底条件,包括抗拖曳能力和抗拔能力。

对锚所承受的载荷进行校核时需要考虑适当的安全系数,根据 API RP 2SK 规定,对于拖曳式锚,其安全系数见表 17-2-17。

表 17-2-17 拖曳式锚安全系数表

系泊类型		准静力分析方法	动力分析方法
永久系泊	完整状态	1.8	1.5
	破损状态	1.2	1.0
	瞬时状态	不要求	不要求
临时系泊	完整状态	1.0	0.8
	破损状态	不要求	不要求
	瞬时状态	不要求	不要求

四、悬链式系泊系统分析方法

永久系泊常用于生产平台,其设计寿命通常大于10年,可移动式系泊主要用于移动式钻井平台,由于可移动式系泊方式能够进行检查和维护,因而通常情况下其设计条件低于永久系泊。在分析方法上,对于可移动式系泊一般使用准静力方法,只有当系泊系统发生失效的后果比较严重时才使用动力分析方法,并且规范也不要求进行疲劳分析;而对于永久系泊系统,必须进行动力分析和疲劳分析。

浮式生产平台的系泊系统取决于极端响应,包括平台位移、系泊缆张力、悬空段长度等。环境对系泊系统产生的载荷可分为稳态荷载(包括流力、平均风力和平均漂移力)、低频荷载和波频荷载。

1. 非耦合分析方法

非耦合方法分为两步考虑浮体与系泊系统的响应:首先将系泊系统对浮体的作用当作线性恢复力来处理,使用线性频域方法计算系泊刚度,并得到浮体的运动响应;然后将求解得到的浮体运动视为外部激励,对系泊系统进行准静力或动力分析。这种方法忽略了平台和与系泊系统之间的相互作用,也不考虑海洋环境对系泊和立管系统的影响。

1)准静力分析

准静力方法是一种简化方法,它将平台的动力响应转化为平台静态位移,且忽略了导缆器的竖向运动、流体加速度和阻尼。准静力方法必须把如下因素考虑在内:导缆器在水平面内的位移、锚链各组件的重力和浮力、锚链的弹性、海底的摩擦和反作用。准静态方法所获得结果的可靠性随着船型、水深和系泊缆形状的不同而变化,因而准静力方法不能作为最终的设计方法,只能在初步设计阶段使用。

首先应当设定系泊缆上下两个端点的坐标、长度和弹性性能,并根据悬链线方程求得水平面内与竖直方向的载荷特性,得到每根系泊缆的载荷特性后,可通过赋予平台一个初始位移来获得整个系泊系统在水平面内的恢复力特性,从而根据风、浪和流的总载荷估计平台的最大位移。之后还需要对承受最大载荷的系泊缆留在海底的部分进行校核,考察系泊缆是否足够长,以避免锚承受上拔力,必要时应当增加系泊缆长度,并重新进行计算。

2）动力分析

动力分析方法首先计算得到系泊系统的初始形状，系泊缆被离散为杆单元，并将质量和附加质量分散到各单元的节点上，平台的运动可以独立分析，也可以与系泊系统进行耦合分析。该方法考虑了由质量、阻尼和流体加速度引起的时变效应，导缆器的运动也作为考虑因素。采用动力分析法时，必须考虑作用在锚链上的拖曳力，如果锚缆的重量相对于浮体重量是不可忽视的，则需要计及锚链的惯性力。锚的位置在分析当中是被假定固定的，锚链的弯曲刚度忽略不计。

3）计算分析程序

（1）水动力及运动分析程序；

（2）静态系泊分析程序；

（3）动力系泊分析程序。

4）分析步骤

（1）确定最大作业条件和最大设计条件的风速、流速、波浪有义波高和波周期；

（2）确定系泊系统类型、链和缆的特性以及预张力；

（3）建立计算机模型，运行计算分析程序；

（4）校核平台的最大系泊缆张力；

（5）校核平台的最大锚力；

（6）校核系泊缆躺底段长度；

（7）校核平台的最大位移。

2. 耦合时域分析方法

耦合问题是指柔性系统（锚链/立管系统）的恢复力、阻尼及惯性力对浮体的平均位置及其动力响应所产生的影响。具体到系泊系统，主要包括以下方面：

（1）以船体位移为函数的系泊系统所提供的静恢复力；

（2）流载荷对系泊系统的恢复力所产生的影响；

（3）系泊系统与海底的接触摩擦；

（4）系泊系统由于流、动力等因素所产生的阻尼；

（5）系泊系统的惯性力。

在浅水海域，由于系泊系统对整个浮式平台的影响较小，采用非耦合分析方法的计算精度还可以满足工程要求，但在深水条件下，系泊系统与浮体间的相互影响已不容忽视，耦合分析方法便显得更具优势。

耦合时域分析方法是在每一时间步长上对浮体和系泊缆的时域方程进行求解，充分考虑浮体与系泊缆之间的相互作用，克服非耦合分析法中的缺陷。时域耦合分析方法计算过程复杂、计算量大，一般使用专业软件进行计算（如挪威船级社的 Sesam，法国船级社的 Hydro Star）。系泊系统时域耦合分析步骤如下：

（1）确定操作条件和最大设计条件的风速、流速、波浪有义波高和波周期；

（2）确定系泊系统类型、链和缆的特性及预张力；

（3）确定稳态环境荷载；

（4）建立浮体水动力模型；

（5）使用频域分析软件，计算浮体的水动力参数，包括附加质量系数、阻尼系数、RAO 及波浪激励力等；

（6）建立耦合分析模型，包括浮体和系泊系统模型；

（7）输入频域下的浮体水动力参数数据，使用耦合时域分析软件，计算浮体及其系泊系统的响应。

五、张力腿分析方法

1. 张力腿载荷特点

张力腿通常由大直径的钢管制成并垂直布置,因而其竖直方向刚度较大,对竖直方向的载荷有较强的抵抗力,但在水平方向的载荷作用下会发生偏移,平台稳态偏移取决于稳态的风力、流力和漂移力,而偏移的动态部分取决于平台的波频和低频响应。张力腿平台在发生水平面内偏移的同时会造成平台重心向下移动(Set-down),该现象不影响张力腿系统的总载荷,但有可能引起张力腿张力的非平均分布,即增加上风向张力腿的张力并减小下风向张力腿的张力。

平台垂荡和纵摇运动能够使得张力腿张力发生变化,当波浪频率接近平台自然频率时有可能发生共振,即弹振(Springing)现象,尽管它引起的张力较小,但根据规范 API RP 2T 的要求,上述张力不能忽略。此外,极端海况下脉冲载荷将引起张力腿发生二阶高频瞬态响应,即鸣振(Ringing)现象,在估算张力腿极限张力时应予以考虑。目前弹振和鸣振的机理仍然处于研究阶段,模型试验数据和以往的设计经验具有重要的参考价值。

2. 计算分析

1) 张力腿模型

典型的张力腿响应是二阶或三阶模态,例如当波长与张力腿长度接近时将激发二阶模态。一般情况下使用一系列具有相同截面属性的梁单元来模拟张力腿,连接件、阳极等部件被视为均匀分布的质量,单元数目不一定太多,但张力腿截面属性有较大变化时,则需要较多的单元数目以求更精细的单元划分。张力腿顶部和底部用于减小弯曲应力的柔性单元可赋予适当的弹簧刚度,弹簧刚度一般由厂商提供。张力腿一般通过底部的连接器与海底的桩基相连,在计算分析时不直接引入桩基与海底土壤的相互作用,而使用等效桩来模拟。

波浪和流除了引起张力腿轴向张力外,还将间接地向张力腿施加载荷,如切向黏性力和惯性力。进行张力腿强度分析时,静水面以下的张力腿惯性力系数 C_m 通常设为 2.0,拖曳力系数 C_d 通常设为 1.2。

2) 分析工况

(1) 张力腿在位工况。

张力腿平台的整体响应取决于环境条件与载荷状态的不同组合,例如张力腿最小张力在立管已安装时最低潮位情况下发生,张力腿最大张力在立管未安装时最高潮位情况下发生。此外,平台在位工况的选取也与浮体完整或破损状态、张力腿完整或破损状态有关。

(2) 张力腿安装工况。

张力腿的安装可以地分为装配、自浮、张力腿与平台连接等阶段。装配阶段是指张力腿以不同长度悬挂于工作船夹具上的状态,此时可假定悬挂长度为 1/4、1/2、3/4、1 倍全长进行分析;自浮阶段是指张力腿已经与海底的桩基连接,并由顶部安装的临时张力腿浮筒提供浮力自由站立在水下的状态;连接阶段是指部分张力腿已经与平台完成连接的状态。安装工况分析结果有助于确定各关键安装阶段所能承受的最大环境条件。

3) 强度分析

张力腿的强度分析可以使用 DeepC 或者 Orcaflex 分析软件。从整体运动性能分析得到的平台稳态运动、低频运动和波频运动将作为激励施加在张力腿顶端,借助张力腿平台响应传递函数(RAO)可计算平台运动的时间历程。获得张力腿最大张力和弯矩之后,即可校验张力腿应力比(Utilization Ratio)。负荷比是指张力腿实际截面应力与许用截面应力之比,根据规范 API RP 2T 的要求,该因子不能大于 1.0。负荷比的计算公式如下:

$$UR = (\sigma_a + \sigma_b)/\min(SF_y F_y, SF_u F_u) < 1.0 \qquad (17-2-32)$$

式中 σ_a——轴向载荷最大值对应的应力；

σ_b——弯矩最大值对应的应力；

SF_y——屈服应力安全系数。

SF_u——极限应力安全系数。

4）疲劳设计

张力腿及其连接部件需要进行疲劳分析以满足 API RP 2T 规范的疲劳设计要求，张力腿、连接件及锚桩的疲劳设计寿命安全系数最小取 10.0。

第八节 深水浮式平台安装

一、安装设计

安装设计的目的在于确保深水平台在各安装阶段的合理性与可靠性。安装工作主要包括：装船、船体与组块的对接、拖航、就位、附属设施的连接等。对于半潜式平台，由于其系泊系统与深吃水立柱平台相似，而其船体和上部结构与张力腿平台相似，所以半潜式平台的安装可以参照张力腿平台和深吃水立柱平台的相应部分。

在安装设计中，首先需要校核各个过程中船舶和平台的稳性是否满足规范要求，校核船舶和平台的结构强度是否满足规范要求，是否会发生结构破坏，同时，安装过程中的平台的运动也需要进行分析，以确定各个安装步骤是否能够顺利实施。

1. 分析方法与模型实验

通常采用频域、时域分析及模型实验互相结合的方法来评估深水平台的总体响应特性。

频域分析是分析深水平台在拖航及安装阶段的运动、加速度的主要方法。三维绕射/衍射程序用来获得船体运动与加速度的响应算子（RAO）。RAO 采用谱分析法用以评估极端统计响应。

时域分析用来模拟深水平台设计安装过程，特别是时域模拟捕捉平台的非线性运动，并定义相关的荷载。在规则与随机海况以及选定的吃水与压载条件进行模拟，确定在安装过程的运动与荷载是可接受的。

实体模型实验是预测设计响应的设计过程的必要部分。模型实验包括风洞与水池试验。实验用来验证分析方法，提供不能由分析获得的设计数据（如船体入水、波浪拍击等）。数值分析与模型实验结果相互补充。

2. 分析计算内容

装船分析：主要计算平台结构的强度，校验驳船的压载系统的能力和驳船的强度。

干拖分析：主要校核船舶的稳性，船舶和平台的结构强度，以及平台受波浪拍击的局部强度。

湿拖分析：主要校核平台的稳性和结构强度。

扶正分析：需要分析每一步骤的平台稳性和结构强度，同时对扶正过程的稳定性需要校核。

上部结构安装分析：主要包括吊装的结构强度分析，以及采用浮托法安装的稳性、运动和强度分析。

二、规范和设计软件

1. 设计规范

设计规范见表 17-2-18。

表 17-2-18 设计规范

DNV-OS-C101	Design of Offshore Steel Structures, General (LRFD Method)
DNV-OS-C102	Offshore Standard DNV-OS-C102 Structural Design of Offshore Shops
DNV-OS-C105	Offshore Standard DNV-OS-C105 Structural Design of Tlps(LRFD Method)
DNV-OS-C106	Offshore Standard DNV-OS-C106 Structural Design of Deep Draught Floating Units (LRFD Method)
DNV-OS-E301	Offshore Standard DNV-OS-E301 Position Mooring
DNV-OS-F201	Dynamic Risers
DNV-RP-E301	Recommended Practice DNV-RP-E301 Design and Installation of Fluke Anchors in Clay
DNV-RP-E302	Recommended Practice DNV-RP-E302 Design and Installation of Drag-in Plate Anchors in Clay
API-RP-2T	Recommended Practice for Planning, Designing, and Constructing Tension Leg Platforms
API-RP-2T-S1	Supplement 1 for API-RP-2T
API-RP-2RD	Design of Risers for Floating Production Systems (FPSs) and Tension-Leg Platforms (TLPs)
API-RP-2FPS	Recommended Practice for Planning, Designing, and Constructing Floating Production Systems
API-RP-2SK	Recommended Practice for Design and Analysis of Stationkeeping Systems for Floating Structures
API-RP-2SM	Design, Manufacture, Installation, and Maintenance of Synthetic Fiber Ropes for Offshore
DNV	Rules for Planning and Execution of Marine Operation
ABS	Guide for Building and Classing Floating Production Installation
ABS	Rules for Building and Classing Mobile Offshore Drilling Units

2. 设计软件

1) MOSES

MOSES 是由美国 Ultramarine,Inc. 公司开发。软件主要功能包括浮式结构的稳性分析、运动分析以及锚泊系统的分析模块。能够在频域内计算浮体的运动幅值、平台的气隙、锚泊系统的应力水平等参数。

2) SACS

SACS 是由美国 Engineering Dynamics Incorporated(EDI)公司开发。主要用于海洋固定平台结构设计,同时该软件主要进行杆系结构的应力分析,能够自动生成固定平台在位状态下的风、浪、流等荷载,并能够根据国际通用规范进行结构校核。

3) SESAM

SESAM 是由 DNV 开发。该程序由多个功能模块构成,其中 HYDRO-D 主要进行稳性分析、水动力分析和气隙分析。MIMOSA 模块可以进行频域内的锚泊系统分析,DEEP-C 可以进行整个浮式系统的时域内的非线性耦合分析。其他模块可以进行结构分析和规范校核。

4) AQWA

AQWA 是由 WS Atkins Engineering Software 开发。该程序由多个功能模块构成,包含衍射/辐射(包括浅水效应)——AQWA-LINE;具有随机波的频域——AQWA-FER;具有随机波包括慢漂流的时域——AQWA-DRIFT;具有宽大波的非线性时域——AQWA-NAUT;包括停泊线的静动稳定性——AQWA-LIBRIUM。时域和频域模块还包括耦合缆索动力学。最后所有的模块集成于强大的前后处理器 AQWA——图形超级用户界面。

AQWA 不仅仅用于系泊系统或衍射辐射分析,也是通用的流体动力学分析软件,对多种问题提供了非常灵活的解决方法。

三、安装设计海况

1. 张力腿平台安装

安装设计中要考虑表 17-2-19 中的荷载工况。

表 17-2-19　张力腿平台安装设计工况

阶段	工况	环境条件	上部荷载状态	安全系数
建造	船体拖拉	无风或由设计/业主确定	—	1.67
拖航和安装	干拖	10年一遇	—	1.25
	浮托下水	—	—	—
	湿拖	1年一遇	—	1.25
	组块安装	无风或由设计/业主确定	吊装荷载	1.67

2. 深吃水立柱平台安装

安装设计中要考虑表17-2-20中的荷载工况。

表 17-2-20　深吃水立柱平台安装设计工况

阶段	工况	环境条件	上部荷载荷载	安全系数
建造	装船	无风或由设计/业主确定	—	1.67
拖航和安装	干拖	10年一遇	—	1.25
	浮托下水	不超过每月的90%	—	—
	湿拖	1年一遇	—	1.25
	扶正	无风或由设计/业主确定	—	1.67
	组块安装	无风或由设计/业主确定	吊装荷载	1.67

四、安装机具的选择

深水平台的安装需要适用于深水特征的安装机具。由于张力腿平台、半潜式平台和深吃水立柱平台的结构形式不同，系泊方式也不同，所以采用的安装机具也不尽相同。同时由于水深增加，同样的安装机具需要适应水深的变化，增加在深水操作的可靠性。这些安装机具主要包括以下设备。

1. 大型浮吊

大型浮吊主要承担深水平台锚泊系统的安装和组块的吊装，以及深吃水立柱平台的船体安装。深水安装海况复杂，并且大型结构物的质量都在几千吨以上，因此对大型浮吊的吊重能力和动力定位系统有较高要求。

2. 水下安装机具

水下安装机具主要包括ROV、潜水设备和水下定位系统等。

3. 其他主要设备

打桩锤：深海平台的桩径一般为96in左右的大直径桩，因此需要打桩锤具有足够的能量。
张力腿装配工具：需要在张力腿接长的过程中使用。
大型水泵：需要在深吃水立柱平台的船体扶正中使用。
牵引绞车：需要在锚泊和张力腿安装过程中使用。

五、锚固系统的安装

1. 张力腿(TLP)平台

1) 系泊系统的组成

TLP具有张力腿锚固系统。张力腿与海底的打入桩或吸力锚相连，参见图17-2-74。

2) 桩的安装

依靠自重桩贯入一定深度，采用水下液压桩锤打桩。定位误差按以下要求：

水平　0.3m半径内；
垂直　小于1°。

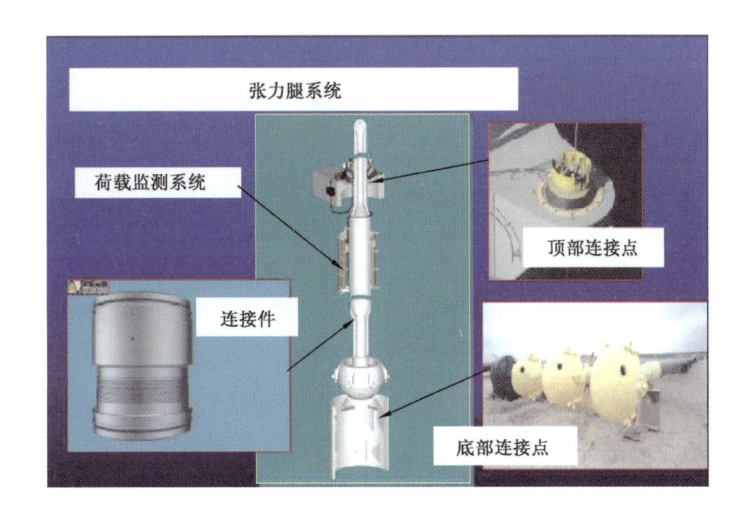

图 17-2-74 张力腿系统

3）张力腿安装

张力腿的组成包括固定长度的上端部、主体部分和根据各桩位置水深调整长度的下端部。

张力腿由驳船运输到现场，由吊机从驳船吊至安装船舷侧，用专用的连接器连接，连接完毕下放就位，参见图 17-2-75。

图 17-2-75 张力腿的连接

选择预安装的办法，应在张力腿上端安装浮力舱，其浮力至少是张力腿所受重力的 2 倍，以保证整个张力腿的张力并能使其被锁定在桩端部的接收器内。每个浮力舱可由两个相同的舱锁在一起组成，由专用连接器卡在张力腿四周。在下潜前，打开所有的阀门允许浮力舱全部充水。参见图 17-2-76。

通过 ROV 确认张力腿底部锁定在桩接收器内，用 ROV 关闭浮力舱阀门，由安装船上的空压气对舱室进行排载。当气体从下面浮力舱的底部排出时停止排载。在张力腿平台到达前，检查所有的浮力舱是否漏气。接下来由吊机移走浮力舱，需要充水到一定高度，以最大 10tf 的负浮力用以释放卡环。应用完全控制的方法将浮力舱提高到水面，防止浮力舱内部高压气体无法控制而爆炸。浮力舱内安装真空破碎膜，其由 ROV 刺破以允许浮力舱按时序抬高过水面，而不会出现内爆。

图 17-2-76 张力腿上端的浮力舱

2. 深吃水立柱平台(SPAR)

1) 系泊系统的组成

深吃水立柱平台由一个永久的绷紧悬链系统固定。锚泊系统一般由锚链-钢索-锚链系统或复合纤维缆构成,底部一般可采用打入桩或吸力锚系统。通过收紧或放松平台上锚链可以在一定范围内调节平台的位置。

2) 桩或吸力锚的安装

作为锚链的底部连接,一般采用打入桩或吸力锚来承担。桩的安装与张力腿平台类似,但是不需要达到如张力腿平台那样的安装精度。如果是使用吸力锚作为固定端,则需要提前一定的时间安装,以使吸力锚系统能够达到预计的设计能力。

安装误差如下:

位置　6m;

方位　7.5°;

倾斜　垂直5°。

桩的定位通过预先安装且有标记的浮筒实现。除了浮筒,脉冲发射器安装在桩与 ROV 上,脉冲发射器用于提供读取桩的实际位置。

桩的方位通过安装在 ROV 上的陀螺仪确定。

3) 锚链铺设与弃缆

吸力锚或打入桩安装后,锚链与缆绳沿着预定的路线布置在海底。安装船通过动力定位系统沿布缆方向移动。为防止缆绳在海底扭结,要保持一定的向前铺设张力。完成锚链铺设后,做好相应的标记然后弃缆。

六、浮式平台结构主体系统安装

1. 张力腿平台船体

TLP 的安装包括:装船、下水、拖航、就位、对接、调载、系泊系统安装等过程。

1) 稳性校核标准

TLP 设计要求满足 ABS MODU 柱式稳性标准,这些标准包括完整、破舱、充水稳性要求。

(1) 稳性标准:

① 在所有条件下,都要保持一个正初稳性高;

② 下列风速用于对应的浮态:

恶劣风暴　　　　　　　　　　　100kn

破舱条件　　　　　　　　　　　50kn

临时工况(安装、检验等)　　　　50kn

正常条件　　　　　　　　　　　70kn

③ 完整稳性要满足下列要求：

a. 要求完整稳性状态下浸没面积比,在介于第二横倾交角或浸水角之间的某一角度下,TLP复原力矩曲线下的面积与风倾力矩曲线下面积的比值不小于 1.30。

b. 从直立到第二交点前的整个角度范围,恢复力矩应为正值。

④ 规范要求破舱稳性状态需要考虑下列充水状态：

a. 任何位于或低于静水线处的舱室。

b. 任何介于水线和接近海平面的,位于一个共同舱壁两侧的两个舱室(即假定舱壁破坏)或从静水面以上 4.5m 至以下 3m 的范围内破舱浸水深度为 1.5m 的舱室。

在上列的破舱充水情况下,风速 50kn 为最危险的条件,稳性要满足下列要求：

a. 恢复力矩曲线与风倾力矩曲线的第一横倾交角对应的水线面要低于任何敞口位置,杜绝浸水发生。

b. 最大纵倾角为 5°(静平衡)。

c. 破舱状态下,恢复力矩曲线与风倾力矩曲线的第一横倾交角到第二横倾交角至少要保持 7°(静平衡)。

d. 为保证 TLP 具备一定的密闭性,在破舱情况下,在某一相同横倾角下,恢复力矩是风倾力矩的两倍。

e. 最小的密闭性要求,破舱充水情况下,在 50kn 风速下,风雨密的浸水口应在静水面之上至少 4m 或纵倾角不超过 7°。

(2) 稳性标准的应用：

① 漂浮状态。

船体和(或)整个平台应考虑：

a. TLP 船体或整个平台安装期间临时的压载/排载操作的稳性应满足上述(1)中①和④的规定。

b. 安装阶段的正常条件满足上述(1)稳性标准的规定。

② 湿拖状态。

浅吃水湿拖状态下的拖航稳性标准等同为无人甲板货运船的稳性标准。

2) 下水

当船体建造完成之后,采用拖拉的方式将船体拖至半潜驳船上,然后由驳船拖航到指定海域。指定海域应该首先满足半潜驳船吃水要求,同时此海域最好是遮蔽海域。当到达指定海域后,对驳船的压载水舱充水压载,使驳船吃水增加。TLP 船体随驳船吃水的增加而下降。当驳船吃水到一定深度,驳船与 TLP 船体开始分离。继续对驳船压载,使驳船与 TLP 船体完全分离,TLP 船体靠自身浮力漂浮在水面上,当两者间距达到 1m 时,移走驳船,并恢复正常吃水状态,TLP 船体完成下水作业。参见图 17-2-77。

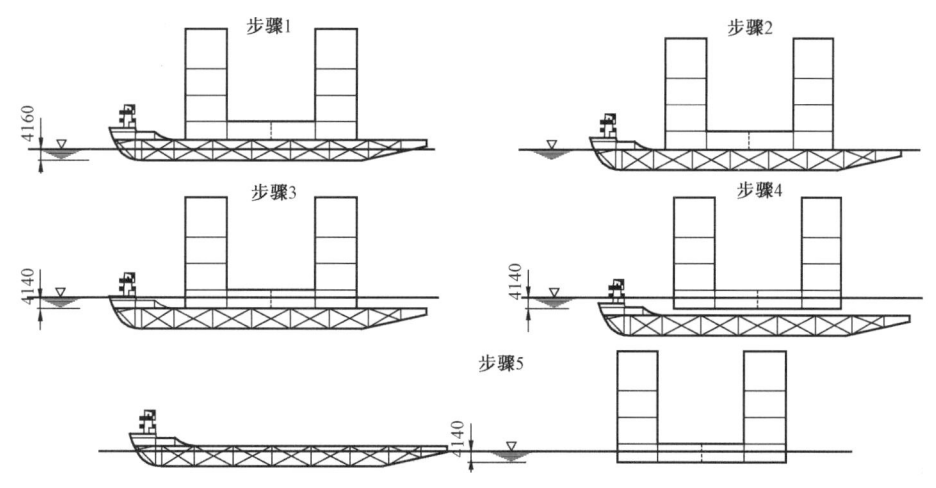

图 17-2-77 TLP 船体湿拖步骤示意图

整个下水过程均需对驳船与TLP船体进行临时系泊。

3）拖航

拖航分为干拖与湿拖两种方式。如果平台距离安装地区较远，一般采用干拖方式（图17-2-78）；如果平台距离安装地点较近，可以采用湿拖方式（图17-2-79）。

图17-2-78　干拖方式

图17-2-79　湿拖方式

4）对接

张力腿船体拖航至安装现场，将进行与张力腿的连接操作。具体步骤如下：

（1）张力腿平台在张力腿附近水面，确保船体浮态及船体与张力腿间垂向安全距离后，定位在张力腿上方；

（2）导向钢丝绳通过船体上部的绞车下放连接到张力腿上；

（3）按充水程序对船体压载水舱实施压载，船体下降；

（4）张力腿由钢丝绳导向插入到张力腿抓紧器内；

（5）充水达到设计吃水，停止充水；

（6）棘轮倒齿抓紧器收紧固定张力腿；

（7）对压载水舱排水，使张力腿达到预张力；

（8）移走张力腿上部安装使用的临时浮箱，就位过程结束；

（9）连接立管的其他附件。

就位过程，参见图17-2-80(a)~(d)。

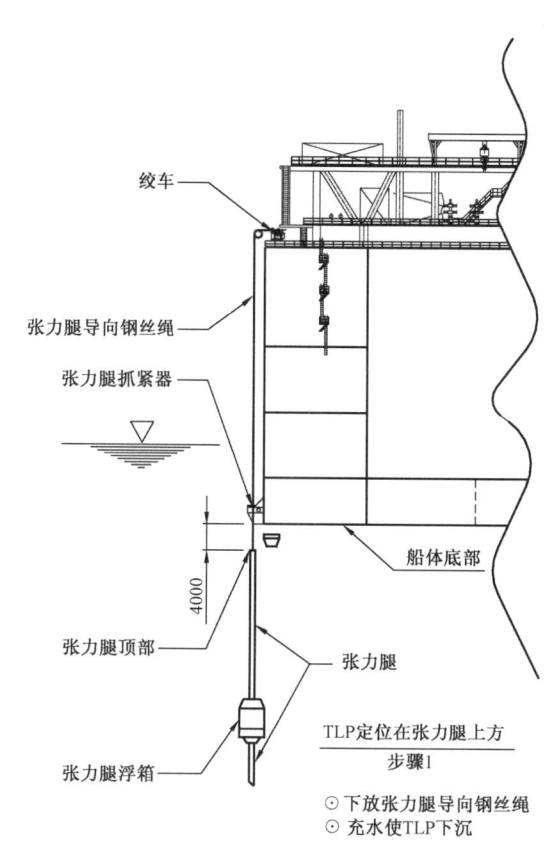

图 17-2-80(a) TLP 就位过程(一)

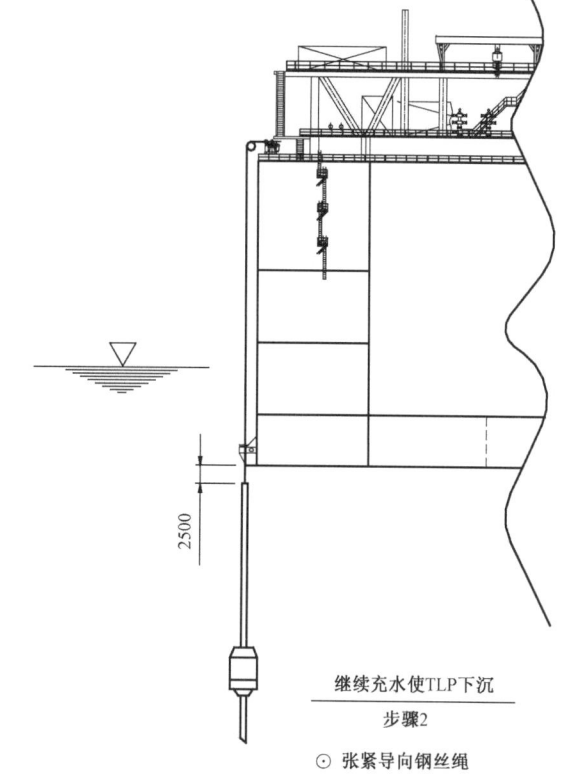

TLP定位在张力腿上方
步骤1
⊙ 下放张力腿导向钢丝绳
⊙ 充水使TLP下沉

标注：绞车、张力腿导向钢丝绳、张力腿抓紧器、张力腿顶部、张力腿、张力腿浮箱、船体底部、4000

图 17-2-80(b) TLP 就位过程(二)

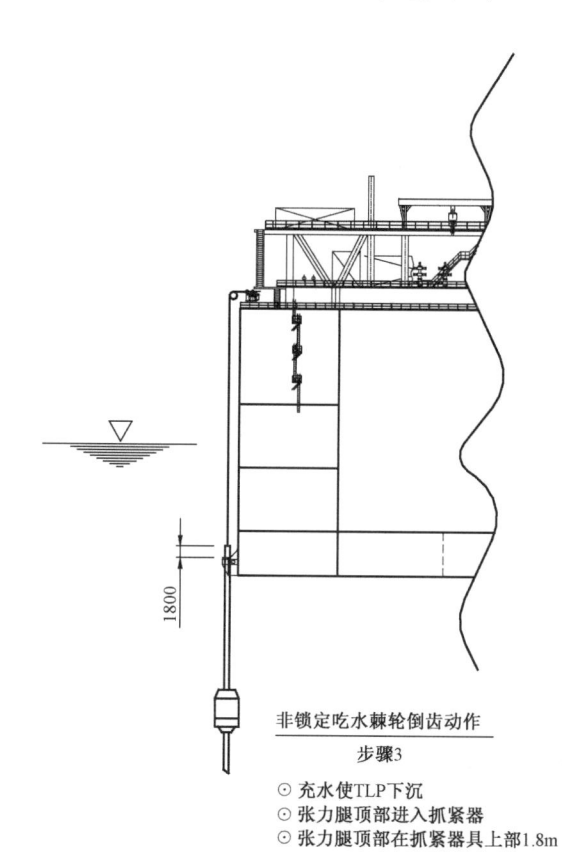

继续充水使TLP下沉
步骤2
⊙ 张紧导向钢丝绳
⊙ 继续充水使TLP下沉

标注：2500

图 17-2-80(c) TLP 就位过程(三)

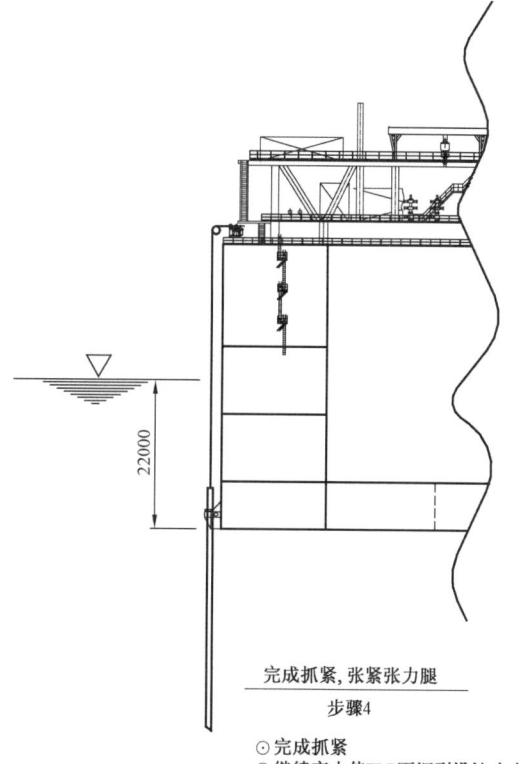

非锁定吃水棘轮倒齿动作
步骤3
⊙ 充水使TLP下沉
⊙ 张力腿顶部进入抓紧器
⊙ 张力腿顶部在抓紧器具上部1.8m

标注：1800

图 17-2-80(d) TLP 就位过程(四)

完成抓紧，张紧张力腿
步骤4
⊙ 完成抓紧
⊙ 继续充水使TLP下沉到设计吃水
⊙ TLP排水达到预张力
⊙ 移走张力腿浮箱

标注：22000

船体压载至锁定位置时的吃水,由数个预先确定的点监视,特别是张力腿进入到船体预安装的防松螺母内,张力腿载荷传感器与船体连接。按当前的潮高修正锁定吃水,船体用水平仪(软管)校核水平度。当船体水平度且其运动在可接受的范围内时,在船体的一个操作点上由液压制动器实现防松螺母同时锁住所有的张力腿。

在锁住时刻观测的实际垂向运动在相邻点的长度上小于一个螺距。个别锁定螺母在螺纹内没有完全锁住,通过对船体微量调载及潜水员做一些专业的撬动工作,完成最后的锁定。

船体排载使张力腿达到一定的张力,并考虑将要安装的组块质量,预留充分的浮力储备,以便船体能完全排载达到正常操作张力。

2. 深吃水立柱平台

SPAR 的安装包括:装船、下水、拖航、扶正、调载、系泊系统等安装过程。

1)稳性校核标准

作为最小要求,SPAR 设计要求满足 ABS MODU 柱式稳性标准,这些标准包括完整、破舱、充水稳性要求。

SPAR 稳心高度和舱室配载也是基于这些稳性标准建立的。

下列稳性标准适用于垂直向上的 SPAR(即垂直扶正的状态)。对每一工况最危险方向的稳性应予以考虑,以满足适用的稳性标准。

(1)稳性标准:

① 在所有条件下,都要保持一个正初稳性高;另外,安装过程中除湿拖和扶正外,应保持1.5m 的稳心高度。安装完成后,在操作和完整状态下 KB 应保持在 KG 之上。

② 下列风速用于对应的浮态:

恶劣风暴	100kn
正常条件	70kn
破舱条件	50kn
临时工况(安装、检验等)	50kn

③ 完整稳性要满足下列要求:

要求完整稳性状态下浸没面积比,在介于第二横倾交角或进水角之间的某一角度下,SPAR恢复力矩曲线下的面积与风倾力矩曲线下面积的比值不小于 1.30。

④ 规范要求破舱稳性状态需要考虑下列充水状态:

a. 任何位于或低于静水线处的舱室。

b. 任何介于水线和接近海平面的,位于一个共同舱壁两侧的两个舱室(即假定舱壁破坏)或从静水面以上 4.5m 至以下 3m 的范围内破舱浸水深度为 1.5m 的舱室。

在上列的破舱充水情况下,风速 50kn 为最危险的条件,稳性要满足下列要求:

a. 恢复力矩曲线与风倾力矩曲线的第一横倾交角对应的水线面要低于任何敞口位置,杜绝浸水发生。

b. 最大纵倾角为 5°(静平衡)。

c. 破舱状态下,恢复力矩曲线与风倾力矩曲线的第一横倾交角到第二横倾交角至少要保持7°(静平衡)。

d. 为保证 SPAR 具备一定的密闭性,在破舱情况下,在某一相同横倾角下,恢复力矩是风倾力矩的两倍。

e. 最小的密闭性要求,破舱充水情况下,在 50kn 风速下,风雨密的浸水口应在静水面之上至少 4m 或纵倾角不超过 7°。

⑤ 全部或部分在水面以下舱室的破舱稳性要求保证分舱的合理性,以应付意外破舱。

破舱充水情况下,风速 50kn 作为最危险的条件。由初浸水角描述的最终水线面应该在破舱口之下。

(2)稳性标准的应用:
① 漂浮状态。
船体和(或)整个平台的基本情况应考虑:
a. SPAR 船体或整个平台安装期间临时的压载/排载操作时的稳性应满足上述(1)中① 和④ 的规定。组块和设备安装期间应保证 1.5m 最小稳性高度。
b. 安装的整个阶段的临时条件按上述(1)稳性标准的规定。
c. 前期安装操作包括系泊系统安装和 SPAR 扶正操作。安装的整个阶段的正常条件按上述(1)稳性标准的规定。
② 湿拖状态。
湿拖状态应考虑:
a. 浅吃水水平湿拖状态。这一状态下拖航稳性标准等同为无人甲板货运船的稳性标准。
b. 深吃水垂直湿拖状态(连接锚链阶段至扶正),视为正常条件,按上述(1)稳性标准的规定。
c. 上述浅吃水和深吃水拖航的稳性准则适用于正常条件和完整状态的 SPAR 船体。
2)拖航

拖航分为干拖(图 17 - 2 - 81)与湿拖(图 17 - 2 - 82)两种方式,拖航应满足稳性要求。

图 17 - 2 - 81 干拖方式

图 17 - 2 - 82 湿拖方式

3)下水

深吃水立柱平台船体干拖后的下水与张力腿平台船体下水方式基本相同。由半潜驳船拖到指定海域后,半潜驳船下潜,平台船体依靠自身浮力与船舶脱离。

4）扶正

到达现场后进行扶正操作,扶正操作是连续过程。通过两个过程压载程序,即软舱自由充水和硬舱控制充水。

第一步打开软舱阀门自由充水,当软舱全部充满之后,船体基本上处于倾斜状态,但是并不能达到扶正状态,因此第二步需要利用工作船上的水泵继续对硬舱中的特定舱室充水,一直到船体翻转达到直立状态。参见图17-2-83。

图17-2-83 船体的扶正

5）平台锚链系统安装

在船体直立之后,需要将预先抛设好的锚链与船体连接。每根锚链需要首先恢复到水面,然后在工作平台进行锚链连接,最终拉到SPAR船体上。在连接过程中为防止缆绳错乱,每组缆绳应按预先设定的程序进行。缆绳的恢复程序基本是布缆程序的反向。

（1）平台锚链的操作。

SPAR船体部分的锚链由驳船运输到现场,然后通过工作船上的专用吊机将锚链装在工作船船体外的工作平台上。在锚链中间某一位置需要安装锚链夹具,锚链夹具的作用是使在整个锚链的回接期间,大部分的锚链拉力都由工作船来承担,这样可以使SPAR船体一端的拉力减到最小。

（2）缆绳挂钩到船体上。

在连接第一组锚链时,平台由连接到其另一侧的拖轮定位。

锚链夹具臂承担所吊起缆绳的所有重量。荷载从锚链夹具传递到一个三角板,其垂直部分由工作船外悬的垂直钢丝绳承担,水平部分从三角板经由水平钢丝绳,通过平衡装置直接传递到立柱平台船体甲板。参见图17-2-84。

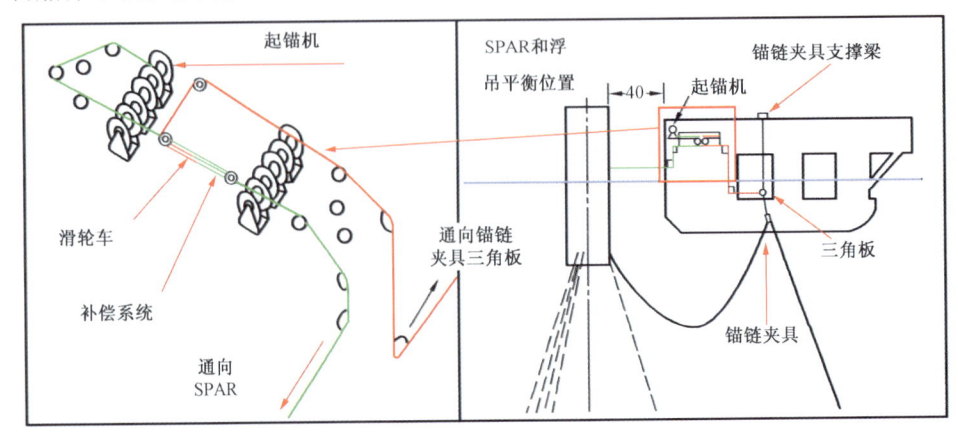

图17-2-84 锚链的安装布置图

当 SPAR 船体与工作船定位后,一条导缆从 SPAR 船体调到安装船。导缆接到平台锚链上,连接点伸出船体外侧。通过固定在 SPAR 船体顶部的滚筒绞车和线性绞车拉入导缆,锚链最终被拉到 SPAR 船体上。

(3)缆绳荷载的转移。

当平台锚链锁定在平台的止链器上时,锚链的所有荷载从安装船传递到 SPAR 船体上。

水平荷载首先通过一个平衡装置来承担,通过不断放松平衡装置,使水平荷载逐渐传递到锚链上。当平衡装置上的荷载完全解除时,装置脱离,此时所有的竖向荷载仅由锚链夹具来承担。

锚链夹具由吊机慢慢吊离支撑位置,下放到水中。当锚链夹具上的荷载传到 SPAR 船体时,由 ROV 解除锚链夹具。参见图 17 – 2 – 85。

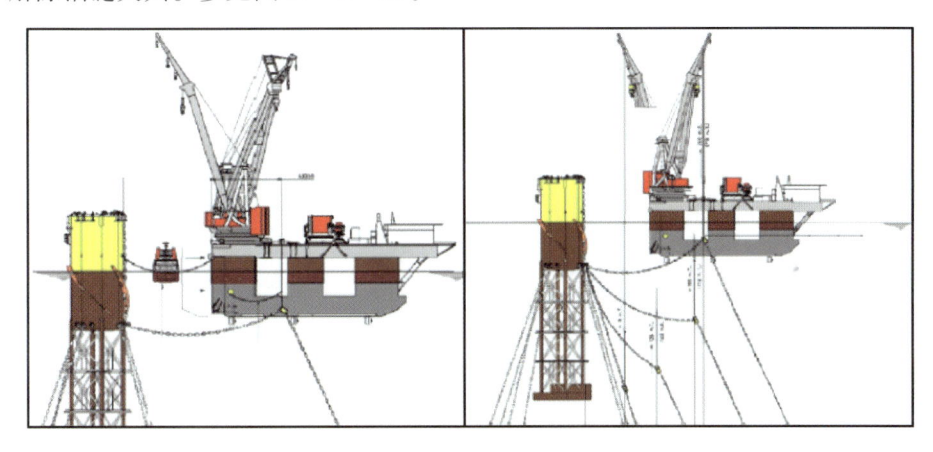

图 17 – 2 – 85　荷载的转移示意图

6)固定压载安装

在所有锚链安装后但在 SCR 安装前,用泵将铁矿砂注入软舱。注入物由散货船运至现场,并系泊于安装船旁边。注入物在散货船的容器中混合,通过硬管由安装船注入软舱。硬管由管道支撑,从散货船到安装船,再通过甲板到 SPAR 船体。高压水压载装置是防止软舱压载过程在固定管线中出现沉积的有效办法。在整个这套系统的布置中,安装船与散货船依靠安装船的动力定位系统保持浮态。

七、浮式平台上部组块安装

上部组块的安装方法包括吊装或浮托法安装。对于张力腿平台和半潜式平台,一般上部组块均在制造场地或码头附近预先安装好,可以采用吊装能力较大的岸吊或浮托法安装,参见图 17 – 2 – 86,然后平台作为整体湿拖到平台预定位置。

图 17 – 2 – 86　湿拖前组块的安装

对于海星式张力腿平台和深吃水立柱平台的上部组块,都需要等到平台船体海上就位之后才能安装,其上部组块一般采用浮吊吊装或双船浮托法安装,参见图 17-2-87。

图 17-2-87　组块的海上安装

第三章　水下生产系统

第一节　水下生产系统概述

水下生产技术是相对于水面开采技术如固定平台、浮式生产设施等的一种广泛应用于水下油气田的开发技术,它主要通过水下完井系统、部分或全部安装在海底的水下生产设施、海底管道等将采出的油、气、水多相或单相流体回接到海上依托设施或陆上终端进行处理。

自1947年美国艾利湖第一次提出水下井口的概念以来,水下生产技术得到不断发展。1952年美国MOHOLEF工程West Cameron 192 No.7井第一次实现真正意义上的水下完井,并首次采用过油管(TFL)修井技术。1975年,Hamilton Brothers首次提出采用半潜式生产平台(SEMI-FPS)+水下生产系统开发英国北海水深75m的Argy11油田,这一油田的投产意味着水下生产技术由单纯的水下完井系统向水下油气生产系统转变。

从早期简单的水下完井井口到复杂的水下采油树、水下管汇以及水下油气处理系统,从直接液压、复合电液到全电气水下控制系统,水下生产技术在快速发展,水下增压、水下油气处理等创新技术已进入现场试验和工业化应用阶段,水下ROV作业水深达4000m,水下油气田开发模式日益丰富,应用水深、回接距离的记录被快速刷新。目前全世界已有130多个油气田应用水下技术,水下完井数达3600多口,从水深几米到数千米,从海上大型油气田到边际油气田,从北海、墨西哥湾到巴西乃至我国南海东部海域都有许多成功的案例。当前应用水下生产系统开发的油气田水深记录为墨西哥湾Atwater Valley项目,最大水深2714m,同时应用全水下生产系统开发油气田并通过约143km的海底多相输送管道直接回接到陆上终端已在挪威Snøhvit气田成为现实。水下生产系统正在成为经济高效地开发深水油气田和海上边际油气田的重要技术手段之一。

随着我国海上油气田开发逐步走向深水和边际油气田,水下生产系统在我国的应用将日益广泛,如何进行水下生产系统工程方案设计成为设计人员关注的热点。本章将围绕水下生产系统的应用和设计方法展开叙述,主要内容包括:水下生产系统总体开发方案、水下生产设备选型设计、水下油气处理工艺设计、人工举升和海底增压系统的选型设计、水下供电模式和控制系统设计,以及投产测试程序等,以期为工程设计人员了解、应用这一技术提供参考。

一、水下生产系统设计基础与设计原则

水下油气田开发方案的设计需综合油气田类型、油气藏特点、开发方式、钻完井方式、环境条件、周边可依托设施情况、流动安全保障、海底管道、水下生产设施类型等多个专业开展系统工程研究。

1. 设计基础

水下生产系统工程方案的设计基础见表17-3-1。

在水下生产系统工程方案确定后,可根据回接距离、井数、水下生产系统所需要测量和监测的数据、油气井测试要求(如井筒、环空、水下采油树、水下管汇等所需监测信号)、远程控制阀门数量,以及所需注入化学药剂等信息来确定水下控制系统设计参数并进行选型设计。

2. 设计原则

水下生产系统的设计应遵循以下原则:

(1)水下生产系统工程方案的设计应综合考虑油气田开发周期内各阶段的需要。

表 17－3－1　水下生产系统设计基础

序号	名　　称	基 本 参 数	用　途
1	油气田位置	经、纬度，离岸距离(km)	确定水下油气田开发模式、依托设施新建或改造工程量的主要参数
2	周边可依托设施详细资料	相对距离(km)； 依托设施基本情况，如油气水集输处理设施设计能力、可用甲板空间、控制容量、关断设置等	
3	油气田类型及规模	油田、气田； 产量预测	
4	生产井、注采井信息	生产井、注采井部署：分散、集中； 井点坐标：确定钻井中心位置； 可选井型：水平井、定向井等； 单井产能：确定水下井口规格； 井口温度、压力、关井压力：用于确定额定压力、温度等	确定水下生产系统应用形式，以及水下井口、水下管汇等主要水下设备位置及设计参数
5	生产流体组成	油组分、气体组分、地层水组成： (1)用于流动安全分析包括水合物、蜡、段塞、水垢预测； (2)确定所需化学药剂种类、用量及系统保温措施； (3)确定段塞捕集器等上部工艺模块设计参数； (4)CO_2、H_2S含量：防腐措施和材料等级	
6	海底管道信息及铺设能力	海管规格、类型； 水下油气田所在区域铺管船铺管能力和可用资源情况	
7	环境条件	水深(m)：确定所选水下井口、采油树可用钻井装置类型以及安装方式； 风、浪、流等：确定作业气候窗； 海床特性，如浅层工程地质：确定水下设施基础形式； 军事区域：确定规避措施	确定所选水下井口、采油树安装及维护方式、气候窗、防护措施等
8	开采方式	自喷、ESP、气举等	确定采油树类型
9	落物、航运	落物重量、类型：确定防落物载荷；航道、船型	
10	锚区和渔业活动范围	确定防拖曳载荷及类型	确定防护措施
11	清管、置换	清管频率、清管目的、持液率等； 置换要求	确定清管方式置换方案
12	未来周边滚动开发计划	预留井信息； 对控制系统设计容量的要求	确定预留方案
13	生产周期	计划投产时间、生产年限	设计寿命
14	是否回收利用	可回收利用设施	弃置方案
15	海洋环境要求	液压液的排放：控制方式(开式、闭式)、置换； 清管液的处理：钻井液和岩屑的处理等	环境保护措施

　　(2)水下生产系统设计应满足设计标准规范和当地特殊规定，尽可能采用国际成熟技术。
　　(3)在满足功能和安全的同时最大限度简化水下生产设施，使开采周期内的利益最大化。
　　(4)设计初期就需要考虑将来扩大生产的需求，如后期调整井或周边小区块的开发。
　　(5)水下生产系统设计中应考虑渔网、锚区、落物、浮冰等潜在风险，敏感设备应设保护装置。
　　(6)水下生产系统设计中应考虑环境保护问题。
　　(7)应考虑水下生产系统的安装、操作、检测、维护、维修和废弃期间的要求。
　　(8)水下生产系统设计时应充分利用周边依托设施。
　　(9)综合考虑水下生产设施与依托设施、钻完井工程的界面；

水下生产设备与钻完井界面通常在泥线处等；水下生产系统与依托设施之间的界面通常在生产流体回接到依托设施立管上部段塞捕集器/分离器之后。

二、水下生产系统总体开发方案

水下生产系统总体开发方案设计包括水下生产系统开发模式、水下生产系统应用形式、典型工程设施设计三个方面。

1. 水下生产系统开发模式

水下生产系统常用的开发模式如下：

(1)独立开发，即只使用水下生产系统及配套设施进行海上油气田的开发。具体形式包括：水下生产系统+FPSO(图17-3-1)、水下生产系统+SEMI-FPS+FPSO(图17-3-2)。我国陆丰22-1油田即是采用一艘FPSO+6井式水下生产系统成功开发深水边际油田的典范，同时我国流花11-1油田采用水下生产系统+SEMI-FPS+FPSO实现了我国南海最大的深水油田的开发，目前这类形式广泛应用于北海、巴西和西非深水区。

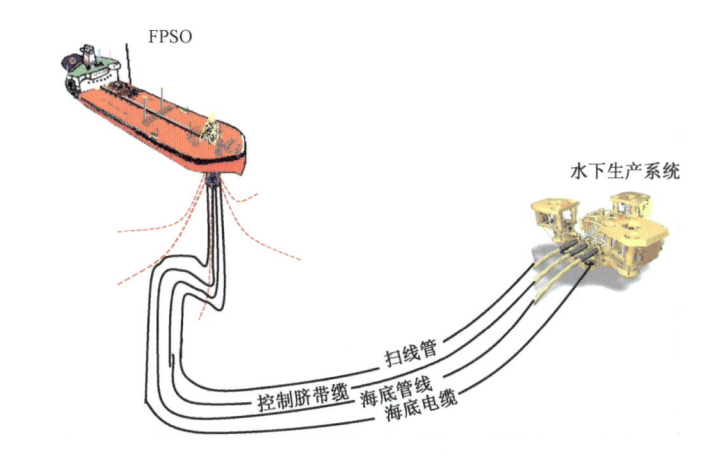

图17-3-1 水下生产系统+FPSO

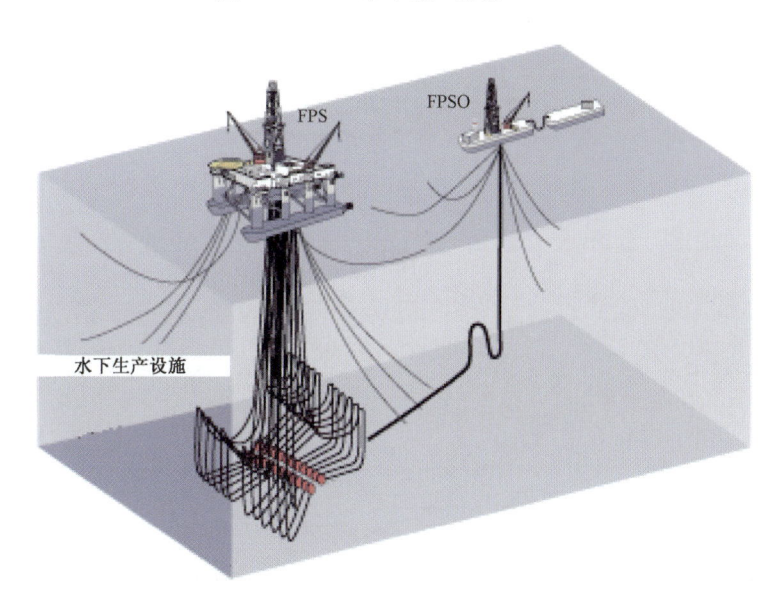

图17-3-2 水下生产系统+SEMI-FPS+FPSO

(2)依托开发，即充分利用周边已有或在建工程设施，应用水下生产系统和可依托设施进行海上油气田开发，如水下生产系统回接到周边可依托的海底管汇、固定平台、深水平台(TLP、SPAR、SEMI-FPS、FPSO)，如图17-3-3到图17-3-5所示。对位于海底陆坡区域的深水油气田，采用深水水下生产设施回接到浅水固定平台正成为一种较经济的开发模式，墨西哥湾的

MENSA、挪威的 OMLANG 等气田都采用类似的开发模式，如图 17-3-6 所示。我国第一个深水气田荔湾 3-1 气田水深 1480m，即采用全水下生产设施、2 条 22in(559mm)约 80km 的海底混输管道回接到 200m 水深浅水中心平台处理外输。

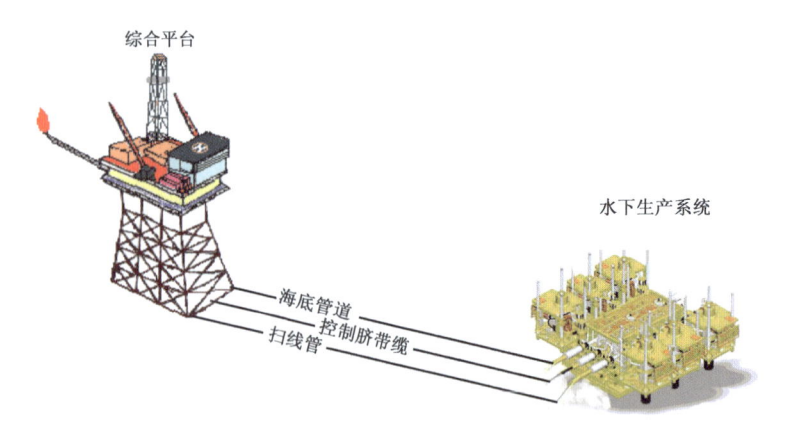

图 17-3-3　水下生产系统依托固定平台

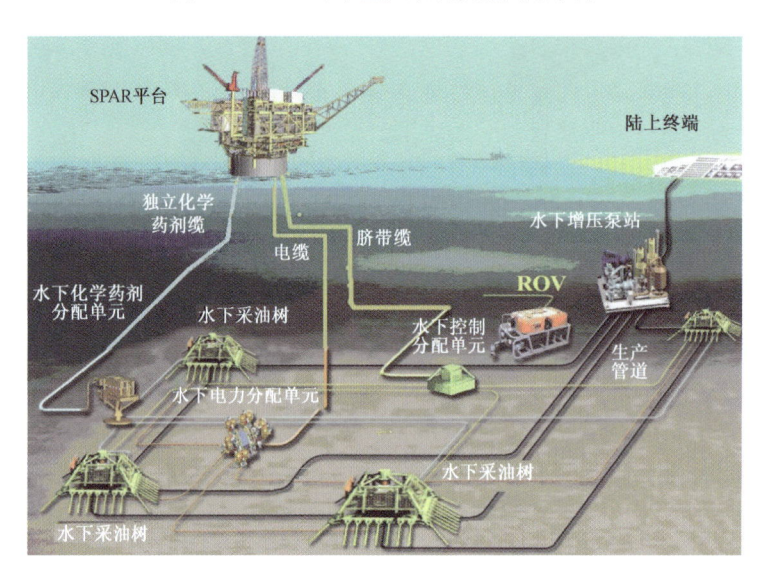

图 17-3-4　水下生产系统依托 SPAR

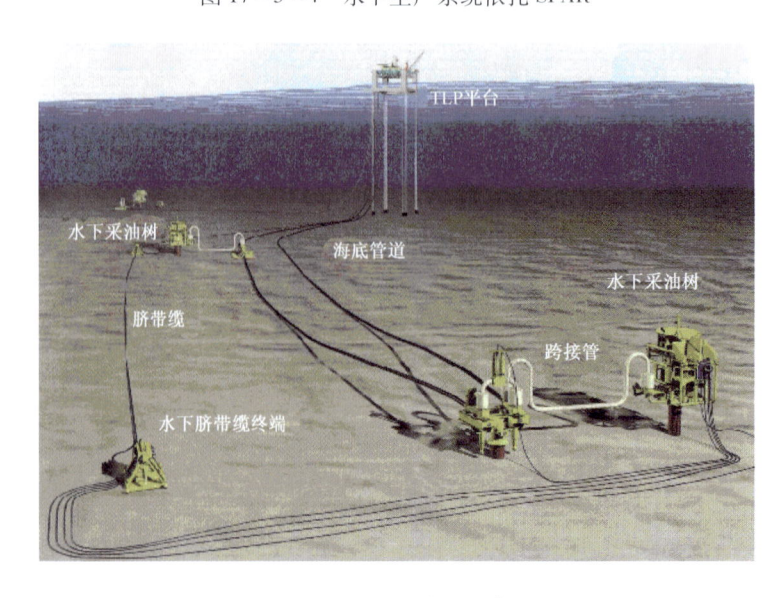

图 17-3-5　水下生产系统依托 TLP

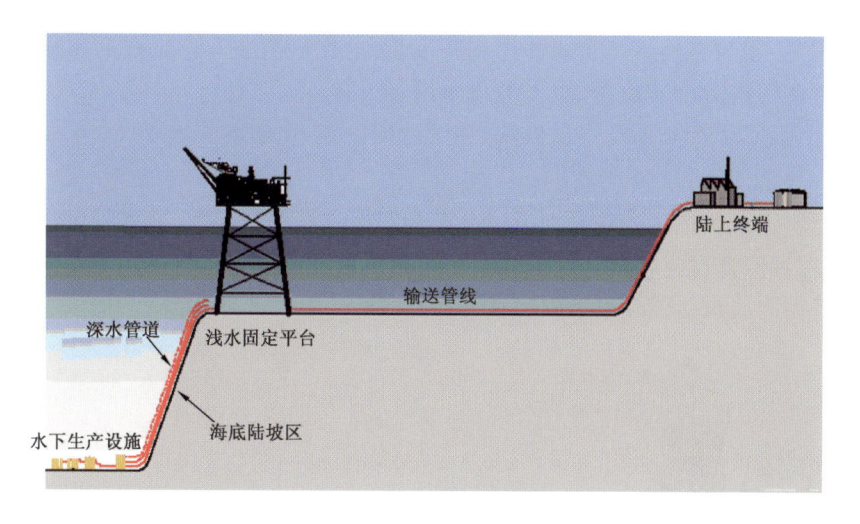

图 17-3-6 深水水下生产设施依托浅水固定平台

(3) 水下生产系统直接回接到陆上终端,即采用水下生产系统将产出油气水多相井流直接回接到陆上终端,主要适用于气田,如挪威北海 Snøhvit 气田。

2. 水下生产系统应用形式

确定水下生产系统总体开发方案后,需综合油气藏、布井方式(如集中或分散)、钻完井、流动安全分析、海底管道、水下设备各个专业,结合油气田特点进行水下生产系统应用形式设计。目前水下生产系统的典型应用形式如下:

(1) 卫星井应用形式。单个卫星井直接回接到附近水下或水面依托设施。
(2) 丛式井基盘/管汇应用形式。分散单个或多个卫星井分别回接到海底管汇。
(3) 集中式基盘/管汇应用形式。多口井共用一个集中式基盘/管汇。
(4) 管道串接式应用形式。各个井或井组管汇通过管道串联在一起。

1) 卫星井应用形式

对单个卫星井,采用水下生产系统可充分利用周边已有或在建设施,因而十分经济,如图 17-3-7 所示,此时可将生产管道、控制脐带缆(电缆)连接到卫星井采油树上,同时这种形式也可用于将探井转变为生产井。此时主要工程单元包括:

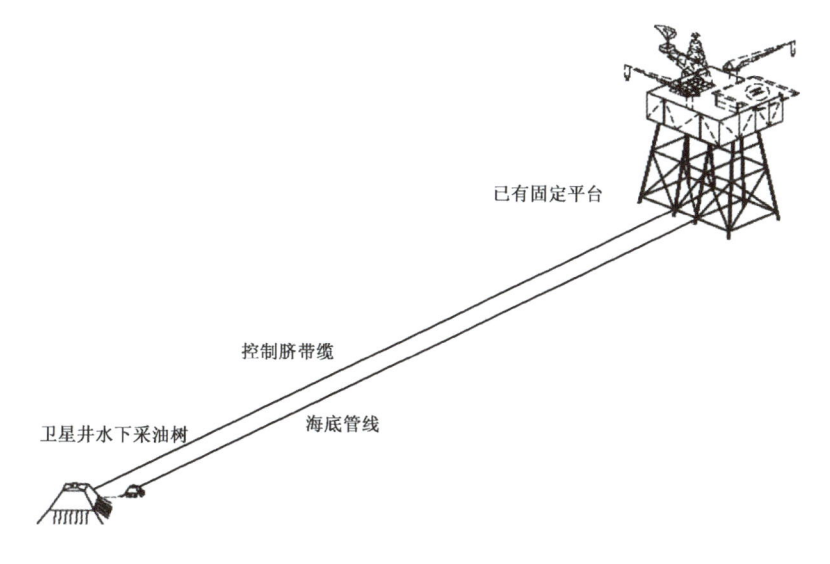

图 17-3-7 卫星井应用形式

(1) 卫星井水下井口和采油树系统、水下控制模块及配套作业工具、保护设施等。

(2) 海底管道:至少包括生产管线和控制脐带缆(含化学剂注入管),根据实际需要可能包括海底动力电缆、注气(注水)管道等,也可考虑采用集束管。

(3) 依托设施:水下控制系统水上模块、油气处理设施、化学剂注入单元、电力系统等。

2) 丛式井基盘/管汇应用形式

丛式井基盘/管汇是指多个井分别通过跨接管回接到海底管汇上,海底管汇再通过一条或多条海底管道回接到依托设施。通常每组管汇汇集的井数不超过10口,可用于井位相对分散的场合,此时水下管汇需通过丛式井基盘固定在海底,如图17-3-8所示。

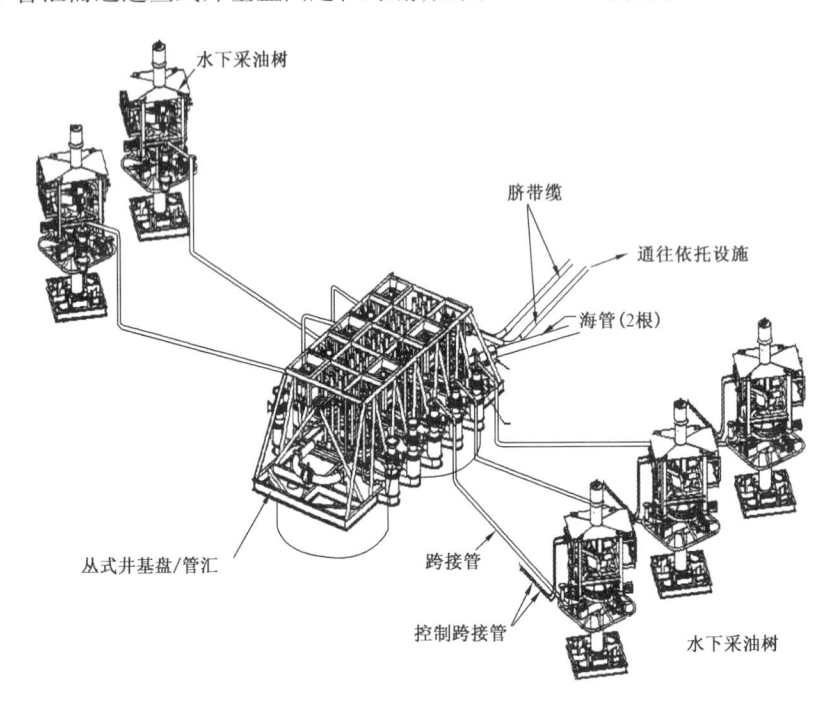

图17-3-8 丛式井基盘/管汇应用形式

丛式井基盘/管汇形式的主要特点是:

(1) 适用于同时进行钻井和生产作业场合,节省钻井时间,同时可优化生产井布置。

(2) 需进行生产跨接管和控制跨接管的预制和安装。

(3) 每个井口设施和管汇需要考虑独立的保护结构。

其基本工程单元与卫星井形式不同之处在于,新增丛式井基盘/管汇、连接各个井与管汇之间的生产跨接管、控制跨接管、注水(气)跨接管等,同时需要考虑水下控制分配单元的集成模式。

3) 集中式基盘/管汇应用形式

集中式基盘/管汇模式是指多口井共用一个基盘和管汇,即井口装置和管汇安装在同一基盘上,如图17-3-9所示。其管汇的结构形式与丛式井/管汇类似,单个集中式基盘/管汇一般适用于井数不超过10口、井位相对集中的场合,此时管汇设计需考虑额外的机械误差。目前应用较多的折叠式基盘/管汇系统,可通过6m×6m月池安装,如图17-3-10所示。

集中式基盘/管汇形式的主要特点:

(1) 每个采油树分支管与管汇直接相连,水下控制脐带缆终端也可集成在管汇上,无需单独的生产、控制跨接管,同时对管汇制造精度要求也非常高。

(2) 各个井口设施和管汇可使用一个整体式保护结构,此时应允许每个设备可单独维修和更换。

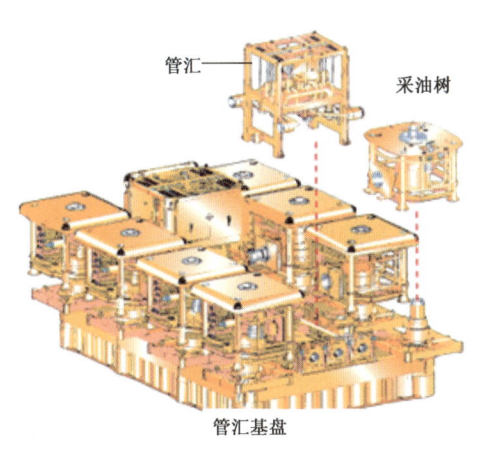

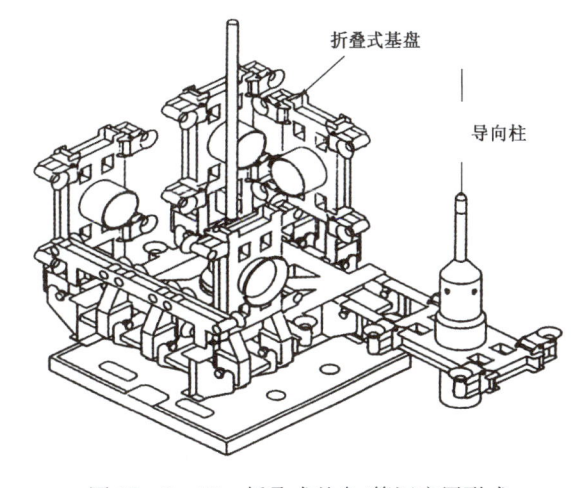

图 17-3-9 集中式基盘/管汇应用形式　　　图 17-3-10 折叠式基盘/管汇应用形式

大型集中井网/管汇系统是集中式基盘/管汇的扩展形式,通常用于井位比较多且集中的大型油气藏开发,如图 17-3-11 所示,此时多口井仍共用一个基盘和管汇,各个井之间一般采用钢性/挠性跨接管连接。常常需要专门的水下跨接管预制、安装设备。这种形式也可通过多个集中式基盘/管汇串、并联形式实现。选择这种形式时需综合评价安装、运行期间的风险。

与丛式井基盘管汇系统相比,不同之处在于省去各类跨接管设计、制造及安装,需进行集中式基盘/管汇设计,此时同样需要考虑控制系统的集成模式。

4) 管道串接式应用形式

当开发多个分散井或区块时,很难选择一个相对集中位置来汇集各个井的产出液体,此时通常将多个分散井或井组分别独立地回接到海底生产管线/管汇上,再通过海底管道一个个串联起来回接到依托设施。这是近 3 年来逐步发展起来的一种应用形式,在墨西哥湾、我国乐东 22-1 气田、崖城 13-4 气田均采用这种水下生产系统形式,如图 17-3-12 所示。

管道串接式形式的主要特点是:

(1) 适用于分散卫星区块的开发,可以通过管线路由的优化降低卫星区块开发费用。

(2) 管道串接式开发模式较为灵活,可以通过管线路由的优化降低卫星区块开发费用。

(3) 与丛式井基盘/管汇、集中式基盘/管汇形式相比,主体设备的小型化便于海上安装调试和维护。

此时水下生产系统工程所包括的主要内容与卫星井类似,包括:各个水下井口和采油树系统,水下控制模块以及配套作业工具、保护设施等,生产管线和控制脐带缆(包括化学剂注入管道),可能的海底动力电缆、注气(注水)管线,依托设施改造以及各个井口之间的连接装置。

3. 典型工程设施

水下生产系统的典型工程设包括:

(1) 水下生产设施,包括水下完井设备和油气生产的基础设施,如水下井口和基盘、水下采油树组件、水下管汇、水下控制系统、水下油气处理设施、水下增压设备、水下输配电系统、水下计量设备、水下人工举升系统以及水下设备防护设备等。

(2) 海底管道,包括生产管道、控制脐带缆、注水/气管线、动力电缆、化学药剂注入管线等,这些管线既可以单独铺设,也可采用捆绑式结构统一铺设。

(3) 依托设施,包括为水下生产系统提供控制、通信、电力、油气处理工艺等的水下/水面设施或陆上终端,可以是所依托的海底管汇、固定平台、浮式生产储油轮(FPSO)、深水浮式平台,如 TLP、SPAR、SEMI-FPS 或陆上终端,也可以根据需要就近建立小型浮式支持系统。

(4) 作业工具与测试系统,主要包括用于水下生产设备安装和维修的船、钻完井装备、水下

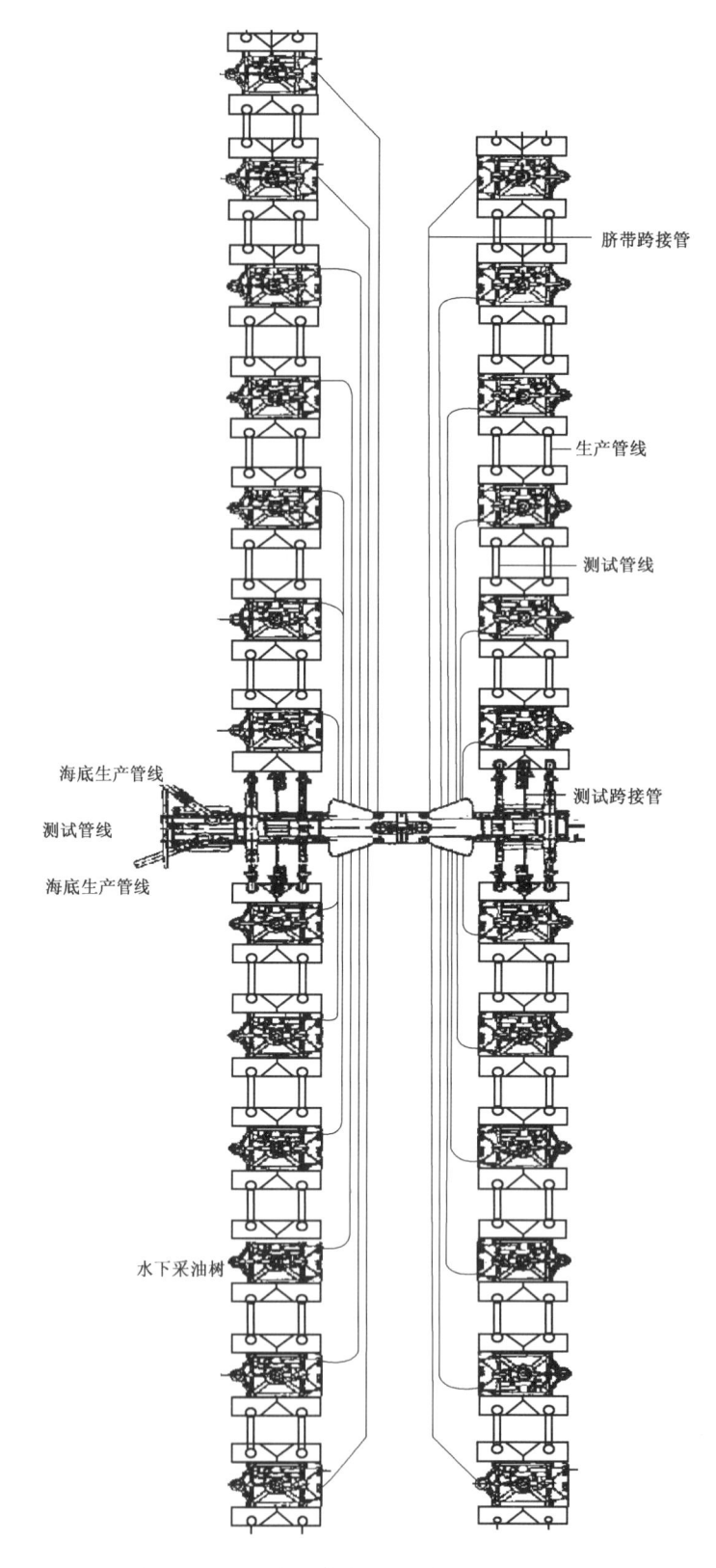

图 17-3-11 大型集中井网/管汇系统应用形式

采油树和油管挂等相应的水下作业工具,以及海底管道、管汇安装的各类工具等,他们和 ROV 配合完成水下设备的安装、维护和回收,同时配有水面干式测试采油树等测试系统,用于安装、维修过程中功能测试,通常采用租用方式。

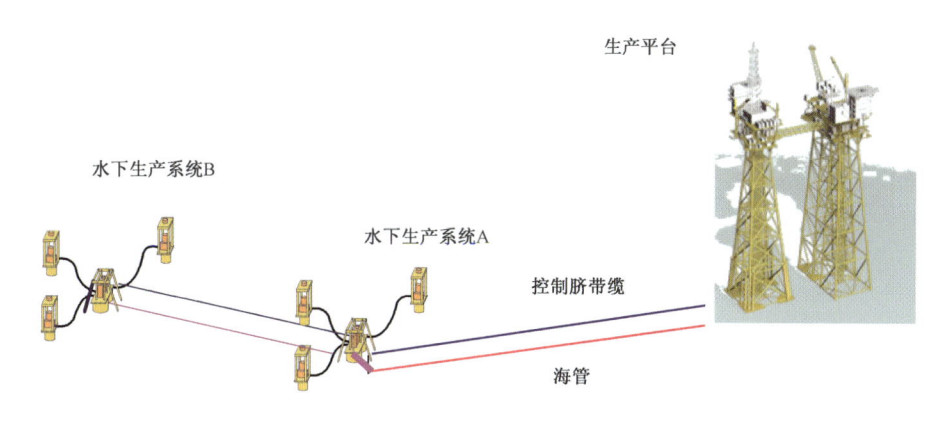

图 17-3-12　管道串接式应用形式

4. 总体开发方案设计案例

水下生产系统总体开发方案没有固定的模式，需根据具体油气田情况进行设计和比选。下面以乐东22-1气田浅层区块早期5口水下井口系统总体开发方案设计为例进行介绍。

乐东22-1气田水深86m，进行总体开发方案设计时，考虑应用5井式水下生产系统，依托新建乐东22-1中心平台开发浅层气区域（图17-3-13），如何进行水下生产系统应用形式优化成为设计重点。

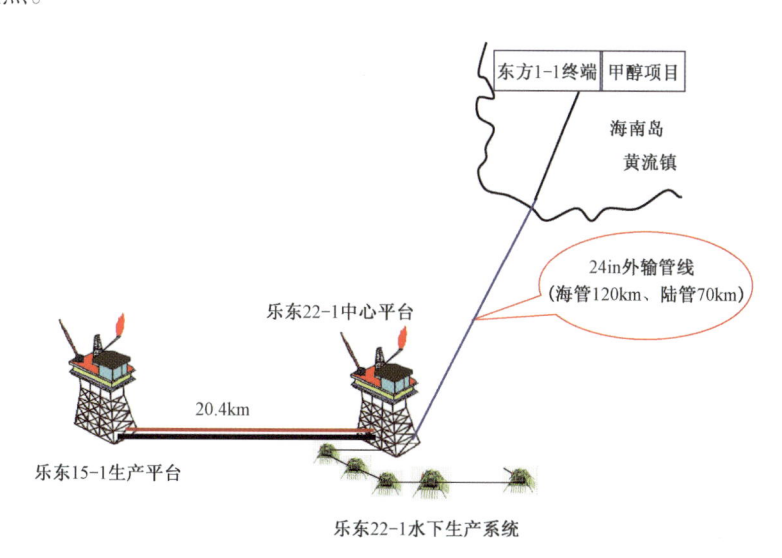

图 17-3-13　乐东22-1总体开发方案

设计中，根据乐东22-1气田浅层5口井的特点进行了水下生产系统应用形式三个方案的设计与比选。

1) 方案一

考虑S1—S5井与乐东22-1中心平台的相对位置及井位相对分散的特点，采用管道串接应用形式，即通过各个井的水下基盘钻5口定向井，分别通过5井式水下采油树进行乐东22-1气田上层系S1、S2、S3、S4井及南部中层系S5井5口生产井的开发生产，铺设1条从S5→S4→S3→S2→S1→CEP的、连接各个水下采油树的直径为12in（304.8mm）、总长度12.1km海底管道，各个水下井口的产出液通过跨接软管与海底管道相连，回接到LD22-1CEP平台进行处理。采用复合电液控制系统，即通过位于平台上的主控制站、脐带缆、水下脐带缆终端SUTU（Subsea Umbilical Terminal Unit）等实现水下井口运行监控，如图17-3-14所示。

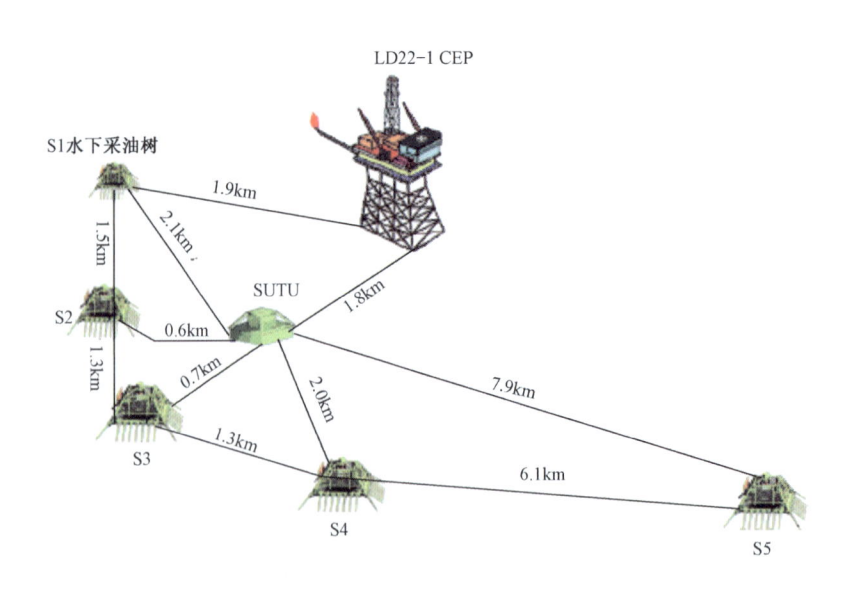

图 17-3-14　方案一系统及管线布置图

2) 方案二

采用丛式井基盘/管汇应用形式，即 5 井式水下生产系统 + 中枢管汇 + 1.8km 海底管道回接到乐东 22-1 中心平台，如图 17-3-15 所示。

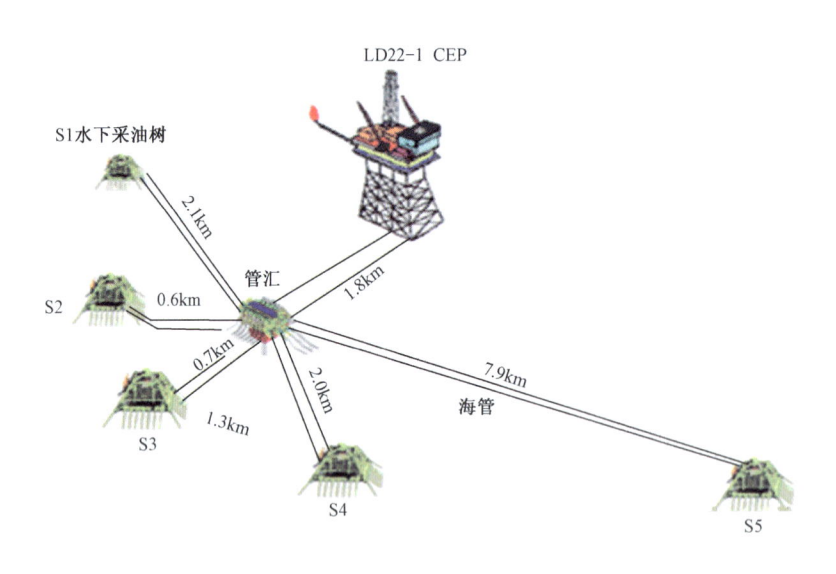

图 17-3-15　方案二系统及管线布置图

3) 方案三

采用卫星井应用形式，即通过各个分散式水下基盘钻 5 口定向井，分别采用 5 口井水下采油树进行乐东 22-1 气田上层系 S1—S4 井及南部中层系 S5 井开发，这 5 口井产出油、气、水分别通过各自长约 1.8~9.4km 海底混输管线直接回接到乐东 22-1 中心平台，如图 17-3-16 所示。

三个方案综合比选（见表 17-3-2）后，确定海底管线总长和脐带缆总长度最短的方案一为推荐方案。

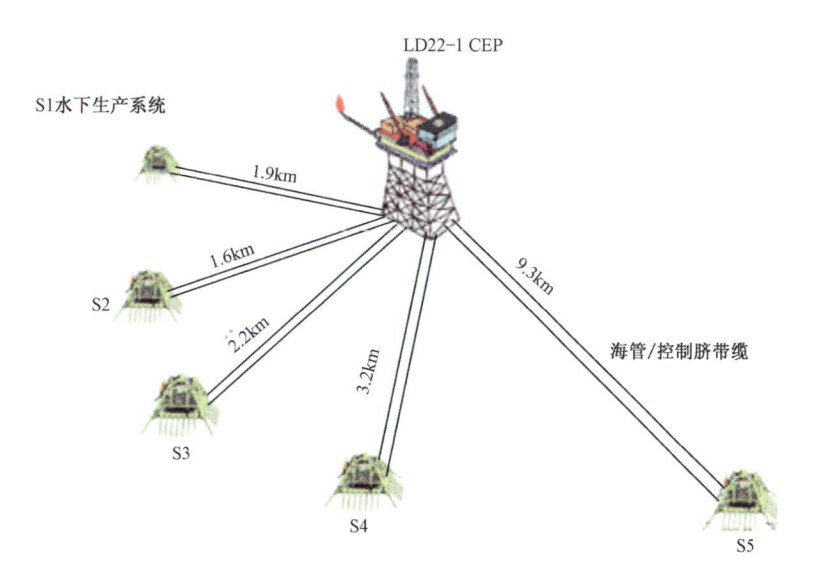

图 17-3-16　方案三系统及管线布置图

表 17-3-2　方案一、二、三综合比选

名　称	X,m	Y,m	方案一 各井连接后回接到CEP,m	方案二 各井与管汇距离 m	方案三 各井与CEP距离 m
S1	242509	1942641		2112.023674	1897.21041
S2	243255	1941326	1511.866727	620.5199433	1760.478605
S3	244160	1940400	1294.797668	675.5812312	2139.780699
S4	244860	1939324	1283.657275	1953.981064	3234.457741
S5	245465	1933229.6	6124.355996	7871.759877	9356.865606
管汇\控制终端位置	243709	1940903	1900		1765.015314
LD22-1气田CEP位置	244402.72	1942525.97		1765.015314	
海底管道总长,m			12114.67767	14998.8811	18288.79306
脐带缆总长,m			14998.8811	14998.8811	18288.79306

三、水下生产系统应用场合与特点

1. 水下生产系统应用场合

水下生产系统可用于海上油气田生产、注水、注气，也可用于将探井转变为生产井，其主要应用领域为：

（1）中深水域卫星油气田、边际油气田。

随着浅水、中深水海域油气田的大规模开发，相应的海上平台、海底管道/管网等基础设施已初具规模，依托已有设施、采用水下生产系统还是简易井口平台等进行这类海上油气田的开发是工程方案比选的重点。通常在150m水深范围内，采用水下生产系统还是简易井口平台需要综合进行技术和经济比较，一般取决于油气田类型、人工举升模式，如油田需要采用井下电潜泵时，比较的重点是修井方式及费用等，最终决定因素为技术可靠前提下的经济性。

BP等石油公司专门针对北海海上油气田开发工程做过比较，给出当地采用简易平台开发海上边际油气田的阈值如下：水深70m处8口井；水深100m处16口井；水深200m处32口井。

水下生产系统已经成为边际油气田、卫星油气田高效经济开发的主要模式,目前在我国南海水深115m处惠州26-1N油田、惠州32-5油田均采用该模式进行卫星区块开发。

(2)深水、超深水油气田开发。

走向深水是水下生产系统应用的主要趋势,一般固定平台、深水浮式平台费用随水深呈指数增长,而水下生产系统费用随水深呈直线增长。2000年66%的水下井口位于200m以内水深范围内,2005年44%水下井口位于460m以内(图17-3-17),当水深超过1000m后,随着ROV技术的迅速发展,水下生产系统在深水、超深水海域的技术和经济优势将更为明显,据有关专家保守估计,此时水下完井数将占到55%~70%。

目前水下生产系统主要应用在世界深水油气田开发的热点区域,墨西哥湾、巴西、西非,各个海域应用情况见图17-3-18。采用水下生产系统+浮式生产系统(如尼日利亚AKOP油田)、水下生产系统回接到中深水固定平台实现部分或全部深水油气藏的开发已经成为深水油气田开发(如荔湾3-1气田)的主要形式之一。

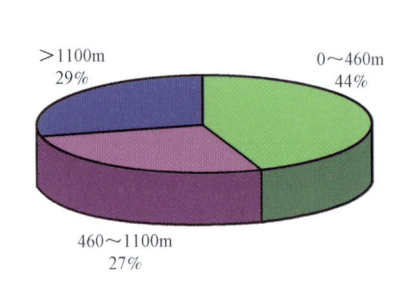

图17-3-17 2005年水下完井数和水深关系　　图17-3-18 水下井口在5大海域的分布情况

2. 水下生产系统的特点

应用水下生产系统进行海上油气田开发具有以下特点:

(1)采用水下生产技术可充分利用周边已有或在建水面、水下设施。

(2)深水、井数少或油藏较分散时,采用水下生产系统具有建设周期短、初始投资低等优势。

(3)采用水下井口油气井布置较灵活,如丛式井不能钻及的边缘地区可采用水下卫星井完井形式。

(4)水下生产系统适用水深范围从几米到数千米,且可用于各种复杂海况,如海上冰区等。

(5)通过水下完井方式可将探井、评价井转变为生产井,从而不致使探井报废。

(6)水下生产设备可回收利用,在降低油气田开发成本的同时还有利于海洋环境的保护和海上交通航行的安全。

(7)水下生产系统可用于不允许建立水面设施如固定平台、深水浮式平台的军事禁区和航线。

四、水下生产系统工程费用构成

应用水下生产系统进行油气田开发所发生的工程费用包括前期研究、工程建设投资与运行维护以及弃置费。其中工程建设投资与所在油气田的水深、环境条件、油田规模、生产操作、维护、安装方式等因素有关,主要包括钻完井、水下生产设施、海底管道、立管、海上安装、依托设施改造、项目管理等费用。

目前世界上实际发生的水下生产系统工程方案的投资费用的统计数据显示,水下生产设备费用一般占总投资的20%以内,而钻完井费用、海底管道(缆)的费用是投资的主要组成部分。随着水深的增加,水下设备费用增加并不多,但由于深水钻井船日租费较高,水下设备安装费用随水深增加将迅速增加。

五、水下生产系统标准体系与常用术语

1975 水下生产系统设计基本上采用原有的石油钻采标准体系中井口和采油树相关部分,1992 年,美国石油学会建立了第一套有关水下生产系统的标准体系框架,1996 年形成第一版相对完整的包括水下井口、水下采油树、控制系统、控制脐带缆、完井、修井等在内的标准体系,1999—2000 年关于水下生产系统各组成部分的系列标准 ISO 13628 第一版正式公布,目前水下生产标准正在不断修订和补充,我国已基本完成水下生产系统主要标准的采编工作。

1. 水下生产系统标准

目前关于水下生产系统的标准主要包括在 API 17、ISO 13628 中,同时挪威、巴西在应用水下生产系统的过程中根据应用经验建立了相应的标准体系,如 NORSK 001 水下生产系统标准。API 水下生产系统标准为 API 17 系列,见表 17-3-3,ISO 水下生产系统标准为 ISO 13628 系列,见表 17-3-4。

表 17-3-3 API 17——水下生产系统的标准体系

编号	名称
API 17A	Petroleum and natural gas industries —Design and operation of subsea production systems:General requirements and recommendations 石油天然气工业水下生产系统设计与操作:一般要求和推荐做法
API 17B	Petroleum and natural gas industries —Design and operation of subsea production systems:Flexible pipe systems for subsea & marine application 石油天然气工业水下生产系统设计与操作:水下挠性管道
API 17C	Petroleum and natural gas industries —Design and operation of subsea production systems:Through flow line (TFL) systems 石油天然气工业水下生产系统设计与操作:出油管系统
API 17D	Petroleum and natural gas industries —Design and operation of subsea production systems:Subsea wellhead and tree equipment 石油天然气工业水下生产系统设计与操作:水下井口和采油树
API 17E	Petroleum and natural gas industries —Design and operation of subsea production systems:Subsea control umbilical 石油天然气工业水下生产系统设计与操作:水下控制脐带缆
API 17F	Petroleum and natural gas industries —Design and operation of subsea production systems:Subsea production control systems 石油天然气工业水下生产系统设计与操作:水下生产控制系统
API 17G	Petroleum and natural gas industries —Design and operation of subsea production systems:Work over completion riser systems 石油天然气工业水下生产系统设计与操作:修井完井立管
API 17H	Petroleum and natural gas industries —Design and operation of subsea production systems:Remotely operated Vehicle (ROV) interfaces on subsea production systems 石油天然气工业水下生产系统设计与操作:水下生产系统上 ROV 工作接口
API 17I	Petroleum and natural gas industries—Design and operation of subsea production systems:Installation of the control umbilical 石油天然气工业水下生产系统设计与操作:控制脐带缆安装

表 17-3-4　ISO 13628——水下生产系统的标准体系

编　号	名　　称
ISO 13628-1	Petroleum and natural gas industries —Design and operation of subsea production systems Part 1：General requirements and recommendations 石油天然气工业水下生产系统设计与操作：第一部分　一般要求和推荐做法
ISO 13628-2	Petroleum and natural gas industries —Design and operation of subsea production systems Part 2：Unbound flexible pipe systems for subsea & marine application 石油天然气工业水下生产系统设计与操作：第二部分　非捆绑式水下挠性管道
ISO 13628-3	Petroleum and natural gas industries —Design and operation of subsea production systems Part 3：Through flow line (TFL) systems 石油天然气工业水下生产系统设计与操作：第三部分　出油管系统
ISO 13628-4	Petroleum and natural gas industries —Design and operation of subsea production systems Part 4：Subsea wellhead and tree equipment 石油天然气工业水下生产系统设计与操作：第四部分　水下井口和采油树
ISO 13628-5	Petroleum and natural gas industries —Design and operation of subsea production systems Part 5：Subsea control umbilical 石油天然气工业水下生产系统设计与操作：第五部分　水下控制脐带缆
ISO 13628-6	Petroleum and natural gas industries —Design and operation of subsea production systems Part 6：Subsea production control systems 石油天然气工业水下生产系统设计与操作：第六部分　水下生产控制系统
ISO 13628-7	Petroleum and natural gas industries —Design and operation of subsea production systems Part 7：Work over completion riser systems 石油天然气工业水下生产系统设计与操作：第七部分　修井完井立管
ISO 13628-8	Petroleum and natural gas industries —Design and operation of subsea production systems Part 8：Remotely operated Vehicle (ROV) interfaces on subsea production systems 石油天然气工业水下生产系统设计与操作：第八部分　水下生产设备上 ROV 工作接口
ISO 13628-9	Petroleum and natural gas industries —Design and operation of subsea production systems Part 9：Remotely operated tool (ROT) intervention systems 石油天然气工业水下生产系统设计与操作：第九部分　遥控作业工具维修系统
ISO 13628-10	Petroleum and natural gas industries —Design and operation of subsea production systems Part 10：Specification for bonded flexible pipe 石油天然气工业水下生产系统设计与操作：第十部分　捆绑式挠性管道
ISO 13628-11	Petroleum and natural gas industries —Design and operation of subsea production systems Part 11：Flexible pipe systems for the subsea and marine riser applications 石油天然气工业水下生产系统设计与操作：第十一部分　水下挠性管道和立管
ISO 13628-12	Petroleum and natural gas industries —Design and operation of subsea production systems Part 12：Dynamic production risers 石油天然气工业水下生产系统设计与操作：第十二部分　动态生产立管
ISO 13628-14	Petroleum and natural gas industries —Design and operation of subsea production systems Part 14：Intervention Work Over Control System 石油天然气工业水下生产系统设计与操作：第十四部分　修井作业控制系统
ISO 13628-15	Petroleum and natural gas industries —Design and operation of subsea production systems Part 15：Subsea structures and manifolds 石油天然气工业水下生产系统设计与操作：第十五部分　海底结构和管汇

水下生产系统 ISO 标准基本等同采用 API 标准，如 API 17A 与 ISO 13628-1、API 17B 与 ISO 13628-2、API 17C 与 ISO 13628-3、API17D 与 ISO 13628-4 等为等同采用，而 API 17E 与 ISO 13628-6 等则有区别，API 中包含控制脐带缆海上施工和安装内容。目前我国等同采用 ISO 13628 水下生产系统标准，标准编号为 GB/T 21412，已于 2010 年 11 月全部出版。

2. 水下生产系统常用术语与缩写

常用的水下生产系统术语与缩写如下：

AAV	annulus access valve	环空进入阀
AC	alternating current	交流
ADS	atmospheric diving system	常压潜水服
AIV	annulus isolation valve	环空隔离阀
AMV	annulus master valve	环空主阀
ASV	annulus swab valve	环空清蜡阀
AUV	autonomous underwater vehicle	自持式水下机器人
BOP	blow-out preventer	防喷器
C/WO	completion/workover	完井/修井
DC	direct current	直流
DFI	design, fabrication, installation	设计、建造、安装
DHPTT	downhole pressure temperature transmitter	井下压力温度传感器
EDP	emergency disconnect package	紧急解脱组件
EPU	eletrical power unit	电源
ESD	emergency shutdown	紧急关断
ESP	electrical submersible pump	电潜泵
FMEA	failure mode and effects analysis	失效模式和影响分析
FPS	floating production system	浮式生产系统
FPU	floating production unit	浮式生产装置
GOR	gas-oil ratio	气油比
GVF	gas volume fraction	气体体积含量
HIPPS	high-integrity pressure protection system	高完整性管线压力保护系统
HPU	hydraulic power unit	液压动力单元
HXT	horizontal tree	卧式采油树
ID	internal diameter	内径
IPU	integrated pipeline umbilical	集束管
LMRP	lower marine riser package (for drilling)	底部立管总成（用于钻井）
LPMV	lower production master valve	下部主阀
LRP	lower riser package (for workover)	底部立管总成（用于修井）
MCS	Main control station	主控站
MEG	monoethylene glycol	乙二醇
MIV	methanol injection valve	甲醇注入阀
MPFM	multiphase flowmeter	多相流量计
MPP	multiphase pump	多相泵
PCS	production control system	生产控制系统
PGB	permanent guidebase	永久导向基盘
PIV	production isolation valve	生产隔离阀
PLEM	pipeline end manifold	管道终端管汇

PLET	pipeline end termination	管道终端
PMV	production master valve	生产主阀
PSD	production shut-down	生产关断
PSW	production swab valve	生产清洗阀
PWV	production wing valve	生产翼阀
ROT	remotely operated tool	遥控作业工具
ROV	remotely operated vehicle	遥控作业机器人
SCM	subsea control module	水下控制模块
SCSSV	surface-controlled subsurface safety valve	地面控制的井下安全阀
SEM	subsea electronic module	水下电子模块
SSIV	subsea isolation valve	水下隔离阀
SUDU	subsea umbilical distribution unit	水下脐带缆分配单元
SUTU	subsea umbilical terminal unit	水下脐带缆分配终端
SUT	subsea umbilical termination	水下脐带缆终端
SXT	surface tree	水面采油树
TFL	through-flowline system	出油管系统
TGB	temporary guidebase	临时导向基盘
TH	tubing hanger	油管挂
THRT	tubing hanger running tool	油管挂作业工具
TRT	tree running tool	采油树作业工具
TUTA	Topside umbilical terminal assembly	上部脐带缆总成
UPMV	upper production master valve	上部生产主阀
UPS	uninterruptable power supply	不间断电源
VXT	vertical tree	立式采油树
WAT	wax appearance temperature	析蜡点
WHP	wellhead pressure	井口压力
WOCS	workover control system	修井控制系统
WOR	workover riser	修井立管
XOV	cross-over valve	转换阀
XT	tree	采油树

六、水下生产系统应用前景

自1995年中国海洋石油总公司与阿莫科东方石油公司(Amoco Orient Petroleum Company)采用水下生产技术联合开发流花11-1水下油田(LH11-1)以来，我国已相继开发了陆丰22-1(LF22-1)、惠州32-5(HZ32-5)，惠州26-1N水下油田(HZ26-1N)。水下生产系统的使用适应了我国南海油藏储层较深、气候条件复杂(夏季的强热带风暴、频繁的台风、强劲的冬季季风)以及南中国海特有的内波流构成的复杂的海况条件，为这些油田的成功开发提供了保证。

水下生产系统是一个技术密集、综合性很强的海洋工程高技术领域，而且其研究内容几乎涉及与水下技术相关的各个领域。目前在常规的水下设备和技术逐步走向成熟、建立了相应的国际标准体系的同时，有关远距离水下油气自动开采技术的研究也正在进行中。

从世界海洋石油的发展来看，水下生产技术是当代海洋石油工程技术方面的前沿性技术之一，因为它是顺应海洋石油向中、深海发展的趋势，有着广阔的应用前景，能够带来显著的经济效益；从我国的实际情况来看，一方面，我国南海深水区蕴藏着丰富的油气资源，周边国家竞争态势严峻；另一方面，随着我国海洋石油工业从浅海向中深海域发展，以及水下生产系统在LH11-1、LF22-1、HZ32-5油田的成功应用，这一技术在中深海域油田开发中的技术优势、可观的经济效益已得到证实。随着我国南海水深1480m LW3－1－1井钻探成功,深水油气田的开发已经提上日程,采用全水下生产系统开发荔湾3－1气田,并通过约80km管道回接到浅水增压平台开发工程正在实施中,荔湾3－1气田的建成将实现我国海上油气田开发水深由333m到1500m的跨越发展,并将带动南海北部陆坡深水区域乃至整个南海深水滚动开发。因此,水下生产技术在我国以及海外海上石油开发中具有十分广阔的应用前景。

第二节　水下生产系统的主要设备

整个水下生产系统包括水下生产设施、水面依托支持设施、安装维护设施三部分。

水下生产设施(设备)按技术成熟度分为两类:

(1)相对成熟的技术和设备:指在水下完井设备、海上控制技术基础上逐步开展完善的水下生产系统的基本组成设备,即水下井口、基盘、水下采油树、水下管汇、水下控制系统等。

(2)水下创新技术与设备:指在水面油气集输处理技术基础上发展起来的水下油气水分离技术、水下多相增压技术和正在探索中的水下电力分配系统等。

水面依托支持设施主要包括:水面控制单元、所依托油气水处理设施、电力供应单元,以及所需化学药剂注入单元等。

安装维护设施主要包括:安装水下井口、采油树等的钻井平台、遥控作业机器人ROV、遥控作业工具ROT、修井控制系统以及相应的安装工具、测试系统等。

本节将重点介绍水下井口、采油树、基盘和管汇、海底管道和立管与水下设施连接方式,以及水下设施维护作业系统。

一、水下井口系统

水下井口系统指通过水下防喷器(BOP)安装的特殊井口,它是水下完井的结构基础,安装在泥线附近,向下连接井筒,向上连接水下采油树。钻井过程中用于支撑水下防喷器、密封套管、隔离环空,完井后用于支撑和密封水下采油树、油管等。其设计应遵循GB/T 21412.4—2008《石油天然气工业　水下生产系统的设计与操作　第4部分:水下井口装置和采油树设备》。

1. 组成

水下井口系统组成见图17－3－19,主要由临时导向基盘、永久导向基盘、低压导管头、高压井口头、套管挂以及配套作业工具和保护装置等组成。目前应用较多的18¾in井口头系统组成见图17－3－20。

1)临时导向基盘

临时导向基盘用于钻第一井段,支撑永久导向基盘,同时为井口标高提供可控的参考点。对单个卫星井,如不需要准确地控制井口装置的起吊,可省去临时导向基盘;对于多井集中式基盘,临时导向基盘是构成基盘的一部分。

2)永久性导向基盘

永久性导向基盘与低压导管头相连,为钻完井设备(通用导向架、防喷器(BOP)、水下采油树等)提供结构支撑和导向,并为导管头提供基座及锁紧。安装永久导向基盘时,井口上部通常高于海底2~3m以上,允许钻井废液和水泥浆返到海底。对于卫星井,生产导向基盘兼备钻井导向基盘功能。

3)低压导管头

低压导管头焊接在导管上,为永久导向基盘和高压井口头提供安装点,可与永久导向基盘或生产导向基盘一起安装,其最低额定工作压力应为6.9MPa(1000psi)。导管头外径选择应考虑转盘尺寸;导管头内径应在下一套管柱所用的钻头外径基础上加3mm(1/8in)间隙。

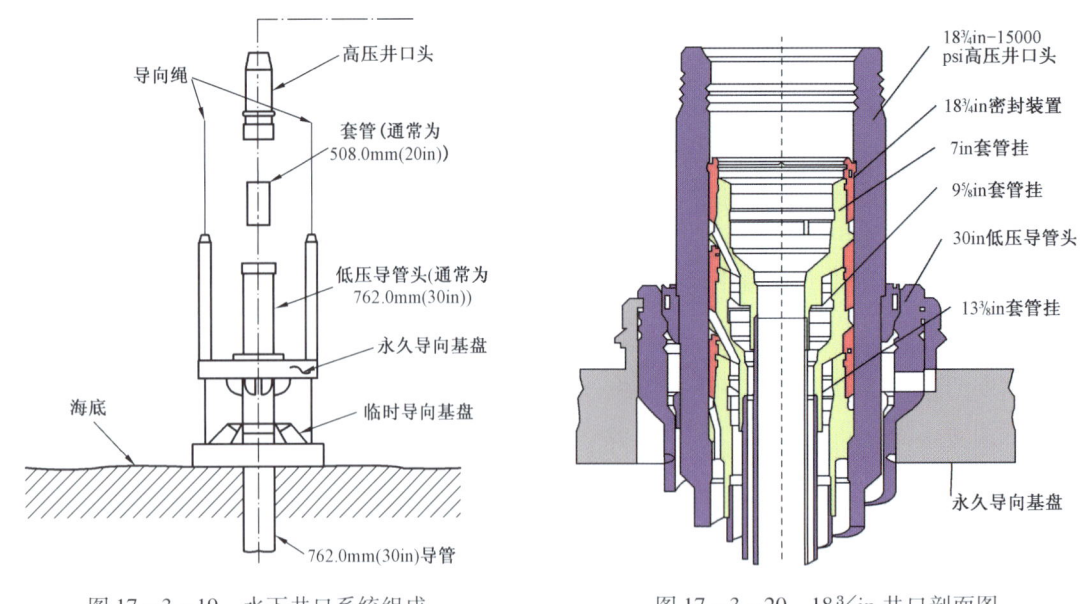

图 17-3-19　水下井口系统组成

图 17-3-20　18¾in 井口剖面图

4）高压井口头

高压井口头即水下井口头,其内侧用于支撑所有套管和油管挂,外侧与钻完井设备、防喷器(BOP)、采油树相连。井口头与油管挂或油管挂异径连接装置相连,防喷器组或水下采油树通过井口连接器连接在井口头上。

5）套管挂

套管挂安装在套管柱顶部,用于悬挂和支撑套管柱并隔离环空,按 ISO 10423:2003《石油天然气工业　钻井和采油设备　阀、井口装置和采油树设备规范》(Petroleum and natural gas industries—Drilling and production equipment—Specification for valves, wellhead and christmas tree equipment)视为控压设备,可采用下锁装置防止生产过程中热膨胀或环空压力变化引起套管挂移动。

6）作业工具

水下井口系统各个组件的安装、测试和回收都有专用工具,既可通过钻杆进行推、拉、旋转等作业,也可通过钻杆或专用液压驱动进行作业,这些工具与相应设备上专用接口连接,并允许在钻井平台上进行拆卸和调整。所有的作业工具应与下入管柱拉伸荷载、固井作业以及下入套管柱的内部压力等级相匹配。

7）保护装置

钻完井作业期间通过轴套保护水下井口系统内部结构,临时弃井前,通常在油管挂安装前后安装保护帽,以防止井口损坏、海生物生长和腐蚀。

2. 水下井口系统选型

设计初期就应对钻井和生产作业期间水下防喷器 BOP 组最大荷载对结构完整性影响进行校核,并按给定的最大工作压力选择和设计水下井口系统。基本原则如下：

(1) 水下井口系统必须承受油气井开发周期内预期最大压力,包括关井压力和压井、增产和注入作业过程的压力,以及预期最大温差。

(2) 产出液的温度、二氧化碳、硫化氢和氯化氢等因素。

(3) 应对由阴极保护系统可能造成氢脆进行风险评估。

(4) 应用于深水时,水下设施承受的内外压差将减小,应考虑外部静水压效应。

(5) 应与钻井系统、水下采油树、预期修井方式相匹配。

水下井口系统标准压力等级为：13.8MPa(2000psi)、34.5MPa(5000psi)、69.0MPa(10000psi)或 103.5MPa(15000psi),其额定工作压力应按 SCSSV 最大预期工作压力确定。17500psi、20000psi 超高压水下井口系统已进入现场应用。

常见的水下井口系统装置尺寸有：13⅝in、16¾in、18¾in、21¼in。目前最常见的是18¾in水下井口。早期水下钻井系统使用"双防喷器组"法，采用一个低压21¼inBOP开钻，采用一个高压13⅝in BOP完井。随着18¾in×10000psi BOP的开发，使用一个BOP即可完成钻井作业，18¾in×10000psi成为标准水下井口系统。目前随着井口压力额定值增大，18¾in×15000psi井口有望成为新的标准水下井口系统，18¾in×15000psi井口可以与10000psi BOP兼容。传统钻井船使用的是16¾in水下井口系统，其优势是立管尺寸较小，钻井液用量较少，在巴西相对较普遍。

目前主要水下井口系统产品有VETCO公司的H4、SG-1、MMS系列，FMC生产的UWD15系列及CAMERON的FAS TRAS系列。选型设计时应确定井口头最小垂直孔尺寸，按照表17-3-5选择合适的井口系统，同时在满足要求前提下尽量选用标准产品以降低成本。水下井口装置主要部件所用典型材料依据表17-3-6所列标准进行选择。

表17-3-5 水下井口系统——标准尺寸和形式

系统公称标识		防喷器组结构	高压井口头工作压力		最小垂直通径	
mm-MPa	in-psi		MPa	psi	mm	in
476-69	18¾-10000	单	69.0	10000	446	17.56
476-103	18¾-15000	单	103.5	15000	446	17.56
425-35	16¾-5000	单	34.5	5000	384	15.12
425-69	16¾-10000	单	69.0	10000	384	15.12
527-540-14	20¾-21¼-2000	双	13.8	2000	472	18.59
346-69	13⅝-10000）		69.0	10000	313	12.31
540-35	21¼-5000	双	34.5	5000	472	18.59
346-103	13⅝-15000		103.5	15000	313	12.31
476-69	18¾-10000	双	69.0	10000	446	17.56
346-103	13⅝-15000		103.5	15000	313	12.31

表17-3-6 水下井口装置主要部件所用的典型材料选择

部件	材料选择所遵循的标准
低压导管头	AISI 8630修订版
导管	API 5L X52
高压井口头	AISI 8630修订版，80ksi屈服强度
井口密封区	镍铬铁耐热合金625覆盖层
井口装置锁环	AISI 4140/4145，105ksi屈服强度
套管悬挂器	AISI 8630修订版，80ksi屈服强度

二、水下采油树系统

水下采油树经历了干式、干/湿混合型、沉箱式、湿式采油树四个发展阶段，各阶段采油树特点见表17-3-7，目前普遍采用的是湿式采油树。

表17-3-7 水下采油树的发展历程

分类	特征
水下干式采油树	干式水下采油树是最早的水下采油装置，采油树置于一个封闭的常压、常温舱里，维修人员可以进入其中工作。该系统复杂，配有多套生命维护系统，对操作人员有潜在危险
水下干/湿混合型采油树	干/湿式混合型水下采油树是第二代水下采油树，其特点是可实现干/湿转换，正常生产时，采油树呈湿式状态，维修作业时，服务舱与水下采油树连接，排空海水，将其变成常温常压的干式采油树。其转化需要专门接口，系统复杂

续表

分 类	特 征
水下沉箱式采油树	水下沉箱式采油树是把整个采油树包括主阀、连接器和水下井口全部置于海床以下9.1～15.2m深的导管内,可有效减少采油树受海底外界冲击造成损坏,在北海冰区有使用。沉箱式水下采油树价格高于一般的湿式采油树40%左右
水下湿式采油树	水下湿式采油树完全暴露在海水中,结构形式简单,组成及功能与其他采油树相同,更换方便,目前使用广泛

水下采油树是一组安装在水下井口系统上的阀组,连接油气井与依托设施,其主要功能如下:

(1)通过采油树连接器连接水下井口与采油树主体,隔离井筒、环空与外界环境。
(2)油气井生产液经过采油树阀组和油嘴回接到海底管道。
(3)通过采油树帽/抽汲阀提供油井内维修通道。
(4)为井控装置、压力监测、气举等提供环空通道。
(5)为井下安全阀提供液压控制接口。
(6)为井下仪器、电潜泵等提供电气接口。
(7)为生产管道和控制脐带缆接口提供支撑结构。

1. 水下采油树分类

水下采油树有多种分类法。

(1)按修井方式可分为:出油管式和非出油管式。
(2)按照湿式采油树上三个主要阀门(生产主阀、生产翼阀及井下安全阀)布置方式分为:立式采油树和卧式采油树,典型阀组配置见图17-3-21。

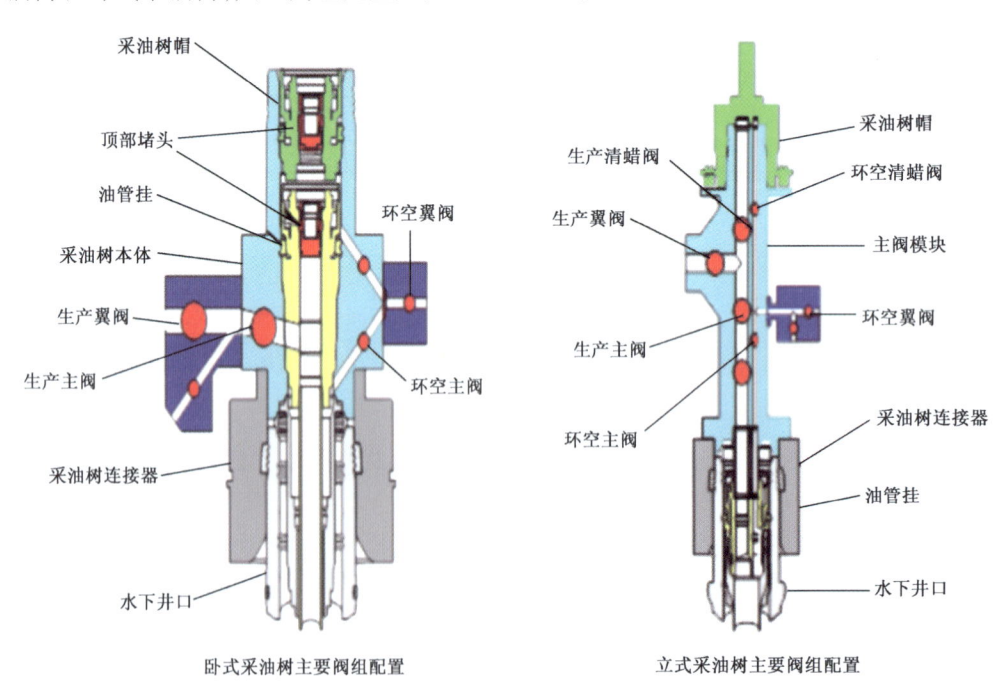

图17-3-21 水下采油树阀组配置

(3)按安装方式分为:潜水员作业型(水深$h \leq 60$m 范围内有较多应用)、ROV/潜水员辅助作业型(适用水深$h \leq 150$m)、完全 ROV 作业型。

对于 ROV 作业型采油树又分为有导向(水深$h \leq 750$m)和无导向安装(水深$h \geq 750$m)。

下面主要介绍水下立式采油树和卧式采油树。

1）水下立式采油树

（1）水下立式采油树特点。

水下立式采油树也称水下常规采油树，典型特点如下：

① 水下立式采油树油管内主要阀门即生产主阀/生产翼阀及井下安全阀安装在一条垂直线上，生产主阀安装在油管挂上部，如图17-3-22所示。

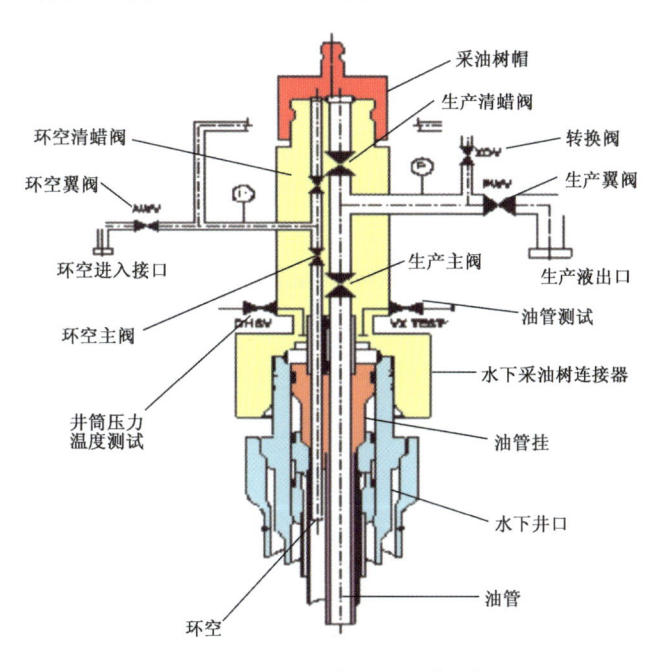

图17-3-22　水下立式采油树

② 水下立式采油树油管挂位于水下井口头内，即油管挂安装并锁定在井口装置中后，再安装水下采油树。

③ 在出油管式（TFL）式水下立式采油树内，出口与生产孔最大成15°角，以便于泵送作业工具的通过。

④ 水下立式采油树生产通道也是堵头和工具下入到油管或完井管柱的通道。

（2）立式采油树分类。

水下立式采油树按环空和生产通道配置形式分为单通道、双通道和多通道。

① 单通道立式采油树：环空位于采油树油管头四通内，采油树内无环空通道，如图17-3-23所示。

② 双通道、多通道立式采油树：采油树内配备有环空通道，如图17-3-24所示。

（3）水下立式采油树优缺点及应用场合：

① 钻井作业完成后无需移动BOP就可进行完井，安装采油树时只需1次BOP下入作业。

② 更换采油树时无需取出完井管柱，但修井作业时需移动采油树。

③ 立式采油树系统采用双通道完井立管（或具备位于底部立管总成之上井筒选择器的单通道立管，通过水面挠性软管采用循环环空的方法实现）。

④ 各厂提供的水下立式采油树和水下井口不兼容，需专门的安装工具包和完井管柱。

⑤ 不支持大通道完井（>5½in）和数量较多的井下射孔。

水下立式采油树主要适用于油管尺寸较小、高压油气藏、井控复杂、开发周期内修井作业少的水下油气田开发工程。

2）水下卧式采油树

水下卧式采油树发明于1992年，其显著特点是：卧式采油树主体为整体加工的圆筒，生产通道和环空通道从采油树侧面水平方向伸出，生产主阀和生产翼阀均在采油树体外侧水平方向，因而称为卧式采油树，如图17-3-25所示。

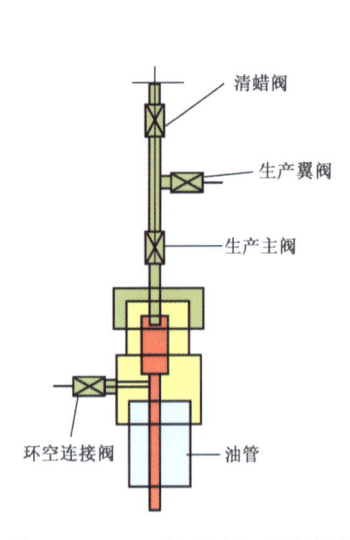

图 17-3-23 单通道立式采油树

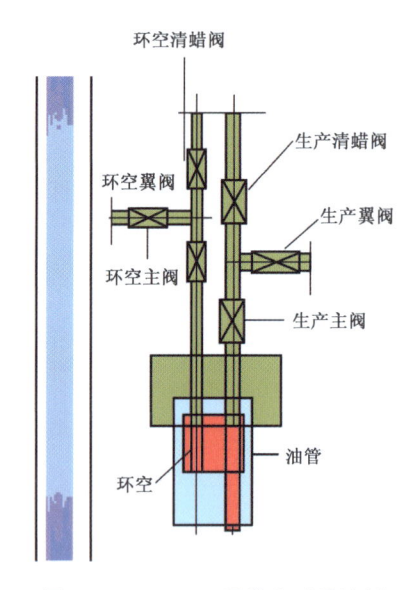

图 17-3-24 双通道立式采油树

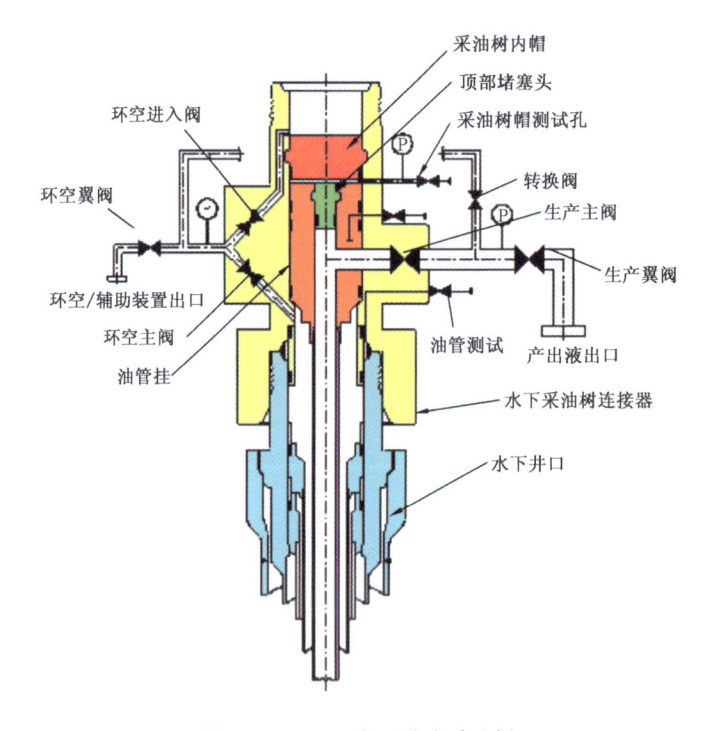

图 17-3-25 水下卧式采油树

(1) 水下卧式采油树特点。

与立式采油树相比,水下卧式采油树的主要优点如下:

① 简化油管回收作业。油管挂安装在卧式采油树本体内,同时卧式采油树上部的设计可保证 BOP 下放到采油树上,这样无需移动采油树本体,就可进行修井作业,当使用电潜泵、智能完井时具有明显优势。

② 卧式采油树采用大通径设计。适合于使用较大直径的生产油管,如外径为 7in 油管,而双通道采油树只能用于外径为 $5\frac{1}{2}$in 的油管。

③ 卧式采油树常采用套管管装接头,将单管油管或套管作为一种安装和完井立管使用,与立式采油树相比节省了双筒完井立管的费用,但需一个较复杂的下放管柱来安装油管挂;

④ 使用钻杆代替专用立管系统大大简化了水下采油树的安装或回收作业。

与立式采油树相比,水下卧式采油树的主要缺点如下:

① 钻完井期间,安装卧式采油树需两次起下防喷器,即在完井前回收防喷器,并暂时封井,采油树安装到水下井口系统上后,再次下入防喷器,之后钻穿临时水泥塞,完井管柱和油管挂下入座放到采油树上。接着下入采油树内帽,再次回收防喷器。

② 回收采油树之前必须先起油管。回收卧式采油树要求先恢复井下完井,再下入防喷器组并进行压井作业。

③ 卧式采油树采用了独立的油管挂,油管挂安装需要使用复杂的 BOP 水下修井采油树和下放管柱系统,以提供安全自喷测试、钢丝绳和连续油管修井及紧急解脱方案,回收采油树前不必回收完井管柱,但却需要一套复杂的环空隔离系统。

④ 所设计的水下采油树必须能支承与深水防喷器组、立管系统相关载荷。

(2)卧式采油树分类。

水下卧式采油树根据油管挂位置有三种典型结构形式:

① 油管挂位于采油树本体内。

这类采油树安装时防喷器坐落在水下卧式采油树上部,油管挂和完井油管通过 BOP 座放在水下卧式采油树通道内的座放台肩上。生产液沿水平方向离开油管挂内的分支孔,连接到生产液出口。回收采油树前应回收完井油管。

② 上部模拟油管挂位于卧式采油树主体内。

油管悬挂在水下井口头内,上部模拟油管挂坐挂到卧式采油树内,用于密封油管挂和卧式采油树的生产液出口。其特点是回收采油树时可不起完井油管,其中模拟油管挂为卧式采油树所特有。

③ "通钻"卧式采油树。

油管挂安装在水下井口系统内,油管挂向上延伸通过油管进入采油树,该系统可在油管挂外提起采油树,因此回收油管时不影响采油树,同样回收采油树时也不影响油管挂,从而将安装过程防喷器组下入和回收的次数减少到一次。其缺点为:需采用小口径井口,应用于深水钻井作业时,必须使用 $16\tfrac{3}{4}$in(或者 $13\tfrac{5}{8}$in)的防喷器、14in 的小井眼钻井立管和小井眼套管柱设计,目前这种采油树费用较高。

(3)卧式采油树适用范围。

卧式采油树采用大通道油管挂,需预先准备的安装工具比较少,主要优点如下:

① 各个供应商提供的测试采油树具备一定互换性;
② 可用单通道轻型安装立管;
③ 支持大通道完井(可到 9in)和多次井下射孔(液压或电动);
④ 不同供应商的采油树和井口头接口简单;
⑤ 可用高压(15000psi)安装工具和测试采油树。

适应范围:

① 卧式采油树可与常规泥线悬挂设备和通钻泥线悬挂设备一起使用;
② 卧式采油树可用于人工举升完井,例如电动潜油泵或液压潜油泵;
③ 需要频繁修井的场合;
④ 中低压较多,通常油气井压力不超过 10000psi。

2. 水下采油树组成

水下采油树是各种部件组成的复杂系统,其组成随水下采油树形式变化略有不同,但总体类似,主要组成部件如下:

(1)采油树/油管头四通连接器。用于连接水下采油树/油管头四通和水下井口系统。

(2)采油树本体。采用承压式设计、带有生产通路的重型锻件,环空通路也可设在采油树本体内。

(3)采油树大四通。用于实现不同尺寸、额定压力的水下井口系统和采油树间的转换,其额定压力值为34.5MPa(5000psi)、69.0MPa(10000psi)或103.5MPa(15000psi)。

(4)采油树对扣接头和密封接头。用于生产(注入)通道、环空、SCSSV控制线、井下化学剂注入线/电力穿透器对接和密封。额定压力为:34.5MPa(5000psi)、69.0MPa(10000psi)或103.5MPa(15000psi)。

(5)采油树阀组及ROV面板。采油树上阀门包括生产主阀、生产翼阀、环空主阀、环空翼阀、四通阀、环空修井通道阀、转换阀、清洗阀、化学剂注入阀、压力传感器隔离阀等,其驱动形式分机械、液压和电驱动三种,ROV作业型采油树需配ROV操作盘。

(6)采油树井筒延伸短接。用于连接油管挂和采油树、油管与环空、井下安全阀控制线和井下监测设备。

(7)采油树上部再入四通。为采油树提供上部接口,以便在安装期间垂直进入采油树完成所需作业。

(8)密封短接。用于隔离采油树连接器内的各个通道。

(9)出油管线连接系统。用于将水下出油管线/控制脐带连接到水下采油树上,由出油管线连接装置和出油管线连接支架组成。其额定工作压力应等于采油树的额定工作压力,分潜水员或ROV操作的手动连接、液压连接、机械连接三种。

(10)采油树外帽。用于保护上部采油树连接器和采油树本体,防止采油树上部连接区和密封孔上的海生物附着,常设有掉落物保护或打捞拖网保护。

(11)采油树导向架。用于保护出油管线连接、采油树组件等免受落物、拖网等影响。

(12)采油树系统作业工具。安装和回收作业期间将采油树悬挂在水下井口装置上;安装、试验或修井作业期间,可将完井立管连到水下采油树上。

(13)采油树与控制系统接口。采油树上配备的液压/电气接口,用于在控制机构、阀驱动器及采油树、出油管线或作业工具和控制脐带之间传输液压、电信号或电力。

(14)节流阀及驱动器。水下节流阀为手动、液压驱动、电驱三种,应按PR2、ISO 10423:2003《石油天然气工业 钻井和采油设备 阀、井口装置和采油树设备规范》进行设计,其工作压力应等于或大于水下采油树额定工作压力,其最高额定温度由流体最高温度确定,最低额定温度值应由厂商的确定。

3. 水下采油树材料选择

水下采油树设计遵循GB/T 21412.4—2008《石油天然气工业 水下生产系统的设计与操作 第4部分:水下井口装置和采油树设备》。

1)水下采油树设计压力

水下采油树压力等级确定主要考虑生产流体、液压液、化学药剂、封闭腔内流体的热膨胀、环空压力、外部静水压和试验压力,其承压部件应根据API 17D《石油天然气工业 水下生产系统设计与操作:水下井口和采油树规范》(Petroleum and natural gas industries—Design and operation of subsea production systems:Specification for subsea wellhead and christmas tree equipment)和API 6A《石油天然气工业 钻井和采油设备 井口装置和采油树设备规范》(Petroleum and natural gas industries—Drilling and production equipment—Specification for wellhead and christmas tree equipment)设计和测试,通常额定压力为34.5MPa(5000psi)、69.0MPa(10000psi)、103.5MPa(15000psi),采油树配管按照ANSI/ASME B31.3《美国国家标准学会 工艺管线》(Process Piping—ASME Code for Pressure Piping)设计。

2)水下采油树材料等级

水下井口和采油树系统的材料选择应综合考虑各种环境因素、生产参数,包括产出液、所注化学剂、油井酸化等,确定可能滞留流体的腐蚀性,然后在表17-3-8中选择合适的材料类别,然后判断所选材料是否必须满足酸性环境标准ANSI/NACE MR0175《油田设备所用抗硫化物应力开裂的金属材料》,其中仅牵涉到防止硫化物应力开裂的金属材料要求,而不包含抗蚀能力,其次按表17-3-9根据二氧化碳分压核定材料类别。

表17-3-8给出各种条件及腐蚀情况下所推荐使用的材料,最低要求包括与所列金属合金性能一致的非金属材料。所有承压件应视为"本体",如水下井口和油管挂四通,金属密封件为控压件,水下井口和采油树系统中所有承压和控压件材料选择应满足或超过表中要求。在满足力学性能的前提下,不锈钢可代替碳钢和低合金钢,抗腐蚀合金CRA可代替不锈钢。

表17-3-8 材料要求

材料等级	材料最低要求	
	本体、盖和法兰	控压件、阀杆和心轴悬挂器
AA——一般使用	碳钢或低合金钢	碳钢或低合金钢
BB——一般使用	碳钢或低合金钢	不锈钢
CC——一般使用	不锈钢	不锈钢
DD—酸性环境[2]	碳钢或低合金钢[1]	碳钢或低合金钢[1]
EE—酸性环境[2]	碳钢或低合金钢[1]	不锈钢[1]
FF—酸性环境[2]	不锈钢	不锈钢
HH—酸性环境[2]	抗腐蚀合金(CRAs)[1]	抗腐蚀合金(CRAs)[1]

[1] 指符合 ANSI/NACE MR0175《油田设备所用抗硫化物应力开裂的金属材料》规定。
[2] 指按照 ANSI/NACE MR0175《油田设备所用抗硫化物应力开裂的金属材料》规定。

表17-3-9 额定材料类别

滞留流体	滞留流体的腐蚀性	CO_2 分压 MPa(psi)	推荐的材料类别[1]
一般使用	无腐蚀	<0.05(7.0)	AA
一般使用	轻度腐蚀	0.05~0.21(7.0~30.0)	BB
一般使用	中度至高度腐蚀	>0.21(30.0)	CC
酸性环境	无腐蚀	<0.05(7.0)	DD
酸性环境	轻度腐蚀	0.05~0.21(7.0~30.0)	EE
酸性环境	中度至高度腐蚀	>0.21(30.0)	FF
酸性环境	严重腐蚀	>0.21(30.0)[2]	HH

[1] 按照表17-3-7中的规定。
[2] HH 材料类别中关于 CO_2 分压定义参考 GB/T 21412.4—2008《石油天然气工业 水下生产系统的设计与操作 第4部分:水下井口装置和采油树设备》,等同采用 ISO 13628-4。

3)产品规范级别

API 6A《石油天然气工业 钻井和采油设备 井口装置和采油树设备规范》、ISO 10423:2003《石油天然气工业 钻井和采油设备 阀、井口装置和采油树设备规范》针对地面井口装置定义了4个质量保证级别,称为"产品规范级别",对井口和采油树系统中所有承压和控压件所要求的检验、测试和认证给出详细规定。水下井口和采油树至少应符合 PSL 2 或 PSL 3、PSL 3G 的要求。

确定 PSL 的推荐方法如下:

(1)PSL 2。推荐用于一般用途,工作压力不超过 34.5MPa(5000psi)。

(2)PSL 3。推荐用于酸性环境(CO_2 分压不小于 0.05MPa)、所有工作压力和压力超过 34.5MPa(5000psi)的一般用途。选择 PSL 3 的其他因素包括水深、基础、维修难度、位置、对环境的敏感性、有效寿命等。

(3)PSL 3G。与 PSL 3 推荐作法相同,另外还需要考虑气田、高气油比或注气井。

三、油管挂

油管挂是为生产、环空提供井下化学剂注入和为 SCSSV 控制提供接口,悬挂油管、密封套管挂的部件(使用常规采油树时,油管挂为生产、环空、控制系统提供密封),位于井口装置、油管四

通(井口装置转换总成)或卧式采油树内,由油管悬挂装置、送入工具、定向装置等组成。油管挂有三种基本形式:

(1)同心油管挂。生产通道和环空同心布置,除井下测量外一般不要求定向。

(2)偏心油管挂。要求相对于 PGB(永久导向基座)定向,以确保采油树与油管挂结合良好。

(3)卧式采油树油管挂。油管挂安装在卧式采油树内,与生产通道垂直布置。

油管挂通过机械或液压驱动机构锁入井口装置、四通等,可抵抗套管压力及热膨胀。油管挂的设计需要考虑所支撑的油管柱重量、数量和尺寸、井下安全阀及其他所控制设备的端口数量、尺寸和压力等级、井下监测/控制设备电接头参数等。通常油管挂额定工作压力为 34.5MPa(5000psi)、51.7MPa(75000psi)、69.0MPa(10000psi)、86.3MPa(12500psi)、103.5MPa(15000psi)或 120.7MPa(17500psi),除底部螺纹外,油管挂生产(注入)和环空所有金属对金属密封面应采用抗腐蚀材料制造或采用抗腐蚀材料堆焊。

四、泥线悬挂系统

泥线悬挂系统是指安装在泥线或泥线附近用于悬挂套管重量、提供压力控制和环空通道的部件,可采用自升式钻井平台进行钻完井及弃井作业,并将水下设施回接到依托平台。泥线悬挂系统分为:常规泥线悬挂设备(基本组成见图 17-3-26)和通钻泥线悬挂系统。基本特点如下:

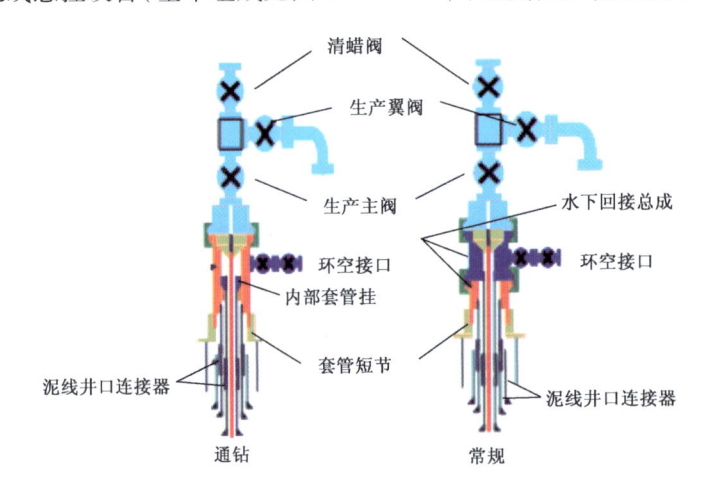

图 17-3-26 常规泥线悬挂系统

(1)系统简单,满足 GB/T 21412.4—2008《石油天然气工业 水下生产系统的设计与操作 第 4 部分:水下井口装置和采油树设备》要求。

(2)可适合 150m 以内中深、浅水、滩海的泥线完井系统。

(3)一般通过潜水员/ROV 辅助安装。

(4)需要完井工具包:修井控制系统(IWOCS)、立管和水面采油树。

1. 常规泥线悬挂系统

常规泥线悬挂系统与自升式钻井平台一起使用,可进行钻井、弃井、平台回接完井和水下完井。导管和套管柱可通过各自的环空回接到带有水上 BOP 的常规井口装置或干式采油树。其主要特点如下:

(1)用泥线悬挂系统钻的井,如采取合适的水下完井措施,就可采用水下采油树完井。

(2)泥线悬挂完井通常最适用于浅水区。

(3)钻井/修井作业期间,防喷器位于地面。在泥线悬挂处没有密封套管环空,因此,在安装完井油管和水下采油树之前,必须安装泥线转换设备。

2. 通钻泥线悬挂系统

通钻泥线悬挂系统用来在泥线附近悬挂套管重量,并提供压力控制。当预期使用水下完井,且以自升式钻井装置钻井时,使用钻通泥线悬挂设备。与水下井口系统功能类似,井口头用来装套管悬挂器、环空密封总成和油管挂,主要特点为:水下完井时不需要安装泥线转换设备。

各类泥线悬挂系统各有其优缺点和适应范围,应针对给定的项目,根据生产液组成、井筒尺寸、井下完井的复杂性、立管的要求、维修要求等,仔细评估并选择与特定项目要求相适应的采油树形式。

五、水下基盘和管汇

水下基盘和管汇功能不同,但两者常常组合在一起,并为所支撑的水下设施提供导向和定位,水下控制脐带缆终端、电力分配系统通常集成在基盘管汇上。

1. 水下基盘

水下基盘是固定在海底的成橇设备橇底座,由一个结构框架和基座组成,为不同的水下设备提供支撑。

1)水下基盘功能

水下基盘具有如下功能:

(1)为水下油气井定位和油井相对位置控制提供导向。

(2)为水下井口和采油树、管汇、钻完井设备、管线牵引和连接设备、生产立管提供导向和结构支撑。

(3)承受水下井口热膨胀而引起的任何荷载、管线的拖挂荷载。

水下基盘可采用集成或模块化设计,包括保护架/保护罩,防止落物和渔网拖曳造成破坏。根据安装环境不同,水下基盘可通过吸力锚、桩、重力吸附等装置固定在海床上。

2)基盘类型

(1)间隔井/回接基盘:预钻井时可作为钻井导向装置,完井时,这些井可顺序回接到水下基盘,也可通过水下采油树和单个水下采油树上的独立生产立管进行完井,并回接到位于水下基盘上部的依托设施。水下管汇可随后安装在基盘上,从而转变为一个多井管汇基盘系统,见图17-3-27。

(2)立管支撑基盘/立管基座:立管支撑基盘可以支撑生产立管,并在其使用寿命期限内分担立管载荷(图17-3-28)。这种基盘可以与其他类型的基盘(管汇基盘或多井管汇基盘)组合使用。

(3)集中式管汇基盘:可在集中式基盘上进行多口井钻完井作业,管汇安装在基盘中部,用于汇集采出液/分配注入液,此时水下脐带缆终端、化学药剂分配单元往往也集成在管汇上,见图17-3-29,包括简易双井基盘、折叠式基盘和数百吨重的大型多井基盘。其中折叠式基盘采用悬臂式设计,井数4~6口井,其最大优势是安装尺寸小,多个井槽可以连成一体,通过月池就可以完成海上安装。

(4)丛式井管汇/基盘:这种基盘不设生产/注采井,只用于支撑产出液或注采液管汇,其结构与钻井导向基盘类似,见图17-3-30,此时单个卫星井分布在管汇周围,通过挠性或刚性跨接管回接到管汇。

(5)模块化基盘:每个模块服务一至多口油井,这些井基盘单独下放到海底、并相互连接。当井数未知时,采用模块化基盘可降低初期投资。

水下基盘设计需结合油气田的开发方案、钻完井方案、运输、海上安装方案进行,合理设计基盘有利于减少水下作业工作量和提高作业效率。

2. 水下管汇

1)水下管汇功能

水下管汇是由集油管头、分支管道和阀组组成的用来汇集和分配生产流体气举气、注入水的水下设备,典型工艺流程见图17-3-31。水下管汇应具备以下部分或全部功能:

(1)汇集生产液。汇集各个油气井/油气田采出的生产流体,然后通过海底管道回接到依托设施。

图 17-3-27 间隔井/回接基盘

图 17-3-28 立管支撑基盘

图 17-3-29 集中式管汇基盘

图 17-3-30 丛式井基盘/管汇

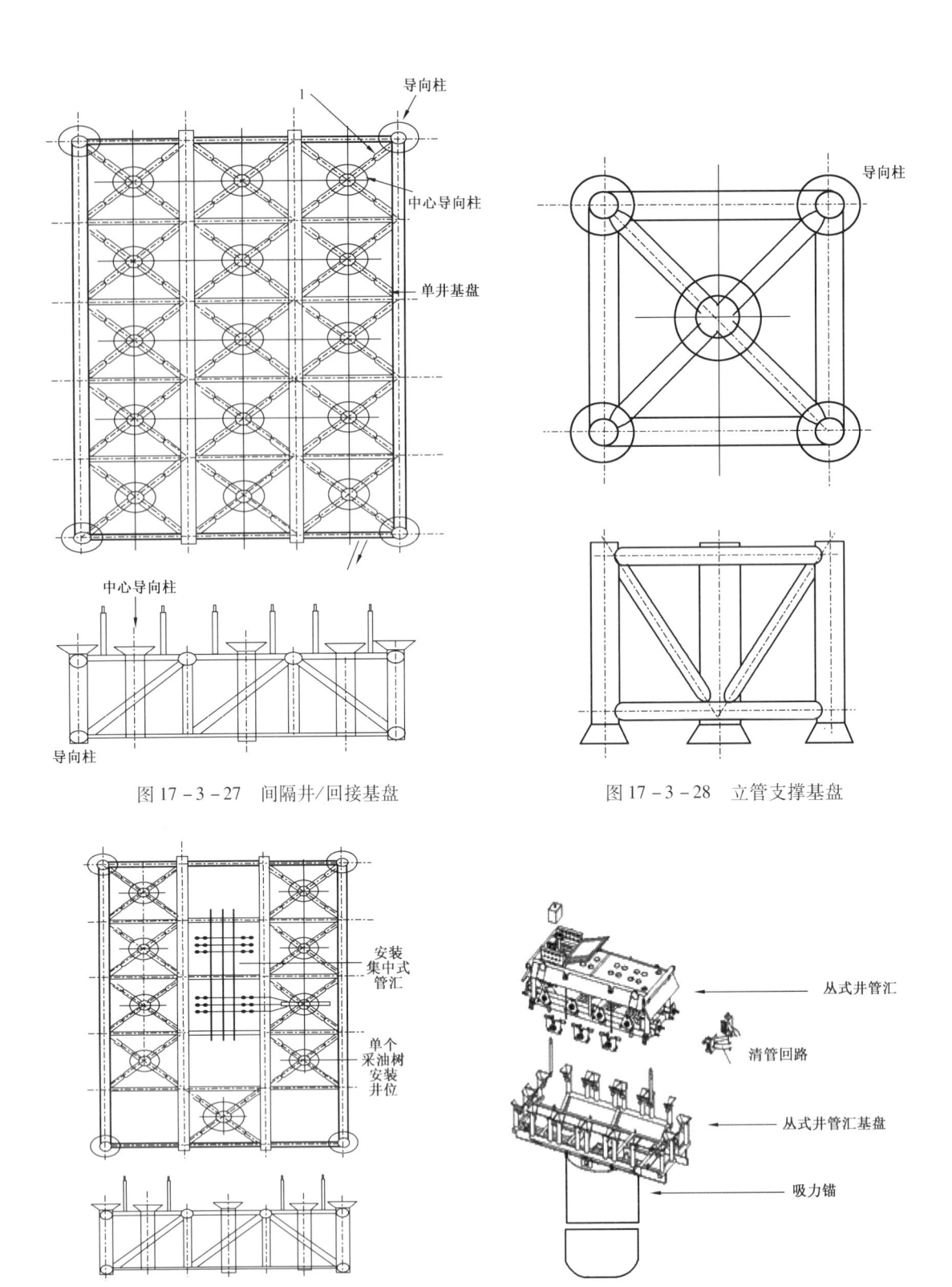

（2）分配水下油气田所需的化学药剂。通常化学药剂分配单元集成在管汇上，此时水下化学药剂将通过化学药剂管分输到各个注入口。

（3）实现水下注水、注气分配。对有注采要求的水下油气田，所注水、气的分配也可通过管汇和注水/气嘴实现。

（4）进行水下控制系统液压液分配、信号传输。通常水下控制系统分配单元可集成在管汇上，此时液压液将通过液压管输送到所需要控制的阀门、各个监测信号需要通过水下控制分配单

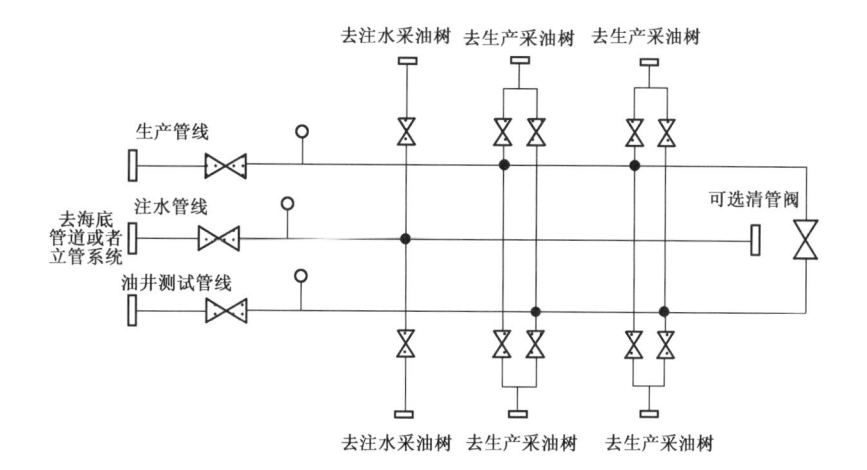

图 17-3-31 水下管汇流程示意图

元传输。

（5）通过安装在管汇结构上的清管隔离阀、三通和清管器检测仪器，简化海底管道的清管作业。

（6）在与海底生产管道连接处为海底管道连接器提供结构支撑。

2）水下管汇组成

水下管汇包括以下部分或全部模块（见图 17-3-32）：

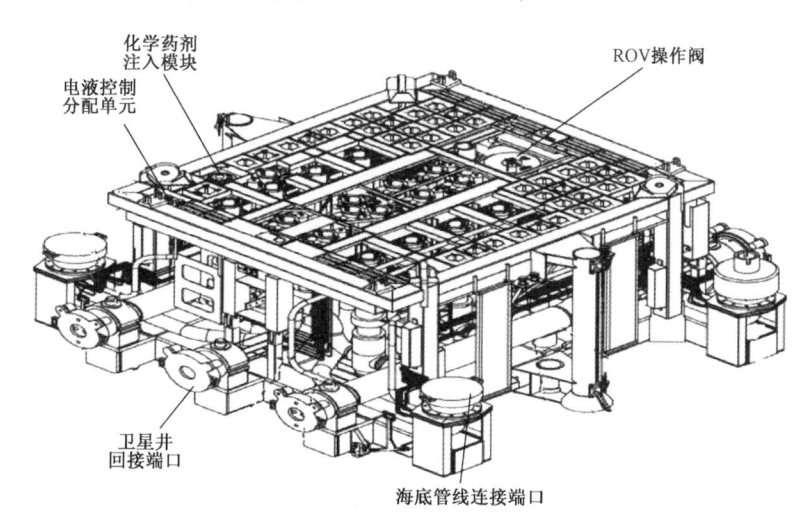

图 17-3-32 管汇主要组成单元

（1）海底生产、注水/气管道接口。其设计应便于连接或者解脱。

（2）水下电液控制分配系统。包括水下电子模块、液压液分配单元。

（3）水下液压储能装置。提供液压储能以防止回压波动，当液压泵出故障时，储能器至少维持 24h 正常工作。

（4）水下化学药剂分配单元。

（5）ROV 操作阀组和作业通道。配置 ROV 作业阀组和控制模块，其旁设置 ROV 作业轨道以便 ROV 从作业船释放下来并沿此轨道到达工作位置。

（6）水下卫星井回接端口。用于连接卫星井生产管线、控制管线的端口，一般沿着基盘结构侧面均布。

所有或部分管汇是可回收的，可与基盘同时安装，如需要时，也可单独安装。

与平台用管汇稍有不同的是，水下管汇的接口需要配备合适的接口对中及连接辅助设施，阀门等及相关设施，同时需预留 ROV/潜水员作业通道和作业空间。

3) 水下管汇的分类

(1) 丛式井管汇。与丛式井基盘对应,用于生产井位相对分散的场合,此时各个水下采油树需要配备生产导向基盘,各个井的产出液体通过跨接管或海底管道回接到管汇,然后回接到上部设施。其特点是有利于周边新油气田的滚动开发,但底盘和井槽需分别下入,见图 17-3-33;此时生产液流动方向为:

距离较短时,油管→采油树生产导向基盘 PGB→跨接管→水下管汇→海底管道;

距离较长时,油管→采油树生产导向基盘 PGB→跨接管→海底管道终端 PLET→井区生产管道→海底管道终端 PLET→跨接管道→水下管汇→海底管道。

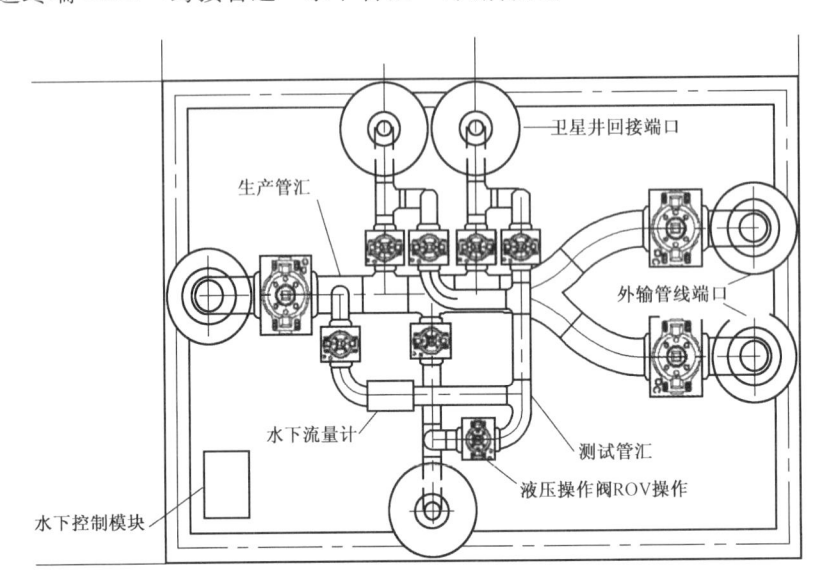

图 17-3-33 丛式井管汇

(2) 集中式管汇。与集中式基盘联合使用,包括大型集中式海底管道系统和小型集中式管汇系统,用于油藏集中、井数比较集中的场合,在井数不多、井位集中区域可以使用小型集中管汇系统,见图 17-3-34。此时生产液流动方向为:油管→采油树 PGB→采油树分支集液管→管汇→海底管道。

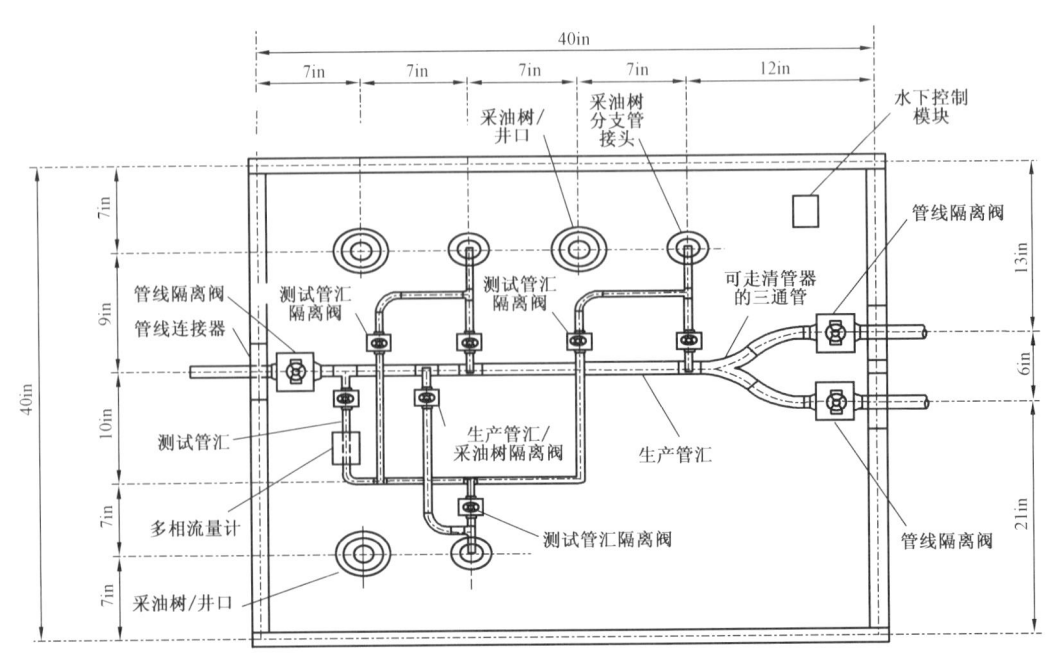

图 17-3-34 集中式管汇

选用多井管汇系统时,通常水下脐带缆终端、化学药剂分配单元等也集成在管汇上,有时可将多井水下控制模块 SCM 直接安装在管汇上。此时单根控制线等可通过预先安装在基盘上的多路连接器连接到每一口井。对于防护系统的设计需要总体规划。

管汇基盘与管汇通常作为一个单元安装,并且要足够小以便通过月池安装。通常,出于维修目的的,管汇和其他不同类型的组件可独立于基盘回收和再安装。集中式管汇和丛式井管汇比较见表 17-3-10。

表 17-3-10 管汇比较

集中管汇	丛式井管汇
井位集中,便于管理; 结构紧凑,水下设备少; 井位集中的油气田; 定位安装精度要求高	井位分散,单独管理; 各个井与管汇连接; 井位分散的油气田; 流动安全问题

3. 水下基盘和管汇设计要点

(1)井数:井数是影响基盘尺寸和管汇设计的主要因素。水下管汇/基盘可适用于 2~24 口井,考虑到安装方便,可将大型基盘设计为折叠式或模块式基盘,以便于通过月池安装。

(2)流体特性:包括采出的油气水、注入水或气以及所需注入的化学药剂等,确定管汇功能模块及配管规格等。

(3)井距:应根据所采用的钻井和采油设备的种类和规格、管汇的功能要求以及后续的维护和检测要求等确定合理井距。

(4)水深:确定压力等级时,应考虑到外部静水压力影响。

(5)段塞流荷载效应:总体设计和配管/阀的固定应考虑到潜在段塞流引起的荷载效应。

(6)扩展能力:应预留备用井槽以应付开发方案变化、钻井问题或者其他不可预见的生产要求等。

(7)清管和安装维护方法:在设计早期阶段就要考虑基盘/管汇系统的维护方法、清管需求。

(8)维护通道:应给海管、井口连接器、相应作业工具、相邻的 BOP 防喷器和采油树提供安装空间,同时提供检查和维护工具通道。

水下生产管汇和配管系统的设计应遵循 ANSI/ASME B 31.8《美国国家标准学会 工艺管线》中的相关规定,法兰应执行 ISO 10423:2003《石油天然气工业 钻井和采油设备 阀、井口装置和采油树设备规范》与井口采油树连接法兰要求的相关规定。

六、用于水下系统的海底管道端部连接方式

1. 海底管道与水下设备的连接方式

水下油气田开发时所使用的海底管道可能包括:生产管道、注水/气管道、脐带缆(包括液压液管、化学药剂管、放空管线、信号缆等)、海底动力电缆、压井管线和放空管线等。上述海底管道端部与水下设备的连接对中方式主要有如下 6 种。

1) 跨接管法

通过跨接管连接出油管线末端和水下设施(如采油树、PGB、管汇或立管基座)上的连接点,如图 17-3-35 所示,常用来连接相邻的水下设施,例如水下采油树与附近的水下管汇。跨接管有刚性跨接管、挠性跨接管两种,可采用水平或垂直连接方式,利用潜水员协助或无潜水员技术来完成连接。

安装时跨接管从水面船只下放入位,此时可通过临时浮筒减轻跨接管重量,使用刚性短管时,水面船通常需遥控作业机器人帮助,以便末端连接能准确入位;使用挠性跨接管时,一般先放置在大致位置,然后利用水面/水下绞车或遥控作业机器人操作的绞车将跨接管牵引入位。脐带跨接缆的连接则利用遥控作业机器人提起脐带跨接缆的末端,将它们连接到相应的水下设备,例如从水下脐带缆分配单元连接到水下采油树上的水下控制模块。

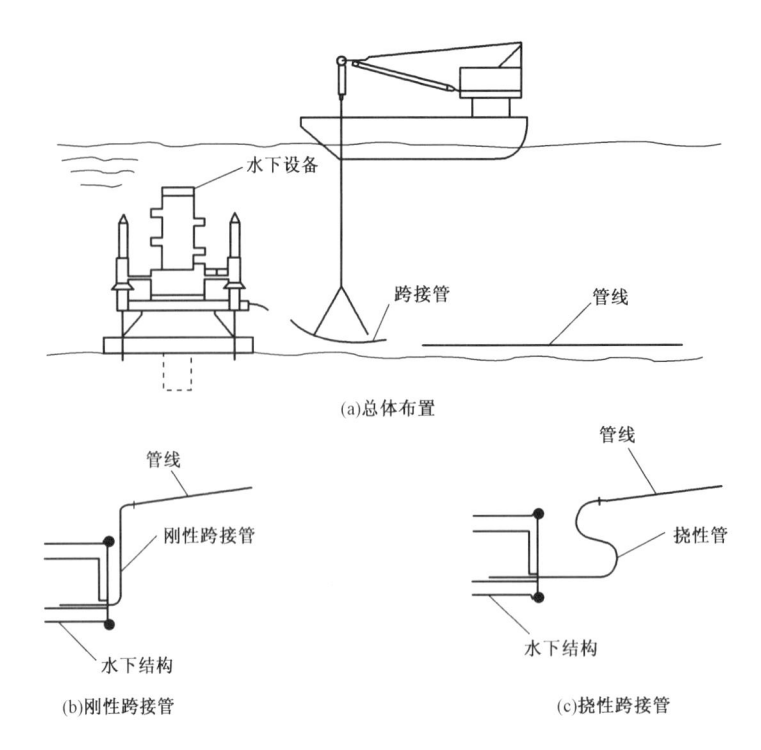

图 17-3-35 跨接管连接方法

跨接管末端连接器形式的选择主要取决于是否有潜水员协助操作。潜水员作业常用于栓结法兰、夹紧卡箍或机械专用连接器，而 ROV 连接常用于专用机械或液压连接器。

2) 牵引法

牵引法（图 17-3-36）通过一根固定到管端的钢丝绳将海管拉向连接器来实现管线对中。最后对中和定位可能要用到专用工具或对中架，以便有足够的动力将管线拉、吊、弯曲和旋转到最终连接位置。

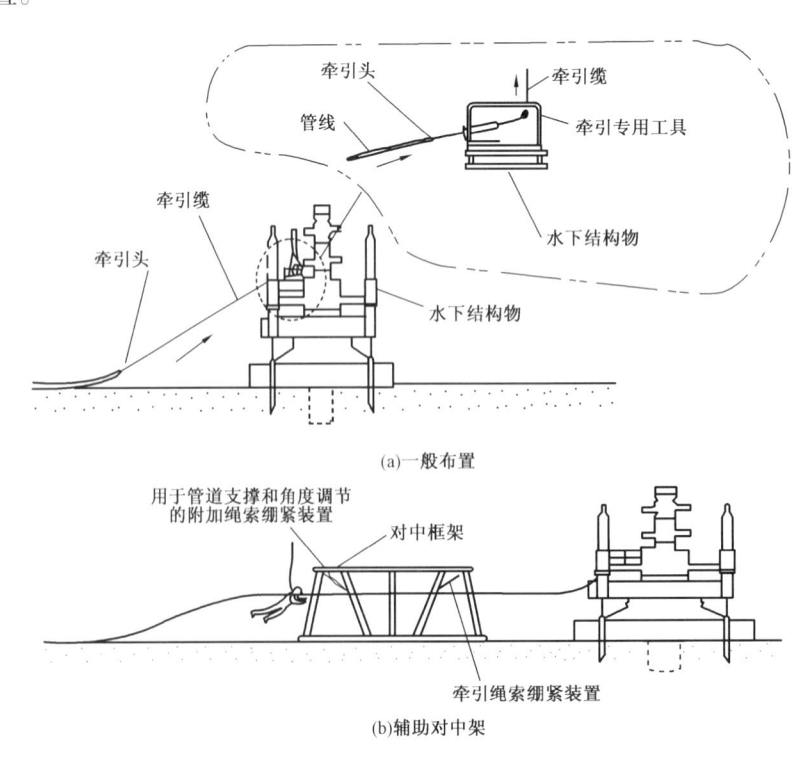

图 17-3-36 牵引连接方法

3) 接插法和铰接法

接插法和铰接法是指将海底管道端部垂直下放到海底,并锁定到水下结构物上,然后开始移动铺管船,随着铺管船的移动,海底管道随之铺设到海底预定位置,同时海底管道铰接装置转动到最终位置。使用这种方法时需从水下管汇或水下采油树出油管处开始铺设生产管道。铺设刚性管时,铺管船需配备相应的动态升沉补偿装置,用于降低海底管道锁紧到水下结构物时发生屈曲或过度张紧的几率。如图 17-3-37 所示。

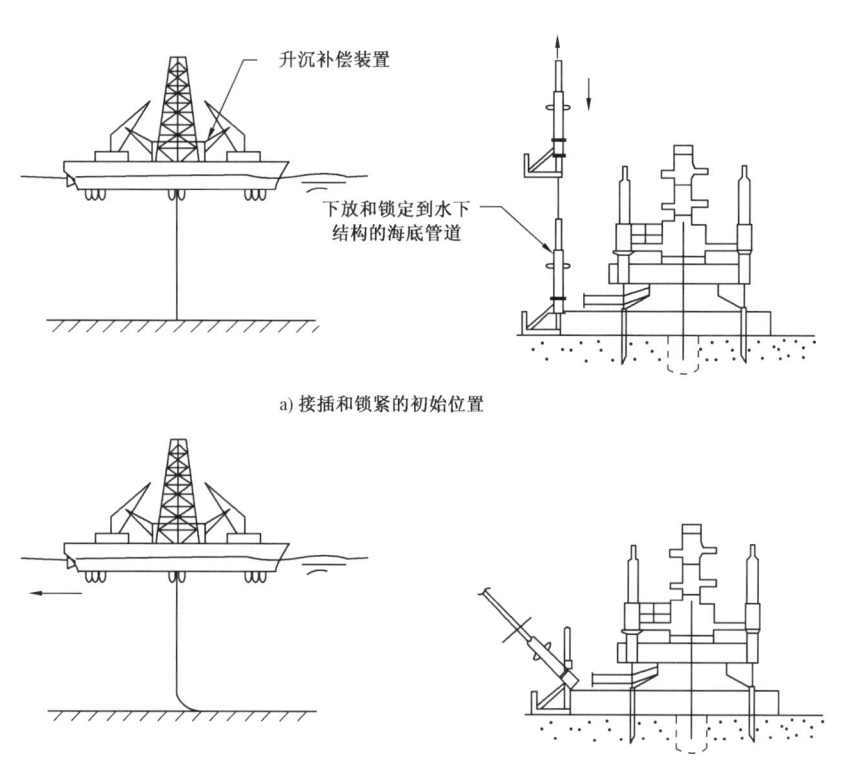

a) 接插和锁紧的初始位置

b) 铺管船开始随铰链移动

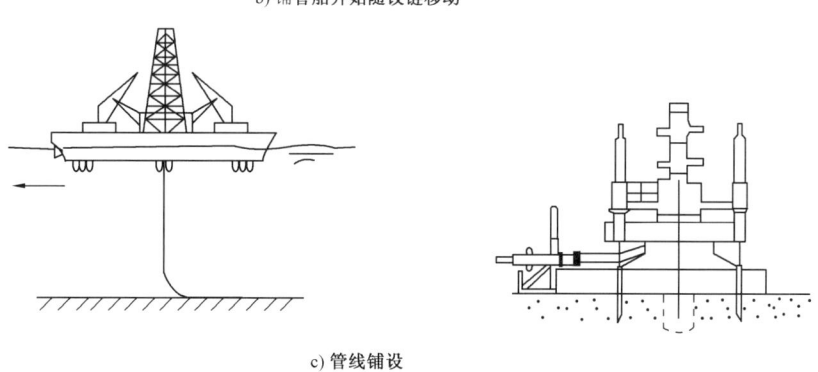

c) 管线铺设

图 17-3-37 接插法和铰接法

4) 直接铺管法

直接铺管法,如图 17-3-38 所示,将生产管道或脐带缆从铺管船/铺缆船牵引到采油树安装船的月池,安装前即与采油树连接。此时采油树安装船和铺管船之间需要协调工作。当采油树下放到海底,铺管船/铺缆船放松生产管道/脐带缆,并驶离采油树安装船,顺序将生产管道或脐带缆铺到海底。

5) 偏斜连接法

这种方法通常用于海底管道与水下设施连接端固紧,如图 17-3-39 所示,铺管船沿着海底管线或脐带缆在预定位置预装浮筒和锚链。当管线或脐带缆的末端安装到预定目标区域后,回

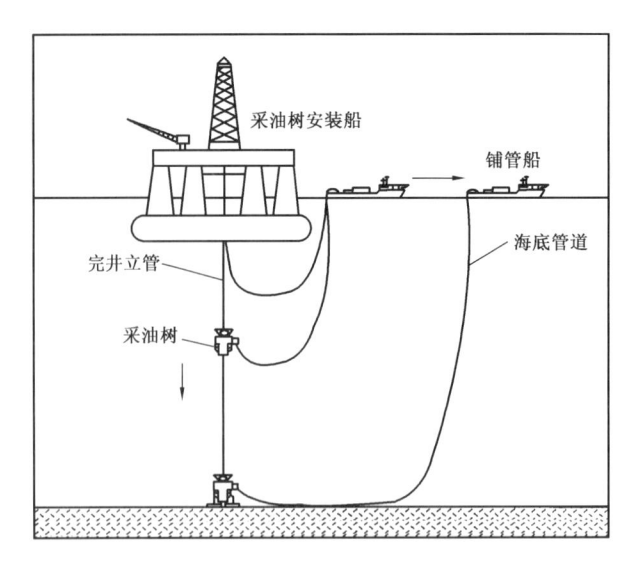

图 17-3-38 直接铺管法

接船松开链条,调查以确定合适的定位和浮筒浮力。然后管线末端的牵引头通过钢丝连接起来,经由水下设备到所要连接的管线,直到引入绞车。然后偏转管线,使牵引头放置在水下结构连接端,使用牵引和连接工具连接。

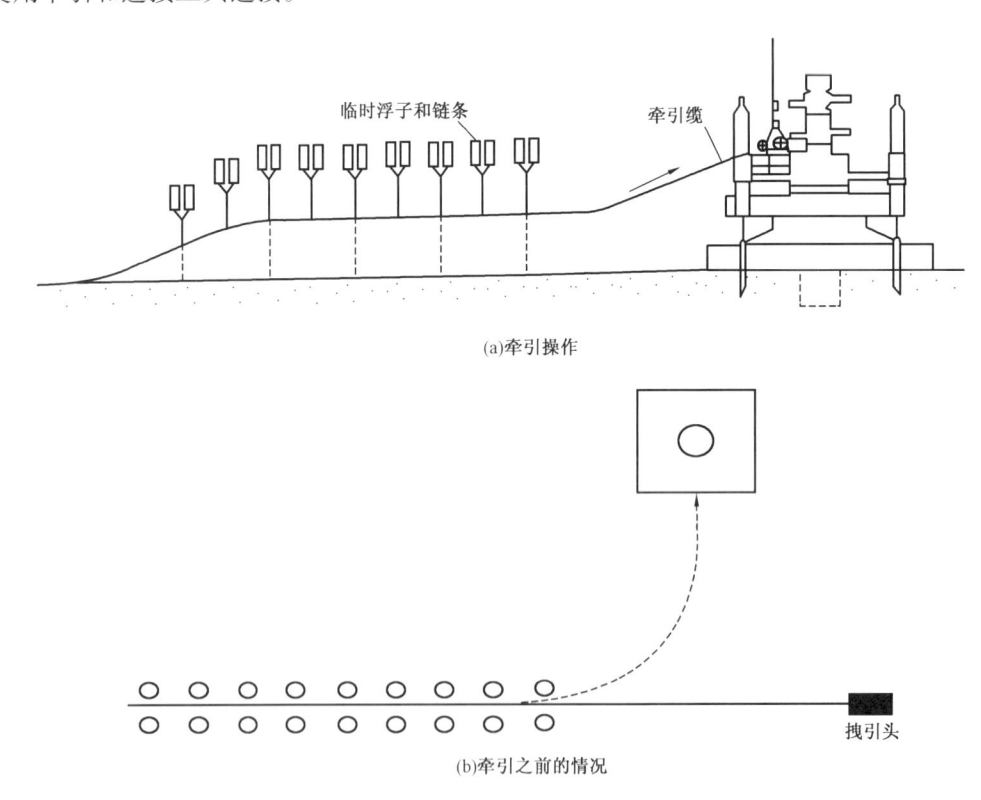

(a)牵引操作

(b)牵引之前的情况

图 17-3-39 偏斜连接法

6) 垂直连接方法

垂直连接,如图 17-3-40 所示,管线端部为液压驱动的连接器,连接器直接座落到位于水下结构物的垂直对接口内。所有的操作由铺管船自身来完成。对接安装后,可通过遥控作业机器人工具或与来自水上的液压动力管将连接器锁入对接口。

2. 专用连接设备

与海底生产管道和脐带缆连接相关的专用连接设备包括:

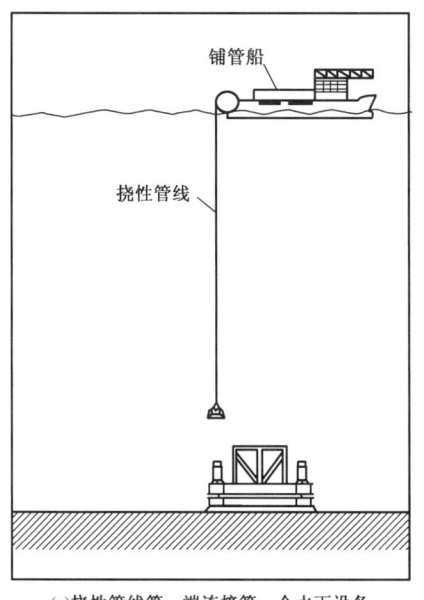

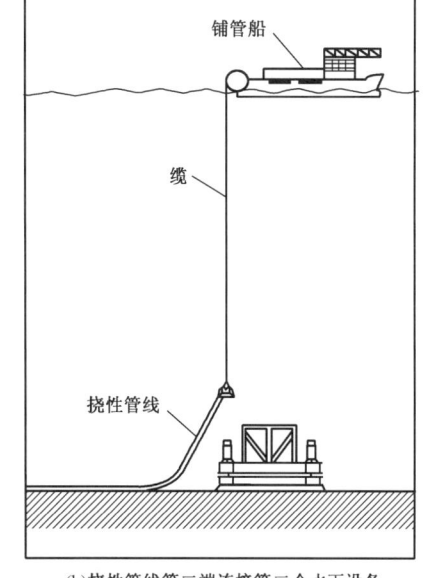

图 17-3-40 垂直连接方法

（1）多功能管道连接器。可实现多芯管道连接的装置。

（2）安全接头（弱连接）。指在达到或超过预定最大结构载荷时最先失效以保护整个管道系统安全的装置，如当脐带缆遭受意外载荷裂开时，可利用水下控制模块上单向阀（弱连接）的压力释放避免系统憋压。

（3）牵引工具。用于牵引和对中位于水下设施、生产平台等的出油管线、脐带缆末端。

（4）连接工具。通过驱动夹箍、专用连接器或其他装置将连接器的两部分装配起来的装置。

（5）组合牵引/连接工具。兼有牵引工具和连接工具功能，可通过修井控制系统或专用维修控制系统从水上，或通过遥控作业机器人或潜水员在水下进行控制。

3. 连接器

通常在管道安装前，在水上完成海底管道端部连接器安装。连接器选型主要取决于管道的尺寸和功能以及所用的安装/连接技术。基本原则是：系统简单、连接快速、安全，同时在深水区，所有承受静液压力的密封都必须具有双向密封功能。连接器连接形式如下：

（1）栓结法兰。采用符合 API Spec 16A《石油天然气工业　钻井和采油设备　钻通设备规范》(Petroleum and natural gas industries—Drilling and production equipment—Specification for drill-through equipment)，带 SBX 或 SRX 垫圈的 API 法兰（固定式或旋转式）进行水下设施端部连接。最有效的方式为垂直设置的漏斗形导向承口以捕获和引导法兰入位。栓接法兰连接可用于潜水员 ADS 作业范围（大约 750m），优点是硬件相对便宜。

（2）卡箍。采用符合 API Spec 16A《石油天然气工业　钻井和采油设备　钻通设备规范》的 API 卡箍或专有型号的卡箍作为连接器，通常卡箍接头的连接要比螺栓连接法兰接头的安装更快。除了多孔卡箍以外，因为配对的卡箍没有螺栓孔，因此不需要旋转对中。

（3）专用连接器。专用连接器是为完成最终的对中、锁定和加强密封而专门设计的水下接头，分为机械式、液压式。

机械式接头可采用潜水员或者专用遥控工具作业，通过膨胀夹头、套管式连接器、锁紧装置或其他机械装置将出油管线同水下设施连接在一起。图 17-3-41 给出几种常见的水下专用连接器。

多功能液压接头是专用连接器的一种特殊类型，是带有液压驱动装置的、用来连接一个集束

垂直液压接头　　　　垂直机械接头　　　　卡箍

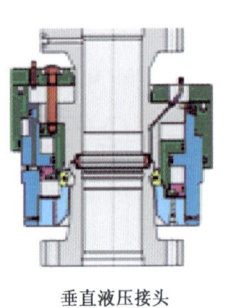

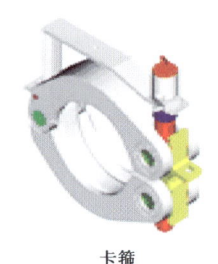

图 17-3-41　常见的水下接头形式

管道的专有机械式连接器。一般通过液压脐带缆对液压接头进行操作,常用来连接小口径管线如内径小于 25mm,即 0.984in 的管线,其关键功能是在水下连接和解脱时可防止海水进入管线,对液压管线和化学剂注入管线非常重要。这种连接器邻孔之间需要复杂的密封要求,价格较为昂贵。图 17-3-42 给出带液压作业工具的垂直上扣机械连接器实例。

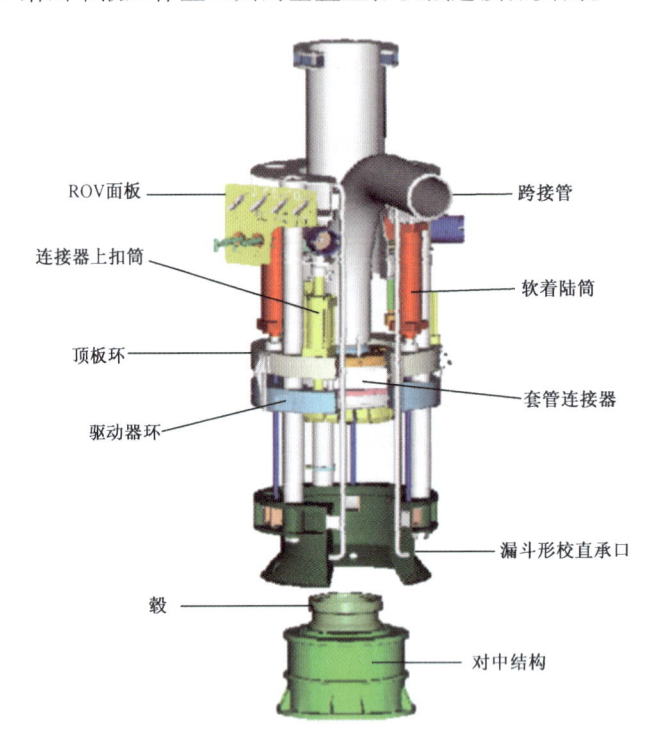

ROV面板　　　　跨接管
连接器上扣筒　　　　软着陆筒
顶板环
套管连接器
驱动器环

漏斗形校直承口

毂

对中结构

图 17-3-42　带液压作业工具的垂直上扣机械连接器实例

（4）水下焊接。通常采用两种干式焊接方法之一完成,使用常压舱或与周围水压相等的充满惰性气体的高压舱。目前水下湿式焊接技术也在发展。

4. 水下设施用立管形式

水下生产立管的功能就是在水下设备和生产平台之间进行油气或注采液输送,同时立管及其支撑结构还可用于支撑服务管线和脐带缆。用于连接水下设施和依托设施的立管形式主要分为:刚性立管、挠性立管、塔式立管(混合立管)、顶部张紧刚性立管,其最终设计根据具体油气田开发工程确定。

（1）当水下设施回接到固定平台时,生产立管通常为刚性立管。

（2）当水下设施回接到浮式平台时,用于连接水下生产系统的立管主要分为 4 种类型。

① 自由悬链式:悬挂在浮式生产储油装置上的挠性管,根据悬挂方式不同又分为陡波型、懒波型等。

② 钢悬链式:悬挂在浮式生产储油装置。
③ 塔式立管(混合立管):由底部连接水下设施/海底管道刚性立管、上部与浮式生产储油装置相连的挠性管段组成,两者通过水中浮筒连接在一起。
④ 顶部张紧刚性立管:从水下立管底部到浮式设施采用刚性立管。

七、防护系统

水下保护设施用于防止生产作业、安装期间可能发生的灾害,如落物、挂网、锚、冰山以及过载等对水下设施造成破坏,主要保护设施包括:

(1)中心区域防护设施。防止打捞、捕捞等作业危害水下生产设施区域安全。
(2)保护支架。通常将水下采油树、水下管汇的支架以55°~60°延伸到海底,用于避免采油树和管汇受到渔网拖曳破坏。
(3)保护罩:用于防止生产作业期间水面或水中落物损害采油树、管汇、基盘等。
(4)海底沉箱:用在冰区,防止冰山损坏水下采油树、水下管汇等设施。

水下保护设施设计的基本原则是能够实现预定的保护功能,同时与检测、维修技术和设备以及小型修井作业、ROT、ROV作业等相匹配;

对于海底管道、脐带缆等,应采取挖沟、自然填埋及水泥压块等保护措施。

八、维护系统

水下油气田开发方案概念设计阶段就应考虑安装及整个油气井开发周期内水下生产系统的维护方式和维护系统。维修作业系统主要包括遥控作业机器人(ROV)、遥控作业工具(ROT)、常压潜水系统(ADS)、潜水员以及专用的作业工具。其主要功能为:水下设施日常检测,水下阀门操作,水下设备/单元的安装与回收、更换,以及海底生产管道、脐带缆的连接。下面主要介绍ROV和ROT。

1. 遥控作业机器人ROV

遥控作业机器人ROV为水下浮游设备,通过专用的支持母船、安装船或移动式海上钻井平台、控制脐带缆完成遥控作业。对深水而言,ROV将代替潜水员与相配套工具结合,完成绝大多数水下作业。

1)ROV功能

ROV广泛用于水下设施安装和维护作业。其主要功能包括:影视、声成像观测、无损检测、阀操作、液压件接插以及常规水下机械作业等。此外,它还可携带工具包完成挠性管和脐带缆的牵引与连接以及部件更换等特殊任务。

2)ROV观测任务

在水下生产系统中使用ROV进行局部仔细观测的主要内容包括:一般腐蚀、漏油漏气、海生物生长、废物堆积、落物破坏、阳极消耗、阳极丢失、阀和节流阀的位置及状态、阀操作的确定、部件丢失(如保护架等)、保护层的完整性、无损检测(NDT),由ROV携带专用探头操作(包括壁厚检测、磁粉探伤、涡流检测)。

3)ROV主要水下操作作业

(1)水下安装作业辅助指导。配合水下井口、水下采油树等专用作业工具完成主要水下设施的安装作业。
(2)水下设施清洗和测试。装配前对特定清洗特定水下设备表面,对阳极电势进行测量。
(3)功能测试:对水下阀件操作及功能测试。
(4)水下单元更换:进行电力或液压接头、采油树帽、阀组、井口垫片、导向杆等更换。
(5)牵引、连接和测试水下采油树/管汇的轻型脐带跨接管、挠性管道。

4)ROV选型要点

深水油气田水下生产系统中ROV选型主要依据为其作业能力,如路径、停靠/反作用点、所

需机械和液压动力、ROV的作业能力及特殊作业工具包,具体如下:

(1)作业空间:水上水下作业平台具有大型ROV系统作业空间。

(2)ROV水下定位能力:包括自定位和作业模式定位。

(3)ROV作业能力:通常需要装备有各类传感器和工作包的作业型ROV,功率为100~150hp,具有全方位拍摄的照相机、2个5-7功能机械手(至少有一个7功能机械手)、与相应的工作水深相适应,具有较高的性能、适用性和可靠性。

(4)作业通道:应考虑水下设施及周边ROV维护作业通道。

(5)水下系统的标记和识别:能够识别水下结构和设备特定的颜色和标记,常用黄色。

(6)水下设备和维护工具、ROV操作界面间的接口,带有液压耦合器的典型水下连接板(图17-3-43),内侧含有阳螺纹耦合器,永久安装。外侧板含有安装接口用的母接头和ROV筒。

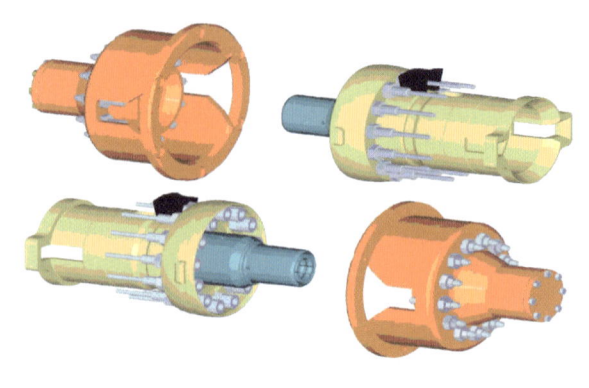

图17-3-43 带有液压耦合器的典型水下连接板

(7)故障保护模式:当ROV或维修设备断电时,所有将ROV连接到水下设备的装置都能以可靠解脱并回收到水面设施。

(8)安全措施:在定位、停靠/作业过程中将对水下设备的破坏降到最低。

(9)荷载反作用:设计中应考虑作用于结构件和维护设备的荷载。

5)用于连接水下设备的ROV工具

用于连接水下设备的ROV工具包括以下几类:

(1)扭矩工具。

(2)机械手。根据ROV的装配方式,可能有各种装卸"臂",装配被称为抓手的终端"手"。ROV通常有两个机械手。机械手的复杂性随着自由度的变化而变化。目前常用五功能机械手、七功能机械手,甚至九功能机械手。

(3)快速接口。快速接口用于将液压液导入一个孔以供测试,注入化学药剂、提供液压动力,以驱动连接器或驱动器之类的装置。流体供应常常由ROV工具包安装。

(4)工具下放装置(TDU)。TDU帮助准确定位以及ROV的安全对接。TDU可携带大量小型工具用来连接和断开生产管道夹卡件,操纵阀门和执行快速连接作业。

6)ROV在南海LH11-1油田的应用

南海流花11-1油田就是一个完全依靠ROV水下作业的生产系统。该油田租用两套相对固定的100hp工作级Triton ROV系统,包括五功能和七功能机械手,主要完成:

(1)管汇及管道联接器安装。

(2)管管安装和检测。

(3)短跨接管测量和安装。

(4)长跨接线(连接管汇与各条管道)安装。

(5)采油树等安装。

(6)采油树和管汇阀组操作、生产控制。

(7)仪表监视、安装和更换。

(8)部件保养和更换。

(9)维修。

2. 遥控作业工具ROT

当水下作业要求超出ROV作业范围时,通常采用遥控作业工具ROT进行海底管缆牵引和连接,较重的模块和多模块集成组块的回收和更换。遥控作业工具主要使用提升钢丝绳或者提升钢丝绳/脐带缆的组合。ROT 主要作业任务如下:

(1)牵引、连接和测试水下采油树/管汇的管线。

(2)牵引、连接和测试水下采油树/管汇的脐带缆(脐带缆跨接管较轻使用 ROV 安装)。

(3)回收或者更换模块化的水下设备,如油嘴、多相流量计、砂检测仪器、管汇插入阀、水下控制模块、水下化学注入模块、水下液压蓄能器模块、水下泵/马达、水下清管器发射/清管器装载盒等。

ROT 工具主要包括:油嘴作业运行工具和集成作业工具。

(1)油嘴作业运行工具:主要用于更换较重的组件,该工具完全靠来 ROT 插头提供动力,最大举升能力是 16t。

(2)集成作业工具:主要是用于深水领域,无方向控制的 ROT 可替换多模块组件,该工具已于 2004 年夏天正式投入使用。

九、完井/修井立管系统

完井立管通过钻井隔水管和水下防喷器组,用于安装和回收水下井口的井下管柱及油管挂,修井立管提供了水下采油树的上部和平台上部的连接通道,使测井电缆能够进入到井下,常用于安装和回收水下立式采油树。不同种类的、不同规格的水下采油树其安装和修井立管系统也不同。

典型的完井立管系统包括以下部分或全部组件:

(1)油管挂作业工具。

(2)油管挂定位设备(卧式采油树不需要)。

(3)密封装置:用于立管内部的防喷器组实现压力测试和井控。

(4)水下测试采油树,以实现紧急状态下断开。

(5)止回阀,以保证在紧急断开时能够保持立管内具有流体。

(6)中间立管接头。

(7)防喷阀,在长测井工具串加载或卸载时隔绝立管。

(8)水面采油树,用于井筒的压力控制,并为水面管缆防喷系统提供连接点。

(9)立管张紧工具。

修井立管系统主要包括以下部分或全部主要组件:

(1)采油树作业工具。

(2)水下钢丝绳起下防喷器或者切割阀。

(3)紧急脱开组件。

(4)应力接头或者其他释放应力的底部组件。

(5)中间立管接头。

(6)张力环和张力系统。

(7)水面采油树。

每种类型的立管都有用于油管柱、环空进入通路、井下安全阀、作业工具和采油树操作的控制线;也可通过捆绑在立管上的脐带缆实现控制功能。

十、典型水下设施安装过程

采用丛式井基盘管汇、卧式采油树的水下生产设施典型安装过程:钻井后安装卧式采油树,随后进行采油树测试,安装保护架,安装海底管汇,各个采油树通过跨接管回接到水下管汇,如图 17-3-44 所示。

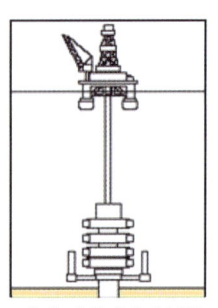

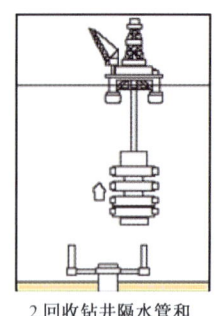

1.完井,安装弃井分割器　　2.回收钻井隔水管和　　3.卧式采油树就位,锁定　　4.卧式采油树上下防喷器,锁定
　　　　　　　　　　　　　防喷器,钻机移位　　　　连接,ROV测试密封和　　　连接,对采油树进行功能调试,
　　　　　　　　　　　　　　　　　　　　　　　　功能阀门　　　　　　　运行防喷器测试工具并测试

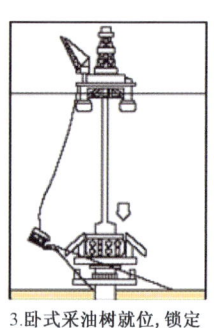

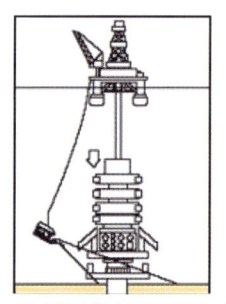

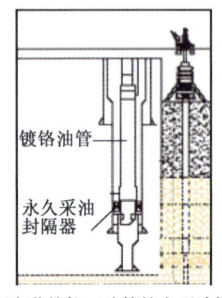

镀铬油管

永久采油
封隔器

5.下完井管柱,油管挂上下油管挂　　6/7.在生产采油树和测试密封器下　　8.进行生产测试
工具,用脐带缆下入送入工具,　　　悬塞,装置线路并回收跨接衬套,
连接上部控制头到送入工具　　　　下阀座保护器

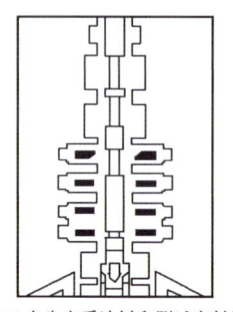

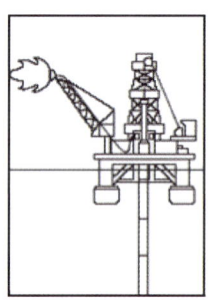

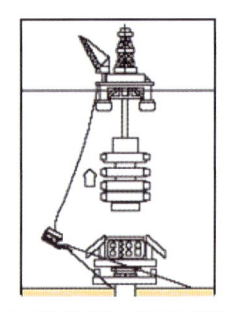

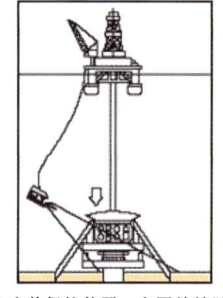

9.回收防喷器,回收导向缆　　10.安装保护装置,布置伸缩腿　　11.回接到生产管汇

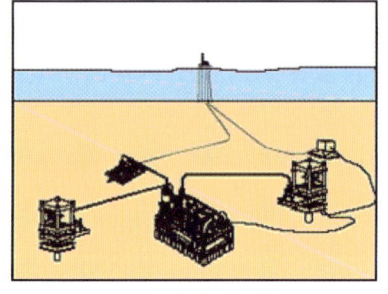

图 17-3-44 典型水下生产设施安装过程

第三节　水下油气水分离与流动安全保障技术

随着海上油气田的开发水深和回接距离不断增加,深水低温、高压环境,以及复杂油气藏特性、海底地势起伏、运行操作等使深水水下设施、海底管道等面临着严峻挑战,起伏段塞流和立管段塞、水合物、蜡等流动安全问题频繁出现,已经严重威胁到井筒、水下设备、海底管道、立管等深水流动体系的安全运行。据统计,仅用于水合物控制与清除的费用就占到海上油气田运行费约15%~40%,通过水下油气水处理与集输创新技术的研究与应用来降低段塞发生频率、显著降低化学药剂用量技术成为研究热点之一。本节侧重介绍水下油气水分离技术与流动安全保障技术进展。

一、水下油气水分离技术

1. 基本模式

采用水下生产系统进行油气田开发时,各井采出油气水处理有两种方案可选:

（1）传统模式。依托水面依托设施或陆上终端进行油气水处理，其主要特点为：

① 充分利用周边已有、在建或将建基础设施。

② 最大限度地减少水下生产设施的直接费用和海上安装时间。

这种方案技术成熟，目前应用广泛，我国陆丰F22－1、流花11－1、惠州32－5、惠州26－1N等水下油气田开发中都采用这种模式。但随着水下生产油气田回接距离的增加，多相井流带来的流动安全问题将越发突出，流动管理费用随之增加，发展水下油气水分离技术成为降低流动管理费用，保证流动安全的创新技术前沿。

（2）水下油气水分离新技术，即采用水下油气水分离与增压/回注设备，其主要特点是：

① 采用油气水分离和生产水回注技术，实现采出水的就地回注，最大限度地降低依托设施上部工艺设备处理负荷，提高海底管道经济输量，使更多周边区块可依托现有设施得以经济开发。

② 水下分离技术是控制多相流流动安全的主要技术之一：如通过水下脱水技术，可大大降低水合物抑制剂用量；通过使用水下立管底部气液分离技术可实现立管段塞的有效控制，保障深水油气田的安全性，提高深水油气田经济性，这一技术已在墨西哥海域得到工业应用与证实。

③ 增加回接距离：采用水下油气水处理＋增压技术组合，可增加水下油气田的回接距离，从而使北极等环境条件恶劣、难以建造上部设施的海域油气田得以经济开发。

2. 水下油气水分离系统的设计要点

水下油气水分离装置与水面分离装置的工作原理相同，作用却不尽相同，所以当选择水下油气水分离系统时，需结合具体油气田特点综合考虑应用条件、技术成熟度、生产周期费用、水下维修作业等进行优化，主要包括：

（1）水深和生产液特性。确定水下分离器设计参数，如额定压力与温度、处理量等。

（2）回接距离。确定是否需要相配套的增压设施。

（3）安装位置。水下油气水处理设施通常安装在水下生产设施或回接立管底部附近。当用于水下油气田采出水回注和增加海底管道的经济输量时，水下分离设施通常安装在水下设施附近；当用于降低背压、控制立管段塞时，通常安装在立管附近，这一技术已在墨西哥、巴西海域的深水油气开发中得到工业应用与证实。

（4）水下分离器设计需综合考虑海底高压、低温环境。

（5）水下分离系统的成橇与水下安装、维修技术、远距离电力供应和遥控等技术要求。

（6）技术可靠性和经济性，即水下油气水处理技术的应用是否可有效降低油气田开发周期内综合费用，提高采收率。

通常根据水深、油藏压力、回接距离、依托设施处理能力、含水率等决定是否选择水下分离技术。回接距离不长、位于中深水海域的水下油气田优先考虑依托现有设施进行处理；深水、回接距离较长时，采用水下油气处理设施，其经济性将明显增加。

3. 水下油气水分离装置

油气水分离方法主要有重力分离、离心分离、电脱、吸附分离（利用固体表面亲水性促使油水分离）及气浮分离等，这些原理都可用于水下油气水分离。自第一台水下重力式油气水分离器在北海TROLL Pilot油田试验性应用以来，这一技术得到不断发展。下面简要介绍研制中的各种水下油气水分离装置。

1）水下重力式油气水分离装置

水下重力式油气水分离装置利用油、气、水的相对密度差实现油、气、水的分离，通常水下重力式油气水分离装置分二级，第一级用于气、液分离，第二级用于油水分离，同样水下高效油气水三相分离器也在试验中。第一套试验应用的水下重力式油水分离装置安装在北海Troll Pilot油田，距Troll C平台3.6km、水深340m。它利用重力沉降实现生产水与油气分离，分离出来的水回注到地层中,分离出来的油和气通过3.6km海底管道回接到Troll C 平台,水下工艺流程见图17-3-45,水下分离器的监测系统见图17-3-46,水下分离器橇装结构见图17-3-47。

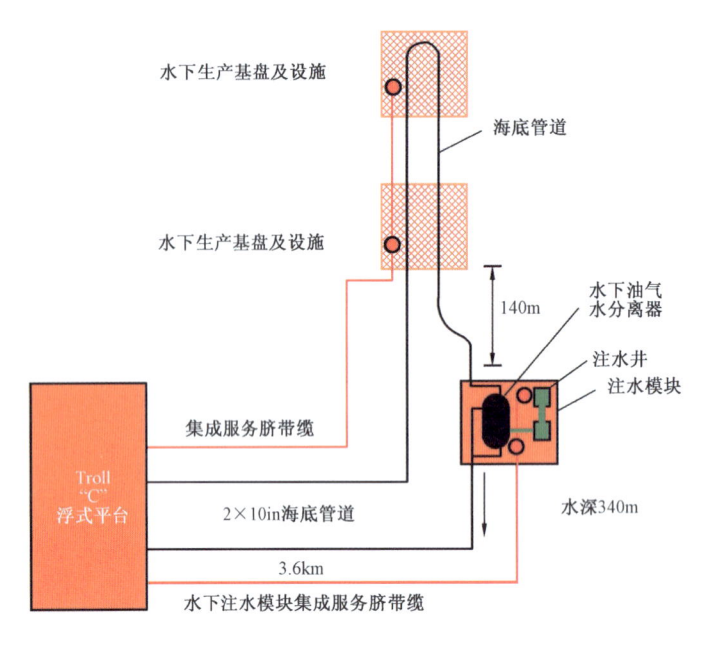

图17-3-45 Troll C 水下重力式分离器及水下工艺流程

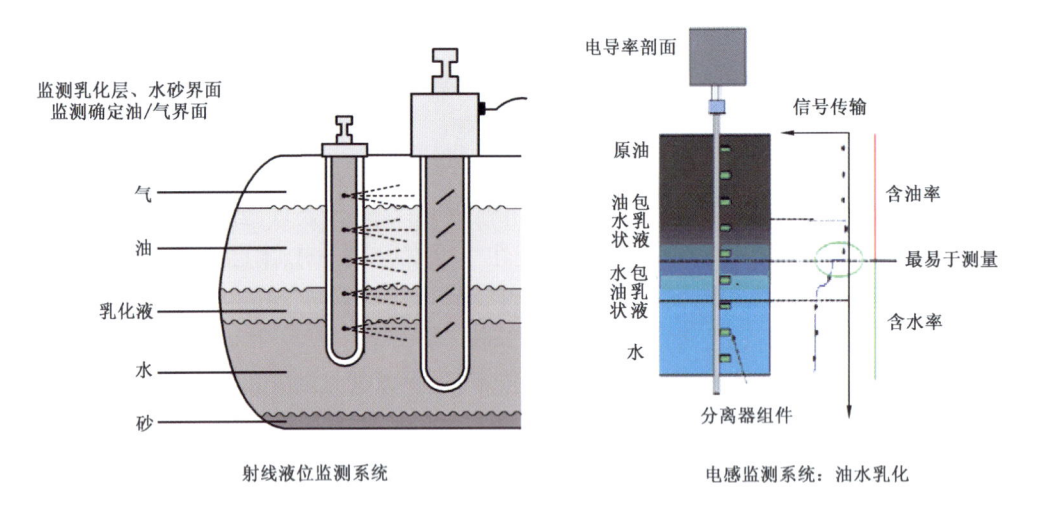

图17-3-46 Troll C 水下分离器监测系统

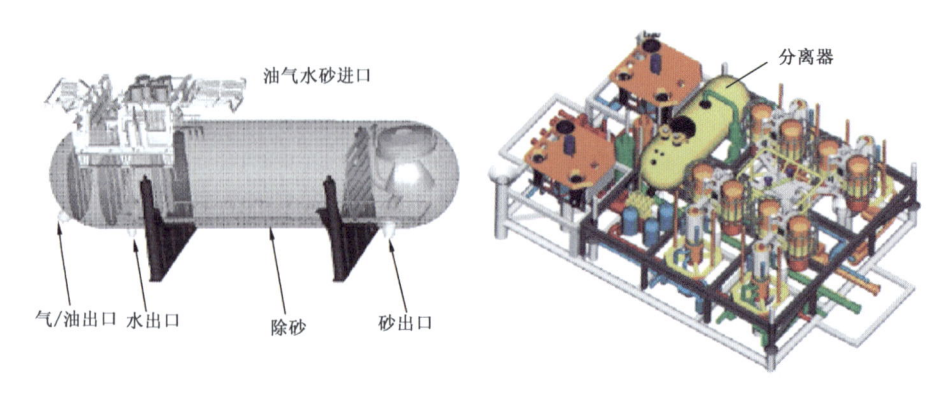

图17-3-47 Troll C 水下分离器橇装结构

图 17-3-48 给出应用于 TRODIS 油田的第一个工业应用水下重力式油气水砂分离流程，水深 500m，距离平台 11km，由于含水率增加，产量下降，平台的水处理能力不能满足要求，甲醇等化学药剂用量增加，所以采用了水下油水分离装置，已于 2007 年 10 月投产。

2）离心式水下油气水分离装置

VASPS(vertical annular separation and pumping system)（垂直环空分离增压系统）是一个水下气液高效分离和增压系统于一体的创新概念，如图 17-3-49 所示。流体沿切向进入柱状分离装置，靠自旋产生的切向离心力实现气液快速分离，试验样机安装在巴西水深 420 多米处，第一个工业应用是在墨西哥湾水深 2000m 的 PETOTY 油田，主要用于降低水下井口背压，控制段塞，保证稳定运行同时提高产量，巧妙之处在于，将柱状旋流分离与海底高压 ESP 集成在一起，是未来深水油气田开发中可能应用的典型模式之一。

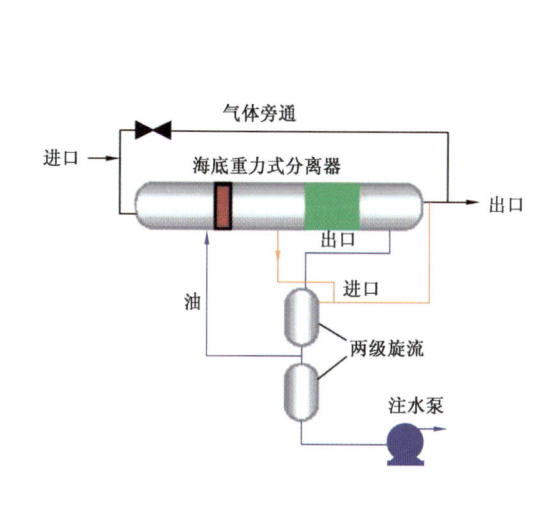

图 17-3-48 TRODIS 水下分离装置

图 17-3-49 VASPS 水下分离装置

4. 水下砂分离装置

传统的重力除砂装置已作为油气水分离装置的一部分，研制紧凑的水下除砂系统是当前的难点与热点，图 17-3-50 给出正在研制中的除砂装置效果图，该装置由入口部分、除砂部分两个核心部件组成。

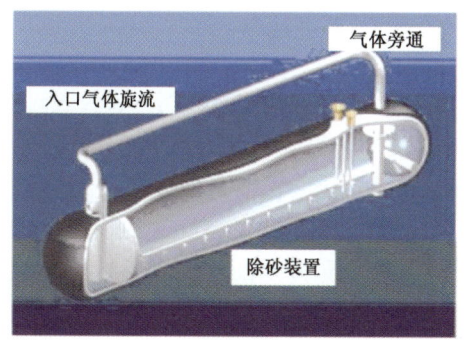

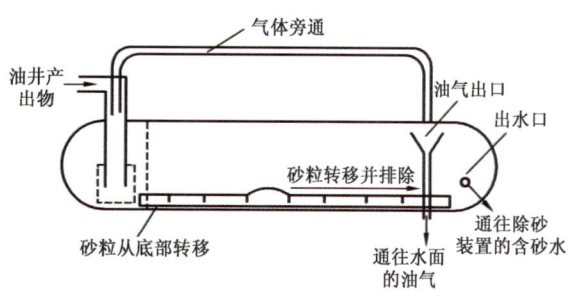

图 17-3-50 带有气体旁通和底部除砂结构的分离装置

1）入口部分

入口气液旋流分离装置安装在分离器上部，与置于分离器内部的旋流分离装置相比，可在井流进入分离器前脱气以提高气体处理量，分离器内部主要用于油、水、固体分离，相比于常规设计,体积减小约50%。

2) 除砂系统

这种系统在上部设施中很普遍,但用于水下则必须有特殊的调节系统。除砂就是在油水分离的同时,脱出尽可能多的砂。测试表明,进入分离器后砂分离得相当快,出口油流中夹带的砂可满足水下应用的要求。

为了简化水下分离系统,脱出的砂将与含砂水一起进入后续处理流程。

5. 安装位置

应尽可能将水下油气处理设备安装在井下或水下井口采油树附近,主要是基于如下考虑:

(1) 此时生产液含气率较低,有利于改善海底增压设备工作条件,提高效率。

(2) 井口附近井流温度较高,流体黏度低,易于分离。

(3) 脱水后系统背压降低,可增加产量。

(4) 有利于流动安全。

当考虑到与水下生产设施的接口、水下维修作业等时,将水下油气处理设施安装在下游即靠近立管比较好,此时可依托上部设施维修,具体设计时需综合考虑多方面因素。

二、流动安全系统设计简介

流动安全保障是深水油气田设计中的关键环节,对干式和水下井口都很重要,在深水油气田系统工程设计中,流动安全与油藏、海底管道、水下设备共同构成系统工程设计与水下设备布置方案设计的主导因素,涵盖内容包括从井筒、水下采油树、管汇、海底管道到下游处理设施流动安全的安全运行(ISO 13628-1《水下生产系统设计与操作一般要求与推荐做法》附录流动安全保障部分有较为系统的要求),本章只做简单介绍。

深水流动安全保障需要考虑的主要因素包括:水合物、蜡、沥青质等固相的生成预测、监测、控制与清除方法,海底管道,特别是深水立管段塞流的监测与控制技术,水下油气田的停输启动,清管与置换策略以及多相流腐蚀等难题,见图17-3-51。

"固相生成"不仅使原有的多相流动更加复杂,而且可能造成设施和海底管道"部分堵塞",在目前技术发展阶段阻塞点定位和处理都很难,甚至发生很小的堵塞,其带来的后果和弥补费用也是相当惊人的;通常发生海底混输管道立管段的严重断塞流不仅使上下游设备处于非稳定工作状态,而且还容易引发管道、连接部件的不规则振动,甚至发生严重的流固耦合问题,直接威胁中心平台或油轮的安全;而海底混输管道输送的多是未经净化处理的多相井流,既含有 H_2S、CO_2 等酸性介质,又含有水、砂砾等杂质,由多相流引起的冲刷腐蚀成为一种涉及面广而且危害很大的腐蚀类型,近年来已经逐步成为腐蚀和多相流交叉学科的研究热点。

1. 立管段塞流预测与控制方式

1) 海底管道和立管段塞特点

段塞是气液混输管线特别是海底混输管线中经常遇到的一种典型的不稳定工况,表现为周期性的压力波动和间歇出现的液塞,往往给集输系统的设计和运行管理造成巨大的困难和安全隐患。其中立管段塞多发生在海底下降管段之后有较长的上升段、管输量较低时,因其危害较大,也称"严重段塞流",OLGA、TACITE、PLAC 等软件都能够预测段塞流的长度、压降以及持液率。OLGA 采用双流体模型附加段塞流跟踪模型,能计算段塞流量以及压力波动参数等,尽管如此,当段塞较大或跟踪移动段塞时,不仅计算效率低,而且容易发散。"严重段塞"发生分四个阶段,如图17-3-52所示。

(1) 液塞聚集阶段:此时气液流量小,气体速度低,不足以将液体举升到立管顶部,液体不断地滑落,开始在立管底部聚集,液塞开始形成。

(2) 液塞溢出阶段:当液塞聚集到堵塞管道底部时,立管底部压力升高,立管内液塞在气体压力推动下不断增高,开始溢出立管顶部。

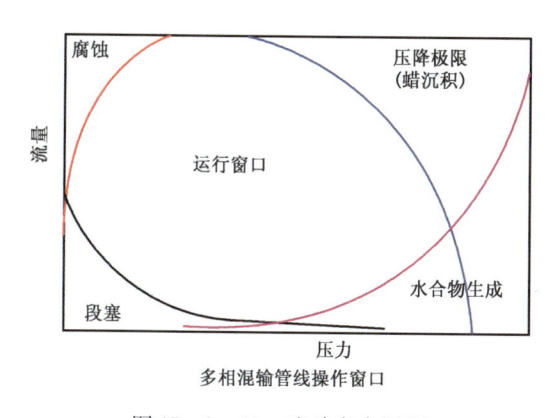

图 17-3-51　流动安全问题

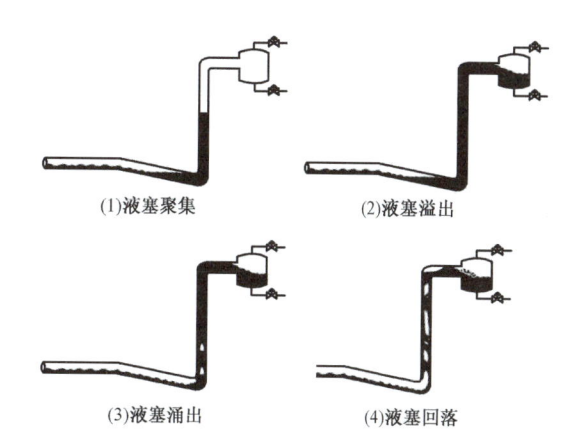

图 17-3-52　严重段塞的发生过程描述

(3) 液塞涌出阶段：当立管底部压力足够高，立管内液塞在气体压力推动下继续上升，直至大量涌出立管顶部，同时液塞后的气泡也随着液体上升，开始进入上升立管。

(4) 液塞回落阶段：当液塞大部分或全部进入立管顶部并涌出时，液塞后气泡上升至立管顶部，并在立管顶部喷出后，立管内压力迅速降低，液体随之滑落。新一轮液塞聚集阶段开始。

段塞发生区域、液塞长度、周期等与油品物性、管道倾角、水深、海底地势、立管形式等密切相关。常见的段塞发生区域见图 17-3-53，从图 17-3-54 可以看出，严重段塞具有周期性特征。严重段塞对管路及集输系统的损害非常大，设计时应避免严重段塞工况，或采取相应的控制设施。

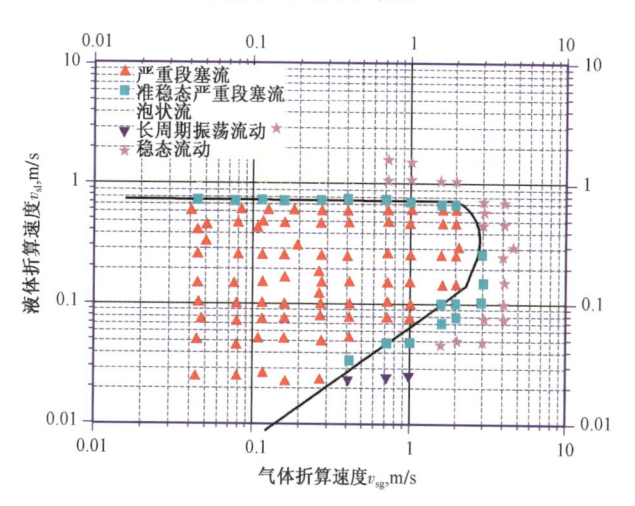

图 17-3-53　严重段塞发生区

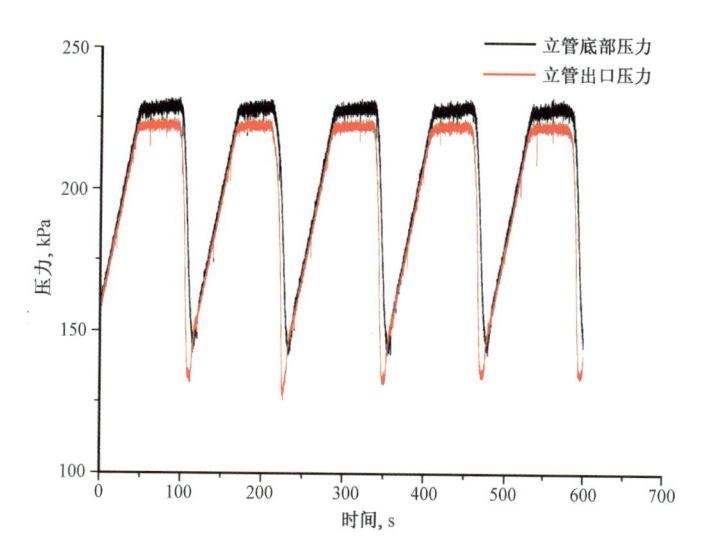

图 17-3-54　严重段塞周期性特征

2) 立管段塞控制方法

传统的立管段塞控制靠段塞捕集器,但随着水深的增加,单纯增加段塞捕集器容量已不现实,因此设计合理的段塞控制系统就尤为重要。第一代段塞控制方法上提高背压、气举、顶部阻塞等,随着对严重段塞流发生机理的认识不断深入,国外在尝试一些更经济更安全的控制方法,如水下分离、流动的泡沫化、插入小直径管、自气举、上升管段的底部举升等,但这些方法在海上油气田中的应用还有待于进一步深入研究和现场实践检验。目前应用较多的是节流法、上部分离与气举法。

(1)节流法:对于稳定立管段塞,常规做法是在分离器入口安装节流阀,进行反馈控制(通过 PID 节流控制),如图 17-3-55 所示,这一方案所需设备有:安装在分离器上游的压力调节阀,安装在立管底部的压力传感器及变送装置、PID 调节器。PID 控制系统的作用就是维持立管底部的压力恒定在某一设定值。当立管压力高于设定值时,关小调节阀,提高管线内的气体流速,让气体有足够的力量将液体带走,而不聚集在立管底部。当压力恢复后,PID 会恢复调节阀的开度。这种方法优点是简单易行,缺点是对产量有影响。

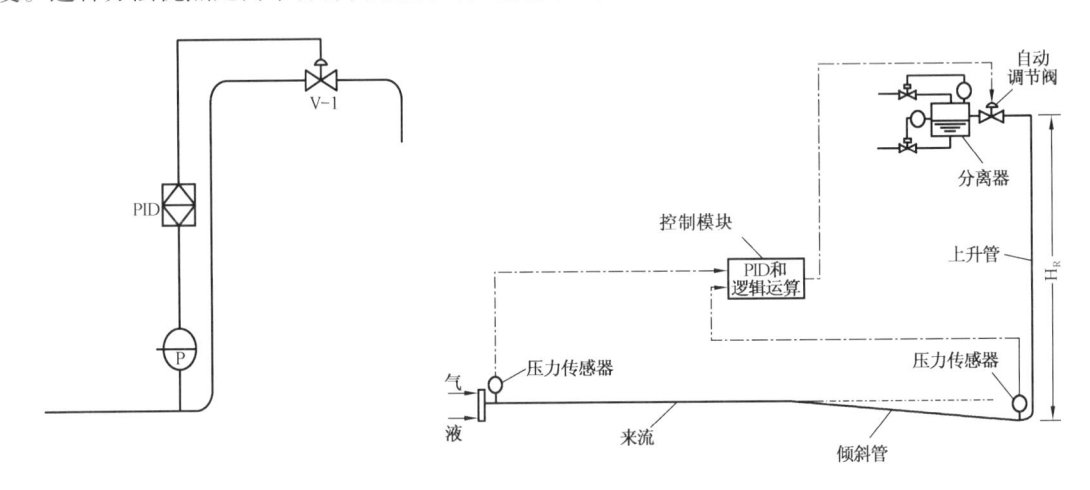

图 17-3-55 集输—上升管路系统节流抑制严重段塞流自动控制示意图

(2)气举方法:气举也是一种常见的解决方案,如图 17-3-56 所示,其基本原理是通过增加气体流量改变流型,使其移出段塞发生区域,图中给出自由站立式立管段塞气举控制过程,随着注入气量的增加,立管底部和柔性立管底部压力波动幅度减小,同时平均压力降低,说明立管段塞得到有效控制,同时背压降低有利于提高产量。气举有多种方式,如在立管底部安装进气喷嘴、在下倾管尾部安装或采用环空注气。其优点为可通过降低背压提高产量,但注气工艺比较复杂,并且在立管底部容易产生焦耳汤姆逊效应形成水合物堵塞,设计时要考虑防控措施。

(3)泵法:也可以用泵来解决问题。有两种可选方式:一种是将泵安装在立管顶部;另一种是安装在立管的底部。如图 17-3-57 所示,从数值模拟分析结果看,装在立管底部所需泵的级数少、效果好。但安装在立管顶部施工比较方便。其基本原理是:通过增压泵使用降低背压,将聚集在立管中液塞抽走,从而改变流型。

(4)底部分离法:是在立管底部进行气、液分离,之后气、液分别回接到依托设施。

水下段塞捕集器法:其特点是减轻依托平台的重量,陆地终端如回填土方量太大、环境限制,也可将大的段塞流捕集器放在浅水水下。在深水油气田开发中,使用水下段塞捕集装置,可以改善立管内部流动状态,避免发生立管段塞,如图 17-3-58 所示。

(a)立管段塞气举气注入方式

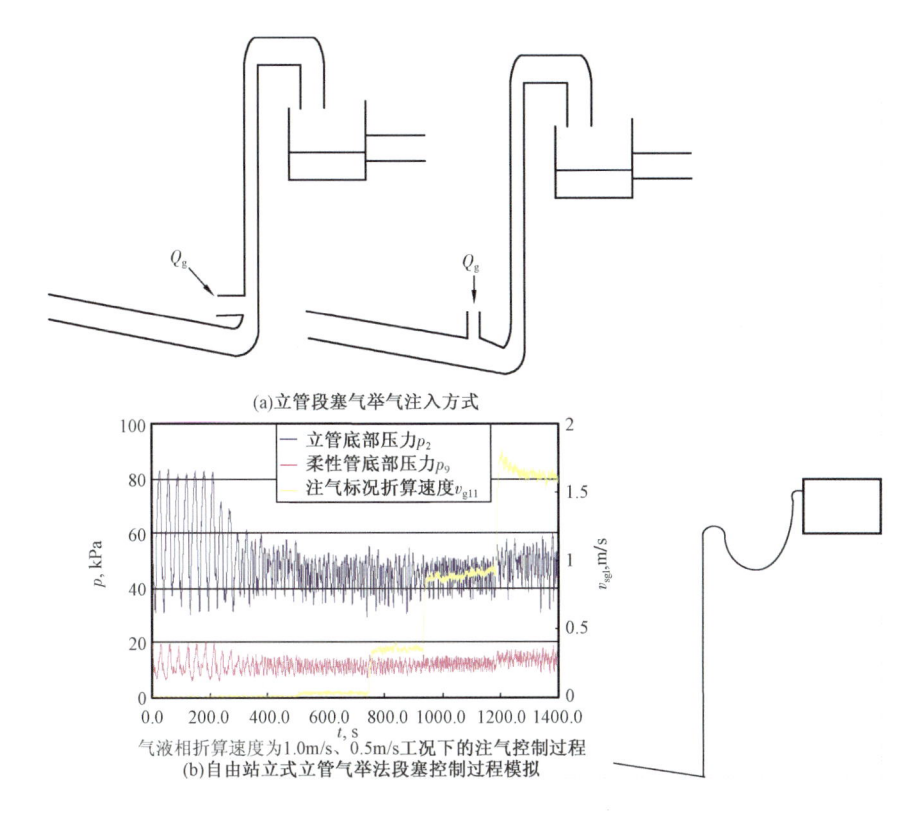

气液相折算速度为1.0m/s、0.5m/s工况下的注气控制过程
(b)自由站立式立管气举法段塞控制过程模拟

图 17-3-56　气举控制原理及方案图

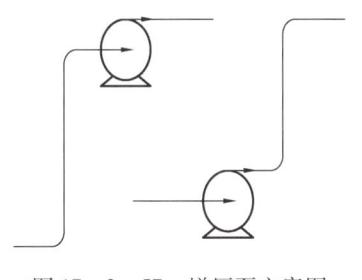

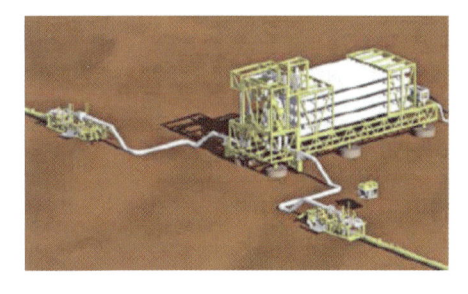

图 17-3-57　增压泵方案图　　　　图 17-3-58　水下段塞捕集器

2. 水合物和蜡的预测、控制与清除技术概述

蜡和水合物是流动保障所要解决的首要问题，原油温度低于析蜡点时，蜡开始析出，先高分子量的蜡组分析出，随后低分子量的蜡组分析出；水合物是水和天然气在低温高压条件下形成的非化学计量的笼形化合物，对特定流体来说，水合物形成区指形成水合物的压力和温度范围，很多公司在海底或陆上油气混输管道中遇到过水合物、蜡问题，目前 PIPEPHASE、OLGA2000 等著名的多相流仿真模拟软件能够对水合物、蜡生成条件和典型的抑制剂注入量进行初步分析，但目前没有软件能够预测油气水混输体系中水合物、蜡开始形成和开始分解的条件和时间。

水合物、蜡等"固相生成"不仅使原有的多相流动更加复杂，而且可能造成管线"部分堵塞"，在目前技术发展阶段阻塞点定位和处理都很难，甚至发生很小的堵塞，其带来的后果和弥补费用也是相当惊人的，因此固相生成的预测、控制与清除十分重要。

固相生成控制与解堵技术，包括保温技术、注入化学剂、机械清除、降压和流动恢复技术等。以水合物为例，常规的抑制方法有降压、加热、脱水、注入抑制剂等，其中注入甲醇和乙二醇等热力学抑制剂是最常用的方法，但存在用量大、费用高、需回收、环保等方面的问题，其防治费用约占到油田运行费用的 15%～40%，因而蜡、水合物生成和分解动力学研究以及经济高效低剂量抑制剂或多作用抑制剂研制是今后一段时期内的研究热点。

另外，在水下工艺系统设计中需要考虑水合物解堵时双侧降压方案，包括双管或放空管使用等。

3. 清管与置换方式

可用于水下生产系统的清管方式有三种：

(1)安装水下清管球发射装置。需要定期补充清管球。

(2)安装水下清管接口。通过 ROV 或潜水员用软管将工作船(备有发球装置)与水下清管接口连接进行作业，需要进行工作船改造，增加发球装置，后期操作费用可能较高。

(3)两条等直径海管形成回路，清管球的收发球装置安装在中心平台，两条生产管线构成回路，可以完成既定的清管作业。

采用水下清管球发射装置时需考虑以下因素：

(1)驱动力：可依赖生产液自身动力或注水压力。

(2)安装、更换、补充球的方法：潜水员或 ROV。

(3)清管器类型：立式或卧式，见图 17-3-59 及图 17-3-60。

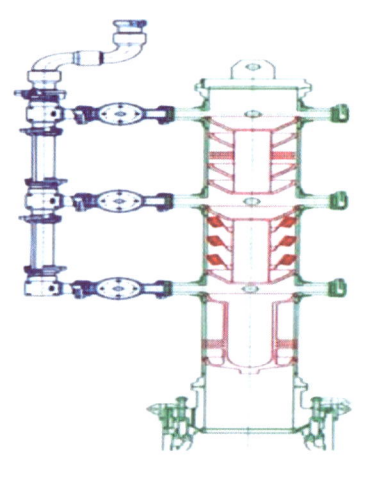

图 17-3-59 水下立式清管器　　图 17-3-60 水下卧式清管器

(4)同时应考虑水下清管装置失效时的备用方案。

4. 水下设施流动安全保障措施

在井筒、水下采油树、水下管汇系统、跨接管道的设计中也要考虑相关流动安全问题，如水合物控制与清除措施、清管问题等，以保证整个流动体系的安全运行。

三、采用水下生产系统时海底管道布置形式

与干式井口不同，当采用水下井口进行深水油气田注水/气开发时，如何进行海底管道系统和水下分离与增压设施的应用尤为重要。此时考虑流动安全清管、置换和水合物等防治，可选择的管道布置方式有传统回路和混合传统回路。本文以有注水需求的水下油气田为例说明如下。

1. 传统回路

传统回路常规布置如图 17-3-61 所示，其基本要点如下：

(1)设有两条海底生产管道。来自各个水下生产井的多相井流通过两条海底生产管道(通常等径)回接到依托设施。

(2)两条生产管道形成回路，清管球发射、接收装置都安装在依托设施上。

(3)两条生产管道互为备用，其中任一条维修时，另一条可保证生产进行，产量降低时可用其中任一条进行生产。

(4)当产量低于单管输量时，可通过其中一条注入高压生产流体，延长生产寿命。

(5)出现水合物堵塞时，很容易实现双侧降压。

(6)当满足最低输量时,其中一条可作为单井计量管线。

(7)需要单独铺设1条注水/气管道。

2. 混合回路

水下混合回路常用于有注水、注气需求的油气田,如图17-3-62所示,基本特点如下:

(1)一条生产管道。来自各个水下生产井的多相井流通过一条海底管道回接到依托设施。

(2)一条海底注水/气管线。

(3)生产管道与注水/气管道通过水下管道底座等连接在一起,需要时可形成回路,置换也非常简单,但这两条管道必须有相同管径。

(4)需安装水下井口单井计量装置或采用总量递减即关井计量,计量精度和所需时间取决于关井后管道稳定平衡时间和流体物性。

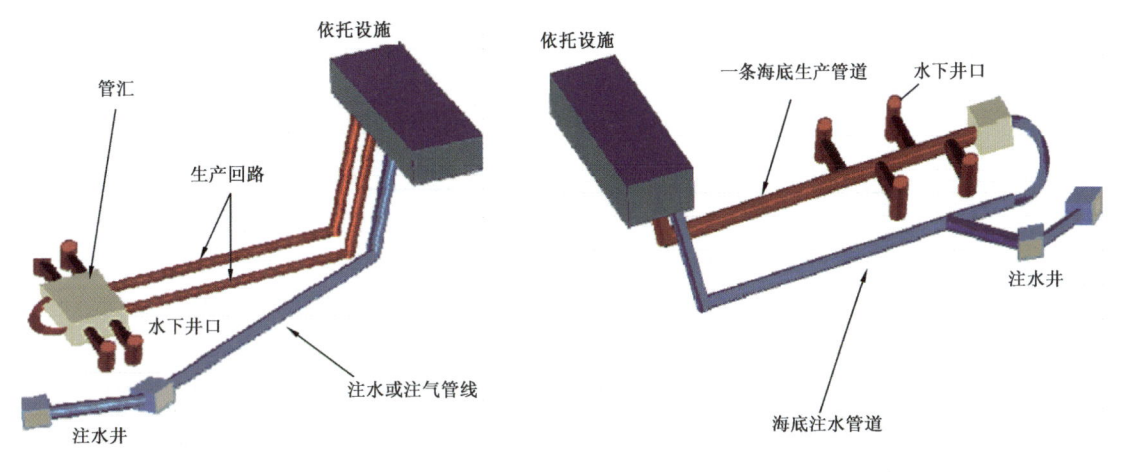

图17-3-61 传统海底管道布置形式

图17-3-62 混合回路

目前混合回路包括三种基本模式:带清管器的混合回路、带多相泵的混合回路、带分离器的混合回路。

1)带清管器的混合回路

根据清管球所在位置又可分为:安装水下清管球发射装置(见图17-3-63和采用上部清管球发射装置。采用水下清管球发射装置应考虑预设清管球数量,同时预留清管接口,作为清管球发射装置失效情况下的备用系统。

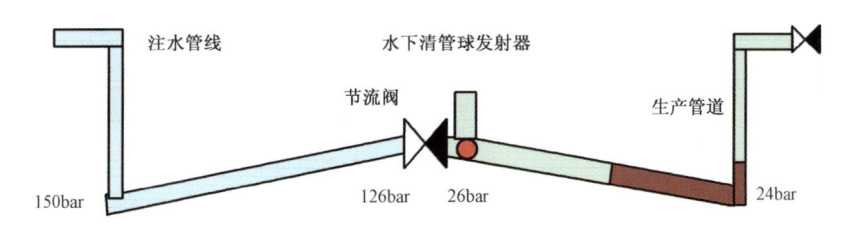

图17-3-63 带清管器的混合回路—发球装置在水下

2)带多相泵的混合回路

带多相泵的混合回路如图17-3-64所示,即多相生产流体经均混器均匀混合后进入海底多相增压泵,然后回接到依托设施进行处理。此时需要考虑:

(1)水下泵的安装位置(通常靠近井口位置)及备用措施。

(2)泵的驱动模式:高压注水水力透平驱动或电驱。

(3)泵的安装、更换方法。

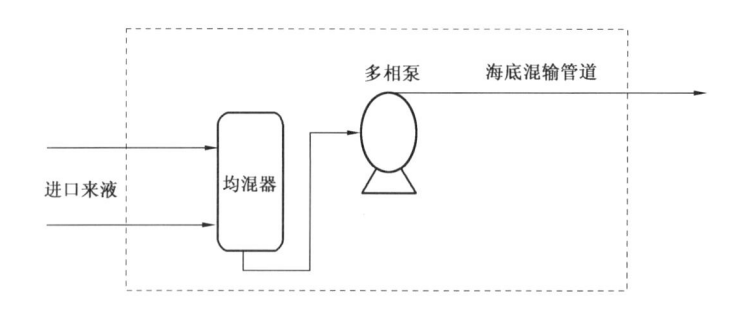

图 17-3-64 带多相泵的混合回路

3）带分离器的混合回路

带分离器的混合回路可分为带气液两相分离器的回路（图 17-3-65）和带油气水三相分离器的回路（图 17-3-66）。

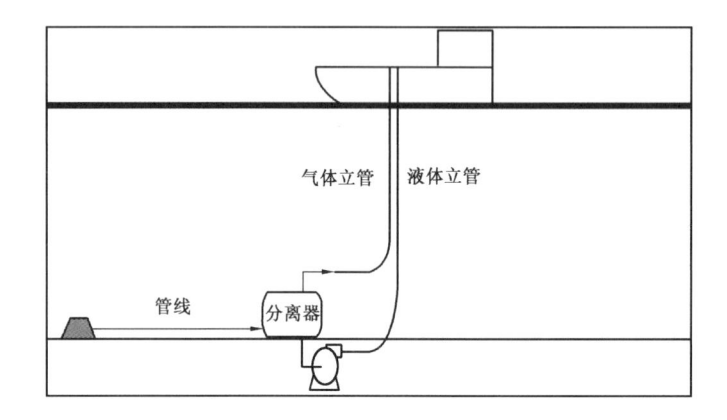

图 17-3-65 带气液两相分离器的混合回路

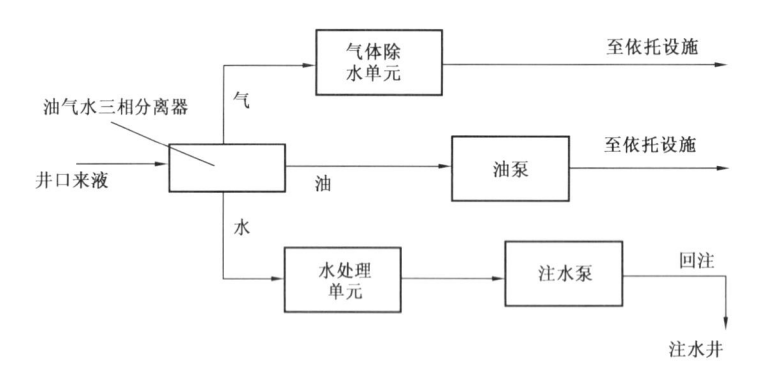

图 17-3-66 带油气水三相分离器的混合回路

四、崖城 13-4 气田设计案例

崖城 13-4 气田水深约 96m，主体区和南块分别采用 3 个水下井口进行开发，经过方案优化选用管道串接方式（图 17-3-67），崖城 13-4 主体区的 2 口生产井流体经气嘴节流到 6.5MPa（稳产期内）后，通过 4in、50m 的软管跨接到 8in、21km 的海底生产管道，Y13-4 南高点的 1 口生产井流体经气嘴节流到 5.8MPa（稳产期内）后，通过 4in、50m 软管跨接到 8in、21km 的海底生产管道，Y13-4 主体区 8in 主管线与 Y13-4 南高点 8in 主管线相距 8.3km，两个区块的流体汇合后，输送到已建的 Y13-1 平台上，进行计量、换热后，进入 Y13-1 生产管汇的预留接口，依托 Y13-1 的生产设施进行处理。整个系统采用复合电液控制系统，水下控制模块（SCM）分别安装在各个采油树上。油气处理依托现有平台，清管采用水下预留清管接口。

图17-3-67 崖城13-4气田开发方案示意图

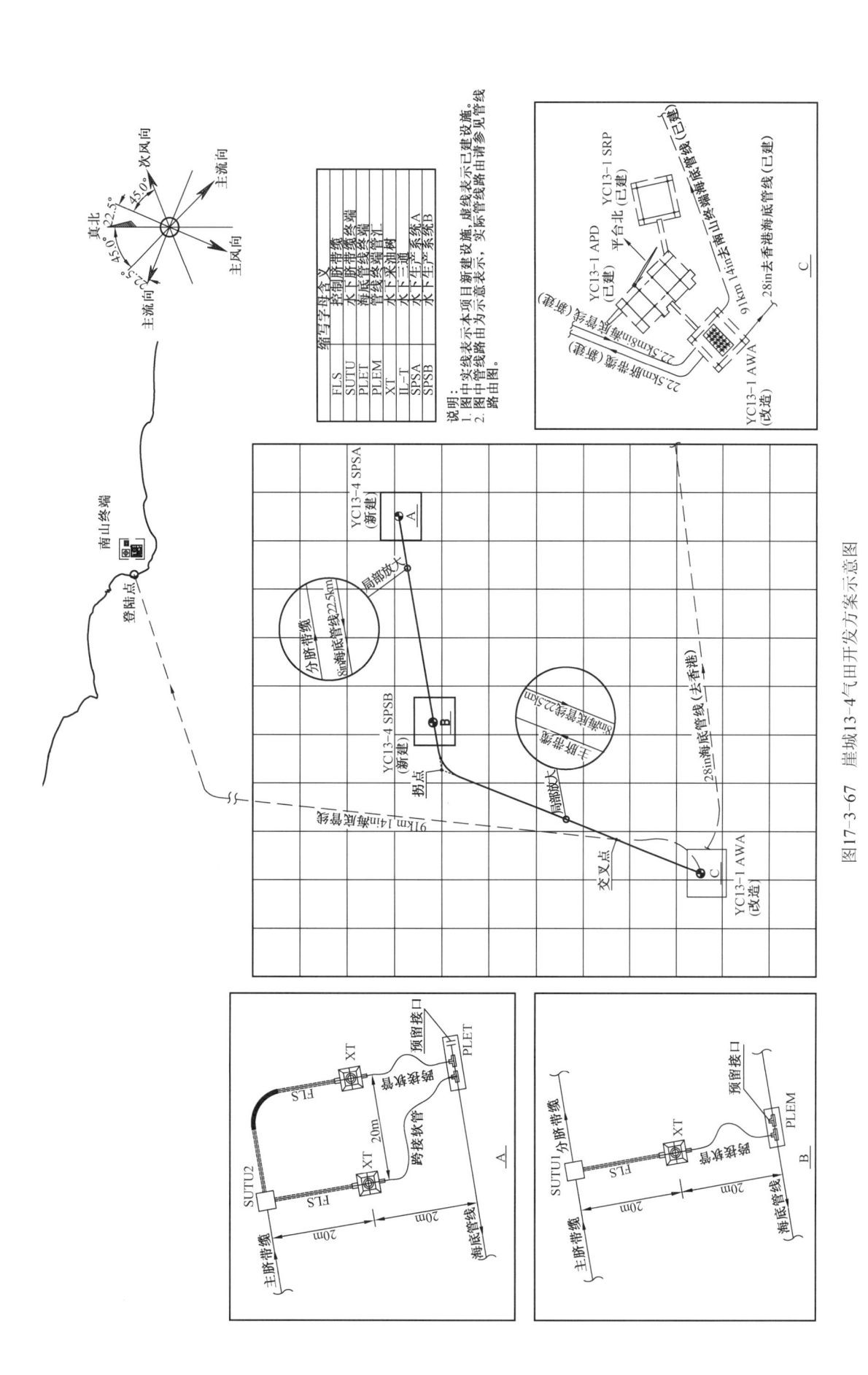

需要注入的化学药剂及注入点如下：

(1) 防水合物。

① 甲醇,生产主阀和翼阀间,用于防止停输再启动时油嘴位置水合物形成;

② 甲醇,井筒,用于防止停输再启动时井筒内水合物形成;

③ 甲醇,海底管道,用于冬季正常生产时水合物控制。

(2) 放空:用于水合物清除时双侧降压。

(3) 缓蚀剂:为防止工艺设施和管线发生腐蚀,需要向井口和海管入口注入缓蚀剂。

(4) 备用:水垢等其他。

两种化学药剂通过设置在CEP上的注入泵和海底控制脐带缆输送到水下生产系统的相应注入点。

所需测试信号:井下压力温度、油嘴前后压力温度、环空压力温度等。同时需要确定水下采油树上所需配置的基本阀组及需要遥控的阀门。在此基础上完成水下采油树的PI&D,见图17-3-68。

第四节　水下人工举升和增压系统选型设计

应用水下生产系统进行油气田开发时,为了保证安全生产和达到预期产量,往往需要选择合适的水下人工举升方式和海底增压系统,对那些压力递减快的底水油气藏这点尤为重要。

理论上所有用于海上平台的人工举升和增压系统都可用于水下生产系统,但实际上由于水下维修作业的方式、水下输配电和水下控制等配套技术还处于不断发展和完善阶段,两者之间存在明显差别,主要表现在以下3个方面。

(1) 输配电方式:水下人工举升和增压系统的输配电系统从简单的一对一水下湿式电接头到复杂的全水下湿式输配电技术,可能包括水下高压湿式电接头、水下变压器、水下变频器等水下配电设备。

(2) 水下维修作业工具:水下人工举升和增压设备配套有专门的海上安装作业工具、安装程序和测试系统。

(3) 维修方式和支持设施:依托现有设施采用回接方式的水下生产系统中,水下人工举升和增压系统发生故障时需要专门维修支持船,后期维修费用较高。

在某种程度上,水下生产系统对于油气藏的开发方案更为敏感,因此在保证油田安全生产条件下,选用最为经济、可靠的水下人工举升和增压方式直接关系到能否将水下生产系统作为油气田开发的主要模式。

一、基本类型

水下人工举升和海底增压系统用于为低压井流增压,基本类型见表17-3-11。两者之间主要差别在于:

表17-3-11　水下人工举升和增压系统基本类型

海底增压方式	水下人工举升方式
井筒外电潜泵	电潜泵(ESP)、水驱潜油泵(HSP)
水驱海底增压泵(单相泵、多相泵)	气举(天然气、氮气)
电驱海底增压泵(单相泵、多相泵)	水力射流泵
水下湿气压缩机	

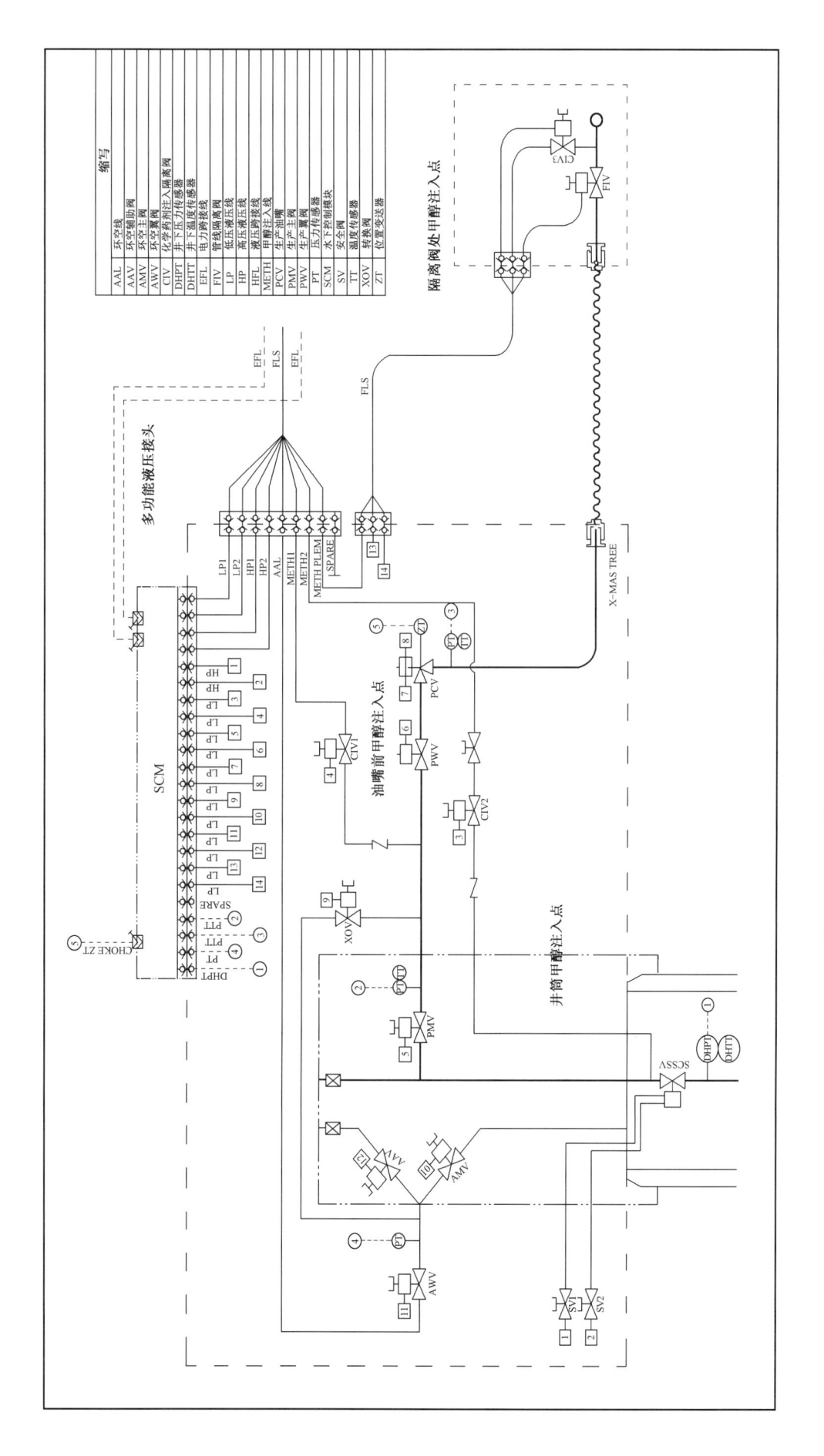

图17-3-68 崖城13-4气田水下采油树的PI&D图

（1）通常水下人工举升系统安装在井筒内，增压对象近似单相流体，可选形式包括电潜泵、气举、水驱潜油泵、水力射流泵等。

（2）海底增压系统安装在泥线以上的海床上，增压对象可是单相或多相流体，可选形式包括水下井筒外电潜泵、水下水驱增压泵、水下电驱增压泵、水下湿气压缩机。

随着技术的发展，通常用于井筒内的电潜泵也开始应用于海床，即井筒外电潜泵。

原则上在油气藏特性还未明确之前，应对所有可能应用于特定油气田水下生产系统的人工举升和增压方案进行综合比选，从而为方案进行优化提供可靠的依据。

二、海底增压系统

海底增压系统实际上就是各种形式的单相泵、多相增压泵在水下扩展应用，目前已得到现场应用的主要有水下离心泵、水下螺旋轴流式多相泵、水下双螺杆式多相泵，湿气压缩机也可看成一种特殊类型的多相泵。典型水下多相增压系统的详细组成、工作原理、选型要点可参见海洋石油工程设计指南第二册《海洋石油工程机械与设备设计》第五章第七节多相泵。本文所描述的海底增压系统的共同特点是：安装在海底泥线以上，适合于井口压力大于0MPa场合（井筒外电潜泵可用于井口压力小于0MPa场合），即自喷油气田。

根据工艺设计和安装设计的需求，海底增压系统可集成在海底管汇上或作为独立海底增压泵站安装，也可以安装在水下采油树侧作为井口增压设施。

1. 井筒外电潜泵

井筒外电潜泵是井下电潜泵在海床上的拓展应用，其基本设计理念是将通常安装在井下油管内的标准电潜泵改装在水下采油树生产翼阀下游、海底特殊沉箱里或管道内，此时增压介质可能由单相变为多相，该泵与水下采油树组合见图17－3－69。

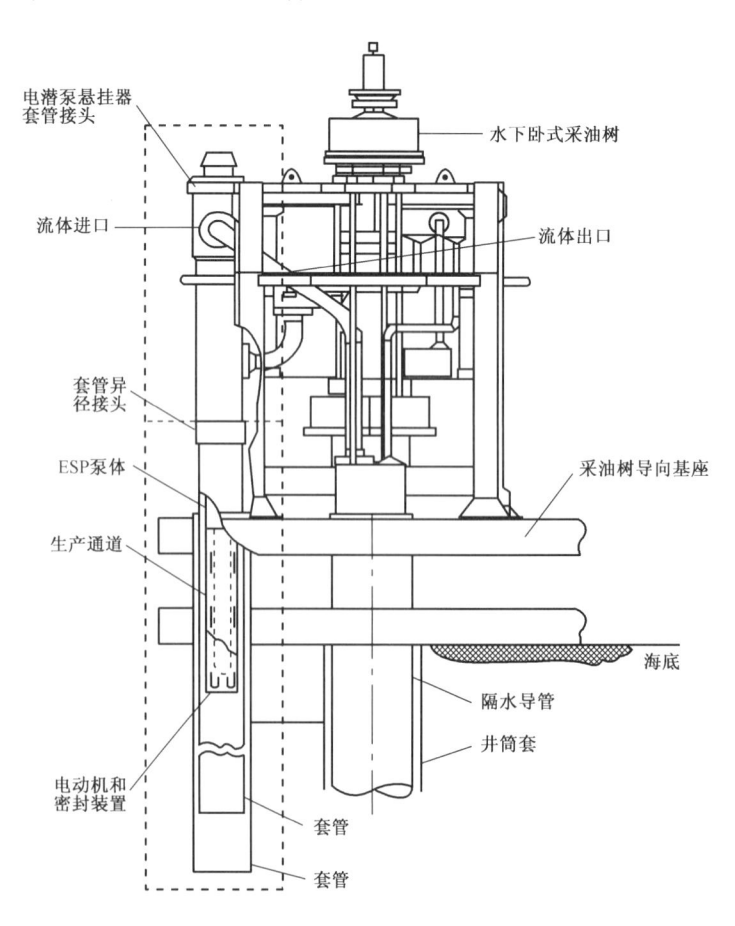

图17－3－69 海底增压系统—井筒外电潜泵

井筒外电潜泵系统特点见表 17 – 3 – 12。

表 17 – 3 – 12　海底增压系统—井筒外电潜泵

泵　型	井筒外电潜泵
主要特点	安装在生产井旁沉箱内，非井筒内的高温高压环境 寿命预计会比井下电潜泵延长 利用标准电潜泵和新的连接器、湿式电接头
优点	标准电潜泵是一项成熟的技术 外部电潜泵的更换所需时间和海底增压泵一样 外部电潜泵包括沉箱安装费用比海底增压泵低
缺点	增加了沉箱及相关费用 需要精密安装工具，安装费用较高 平均无故障周期≤1 年
说明	1. 如井口压力 >0MPa 时，井筒外电潜泵和海底增压泵可根据需要选用； 2. 如井口最低压力≤0MPa，可根据具体情况确定使用井筒外电潜泵或井下电潜泵

井筒外电潜泵系统主要由水面支持系统和水下单元两部分组成。

（1）水面支持系统：包括水面供电（变压器、变频器）和控制系统；

（2）水下单元：可能包括水下变压器、水下监测系统、一套标准电潜泵、水下高、低压湿式电接头、特殊改装的沉箱或泵套、海底电缆。

与井下电潜泵相比，外部电潜泵的主要特点如下：

（1）安装更换简单：井筒外电潜泵安装在海底，所以无需动用钻井船，而只用工作船取出油管就可进行维修作业，更换简单，可节省了海上作业时间和费用；

（2）工作介质有所变化：井下电潜泵安装在井筒内，下入深度在海床下几十米到上千米，因而基本上可以避免多相流的问题，而井筒外电潜泵的下入深度受到沉箱限制，不可避免地遇到多相流的问题。标准电潜泵一般是采用多级离心叶轮，通流面积比较小，在没有采取任何井下气液分离措施的情况下，通常当泵进口气体体积含量大于 4% 时就会引起效率降低，大于 10% 就会停止工作。目前比较著名的 REDA 和 Centrilift 等电潜泵厂家已有水下外部电潜泵产品，并在墨西哥湾深水油气田开发中得到应用。选用时，应针对具体应用场合、技术发展水平综合比较确定这种泵的沉箱的长度和安装深度，可用于井口压力≤0MPa 的场合；

（3）可配合水下卧式、立式采油树使用，而井下电潜泵只适合于水下卧式采油树。

2. 水驱海底增压泵

水力驱动的海底增压泵即水驱海底增压泵，基本工作原理是利用高压水作为动力液驱动与泵连接的叶轮使泵旋转，也称水力透平增压泵，其基本组成如图 17 – 3 – 70 所示。理论上这种泵适应于井口压力大于 0MPa 场合，即自喷油气田。

第一套水驱海底增压泵是在 FRAMO 公司潜没式货油泵的基础上研制出来的，泵型为螺旋轴流式多相泵，第一次工业应用是挪威北海 DRAUGEN 区块，用来为 3km 外的生产井流增压，使卫星井能回接到周边设施，流程见图 17 – 3 – 71。从泵型上讲，目前已经应用到水下泵型主要有离心泵、螺旋轴流式多相泵和双螺杆式多相泵。

截至 2009 年底，已有 3 台水驱海底增压泵安装在水下油田，最长回接距离为挪威北海 ETAP 项目的 35.2km，其平均无故障运行时间超过 2 年，最长连续运行时间已 6 年多，技术较成熟，至今未出现运行故障。

水驱海底增压泵组成如下：

（1）水面支持系统。依托设施上部需一套水力透平高压液供应系统、控制系统；

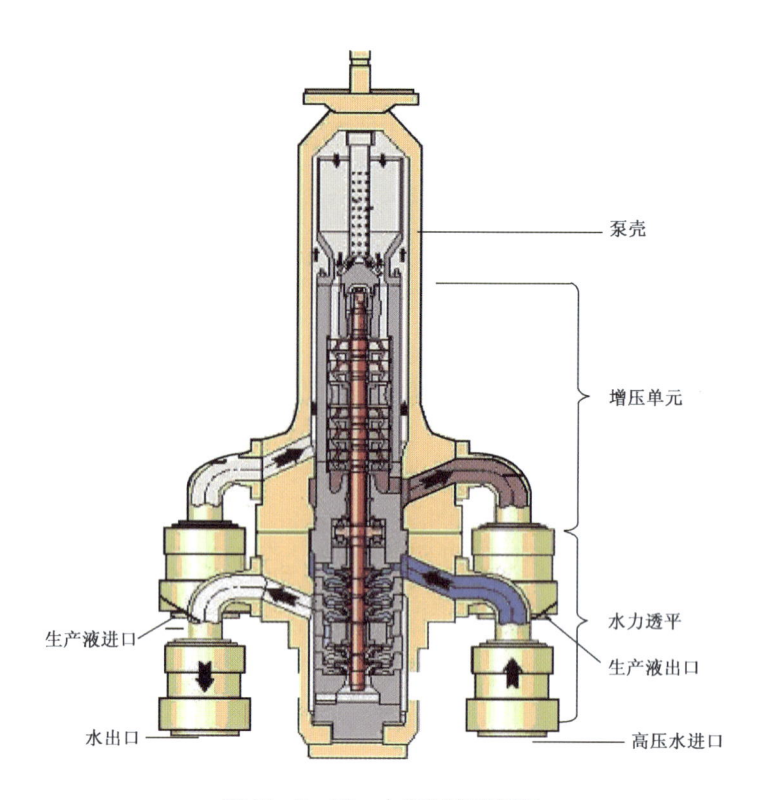

图 17-3-70 水驱海底增压泵

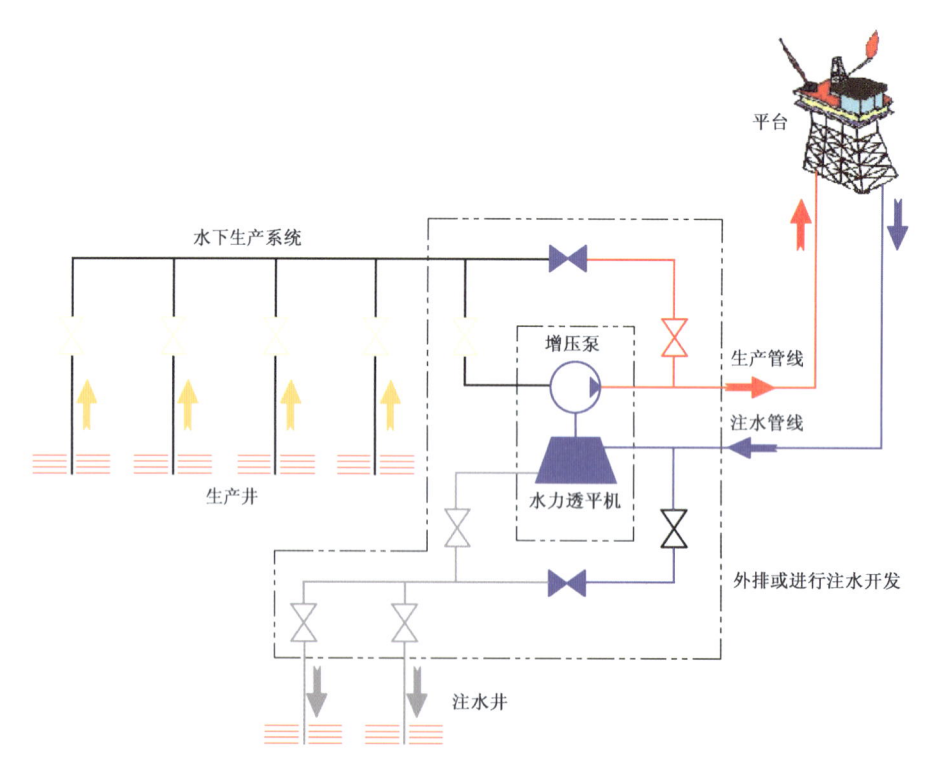

图 17-3-71 Draugen 油田水力驱动增压泵

(2) 水下单元包括：

① 泵壳。为泵芯提供支撑，为高压动力液到达泵的进出口和叶轮驱动做准备。泵芯的上部包含有一个带有锁合的机械装置，作为起下工具的接触面，并锁合泵芯和泵壳。

② 水力透平驱动的泵体。可根据油田的实际产出流体的相态特征选用合适的单相泵或多相泵。

③ 海底高压动力液供应管线/动力液分配系统(多泵场合)。

水驱海底增压泵主要特点见表17-3-13。

表17-3-13 水驱海底增压泵

泵　型	水驱海底增压泵
主要特点	水驱增压泵通常安装在一个与透平同轴的承压壳体内； 采用模块设计,尺寸小、容易安装； 安装在采油树外部,其无故障运行时间为2年
优点	挪威北海Draugen、March油田的工业应用证明其技术是可靠的； 最长回接距离为35.2km； 简单可靠(无需使用湿式电连接器)； 只需对采油树支架进行小的修改即可安装
缺点	动力液需要高压供液管线传送到每台水下增压泵； 海底增压泵的速度控制需要使用水下油嘴； 动力液供液泵机组很大(100%的余量)
说明	(1)如井口最低压力≤0MPa,不考虑使用； (2)如井口最低压力>0MPa,可以与电驱泵、井下电潜泵综合比较。

(3)配套安装作业工具、测试系统。

用于水力透平驱动的动力液供应模式有两种模式：

(1)闭式环路。动力液可循环使用,海底管道形成循环回路。

(2)开式系统。使用过的动力液在海底增压泵处直接排放或用于注水井。

实际选用时,需要考虑油气田是否有注水需求,同时需要考虑当时环保要求。

与电驱海底增压系统相比,可避免水下高压电力传输问题,但其水力透平驱动的高压动力液供应系统比较复杂,上部动力液供应系统应有100%余量以保证其最大的运行时间。

通常对于有注水需求的油气田可采用混合回路作为水下油气处理方案,即利用回注高压水驱动作为海底增压系统的动力,既可以提高油气田产量,又可节省一条生产管线,简化系统设计。

3. 电驱海底增压泵

电力驱动的海底增压泵简称电驱海底增压泵,其形式同样可是双螺杆泵、离心泵、螺旋轴流泵,目前电驱海底离心泵、螺旋轴流泵、双螺杆泵已得到较多应用,属较成熟的产品。通常这些泵和电动机橇装在一个筒形承压壳体内,与外界无动力密封,其主要特点见表17-3-14。

表17-3-14 电驱海底增压泵

泵　型	电驱海底增压泵
主要特点	除湿式接头、电动机驱动外,泵的设计与水驱增压泵相同； 其无故障运行时间≥2年,最长无故障运行时间为10年
优点	陆丰22-1、西非Zefario等油田的使用证明其技术是可靠的； 安装在采油树外部； 只需一次连接就可连接到水下生产系统上
缺点	与电潜泵相比,设备费用较高； 功率较大,远距离使用时需水下变压装置(专门设备)
说明	(1)如井口最低压力≤0MPa,不考虑使用； (2)如井口最低压力>0MPa,可以与水驱泵、井下电潜泵综合比较

电驱海底增压泵包括以下组件：

(1)水面单元,包括上部输配电和控制系统。

（2）水下单元，包括泵、承压筒体、高/低压湿式电接头（根据需要选用）、水下输配电设施（根据需要选用）。

（3）修泵工具，包括下入工具。

（4）控制脐带缆终端接头（UTH）和跨接管等。

1）组成及设计原则

电驱海底增压泵各部分特定的设计原则如下。

泵壳及泵体：电动机与泵密封在一个柱状筒形成橇模块内，泵的叶片安装电动机转子的延伸部分，其中包括密封液和润滑冷却液供应单元，以保证泵和电动机内的液体连续循环流动。

图 17 - 3 - 72 给出安装在采油树支架上的水下井口增压泵，图 17 - 3 - 73 给出电力驱动海底离心泵橇块。图 17 - 3 - 74 给出水下双螺杆泵水下橇装结构。

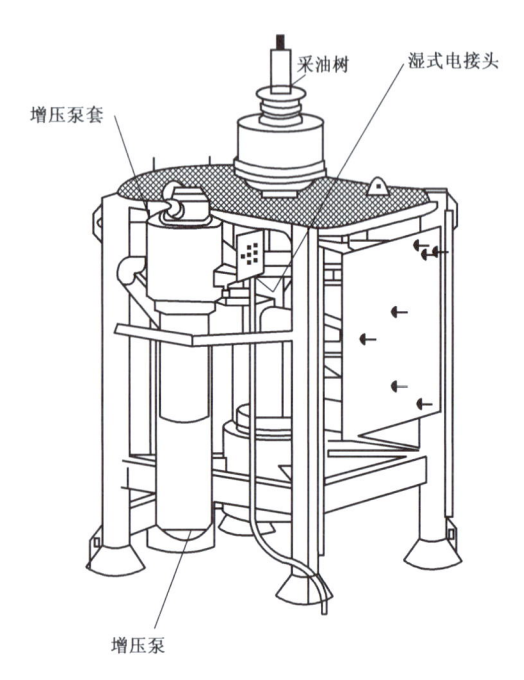

图 17 - 3 - 72　安装在井口的海底增压泵

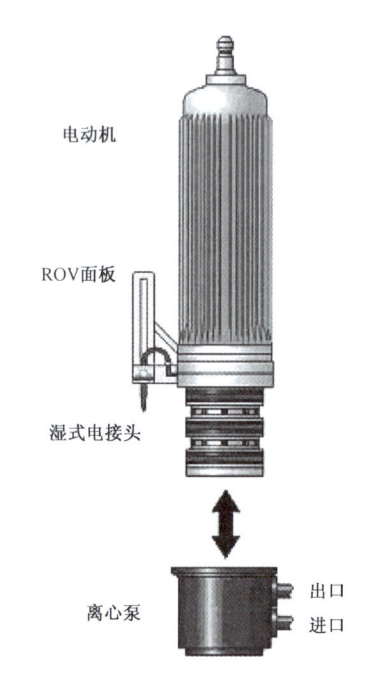

图 17 - 3 - 73　海底电驱增压泵——离心泵系统

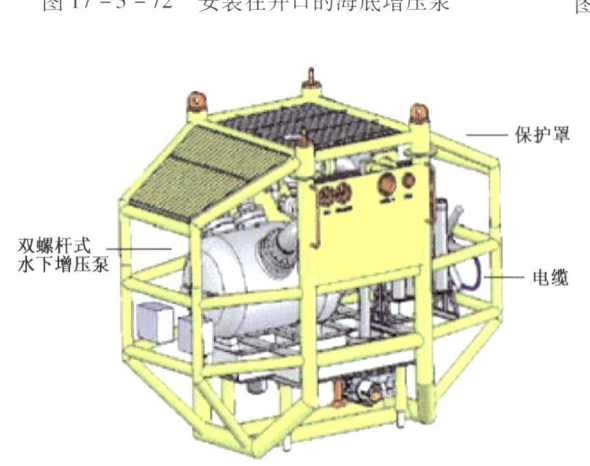

图 17 - 3 - 74　第一台水下应用的双螺杆泵

轴：用于带动电动机转子和叶片旋转，其设计应符合 API 610 要求。

电动机：采用油浸、高压鼠笼式感应电动机，其中绝缘介质同时也是润滑冷却液，其额定电压和频率根据需要选择，电动机绝缘等级为 F 级，其制造应符合相关的 IEC 34 标准。

高压湿式电接头：高压湿式电接头是一个高度完整的销型、全压力平衡装置，该系统中充满了油或电绝缘液，可在一定程度上补偿湿式电接头长时间在高压、变频强电流工作状态下引起的热膨胀。该接头由两部分组成：一部分为插头，为泵芯总体的一部分；另一部分为插孔，它是安装在泵筒的跨接式终端头的一部分。目前在陆丰 22 - 1、流花 11 - 1 使用了额定电压等级为 1100kV、最高电压 5500kV 的湿式电接头。

高压动力穿透器：电动机的电源将通过电动机外壳上的高压穿透器提供。

轴承:需考虑径向载荷和没有附加平衡装置的条件下可能引起的不平衡的轴向力,所有的径向和轴向轴承均选用倾斜填料轴承,轴承垫上有聚合物涂层,与常规的金属轴承相比,可支持的载荷较大,所以在泵的推力轴承中倾向于使用此类产品,最短使用寿命为40000小时。

机械密封:用于隔离生产液,为电动机、轴承提供良好的工作环境。用于海底增压泵特别是多相泵的机械密封是经过多年研制、测试和优化设计的专门产品。主要设计要求如下:

(1)密封液在密封面内侧,流体在外侧,由于离心力作用,沙粒等杂质远离密封面。

(2)密封液压力高于流体,同时在压力范围内最大转速可达6000r/min。

(3)设计静压力应相对内部的润滑冷却液系统和外部流体形成正压,泄漏最小化。

(4)密封能够在比较大压力和温度变化范围正常工作,而且使由于压力温度变化引起的密封面磨损降到最小,所以较之常规的密封,其所需要的密封液量较大,为100~150mL/h,从而保证变转速条件下油膜的形成。

(5)润滑冷却液的压力略高于海底增压泵的出口压力,当出口压力为40bar时,进口处密封的运行压力为55~60bar。

润滑冷却液供应系统:其主要的功能是使泵芯具有过压功能,并提供泵芯内部的冷却和润滑。通常海底增压泵的润滑冷却液供应系统比较简单,润滑冷却液供应系统(液压动力装置HPU)安装在依托设施上,通过复合动力缆内部润滑冷却液供应软管输送到海底增压泵内部,保证电动机和泵系统相对环境和流体正压,机械密封处向流体侧的少量泄漏在设计考虑之中,其功能如下:

(1)润滑电动机和泵;

(2)正压保护;

(3)电动机冷却介质;

(4)电动机绝缘介质;

(5)电动机和泵的内部腐蚀保护介质。

润滑冷却液通过安装在泵轴上的离心叶轮和油冷却系统在泵内循环,外部冷却通过电动机外部的冷却盘管完成。

动力供应方式:由上部供电单元、海底电缆、水下变压器和水下海缆终端、湿式电接头等组成,用于将所需动力输送到每台水下增压泵,在海底电缆中有一根润滑冷却液供应管线,以保证泵、轴承、密封系统的正常工作。

环境密封:泵芯壳体上背靠背安装有多套环境密封装置,为泵芯外表面和泵筒内表面提供密封,外部密封的重要作用是隔离泵的进口和出口,相对于周围的环境它是一个双密封屏蔽构件。

2)应用业绩

我国陆丰22-1油田是世界上第一个使用电驱海底增压泵系统开发的油田,其泵体为三级离心泵,到目前除一台维修1次外,其余各泵从1996年底投产到2010年均运转良好;1998年电驱螺旋轴流式多相泵投入现场使用,目前已有10多台电驱海底增压泵用于水下油田开发中,其中3台泵用于西非的Zefario油田的水下卫星油田中,回接距离为8.5km,水深550m。2006年2月第一台水下电驱双螺杆泵投入使用,水深150m,回接距离9km,功率1.1MW,增压18Bar。图17-3-74为第一台水下应用的双螺杆泵。

电驱海底增压泵的功率常较大,如1MW,所以当卫星井的回接距离较长时,电力供应问题需要进一步核实。同时电驱水下多相泵的平均无故障时间不小于2年,其更换方式与井筒外电潜泵类似,只需工作船即可,比较简单。

4. 水下湿式压缩机

水下湿式压缩机是用于含气率大于或等于95%场合的一种特殊类型的多相泵,关于其组成及性能在海洋石油工程设计指南第二册《海洋石油工程机械与设备设计》第五章第七节多相泵中有详细描述,目前水下湿式压缩机是在轴流压气机基础上发展起来的,见图17-3-75,第一台湿式压缩机计划于2012年以后在挪威OrmenLange气田使用。该气田水深800~1100m,离岸距离120km,24口井,两根30in海底管道,两根控制脐带缆,使用湿气压缩机目的是为井流增压以回接到浅水增压平台。

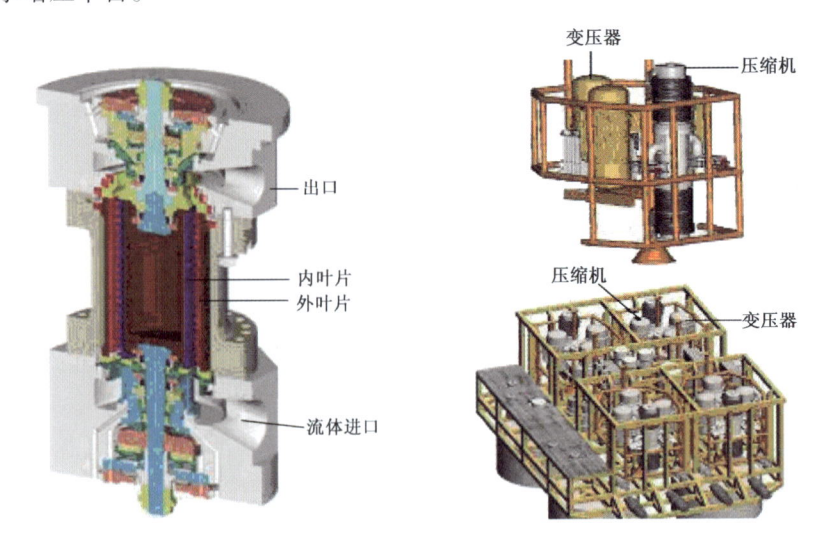

图17-3-75 水下湿式压缩机

三、水下人工举升方式

近10年来,在水下生产系统中采用人工举升技术得到逐步发展,这一技术主要用于井口压力不超过0MPa的场合,目前应用较多的为气举,其次是水下电潜泵,其他如水驱潜油泵、水力射流泵都处于试验应用阶段。

1. 气举(天然气、氮气)

由于其修井费用低,气举成为水下生产系统开发方案采用频率最高的人工举升方式,在北海、墨西哥湾、巴西海域得到广泛的应用,其主要特点见表17-3-15。气举气可采用油气田伴生气,气源不足时可使用氮气等。

表17-3-15 气举(天然气、氮气)特点

主要特点	简单成熟的技术; 没有井下运动部件
优点	是最可靠的水下人工举升方式; 能灵活满足油气藏的生产特性变化; 用钢丝绳作业容易把气举阀取出和重新安装; 更换气举阀的停产时间最短; 易于进行防腐; 含泡沫的原油投产比较容易; 关井和用气体顶替原油比用油或水顶替更容易
缺点	(如天然气不能满足要求)在上部设施上安装相关设备需要较多空间; 为满足单井控制,一般不易采用水下集中管汇; 可能出现液体段塞流; 二氧化碳可能在气体中聚集,引起腐蚀问题; 在注入管线中要求有启动阀和ROV控制的节流阀; 需要充足的气源,投产较慢
说明	如井口最低压力≤0MPa,需与井下电潜泵综合比较,作出选择

应用于水下生产系统时,气举上部支持设施并没有变化,选用和设计参数也没有变化,主要需考虑水下气举分配系统、水下气嘴、水下井口与气举管线的接口,水下气举阀更换等。

1) 天然气气举系统

在有足够的伴生气进行常规气举生产的油气田采用这种方式具有一定的经济和技术优势,当采用天然气进行常规气举生产时,需要增加以下组件:

(1) 气举压缩机;
(2) 气体脱水装置;
(3) 气体注入控制设备;
(4) 气体注入管线,水下气举气分配系统,水下气举油嘴和立管;
(5) 单井计量设备。

2) 氮气气举系统

开采后期没有足够的天然气进行常规气举时,可考虑采用氮气发生器,需增加以下组件:

(1) 空气进料压缩机;
(2) 氮气发生器。

井下气举设备包括阀、封隔器和管件。

气举的缺点在于增加了上部设施,同时其所提供的举升力也较低,而且采用气举方式,海底管道系统也比较复杂;但通常不需要考虑修井作业,所以操作费用较低,且技术成熟。

2. 水下电潜泵(ESP)

用于水下生产系统的电潜泵就是海上平台用电潜泵的扩展应用,从1994年在巴西RJS322水下井口试验应用以来,已有5个水下油田、近40口井采用水下电潜泵作为人工举升方式。我国南海流花11-1油田是世界上第一个真正将水下井口系统和井下电潜泵技术相结合,实现工业应用的范例,其使用水下电潜泵数量达到25台之多,创下了迄今为止的世界纪录,目前水下电潜泵应用的水深纪录为巴西油田水深1108m,卫星井回接距离最长为22km,为英国北海SNOVE E油田。

1) 水下电潜泵基本组成

(1) 水面支持系统:包括上部电力和控制系统、带有附件的变压器、带有附件的可变速控制器。

(2) 井下设备:包括多级离心泵、潜油电动机、电缆、封隔器和管件等。

(3) 水下设备:包括采油树\油管挂上相配套设备、海底电缆、湿式电接头、湿式配电联接器。

(4) 安装工具包:包括有能力通过筒形采油树安装电潜泵的钻机,完井、维修所需要的专门工具等。

水下电潜泵功率由采油工艺确定,对于稠油油田,往往选用深放泵和高压电潜泵。由于电潜泵安装在井筒内,所以一般不需要考虑多相流的问题,采用常规技术即可满足设计。水下电潜泵的系统组成、供电系统及其应用分别见图17-3-76、图17-3-77和图17-3-78。

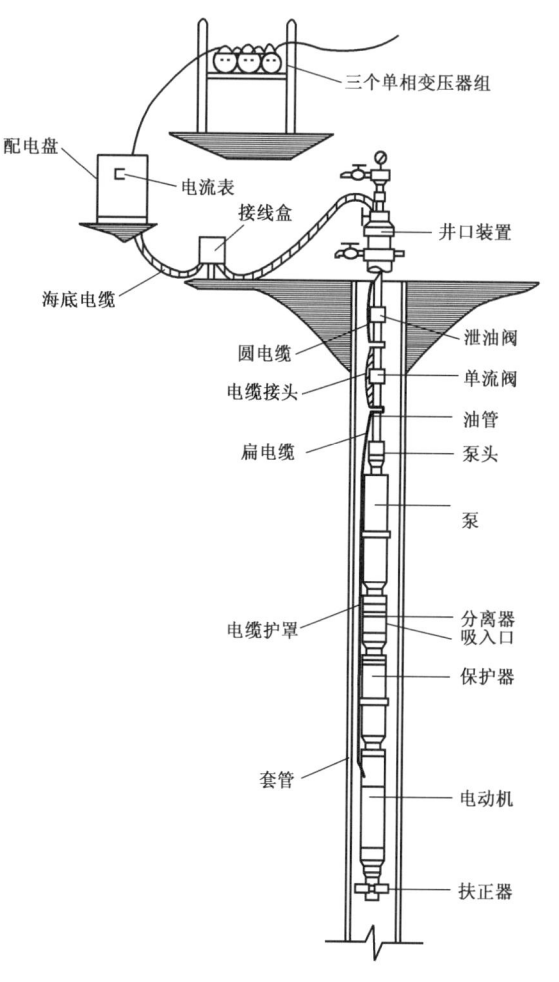

图17-3-76 水下电潜泵系统组成

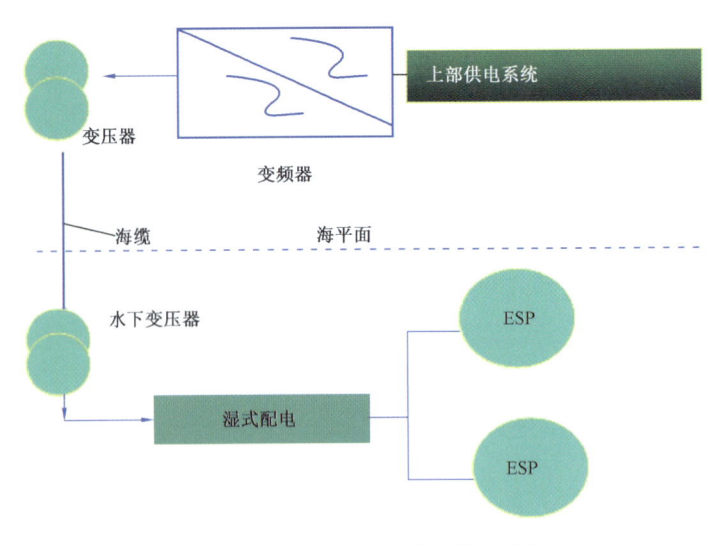

图 17-3-77　水下电潜泵供电系统

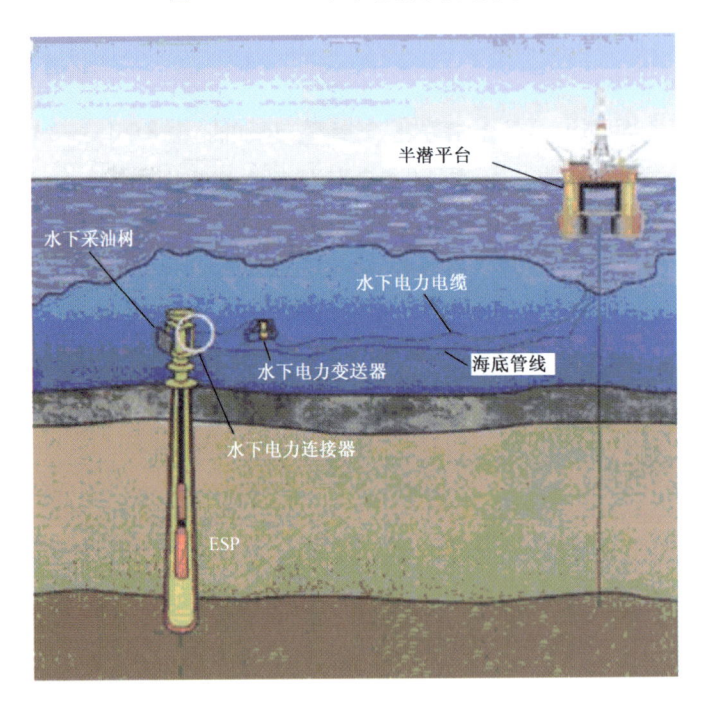

图 17-3-78　水下电潜泵用于卫星井

2）特点

水下电潜泵的特点见表 17-3-16。当油藏压力不足以保证井口压力大于或等于 0MPa 时，井下电潜泵是一种十分有效的举升方式。与其他人工举升方式相比具有以下特点：

表 17-3-16　水下电潜泵特点

泵　型	水下电潜泵
主要特点	在非水下应用已是成熟的技术； 要求一台小钻机才能安装、更换泵
优点	30 多台水下井口使用的经验表明其技术是成熟的； 可以使用变频控制器满足油藏生产特性的要求； 比气举和射流泵效率高，动力需求少，操作简单； 有能力安装井下压力传感器以便探测油藏数据； 泵的购买和维修费用低； 能够适应油藏压力的变化

续表

泵 型	水下电潜泵
缺点	需钻机才能更换泵； 安装在井下，增加了停产时间和修井费用； 无故障时间为1年，停泵检修时间长； 水下变压器为专门设备
说明	当预期井口最低压力≤0MPa，而且油藏压力递减较快时，需要根据油气田的情况与气举做综合比较

① 具有在平台使用的丰富经验，国内占到80%，可以用于斜井、水平井；

② 容易安装井下压力传感器，可通过电缆实现信号传输。

3）与干式井口电潜泵系统的差异

水下电潜泵基本工作原理、结构形式与干式井口电潜泵相同，其主要不同在于输配电系统、水下安装及修井作业方式。

（1）水下电潜泵输配电系统需要使用湿式电接头和水下输配电技术。

（2）需选用大通道的卧式采油树，在采油树帽和油管挂上分别安装有对接的湿式电接头。

（3）水下电潜泵需要有专用的水下安装、维修作业工具包。

（4）水下电潜泵修井作业一般需钻井船完成，对于回接卫星井每次修井钻井船动复员费很高，这制约着水下电潜泵技术的推广应用。

4）需要考虑的因素

选用水下电潜泵时需考虑以下因素：

（1）水下电潜泵的安装和更换、维修所用的钻井船、工作船资源。

（2）井下高温、腐蚀介质/磨损等将限制电动机和电缆的使用寿命，同时高气油比可能导致举升系统效率降低，所以通常其无故障运行时间为12个月。

（3）由于整套装置都安装在水下井筒内，维修时需要起出全部管柱，作业费高、停产时间长。

5）水下双泵/多泵采油

针对电潜泵平均无故障周期比较短、海上修井费用高等问题，各个主要电潜泵厂家和水下生产设备厂家、石油公司做了很多改进，目前逐步得到应用的水下双泵或三泵采油技术，即通过Y型/S型完井，将2~3个电潜泵分别安装在井筒内，2~3台互为备用，从而减少由电潜泵带来的修井事故。目前这一技术已经在水下生产系统中得到应用，图17-3-79给出双泵完井模式。

水下电潜泵双泵完井时需要考虑以下问题：

（1）需要采用双电缆供电，即两个水下湿式电接头及水下配电系统，相应的水下采油树帽、油管挂等组块也需要调整。

（2）双泵平均运行时间并不简单地为单泵的2倍，需要根据油田情况确定。

（3）水下双泵需要接替运行，以防止长期停机损坏。

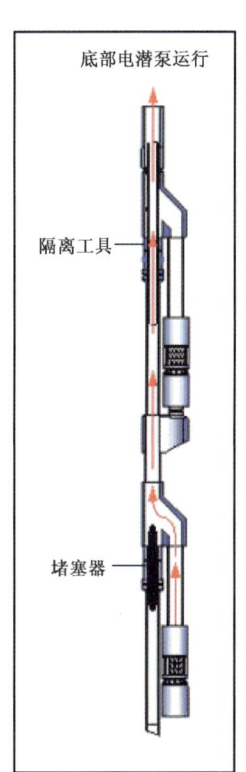

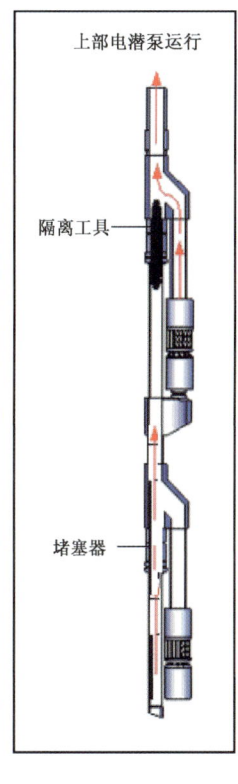

图17-3-79 双泵完井模式

3. 水驱潜油泵(HSP)

针对水下电潜泵平均无故障时间短、后期维护费用高的特点，一些研究机构和厂家研制开发了水力驱动的潜油泵，其原理与水力驱动的增压泵类似，即潜油泵的驱动由高压动力液完成，这样可以避免井下恶劣的环境引发电缆接头老化等问题，延长井下潜油泵的寿命。对于采用水下生产系统开发的油气田而言，其优势在于：

(1) 有望减少水下修井作业频率，降低油气田运行费用。

(2) 可以简化水下采油树设计，无需要使用水下湿式电接头及水下配电系统。

目前水力驱动的电潜泵(HSP)已进入油田现场使用，其平均无故障运行时间为18个月，但总的来说这是一个新的设计理念，有许多实际问题需要考虑，包括动力液供应模式、井下水力透平驱动部分的设计和维护等。

对于需要采用注水开发的油气田可以根据具体情况选用水力驱动的潜油泵(HSP)。

4. 水力射流泵

水力射流泵是一种特殊的水力泵，它没有运动部件，靠动力液和地层流体之间的动量转换实现抽油，在国外从20世纪50年代开始应用于原油开采，70年代以后达到大量的应用，我国一些油田也开始使用射流泵采油，在我国海上埕北油田等有实验性应用，水力射流泵的特点见表17-3-17。

表17-3-17 水力射流泵特点

泵 型	水力射流泵
主要特点	已有的技术，在海面以下无运动部件； 动力液流量需求相对于生产产量将接近1:1； 每口井需要一根管线
优点	能灵活地满足油藏生产特性的变化； 对于射流泵更换作业时间最短； 用钢丝绳或通过泵反冲可以方便地进行取出重装作业； 防腐比较容易
缺点	加大工艺分离设备，需要较多空间和费用； 效率低(≤40%)； 管线数目较多； 油井的控制，生产管线的汇集较困难
说明	根据技术成熟度及与特定油气田的匹配性决定是否应用

水下射流泵采油系统包括水面支持系统、中间部分、水下井口装置三部分。

(1) 水面支持系统：包括上部动力液泵和驱动器、动力液处理及控制系统等组成。

(2) 中间部分：包括将动力液从水面支持设施送到水下井口机组的中心油管以及将抽取的原油和工作过的乏动力液一起排回水面的专门通道，即注入管线和油嘴。

(3) 水下井口装置：包括封隔器、管件、射流泵，其中射流泵由喷嘴、喉管和扩散管三部分组成，见图17-3-80。

根据国内外现场实际应用情况，水力射流泵适合深井、高产液井，最大深度已经超过5400m，估计下入深度可以达到9000m以上；它可依靠液体自身的循环和专门的水下作业工具取下泵，在一定程度上减少作业工作量。应用时需考虑以下3点：

(1) 我国海上油气田只有实验性应用，使用效果并不理想。

(2) 为了保证每天产量，需要大量的动力液供给，这样就导致了管线的尺寸、数量以及上部动力液处理系统和处理设备的尺寸和数量较大，同时要求油套管有足够的直径，并保证高压下不渗漏。

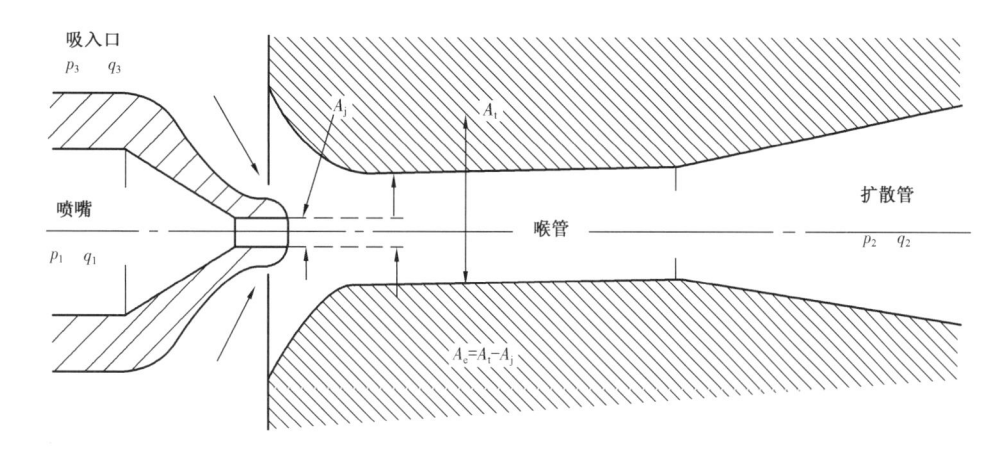

图17-3-80 水力射流泵基本组成

(3)泵效低,对泵出口背压比较敏感,工作状态不稳定。

这一技术属于发展中新技术,其推广应用取决于技术成熟度和对特定油气田的适应性。

四、选用原则

1. 基本原则

水下人工举升和海底增压系统选型设计的基本原则如下:

(1)水下人工举升和增压方式选择应与采油工艺、油气处理工艺密切结合。

(2)所选择的水下人工举升系统必须与油气田的生产寿命相适应,可靠性高,并且完全可以通过相应的支持船(工作船或钻井船)进行维修和更换。

(3)如油气田含一定的伴生气,而目前水下分离特别是井下分离技术适应范围还有限,所以在大多数情况下,水下人工举升设备面对的是未经处理的油气水等多相混合物,这就使得水下人工举升和增压技术面临巨大挑战。

(4)每一套水下人工举升和海底增压系统必须保证产出液能够回接到依托设施,并可以实现单井流量调节和增压输送,以便满足油气田投产初期、后期的油气藏特性和生产要求。

(5)所有组件都必须经过现场使用证明、经过长期试验证实是可靠的。

(6)为了减少费用、设施重量和在上部依托设施上所需空间,应尽量减少与人工举升、增压系统相配套的上部设施。

(7)选择水下人工举升和海底增压方式时,必须同时考虑水下安装、维护方式、配套安装及维护工具、水下输配电技术、计量等技术发展状态和技术成熟度。

(8)满足当地环保法规和条令等。

(9)选择水下人工举升和增压方式时,必须充分利用油田群现有自然资源和基础设施。

(10)选择人工举升和增压方式时需考虑的第一要素是可靠性,其次应综合考虑技术可行性、投资、操作、维修等各方面的因素。

2. 选型方法

人工举升和海底增压系统设计主要任务是根据油气田基本情况,进行人工举升和海底增压系统选型分析,确定相应设施的安装位置、方式、辅助系统的设计等。

通常当最低井口压力不超过0MPa时,只能选择人工举升方式(即水下电潜泵(ESP)、水驱潜油泵(HSP)、气举)和井筒外电潜泵;当最低井口压力大于0MPa时,需对可用的人工举升和海底增压系统进行综合比选。水下人工举升和增压系统综合比较见表17-3-18。

表 17-3-18 人工举升系统和增压系统对比表

类型	井筒外电潜泵	水驱增压泵	电驱增压泵	湿式压缩机	井下电潜泵	水驱潜油泵	气举	射流泵
应用/研发现状	已得到现场应用	已得到现场应用	已得到现场应用	在研	已得到现场应用	在研	已得到现场应用	在研
最短更换时间 d	2	2	2	2	10~14	10~14	2	10
平均无故障周期	≤12月	≥2年	≥2年	≥2年	≤12月	≥18月	≥2年	不确定
作业船	工作船	工作船	工作船	工作船	钻井船	钻井船	工作船	钻井船
吊机	不需要	不需要	不需要	不需要	需要	需要	不需要	需要
能从钻井船上取回安装	可以	可以	可以	可以	可以	可以	可以	可以

第五节 水下生产控制系统

水下生产控制系统肩负着保证水下油气田安全运行的重任，是水下生产系统与上部设施沟通的桥梁。随着电子技术的不断发展，水下生产控制由早期潜水员手动操作发展为远程液压控制、电气-液压集成控制乃至全电气控制，为海上油气田开发向更深、更远海域进军提供了技术支持。水下生产控制系统主要工作内容如下：

(1) 根据油气田总体工程方案确定水下控制系统类型。
(2) 根据油气田的生产特点确定水下控制模块的控制和监视功能。
(3) 确定通信方式。
(4) 确定水下控制设备的安装与集成位置、易损部件的回收及更换模式。
(5) 控制脐带缆和控制跨接管的选型设计。
(6) 考虑水下生产控制系统与安装维修控制系统之间的关系。
(7) 确定水下生产控制系统与水面依托设施工作界面和接口。
(8) 确定水下生产控制系统与水下相关设备、仪表、作业工具、ROV之间接口。
(9) 根据油气田实际需求考虑扩展功能。

一、水下生产控制系统的基本类型

水下生产控制系统主要用于水下采油树、水下管汇等设备的远程控制，调节水下油嘴，进行井下压力、温度和水下设施运行监测等，以及所需化学药剂分配。

根据水下执行机构驱动方式和数据传输模式，水下控制系统分为全液压控制、电液控制、全电气控制三种主要模式。根据液压液传递路径差异，全液压系统细分为直接液压控制系统、先导液压控制系统和顺序液压控制系统；水下电液控制系统细分为直接电液控制和复用电液控制系统。每种控制模式按照液压液是否排放，又可分为开式、闭式系统。

1. 直接液压控制系统

直接液压控制是最简单的水下控制系统，基本组成包括：液压动力源、液压控制盘（主控站）、液压液输送管线、液压驱动器等，见图17-3-81。其主要特点是：水下设备上每个远程控制阀都需一条专用控制线。水面液压控制盘的盘面上标有水下采油树控制阀位置和控制线路，它的操纵手柄与采油树上遥控阀对应,操作人员可较直观的操纵采油树,当回接距离在3mile[1]内、井数为1~2口时,建议使用这类控制模式。其主要优势为:设备简单、经济、易于维护。其主要缺点是:

(1)功能较少,每个控制阀都需要独立的液压线,水下设备所需控制液压线较多。

(2)为了保证驱动器响应时间,必须采用较大直径的高压软管(3/4~1in),使控制脐带缆尺寸大、笨重。

(3)直接液压控制系统如不增加特殊设备,就无法对液压管进行清洗。

2. 先导液压控制系统

先导液压控制系统是1963年由美国Payne公司首先采用的,基本原理是预先把液压液输送到海底,然后通过控制信号控制液压液的分配,其所使用的控制信号是液压的,所以也是一种全液压系统,基本组成如图17-3-82所示。从图中可知,先导液压控制系统改变了直接液压控制系统中每一个驱动器都需要一条液压管的做法,针对每个水下功能或联动功能组的一个水面控制阀和一个水下导向控制阀之间只使用有一根液压管,通过共用的液压液供给管和水下蓄能器为所需要操作的阀门提供液压动力,由每一条与阀相连的控制管线掌握液压液的分配,实现水下各个功能的离散控制。

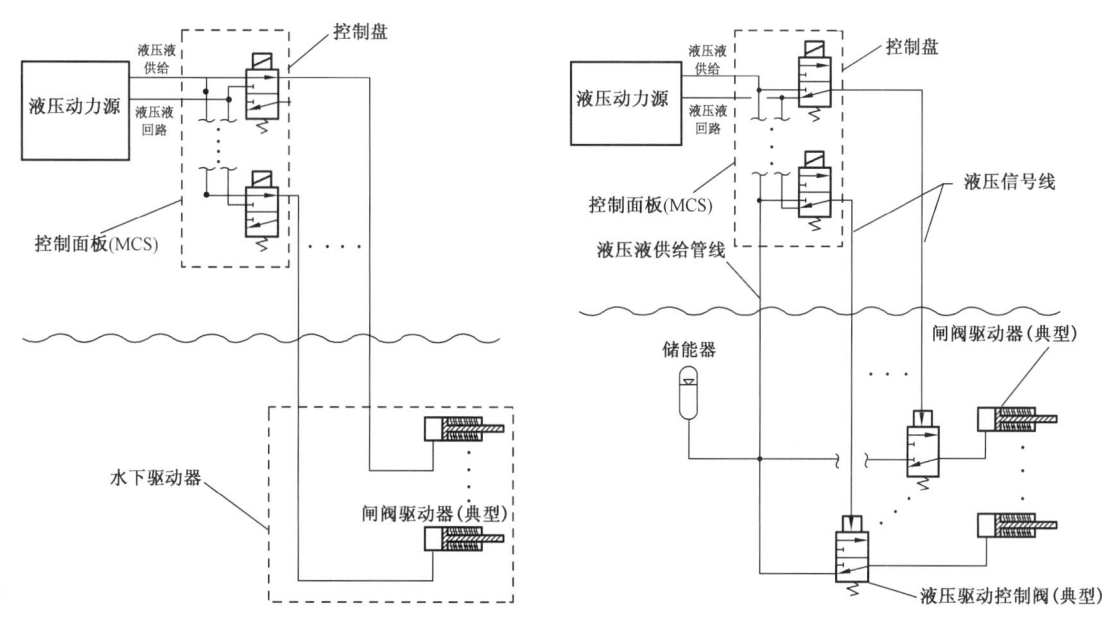

图17-3-81 直接液压控制系统原理图

图17-3-82 先导液压控制系统

先导液压系统包括配有先导阀的水下控制模块、水下液压动力源和水下蓄能器。信号线仅提供切换一个小先导阀的液体,用于驱动采油树阀或管汇阀组的液体由水下蓄能器提供。与直接液压系统相比,通过缩短阀的驱动时间,增加水下设备与依托设施之间的回接距离。

图17-3-83给出闭式先导液压控制系统流程图。

3. 顺序液压控制系统

顺序液压控制系统如图17-3-84所示,顺序液压系统也使用带有特殊先导阀的控制模块,但每个功能不需要独立的液压线控制。模块中所有先导阀共享单根先导线路,线路上压力递次增加,可在相关压力等级下激活相应的先导阀以实现对水下阀门的控制。所使用的控制液来自水下蓄能器。由于每个采油树只需要一根先导控制管线,使得液压管线的数量降至最低。因此顺序液压控制系统的一个显著优点是省去了大量的控制脐带缆,较经济。主要缺点为:

---

[1] 1mile = 1609.34m。

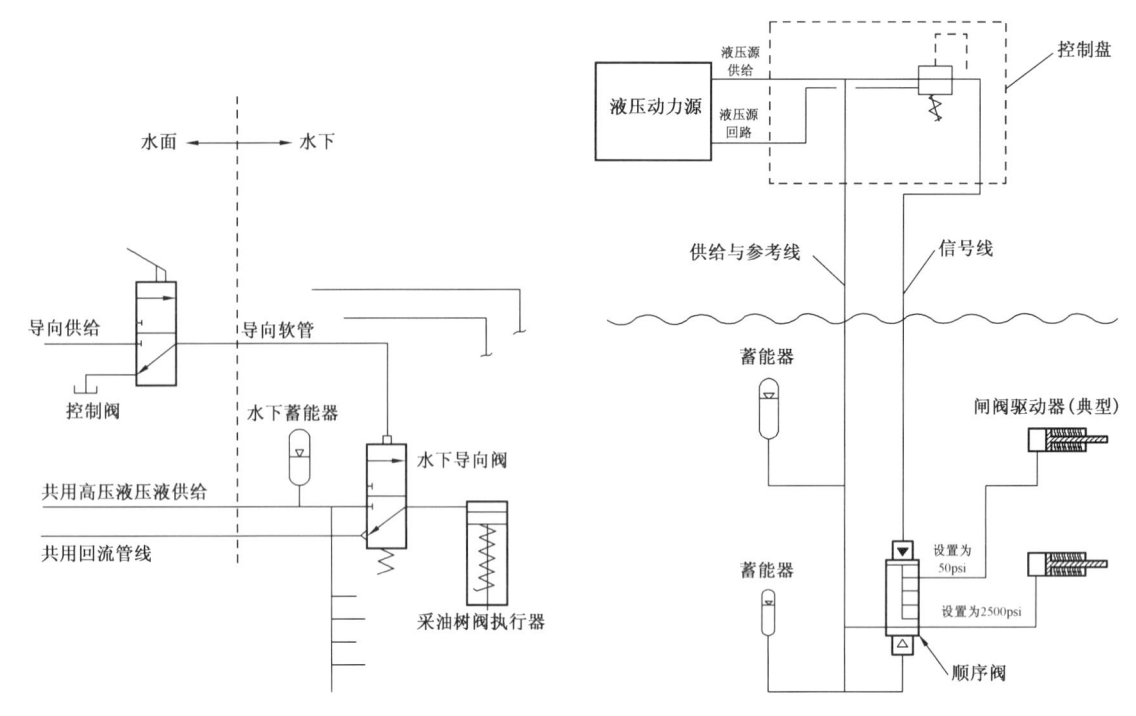

图 17-3-83　闭式先导液压控制系统流程图　　图 17-3-84　顺序液压控制系统原理图

(1)"水下导向阀"要求高,阀的摩擦阻力过大或控制塞偏差较大,将导致操作失误。
(2)顺序液压控制在响应时间上不如先导液压控制系统灵敏。
(3)水下阀的开启顺序是预先确定的,不便于调整。

这套系统通常作为电液系统的备用,也可作为独立系统使用以降低控制脐带缆的要求和成本。

典型开式顺序液压控制系统见图 17-3-85。

4. 直接电液控制系统

直接电液控制系统中,电信号取代部分液压信号,水上电液控制盘的电信号通过水下电缆传送给水下电磁阀,采用单一、独立电路控制电磁导向阀开启,由供应线向驱动器供应液压液,从而实现采油树以及其他水下控制动作,见图 17-3-86。

当回接距离较长时,脐带缆内部电压降和液压降较大,同时对控制脐带缆的要求与所需控制的井数成正比。直接电液控制系统能从水下采油树传回生产翼阀、环空翼阀和井下压力信号。

5. 复合电液控制系统

复用电液控制系统采用了先进的数字复用技术,实现了真正的远程遥测和遥控,为智能化综合管理提供了可能,该系统由上部电动和液压控制系统、水下控制单元组成,见图 17-3-87。

图 17-3-88 给出带水下液压动力源的复合电液控制系统,它通过控制脐带缆连接到一个或多个采油树、管汇等。每个终端装置或节点都有一个水下控制模块(SCM)。上行信号用于遥测大量水下数据如压力、温度、阀门状态等,下行信号则用于快速地控制水下电磁执行机构,这些电磁执行机构又进一步经液压放大驱动液压阀门和油嘴。其主要优点是采用多路电气控制技术,减少了导线数量,简化了水下电路连接,大大降低了控制脐带缆成本,多用于回接距离长、井数多的水下系统。

6. 全电气控制系统

全电气控制系统是复用电液控制系统的进一步发展,该系统进一步简化了控制系统中的液压组件,利用电气自动化系统为水下生产设备提供就地的动力和控制液,液压液就地储存。与水面设备可通过声波或声波/卫星/无线电的组合进行通信,系统的基本功能与复合电液系统相同。

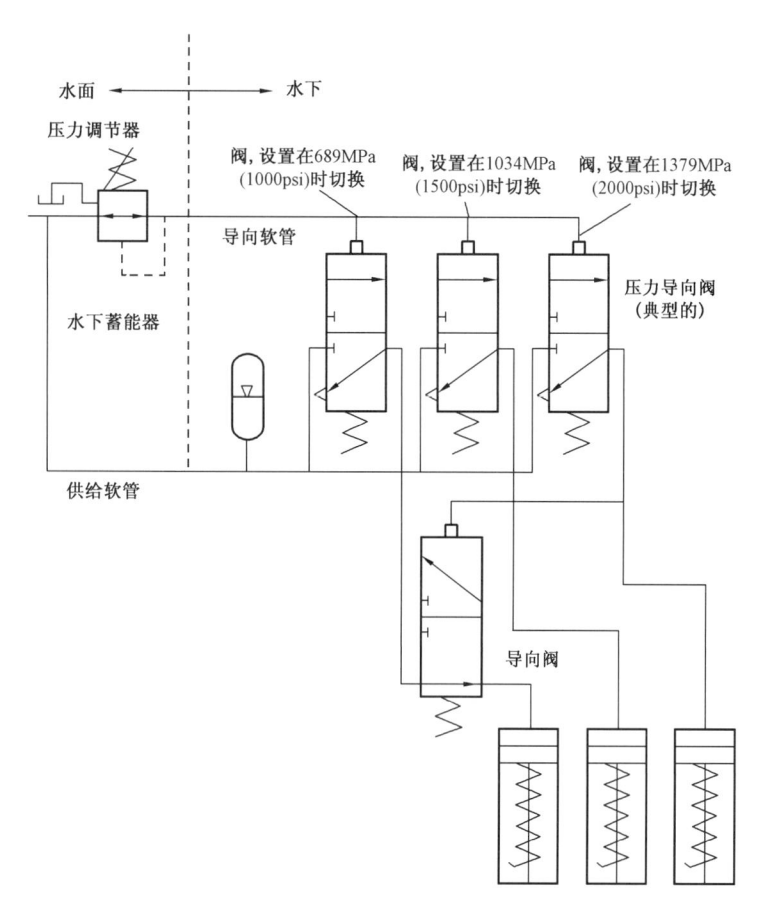

图 17-3-85 典型的开式顺序导向液压控制

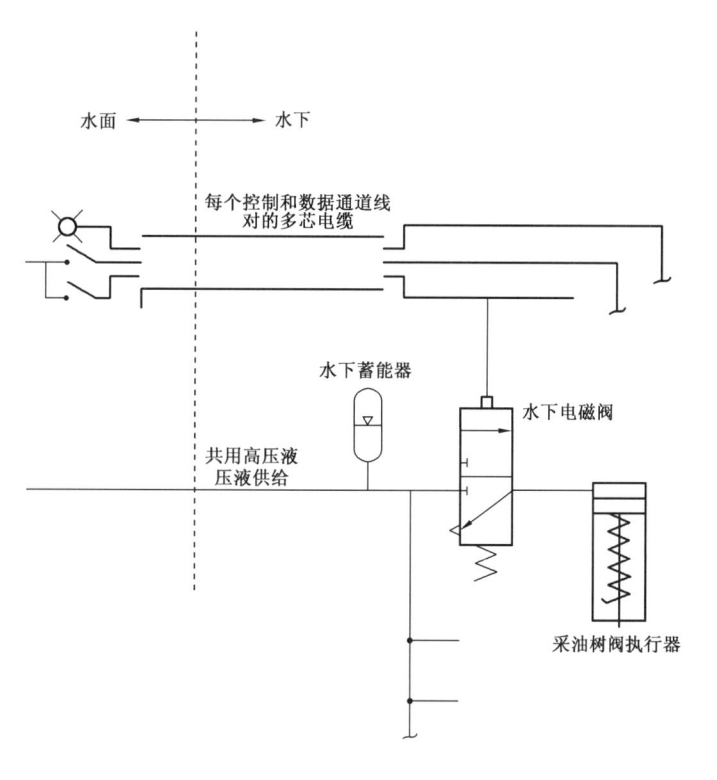

图 17-3-86 直接电液控制系统

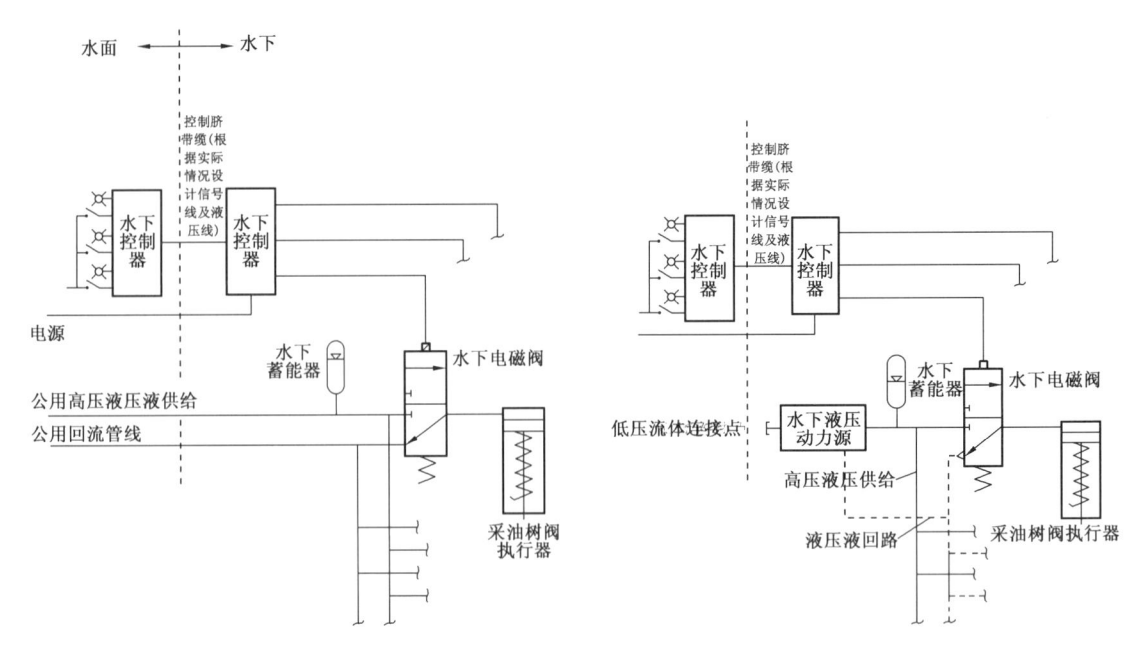

图 17-3-87 典型的复合电液控制系统

图 17-3-88 带有水下液压动力源的复合电液控制系统

液压系统的简化使得系统的能量传输距离极大延长,先进的数字技术得以广泛应用,一些新的技术如智能油田、智能井,以及全自动监控等可以方便地实现。全电气控制系统技术得以发展并在水下生产控制中被开始工业化试验的原因主要可以归结为 3 个基本问题的解决：

(1) 大功率水下湿式可插拔连接器；

(2) 大功率水下电动执行器；

(3) 高压大功率水下远距离输配电技术。

7. 控制系统比选

表 17-3-19 给出各类控制系统的相对比较,所有的控制系统都要求具有能够提供液压液的液压动力源,通常安装在水上,也可安装在水下。

全液压控制系统是一种传统的、相对可靠的水下控制系统,系统简单,通常适用于回接距离短、井数比较少和严格控制投资费用的场合。与普遍使用的电液系统相比,其所提供的远程测试功能非常有限,响应较慢。直接电液控制方式每个水下电磁阀均需独立的电控线路,其控制距离可以超过 9mile,但控制能力仍非常有限。随着数字技术的成熟以及水下生产系统向深远海发展,复用电液控制系统具有比较明显的优势,目前全电气控制系统工业化试验已经开始进行。

表 17-3-19 各类水下控制系统比较

系统类型	主要部件	响应速度 信号	响应速度 执行	控制范围	典型应用
直接液压控制系统	液压动力单元 控制面板 脐带缆 水下液压分配单元	慢	响应最慢 大型脐带缆	≤3mile	单独卫星井 小型油田 短距离 本地管汇
先导液压	液压动力单元 控制面板 脐带缆 先导阀 水下控制分配单元	慢	快	≤5mile	中等距离 卫星采油树

续表

系统类型	主要部件	响应速度 信号	响应速度 执行	控制范围	典型应用
顺序液压	液压动力单元 控制面板 脐带缆 顺序控制导向阀 水下控制分配单元	慢	快	≤5mile	中等距离 卫星采油树
直接电液控制系统	液压动力单元 控制面板（MCS） 脐带缆 水下控制分配单元 水下控制模块	响应快速	非常快	≤15mile	长距离 卫星采油树
复合电液控制系统	液压动力单元 控制面板（MCS） 脐带缆 水下控制分配单元 水下控制模块	响应最快 数据量大	响应最快 水下设备复杂	目前最长 距离≤46mile	长距离 复杂油气田

控制系统是水下生产系统的关键所在，也是最容易出故障的部分，因此控制系统选择的第一原则是有效性和可靠性，同时尽可能使控制系统的设备简单、经济性好。在进行水下生产控制系统选型设计时需要考虑的主要因素如下：

（1）水深、油气田的规模。
（2）油气田的总体工程开发模式。
（3）水下井口布置方式。
（4）与依托设施的距离。
（5）控制系统技术经济综合评价，包括当前技术水平、全寿命周期性能评估、维修方式和费用、控制系统失效导致的产量损失等。
（6）一般来说，控制系统随着其设备复杂性的增加，控制能力和有效控制范围也有所增加，距离对控制的主要影响是液压线的压降造成的，液压管中的压力损失为：

$$\Delta p = K \frac{l}{d^2} v$$

式中　K——比例系数；
　　　d——管线直径；
　　　v——液压介质的平均流速；
　　　l——管线的长度。

在其他情况不变的条件下，压损与液压线的长度成正比，距离超出一定范围，压力损失过大，将引起控制失效，距离较远时电液控制系统或全电气是最合适的选择。

（7）影响控制系统选用原则的另一个重要因素是控制系统的响应时间，控制系统的响应时间与驱动器的压力密切相关，如采油树阀的开启响应时间是指当水上命令发出后，完成以下两个事件所需要的时间总和，这两个时间量是：

① 控制线达到一个足够的压力开始使水下驱动器动作所需的时间；
② 完成驱动器动作所需要的时间。

早期液压线的材料是热塑性材料，它在使用时会引起液压线膨胀，严重影响了响应时间。现在不锈钢管日渐成熟，大大改进了控制的响时间。

（8）控制系统的选择与井口的形式有关。对于一般的卫星井，多选用简单的直接液压控制，对于海底管汇,多选用功能较全的复合电液控制,同时顺序液压控制系统作为备用,这是因为海底管汇本身比较复杂,并要求及时将各种参数反馈到水上,同时,它所处的地位比较重要,应确保其可靠性。

在选用控制系统前,应认真考虑应用场合,特别是数据需求和响应速度。

二、水下控制系统组成

水下控制系统主要由位于依托设施(陆上终端)的水面控制设备、水下控制设备和控制脐带缆等组成,典型的多井式水下复合电液控制系统的基本组成见图17-3-89。高低液压液、化学药剂、电力、信号通过复合控制脐带缆传输到水下控制单元,从而实现对远距离水下生产设施生产过程、维修作业的遥控。

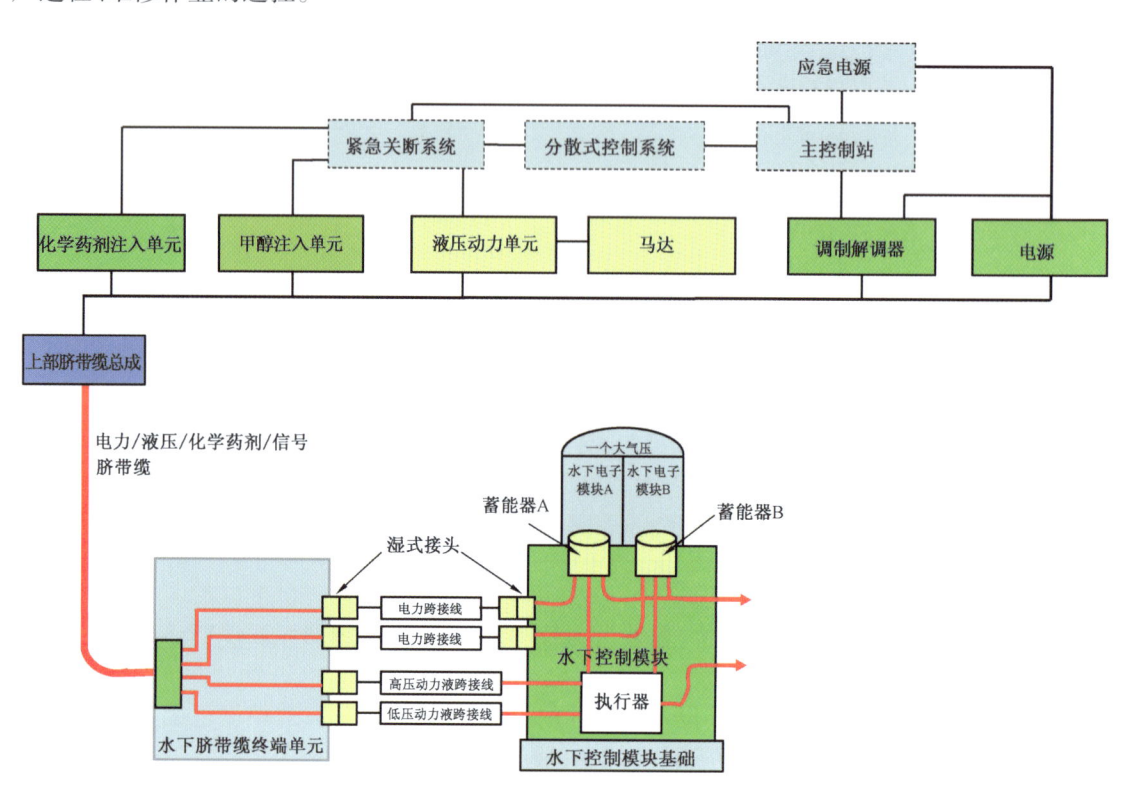

图17-3-89 水下生产控制系统的基本组成

高低液压液的传递路径为:液压动力源→水面控制脐带缆终端→水下液压分配单元→水下控制模块→水下执行机构。

电力传递路径为:电源→水面控制脐带缆终端→水下电力分配单元→水下电子模块(SEM)。

水下遥测信号的传递路径为:水下仪表→水下电子模块(SEM)→水面控制脐带缆终端→主控站。

1. 水面控制设备

水面控制设备主要包括:主控站(集散式控制系统)、液压动力源、电源、调制解调器、不间断电源、水面控制脐带缆终端,同时根据工艺设计要求配备所需的化学药剂注入单元,见图17-3-90。各部分基本功能介绍如下。

1)主控站(MCS)

主控站是整个水下生产系统的控制中心,是为水下控制系统提供动力、控制逻辑和通信的"主控台",包含用于液压动力源(HPU)、电源(EPU)等监控所需的应用软件。MCS还为控制系统提供人机接口。

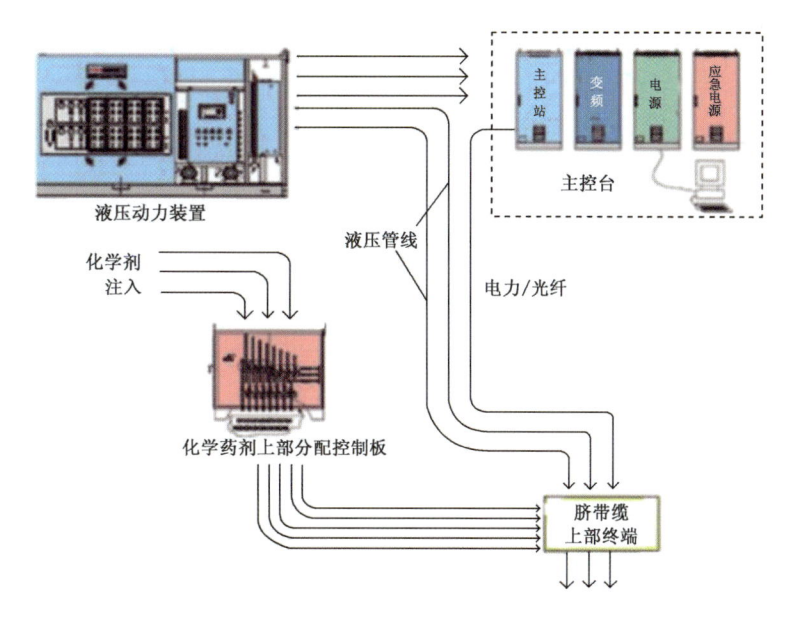

图 17-3-90 水面控制单元组成

MCS 由一台计算机(或平台 DCS 计算机串行接口)、电力调节器、调制解调器和多路编排/多路解编电路组成,也可采用集散式控制系统(DCS)。

2)液压动力源(HPU)

液压动力源用于为水下生产设施提供所需的、稳定和清洁的高低压控制液,由液压液储罐、液压泵、液压蓄能器、压力计、流量表和其他仪器与控制件组成。HPU 中的 HP、LP 泵和过滤系统采用冗余设计,控制液将通过控制脐带缆中的液压管输送到水下液压分配单元和水下控制模块,用于操作水下阀门执行机构,其中高压液压液用于操作水面控制的水下安全阀,其他阀门一般为低压控制。

根据平台危险区划分,HPU 通常放置于危险区,液压系统使用水基液压液时,清洁度要求仍为 NAS 1538 第 6 类(美国航空航天工业联合会发布的油质分类标准)。

3)电源(EPU)

EPU 通过电缆和水下电力分配系统为水下控制模块(SCM)提供所需电力。EPU 监视脐带缆中双冗余电源电路的状态,以便电路受损时能够隔离电路。EPU 中的过滤器和调制解调器使MCS 与 SCM 之间的通信信号能够通过相同的电路传输。

4)调制解调器(MODEM)

调制解调单元包括调制解调器、滤波器和隔离变压器。用于发送和接收水下通信信号。

5)不间断电源(UPS)

不间断电源(UPS)主要向电源(EPU)、调制解调单元和主控站、液压动力单元中 PLC 等关键部件提供安全和可靠的电力供给,液压力动力源中的电泵由马达供电。

6)水面控制脐带缆终端(TUTA)

为液压动力源、电源、化学药剂注入单元的上部传输系统与控制脐带缆提供连接接口。

7)化学药剂注入单元

化学药剂注入单元由工艺及相关专业完成设计,但通常通过与控制脐带缆复合在一起的脐带缆输送到水下注入点。

8)水面控制系统支撑浮体

用于支撑发电、通信和化学注入(可选)设备的锚定浮体,它通过电力/光纤/液压控制脐带缆连接到水下生产设备上,同时可通过声波、无线电、卫星或三者结合与上部生产设施通信。

9）蓄能器

蓄能器在液压控制系统中起能量储存的作用，它利用密封气体可压缩原理工作。常见的蓄能器有以下3类：

(1) 气瓶式。这种蓄能器气体（一般为氮气）与液压液直接接触，它的特点是容量大、反应灵敏、没有摩擦损失，但是气体容易混入液压液中而影响系统工作的稳定性。

(2) 活塞式。这种蓄能器的活塞上部是压缩空气，下部是液压液，它解决了气瓶式气体易溶于液压液的缺点。但是，由于活塞的惯性摩擦力影响，反应不很灵敏。

(3) 气囊式。这种蓄能器用橡胶制成，它惯性小，反应灵敏，不但可以储存液压液，还可以吸收冲击压力，吸收脉动压力，但制造工艺复杂。

2. 水下控制设备

水下控制设备主要包括：水下控制脐带缆终端（水下分配系统）、控制脐带缆接头总成、水下控制模块、水下信号监视系统、水下仪表等。

1）水下控制脐带缆终端及分配系统（SUTU）

水下控制脐带缆终端和水下分配系统常常集成在一起，用于将电力、液压液和化学药剂分配到每个水下采油树、海底管汇、注入点和水下控制模块。

2）水下控制模块（SCM）

水下控制模块根据主控站的指令引导液压液操作水下阀门，并收集水下各类水下传感器包括井下压力、温度变送器的信息，将其传送至水面控制系统。

3）水下信号监测系统

安装水下采油树生产和环空管线、油嘴、水下管汇上的各类温度、压力、位置传感器，用于监视水下生产系统的运行状况。

3. 控制脐带缆、控制跨接管与控制流体

控制脐带缆、控制跨接管与控制流体主要功能如下。

1）控制脐带缆

控制脐带缆向水下生产设施传送电力、信号、液压液/化学药剂。信号通过动力电缆（电力载波）、信号缆或光纤传输，其中液压液管线通常包括高压液压液管、低压液压液管及回流管。

2）控制液

控制液通过上部液压动力源或本地蓄能器向水下控制模块和阀门执行机构输送控制液，有油基、水基两大类，其差别在于是否满足环保要求就地排放，目前水基液压液应用较多。同时应考虑液压管材料与液压液要有良好的相容性。液压液选择要求如下：

(1) 液压液黏度适当。为了保证驱动器的动作迅速，应选用黏度较低的液压液，同时为了减少液压管在高压下的泄漏，也希望液压液有较高的黏度。

(2) 液压液中不允许含固体杂质，以免造成液压管堵塞。

(3) 液压液应考虑避免形成气阻。

3）控制跨接管

用于在水下分配单元与水下控制模块间传输电力、信号、液压液/化学药剂，主要有两类：即液压跨接管和电力跨接管。电力跨接采用一用一备原则。

4. 安装位置

通常水下控制模块直接安装在所要控制的设备上，如水下采油树、水下管汇上。水下控制单元装在采油树上还是专用基盘上，取决于水下设备的设计。

三、水下控制系统功能设计

1. 基本功能

水下生产控制系统基本功能设计如下：

(1)正常作业时,根据生产需要,进行水下遥控阀门开启和关闭。

通过液压/电液/全电气控制方式开启/关闭水下采油树、管汇、水下清管装置等水下设施上的各个阀门,如水下安全阀、环空主阀、环空翼阀、生产主阀、生产翼阀等十多个功能阀。

(2)监测水下生产系统运行参数。

通过安装在水下采油树、管汇、井下等处的压力、温度传感器对井口压力和温度、生产压力、温度、环空压力等进行监测,为海上油气田的安全生产和运行管理提供所需信息。

(3)完成生产紧急关断或停产(ESD)。

确保水下生产系统在生产情况下,包括在同时进行钻井、完井和修井作业时,遇有紧急情况,在规定的时间内,关闭生产,实施紧急关断功能。

(4)调节水下生产和注入油嘴。

监视水下油嘴的位置,并根据油气田的实际需要相应地调节油嘴的开度,如生产油嘴、气举嘴等。

(5)切换过油管(TFL)工具分流器的位置。

(6)化学药剂注入。

将生产所需要的各种化学药剂如防腐剂、缓蚀剂等注入井筒内、海底管道、水下采油树、海底管汇等注入点。

2. 水下控制系统控制与监视点的设计

合理、可靠、经济是进行水下生产控制系统设计的三个要素,而技术发展水平是水下控制系统功能控制设计的根本保障,需完成的基本设计任务如下:

(1)确定具体油气田所需要的基本控制功能;

(2)确定所需反馈的安装和运行数据。

1)水下控制阀门设计

水下控制系统所需控制的阀门如下:

(1)水面控制的井下安全阀门(SCSSVs);

(2)生产主阀;

(3)生产翼阀;

(4)环空主阀;

(5)环空翼阀;

(6)转换阀(注入阀);

(7)甲醇/化学药剂注入阀;

(8)防垢剂注入阀;

(9)防腐剂注入阀;

(10)油嘴(每个油嘴可具备两个控制功能);

(11)注入调节阀(每个调节阀可具备两个控制功能);

(12)管汇阀组;

(13)化学药剂注入控制阀。

根据具体油气田工程开发方案,控制功能会有所差别,但水面控制的井下安全阀门、生产主阀、生产翼阀、环空主阀、环空翼阀、转换阀(注入阀)、油嘴、甲醇/化学药剂注入阀一般是必须考虑的。其中水面控制的井下安全阀门需要通过高压液压液进行控制,其他阀门通过低压液压液控制。

2)监测功能与选择

通常,水下控制系统监视参数如下:

(1)生产压力;

(2)环空压力;

(3)管汇压力;

(4)生产温度;

(5)管汇温度;

(6)油气泄漏监测;

(7)采油树阀门位置(直接给出或推测);

(8)油嘴位置;

(9)油嘴压差;

(10)出砂监测;

(11)井下监视;

(12)多相流量;

(13)腐蚀监控;

(14)清管监测。

根据具体油气田工程开发方案和运行管理模式,水下控制系统所需要反馈的数据信息会有所变化,但生产压力、环空压力、生产温度、油气泄漏监测、采油树阀门位置、油嘴位置、油嘴压差、井下监视是每个油气田必须考虑的基本监测数据,直接关系到油气田运行安全。

3)水下控制模块(SCM)监测参数

SCM内部监视的参数如下:

(1)液压供给压力;

(2)通信状态;

(3)水下电子模块;

(4)SEM内部温度;

(5)SEM内部压力;

(6)自诊断参数;

(7)液压液流量;

(8)液压液回流压力;

(9)绝缘电阻。

水下控制模块内部监视参数和设计分析应考虑自诊断功能,用于判断与控制模块(如井下监视器、多相流量计、出砂监测器)相连的外部传感系统的故障,即当传感器系统及信号传输系统出现故障时,控制系统应能进行特定的诊断,以便及时采取必要的措施。

四、水下控制系统设计参数

水面控制系统设计应考虑气候条件、腐蚀、海生物、潮汐、照明和危险区划分;水下控制设备应考虑腐蚀、环境压力和温度及维护。

1. 压力等级

水下控制系统中液压系统允许的最大操作压力应至少小于设计压力(额定工作压力)的10%。除水面控制的井下安全阀回路外,液压控制组件设计压力应为:10.3MPa,20.7MPa或34.5MPa(1500psi,3000psi或5000psi),水面控制的井下安全阀回路液压控制组件的设计压力应由厂家确定。其他设备例如作业、回收和测试工具的设计压力应遵循厂商的规格书要求。

2. 温度等级

在非受控环境中工作的水面控制设备应按表17-3-20所列的温度等级进行设计、测试、操作和储存。安装于受控环境中的上部设备应按特定受控环境的温度等级进行设计、测试、操作和储存。

表 17-3-20 额定温度(安装在非受控环境中的上部设施)

名　称	电子设备 ℃	(℉)	系统设备 ℃	(℉)
设计				
a)标准的	0~40	32~40	0~40	32~40
b)扩展的	-18~70	0~158	-18~40	0~104
操作				
a)标准的	0~40	32~104	0~40	32~104
b)扩展的	-5~40	23~104	-5~40	23~104
储存	-18~50	0~122	-18~50	0~122

水下控制设备应按照表 17-3-21 所列的温度等级进行设计、测试、操作和储存,用于生产液和注入液测量的水下传感器可在给定温度范围外工作。

表 17-3-21 额定温度(水下设备)

名　称	电子器件 ℃	(℉)	系统设备 ℃	(℉)
设计				
a)标准的	-10~70	14~158	0~40	32~40
b)扩展的	-18~70	0~158	-18~40	0~104
测试			N/A	N/A
a)标准的	-10~40	14~104		
b)扩展的	-18~40	0~104		
操作				
a)标准的	0~40	32~104	0~40	32~104
b)扩展的	-5~40	23~104	-5~40	23~104
储存	-18~50	0~122	-18~50	0~122

3. 外部静水压

水下控制设备设计中应考虑外部静水压,特别是与密封设计、自密封耦合和常压外壳相关的部分,同时也应考虑安装和作业时控制脐带缆的破裂。

4. 流体的相容性

选择控制设备或组件时应考虑其与控制流体和化学注入剂的相容性。

五、水面控制设备的设计要求

1. 功能要求

水面控制设备基本功能要求如下:
(1)用于水下控制设备的电力/液压动力供应和调节;
(2)与水下控制设备通信;
(3)水下设备的遥控和遥测;
(4)与依托设施之间的通信;
(5)ESD/PSD;
(6)化学药剂注入;
(7)数据的记录和储存;
(8)用于钻井船引发的关断通信。

2. 设计要点

1) 主控站(MCS)

主控站实现水下生产系统的遥控和遥测功能,应安装在安全区。

(1) 在现场环境中安全工作;
(2) 与依托设施的安全系统相对应;
(3) 提供有效的操作接口;
(4) 超限(失效)显示和报警;
(5) 显示操作状态;
(6) 提供关断能力。

可选择的附加功能如下:

(1) 阀门的顺序操作;
(2) 软件互锁;
(3) 与依托设施的过程控制互连;
(4) 数据采集和贮存;
(5) 与控制中心的远程通信;
(6) 与钻/修井船的遥控关井系统间的接口;
(7) 初步检测泄露的压力变化率;
(8) 通过压力/温度(P/T)曲线进行水合物探测;
(9) 通过油嘴的阀位和油嘴上下游压力传感器的探测进行流量控制。

水下控制系统的应用软件应力求简单,内部互锁的数量应最少,同时主控站或分散式控制系统应为水下生产控制系统提供与所选配置相适应的操作员接口和自动功能。

2) 电源(EPU)

电液控制系统中,电源既可以独立安装,也可和调制解调单元或主控站组合。电源的设计要点如下:

(1) 电源通常由不间断电源(UPS)供电,然后通过控制脐带缆向水下生产系统生产/注水/注气井提供电力供应;
(2) 电源设计中应考虑必要的安全设备,以确保出现电气故障时人员和设备的安全;
(3) 如控制脐带缆中有冗余电力导线,电源对控制脐带缆中每对导线的输出电压都应可独立调节,应允许每对导线的独立连接和解脱;
(4) 电源系统应易于维护和修理;
(5) 电源应能在现场环境中安全运行。

主控站或集散式控制系统应应对监视电源(EPU)的以下参数进行监视:

(1) 输入电压;
(2) 输入电流;
(3) 控制脐带缆电压/电流;
(4) 电力线绝缘系统。

3) 调制解调单元

调制解调器既可与主控制站相连,专门为生产控制系统服务,也可通过通信接口(DCS的一部分)与依托设施的DCS直接连接,设计要点如下:

(1) 所采用的通信协议应保证数据安全传输;
(2) 水面设施之间的通信应采用串行工业标准;
(3) 所设计的调制解调器应能在现场环境中安全工作。

主控站或集散式控制系统应对调制解调单元的以下参数进行监视:

(1) 输入电压;
(2) 输入电流;

(3)控制脐带缆电压/电流;
(4)管线绝缘(可选)。

4)不间断电源(UPS)

不间断电源(UPS)设计要点:
(1)每台不间断电源(UPS)应有100%的总负载能力;
(2)所设计的(UPS)可适应未来生产控制系统的扩容需求;
(3)不间断电源(UPS)应能在失去主电后保持系统运转至少30min。
(4)不间断电源(UPS)应能在现场环境中安全工作。

不间断电源UPS输出电力调节范围如下:
(1)VAC ±5%;
(2)(50 ±1)Hz 或(60 ±1)Hz;
(3)最大5%总谐波畸变。

在水下生产控制系统中既可设计专用不间断电源,也可以与依托设施公用不间断电源,设计时需要根据实际负荷情况综合考虑。

5)液压动力源(HPU)

(1)液压动力源设计要点如下:
① 液压动力源(HPU)应为水下设施提供清洁的液压流体;
② 液压动力源(HPU)在流体被污染时,应具有排放、循环和过滤能力;
③ 泵和过滤器等关键部件应有冗余;
④ 系统中相同类型(形式)的配件应使用同一压力等级;
⑤ 液压动力源(HPU)应能在现场环境中安全操作。

(2)高低压蓄能器的基本设计要点如下:
① 蓄能器的最低容积应保证一个采油树上的所有阀门的操作;
② 液压动力源(HPU)中的供应泵发生故障时,除其他流体能量储存方法外,蓄能器应维持足以打开水下过程阀的压力12个小时;
③ 低压蓄能器主要为水下采油树等泥线上的执行机构提供液压动力,输出压力应满足执行机构的要求,保证低压管线最大的出口工作压力为20.7MPa 或者为受控对象的设计压力;
④ 高压蓄能器为井下安全阀提供高压液动力,输出压力应满足井下安全阀执行结构的要求,保证高压管线最大的出口工作压力为34.5MPa 或井筒压力;
⑤ 使用多台储能器时,一台失效时,所削弱的水下容量应不大于50%,并且此时储能器的可用压力不应低于保持系统操作所需的最低压力。

(3)液压液增压泵基本设计要点:
① 液压液增压泵的选用应满足高低压液压管线的基本要求,可选择电泵或气泵;
② 应配备控制设备以便在储液罐低液位时关断泵;
③ 应配备控制设备来开关液压流体回流泵以维持操作压力;
④ 泵上应配隔离阀,每台泵的出口管线应配备卸压阀和单向阀;
⑤ 卸压装置应安装在上游高压泵出口或隔离阀处。

(4)储液罐设计要点:

主储液罐的容量最小应是注入系统(包括蓄能器)所需要流体的1.5倍。储液罐应按卸压时整个系统(包括蓄能器、阀体和控制脐带缆)所排放的流体体积设计其大小,即具备储存排放液的能力。设计时应考虑两个储液罐:一个用来装回流流体,即从水下返回的流体(如循环使用)和从卸压处返回液体;另外一个用来向水下系统提供清洁的流体。

(5)控制和监视:通常液压动力源(HPU)既可就地控制,也可从主控站遥控。遥测参数包括供给压力、液位、泵状态、流量、回流、过滤器状态、ESD指示器、过滤器阻塞等。

6)化学药剂注入单元(CIU)

化学药剂注入单元仅指通过生产控制脐带缆为水下生产系统提供油井所需化学药剂的水面

设备,不包括这些化学药剂的存储和处理。设计要点如下:

(1)为水下设备提供经过滤的、流量可调的化学药剂,其注入压力应超过关井压力,足以将液体注入井口、水下采油树和其他注入点。

(2)所输出的流体应满足 ISO 4406 1999:《液压传动 油液 固体颗粒污染等级代号》(Hydraulic fluid power—Fluids—Method for coding the level of contamination by solid particles)和 NAS 1638《液压系统元件的清洁度要求》(Cleanliness requirements of parts used in hydraulic systems)、厂商规格书中清洁度的要求。

(3)泵和过滤器等关键部件应考虑冗余。

(4)应能在现场环境中安全操作。对有毒和可燃的化学注剂应专门考虑。

(5)化学注剂储罐应尽可能减小污染、易于清洗。

(6)为避免氧化,化学注剂储罐应设置内胆罐或覆盖保护系统。

(7)化学剂储罐由非腐蚀性材料建造。

(8)与所注化学注剂接触的全部水面设施和密封材料都需证明是相容的。

(9)通常化学药剂注入单元(CIU)为就地控制,也可从主控站遥控。

六、水下控制设备的设计原则

1. 功能要求

典型水下控制设备的功能要求如下:

(1)与水面主控站通信;

(2)处理和执行来自主控站 MCS 的指令;

(3)监视和传送传感器数据;

(4)监视和传送诊断数据;

(5)ESD 工况下,执行来自水面或水下的指令;

(6)响应水面指令选择性地监视和分配油井所需化学药剂。

2. 设计要点

1)水下液压控制系统

(1)水下液压分配系统。

水下液压分配系统从控制脐带缆终端向每口井分配液压动力,设计要点为:

① 当液压接口意外解脱时,应避免采油树上关键的阀门执行机构或其他故障关闭型阀门出现故障;

② 基盘/管汇液压分配系统的设计应考虑水下机器人或潜水员操作的隔离设备,以便在发生泄漏时实现系统隔离;

③ 水下液压分配模块可回收、改造和更换;

④ 液压系统的设计应考虑单点失效,可通过物理路径和冗余供给的液压隔离来实现。

(2)多功能快速接头。

多功能快速连接应采用球型或按键式,可同时进行多路液压管连接。

(3)管线及液压软管。

所有的管线/管道都应有至少6mm(1/4in)的公称外径。

① 在系统的测试、安装、拆除及正常操作和维护过程中,应支撑和保护所有的管线及液压软管以将其损坏程度降到最小;

② 管线及液压软管的许用应力应遵循 ANSI/ASME B31.3《美国国家标准学会 工艺管线》的规定;

③ 所有软管总成应符合 ISO 13628-5《石油天然气工业 水下生产系统设计与操作:脐带缆》(Petroleum and natural gas industries—Design and operation of subsea production systems:Subsea umbilicals)中软管部分的标准。

(4)海水柜补偿室。

每个与水下阀门执行机构的弹簧/增压边相连的海水柜补偿室的容积至少是总波及体积的125%,以便连接到补偿室的所有执行机构能同时动作,应使用旁通单向阀来避免补偿室的损坏。

(5)水下蓄能器。

① 水下蓄能器的设计应遵循 ASME 锅炉和压力容器规范第八部分第一分册、BS 7201-1 和 BS 7201-2(液压传动:充气式储能器 第一部分和第二部分)。如未遵循这些标准设计,其陆上试验和其他水上操作过程中应保证人员的安全。

② 蓄能器系统的设计应考虑随水深增加蓄能器效率的损失。

③ 水下蓄能器可安装在水下控制模块的内部和外部。

2)水下化学药剂注入系统

(1)水下化学药剂注入分配系统。

水下化学药剂注入分配系统从控制脐带缆终端向每口井或管汇终端分配化学药剂,并提供和排放用于压力测试及流动控制设备压力平衡的流体。在泄漏检测和正常的油井加热过程中,可从环空排放流体。

用于油井处理的化学药剂注入分配系统的流量大大超过液压分配系统,同时,组件的额定压力高(与井口系统的额定压力一致),可输送液体的腐蚀性也更强。设计要点如下:

① 基盘/管汇化学药剂注入分配系统的设计应留有水下机器人或潜水员操作的隔离装置,以便于隔离系统防泄漏;

② 考虑到回收、改造和更换被隔离的失效管线和需要时启用备件,水下液压分配模块可包括化学药剂注入管线;

③ 化学药剂注入系统的设计应考虑单点失效,可通过物理路径和冗余供给路径来实现。

(2)化学药剂注入管线。

化学药剂注入系统中的管线和软管其公称外径应至少为6mm(1/4in;管线/管道的许用应力应遵循 ANSI/ASME B31.3《美国国家标准学会 工艺管线》的规定。水下化学药剂注入系统设计时应专门考虑以下问题:

① 注入甲醇时,管线摩阻和磨损的增加。

② 密封材料与注入流体、生产流体的相容性。

③ 注入流体和生产流体的腐蚀性。

④ 渗透进软管衬垫材料的液体(低质量组分)。

⑤ 控制阀和其他流动控制设备的选择。

⑥ 金属—金属密封和甲醇。应有一个额外的弹性橡胶密封作为备用件,以应对由气穴现象和流体引起(腐蚀磨损)的材料降解问题。

在化学药剂可能通过软管扩散的位置,所设计的系统应确保化学药剂的扩散不会通过泄漏或者二次扩散污染液压控制流体。

3)水下仪控电气系统

(1)水下电气分配系统。

水下电气分配系统从控制脐带缆终端头向每口井分配电力和信号。设计要点:

① 应尽可能减少串联电气接头的数量,冗余路径应尽可能不同;

② 管汇上的电力分配缆和从控制脐带缆终端到水下控制模块的跨接电缆应由水下机器人或潜水员修理或重新装配;

③ 电力分配电缆和跨接电缆的连接应由水下机器人或潜水员使用简单的工具完成,尽量减少钻机/船的使用时间;

④ 在海水和导体之间最少应有两道隔离,并应适用于在海水操作;

⑤ 如选择充油系统,应设计并安装电缆总成,以使进入绝缘液内的海水依靠重力从终端流出。电缆应安装在绝缘的压力补偿液管线内;

⑥ 所有用于水下电气系统的材料都应与海水和绝缘流体相兼容。

(2) 水下控制模块（SCM）。

水下控制模块安装在可回收的装置或壳体内，可以独立回收和安装。水下控制模块内部结构基本是标准化的。目前一个水下控制模块的控制功能最少是7个，最多为64个。因而一个水下控制模块可对一个或多个水下采油树及设备进行遥控，并对井筒、环空以及水下管汇进行操作和监控。典型的水下控制模块见图17-3-91。根据需要，水下控制模块可以安装在采油树、水下管汇等处。

水下控制模块与上部电子控制系统之间通常采用主从通讯，即以水面系统为主，水下控制为辅，兼容"发送/确认"、"需求/响应"功能。水下控制模块具有对温度、压力、流量等实施监控的功能。通常水下控制模块具有独立的安装基座，用于固定水下控制模块，连接执行机构和传感器。

图17-3-91 水下控制模块

水下控制模块主要包括以下部件：
① 电液或液压控制阀和其他阀体，如单向阀；
② 直通接头（电气或液压）；
③ 液压管汇和管道；
④ 内部传感器和发送器；
⑤ 过滤器；
⑥ 蓄能器；
⑦ 压力补偿器；
⑧ 增压器；
⑨ 减压器；
⑩ 化学药剂注入调节阀；
⑪ 水下电子模块（SEMS）。

水下控制模块的设计要点：
① 多井系统中，任一水下控制模块可在不影响系统中其他操作的情况下安装、回收；
② 全压条件下，所设计的全部在用电子线路应封闭在充满1atm（101.325kPa）氮气的壳体内；
③ 水下电气元件应安装在充满绝缘液体和具有压力补偿的水下控制模块内；
④ 所有的内部连接电缆和接头都应适合于水下湿式环境；
⑤ 为了减小电耗，电磁阀应采用脉冲操作和液压锁定，使用故障安全型电气阀时应减小安装作业时外部流体进入。

(3) 水下电子模块（SEM）。

水下电子模块包括硬件和软件。

SEM硬件的设计要点：
① 基于使用一个或更多的微处理器和电力单元；
② 应设计两道独立的隔离，防海水的侵入SEM；
③ SEM应有最少25%的备用内存容量，20%的备用能力；
④ 应限制SEM与传感器、控制阀体的接口类型和格式，应尽可能采用国际标准；

⑤ 应考虑 SEM 的标准化设计;
⑥ 如需要,应考虑 SEM 中关键测量信号的处理。

SEM 软件设计要点:

① SEM 软件应由功能任务或模块构成,这些功能任务或模块应可作为独立单元设计、编码和测试,包括实时操作系统中的中断任务,或使用一个简单的顺序扫描时在实时监视器上调用主程序。模块和整套软件结构应易于软件升级和维护。
② 软件模块的编码应采用高级编程语言。只有小型控制系统和工期短时才使用汇编语言。
③ SEM 软件应内置诊断功能以简化调制解调器、水下计算机和传感器的测试和调试。
④ SEM 可编程,允许在水上合适位置重新编程。
⑤ SEM 有能力暂时存储所有从水下生产系统中获得的相关数据。
⑥ SEM 有能力基于 MCS 的命令执行顺序监测操作或顺序控制。
⑦ 所设计的 SEM 软件包括井下温度和压力信息(DHPT)。

(4)水下控制脐带缆终端(SUTU)。

水下控制脐带缆终端采用外置阴极保护的结构,其内有电接头、跨接管、液压液分配阀和化学药剂注入分配器,通过 ROV 操作盘进行操作。通常将水下液压、化学药剂、电力分配单元集成其中便于安装和运行管理。

设计要点如下:

① 与水下控制脐带缆快速、可靠连接;
② 与水下控制模块快速、可靠连接,通常通过液压跨接管和电力跨接管实现;
③ 实现液压液、化学药剂、电力的合理分配;
④ 进行水下安装位置、安装方式的优化设计,一般可考虑独立安装或集成在管汇上,独立安装时需要考虑水下定位问题;
⑤ 需要考虑与水下控制设备之间软连接点设计,以保证发生意外事故时损失最小。

(5)通信协议及通讯模式。

整个水下控制系统应使用相同通信协议,通信协议应基于 IEC 60870-5-2《遥控设备和系统 第五部分:传输约定 第二部分 通讯协议》(Telecontrol equipment and systems – Part 5: Transmission protocols – Section 2: Link transmission procedures)以及同等国际标准。

水下通信模式包括:通信线、电力载波、光纤通信三种主要模式。

(6)水下仪表。

安装在水下的仪表主要是压力、温度传感器,流量计量装置等由相关专业进行选型设计。水下仪表选型设计要点如下:

① 水下仪表应尽可能减少与 SCM 的电气、液压的连接数量;
② 水下仪表的故障不应反过来影响系统其他部分的操作;
③ 直接暴露在生产液中的传感器,应考虑沙、水合物和蜡引起的接口堵塞;
④ 设计系统时,应考虑传感器信号的校验或调节方法;
⑤ 用来监测井筒额定压力的传感器应满足最大操作压力工况,并应遵循 API Spec 6A《石油天然气工业 钻井和采油设备 井口装置和采油树设备规范》和 API Spec 17D《石油天然气工业 水下生产系统设计与操作:水下井口和采油树规范》的规定;
⑥ 传感器里最少应提供两道独立的隔离屏障,将井液与周围环境隔离。

(7)高完整性管线压力保护系统(HIPPS)(可选)。

高完整性管线压力保护系统用于避免管线和其他相关设备受到水下高压油井的破坏,可按低于油井最大关井压力进行管线和设备设计。HIPPS 是一个具有现场逻辑系统的自治安全系统,包含以下组件:

① 双屏障隔离阀的控制;

② 最小的双重独立先导或管线压力的压力发送器；
③ 系统重启的主动控制，以防止通过隔离阀的节流和振荡。

七、控制脐带缆

1. 功能要求

控制脐带缆是将水面电力、液压液和信号等传输给水下生产系统（如水下井口、采油树、管汇）以及各种维修、监测、数据采集等的载体，是上部设施遥控水下生产系统的必要通道。通常应包括以下部分或全部功能：

(1) 2根低压力液压供应软管，1备1用；

(2) 2根高压力液压供应软管，1备1用；

(3) 1根液压返回软管，可根据液压液的性质和当地的环保政策确定是否需要；

(4) 若干根化学药剂注入软管，根据具体需要确定；

(5) 电力线若干，用于电力供应和通信，根据需要确定；

(6) 光纤，用于光纤通信，根据需要和技术成熟度确定。

典型的管缆截面见图17-3-92。

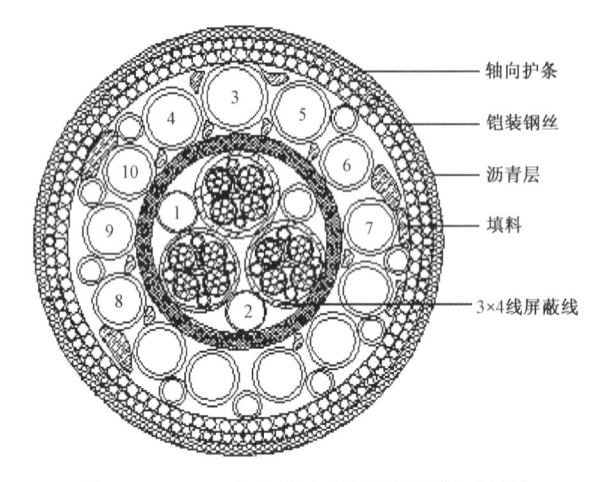

图17-3-92 复合电液控制管缆的端面结构
1—高压液压线；2—高压液压备用线；3—液压回流线；
4—低压液压线；5—低压液压备用线；6,7—化学药剂注入线；
8,9,10—化学药剂注入备用线

2. 控制脐带缆的材料

控制脐带缆的材料主要分两类：热塑管、不锈钢管、镀锌碳钢管和其他合金。材料选择取决于额定压力、耐化学性、水深和成本。表17-3-22所列为常用的脐带缆材料。热塑管的优点为费用低，最大缺点是管线热膨胀将严重影响响应时间。不锈钢管日益成熟，大大改进了控制响应时间，并在深水油气田开发中得到应用和证实，但费用较高。

表17-3-22 常用脐带材料

材料	压力等级	用途	水深
热塑软管	10000psi，3/8in 软管	大多化学剂，甲醇可渗透尼龙11尾管	有限水深
高抗挤压软管	10000psi，3/8in 软管	大多化学剂，甲醇可渗透	≤3000m
双相不锈钢	15000psi，1/2in 管	大多化学剂	≤3000m
碳钢	10000psi，≤1¼in 管	大多化学剂，液压液清洁度需考虑	≤3000m

注：1psi=6.89kPa。

脐带缆的横截面设计取决于管道尺寸、材料选择、预期液压液压降、预期动态特性和安装问题。回接距离较大时，重量是需要考虑的重要因素。脐带缆必须由制造商装卸并运送到安装船。安装船必须具有足够承载能力，尤其对于钢管脐带缆，初始张力很大。

目前Nexans，Oceaneering Multiflex (OMUK)，Kvaerner Oil Products (KOP)和DUCO公司具有脐带管设计、制造能力。典型的深水电力、液压控制脐带缆见图17-3-93，其主要特点：适用于水深1000m的恶劣环境、静态和动态的条件、含9根3/8in 34.47MPa高压液压控制软管，3对1kV电缆，可提供光纤通信。深水电力、液压、化学剂控制脐带缆如图17-3-94所示,适用于水深1000米,10根3/8in 34.47MPa、2根1/2in 34.47MPa化学药剂注入管线、3对1kV电缆、电力。

图17-3-93 深水电力、液压控制脐带缆

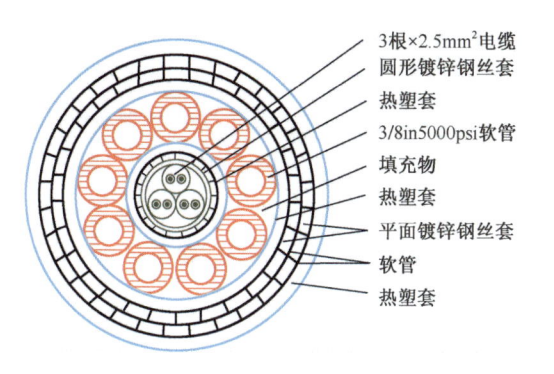

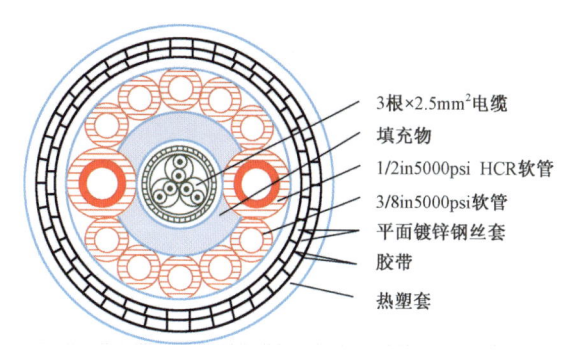

图17-3-94 深水电力、液压、化学剂控制脐带缆

八、控制流体的选择

控制流体有油基、水基两种基本类型,选择时必须考虑控制流体在生产期内的长期稳定性。对控制液性能有如下几方面的要求。

1. 外观

液体应是清澈、透明、无悬浮物且具有流动性。浊度应遵照 ASTM D1889《水合物浊度测定方法》(Standard Test Method for Turbidity of Water)的规定。

2. 含水率(针对水基液体)

对于水基液体,含水率应按照修正的 ASTM D4006《测试原油含水率的蒸馏法》(Standard Test Method for Water in Crude Oil by Distillation)规范,通过 Dean 和 Stark 方法确定。水基液体的最小含水率是30%。

3. 倾点

应按照 ASTM D1293(水的pH值测定方法)的要求确定倾点,验收标准要求的最小倾点为-10℃(14°F)。

4. pH 值(针对水基液体)

20℃(68°F)时的 pH 值应按照 ASTM D1293《水的pH值测定方法》(Standard Test Methods for pH of Water)的要求确定,验收标准要求的 pH 值为8~10。

5. 闪点(针对油基液体)

闪点应按照 ASTM D92《闪点和燃点测试的克利夫兰开杯法》(Standard Test Method for Flash and Fire Points by Cloeveland Open Cup Tester)的要求确定。验收标准要求的最小闪点为150℃(302°F)。

6. 腐蚀试验

防腐性能应按照 ASTM D665《水中矿物油抑制剂防锈特性的测试方法》(Standard Test Method for Rust - Preventing Characteristics of Inhibited Mineral Oil in the Presence of Water)A 部分和 B 部分的要求确定。所有试验应在60℃(140°F)的温度下,以24h为一试验周期,使用标准碳钢试验棒进行两次试验。验收标准是无锈生成。

7. 防磨试验

评价水基和油基液体产品的防磨性能的两个标准程序是 ASTM D2596《壳体四球试验标准》[Standard Test Method for Measurement of Extreme - Pressure Properties of Lubricating Grease (Four - Ball Method)]和修正版的法列克司(Falex)润滑试验。

ASTM D2596 方法可评价润滑剂的抗烧结特性。即可通过评估试件烧结前的载荷、初始胶

着发生时的载荷以及一定低载荷下试件的磨损情况来评价该性能。表17-3-23列出了抗烧结特性的最小值。

表17-3-23 抗烧结特性最小值

特性	水基液体	油基液体
烧结点	最小值1.08kN(243lbf)	最小值1.26kN(283lbf)
初始胶着载荷	最小值0.39kN(88lbf)	最小值0.49kN(110lbf)
结疤平均直径 -0.20kN(45lbf)载荷,1800r/min转速,1h后: -0.29kN(65lbf)载荷,1460r/min转速,1h后:	最大值1.50mm(0.059in) 最大值1.70mm(0.067in)	最大值0.40mm(0.016in) 最大值0.60mm(0.024in)

修正的法列克司(Falex)试验可评价液体的润滑性。方法A中的验收标准是载荷为1.33kN(300lbf)、转矩低于2.26N·m(20in·lbf)。方法B中的验收标准是扭矩特性变化值(与方法A相比)小于15%,试验棒所减轻的重量应低于0.2mN(20mgf)。

8. 橡胶相容性

橡胶相容性应按ASTM D471《橡胶特性实验方法 液体效应》(Standard Test Method for Rubber Property—Effect of Liquids)的要求确定,验收标准和橡胶类型由购买方确定。

典型的橡胶相容性应满足ASTM D471《橡胶特性实验方法 液体效应》的要求。目的是给出液体对常用橡胶的影响。最短浸入时间为168h,温度为70℃(158℉)。然而,建议延长试验时间(通常为2000小时)以确定其稳定点。

典型橡胶:腈丁基橡胶(高腈)、腈丁基橡胶(中腈)和氟代烃。

9. 热塑性塑料相容性

热塑性塑料材料,常用于控制脐带缆或在控制脐带缆终端与终端用户之间以跨接软管连接的挠性连接中,其相容性应按照ISO 13628-5《石油天然气工业 水下生产系统设计与操作:脐带缆》标准确定。

除控制脐带缆中使用的热塑性材料外,其他热塑性材料相容性试验方法和验收标准应由业主确定。

10. 液体稳定性

液体长期稳定性必须具有相关的液体试验数据,但范围、方法和验收标准应得到业主同意。在-10℃(14℉)、0℃(32℉)、70℃(158℉)以及液体最大操作温度以上10℃(50℉)的温度范围内,要求老化期最小达到2000h。由防腐材料制成的压力试验容器应用较高温度进行试验。

在40℃(104℉)时液体的黏度变化以及每升液体的沉淀量应给出报告。

液体的机械稳定性应在操作温度和比指定温度更低或更高的温度下进行评价。评价结果应证明:静态时,在延长时间和增加压力情况下,液体保持完全均匀,未形成多相液体。此外,海水掺入对液体稳定性的影响也应作为评价的一部分进行阐述。

11. 抗氧化性(针对油基液体)

液体抗氧化性应使用CIGRE(国际大电网组织)试验方法(IP 280)确定,其最低要求:渣泥最大0.1%,总氧化产物最大0.5%。

12. 环境影响

应避免使用有机金属化合物,并按照OSPAR(奥斯路和巴黎协约Oslo and Paris Commission)准则,使用下列海洋生物,如中肋骨条藻(skeletonema costatum)等进行毒性评价试验,验收标准应符合当地法规。

13. 抗微生物

应稀释试验样品,并使用合适的接种体如细菌(绿脓杆菌C等)、真菌(假头状孢子头等)接种每个配制剂并培养10天,验收标准为在10天试验期间内,前8天里未观察到细菌/真菌生长现象。

表17-3-24列出了厂商应提供给用户的液体特性和试验方法。

表17-3-24　厂商列出的液体特性和试验方法

性　质	方　法
密度	ASTM 1298
-20℃(-4℉),0℃(32℉),10℃(50℉),40℃(104℉)下液体的运动黏度(水基)	ASTM D445
-10℃(14℉),0℃(32℉),20℃(68℉),40℃(104℉),100℃(212℉)下流体的运动黏度(油基)	ASTM D445
体积弹性模量	ISO 6073
发泡特性	ASTM D892
清洁度	ISO 4406/NAS 1638

九、典型的水下控制系统设计案例

水下控制系统设计与具体油气田特点和需求密切相关,从应用于卫星井简单直接液压控制系统到应用于大型多井油气田复合电液控制系统,下面介绍几个具体设计案例。

1. 简单的复合电液控制系统

用于卫星井水下复合电液控制系统原理图见图17-3-95。其主要设计要点是简单、安全、可靠,具体特点如下:

(1)水面控制设备包括电源、液压动力源、电力控制面板(MCS)及数据反馈系统,此外还有化学药剂注入单元,在安全、可靠、可行的前提下,简化上部控制系统设计。

(2)水下控制模块直接安装在水下采油树上,即一个水下控制模块实现一个卫星井的遥测遥控功能,同时水下控制模块可单独回收和更换。

(3)采用电液复合控制系统,缩小控制缆的尺寸,便于海上安装。

设计中需要考虑如下问题:

(1)控制脐带缆弱连接(最先破坏环节):为了系统安全,在距离比较远时,应考虑水下控制脐带缆接头(UTH或UTA)

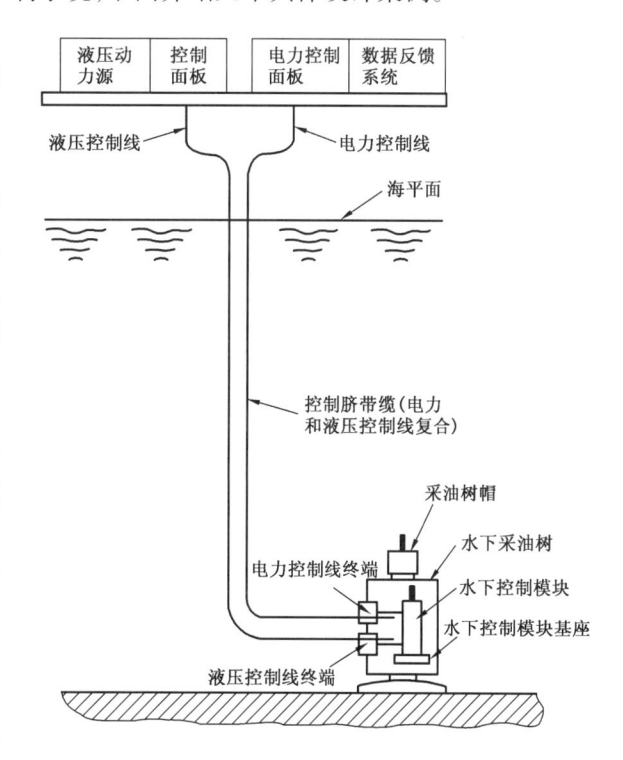

图17-3-95　典型卫星井生产控制系统原理图

安装在水下卫星井附近,UTH与采油树上水下控制模块通过两个电力跨接、一个液压跨接管相连,避免发生拖网等事故时损坏采油树等水下设备。

(2)在距离比较近、功能要求少的场合,可以考虑全液压控制系统,以节省费用。

2. 多井复合电液控制系统

下面以乐东22-1气田4井式水下生产系统中控制系统的设计为例子说明多井复合电液控制系统设计方法。

乐东22-1水下生产控制系统由位于中心平台的水下生产系统上部控制模块和水下控制模块组成,电信号、液压液及化学药剂经由乐东22-1中心平台和水下生产系统间的复合电液控制脐带缆传输。控制系统由主控站(MCS)、供电单元(EPU)、液压动力单元(HPU)、上部控制脐带缆终端组件(TUTA)、控制脐带缆、水下控制脐带缆终端单元(SUTU)、控制脐带缆终端组件(UTA)和水下控制模块(SCM)等组成。

1)功能、组成及原理

乐东22-1气田水下生产系统的复合电液控制系统的主要功能如下:

(1)开启阀门、提供液压液。通过电液压控制方式控制每一个水下采油树和管道上的各个阀门,包括水下井口安全阀、环空主阀、转换阀、生产主阀、生产翼阀等具有不同功能的阀门。

(2)化学药剂注入。平台上的化学药剂(缓蚀剂、水合物抑制剂和防止出水的泡沫助采剂)通过控制脐带缆中的药剂管线分别注入井筒、海底管道和(或)采油树内。

(3)电力和信息传递。复合电液控制系统通过安装在水下的压力、温度传感器对井口和井下的压力、温度以及环空压力等进行监测。

(4)紧急关断系统。当平台处于紧急关断情况时,关断水下井口设施;当水下井口发生紧急关断时,发出报警或关断信号到平台的紧急关断系统。

液压液、化学注入剂、电信号通过电液复合控制脐带缆输送到水下控制脐带缆终端(SUTU),然后再分别连接到各个采油树的水下控制模块,从而实现阀门开启和生产状态的实时监控,其中S1、S3、S4井控制脐带缆通过UTA(Umbilical Termiantion Assemblies)与SUTU相连,然后UTA再通过脐带跨接缆(Flying Leads)与井口连接,S2井通过脐带跨接缆直接与SUTU相连,详见图17-3-96~图17-3-98。

液压液传递路径:来自HPU液压液→TUTA→脐带缆→SUTU→水下分支脐带缆(液压脐带跨接缆)→水下采油树控制点(或井下安全阀执行机构)→使用后返回水面HPU。

信号传递路径:MCS←TUTA←脐带缆←SUTU←水下分支脐带缆(EI脐带跨接缆)←水下采油树SEM←监测传感器(井下监测点)。

2)上部设施

乐东22-1中心平台上有关乐东22-1气田4井式水下生产系统水面控制设备包括液压和电力动力设施以及控制水下设备安全有效生产的计算机硬件和软件资源,并且在乐东22-1中心平台上预留有UPS进行供电。上部设施考虑两口井的备用。

TUTA可容纳5根液压控制线、6根化学药剂注入线和2根4芯双绞线,其材料应为316LSS不锈钢。

3)液压动力装置(HPU)

用于为水下控制系统提供高、低压液压液,自身带有一套PLC系统,PLC系统通过UPS进行供电,有2根高压液压线、2根低压液压线和1根液压回流线。

主要部件设计参数:

(1)低压管道最大的出口工作压力为3000psi(20.7MPa);

(2)高压管道最大的出口工作压力为5000psi(34.5MPa)。

液压液增压泵选择电泵,通过应急电源进行供电,供应泵的选用应满足高低压液压管道的基本要求。

平台的ESD0、1级关断直接控制HPU,以实现对水下阀门的卸压关断。

4)化学药剂注入模块

化学药剂罐与平台的化学药剂系统共用,化学药剂罐的控制由平台控制系统完成。MCS对水下井口化学药剂的注入进行控制。

5)电子控制系统

电子控制系统设计方案是1个监控站配备1套上级微机或网络管理支持系统,它通过高级管理对与水下生产系统相关的上部设施和水下控制系统工作状态进行综合管理。整个电子控制系统采用主从控制方式,控制系统可以通过冗余网络传输信号。后备控制通过连接到水下控制模块的两根系统线实现。从水下装置收发的所有信息均由通讯模块处理。

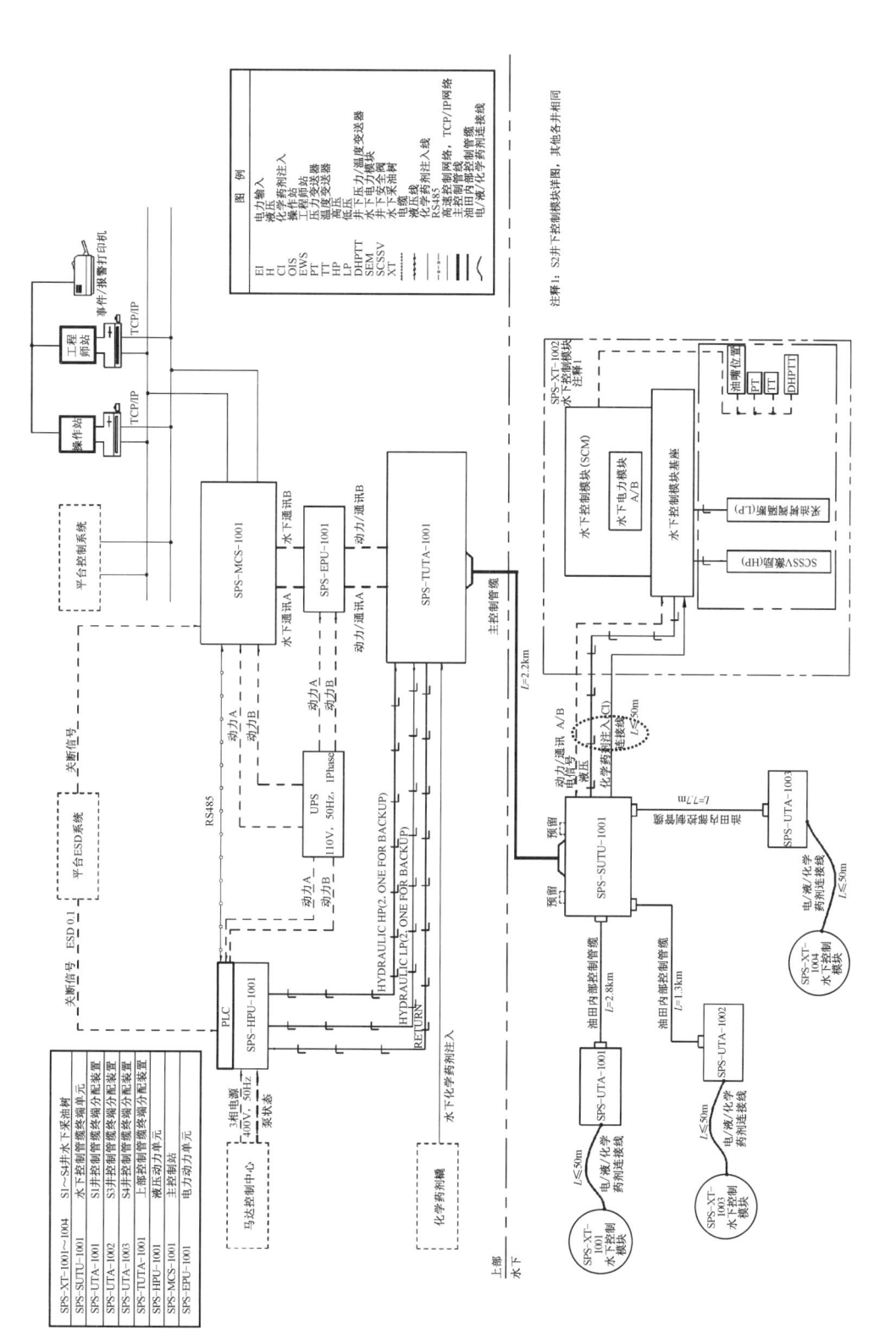

图17-3-96 多井复合电液控制系统

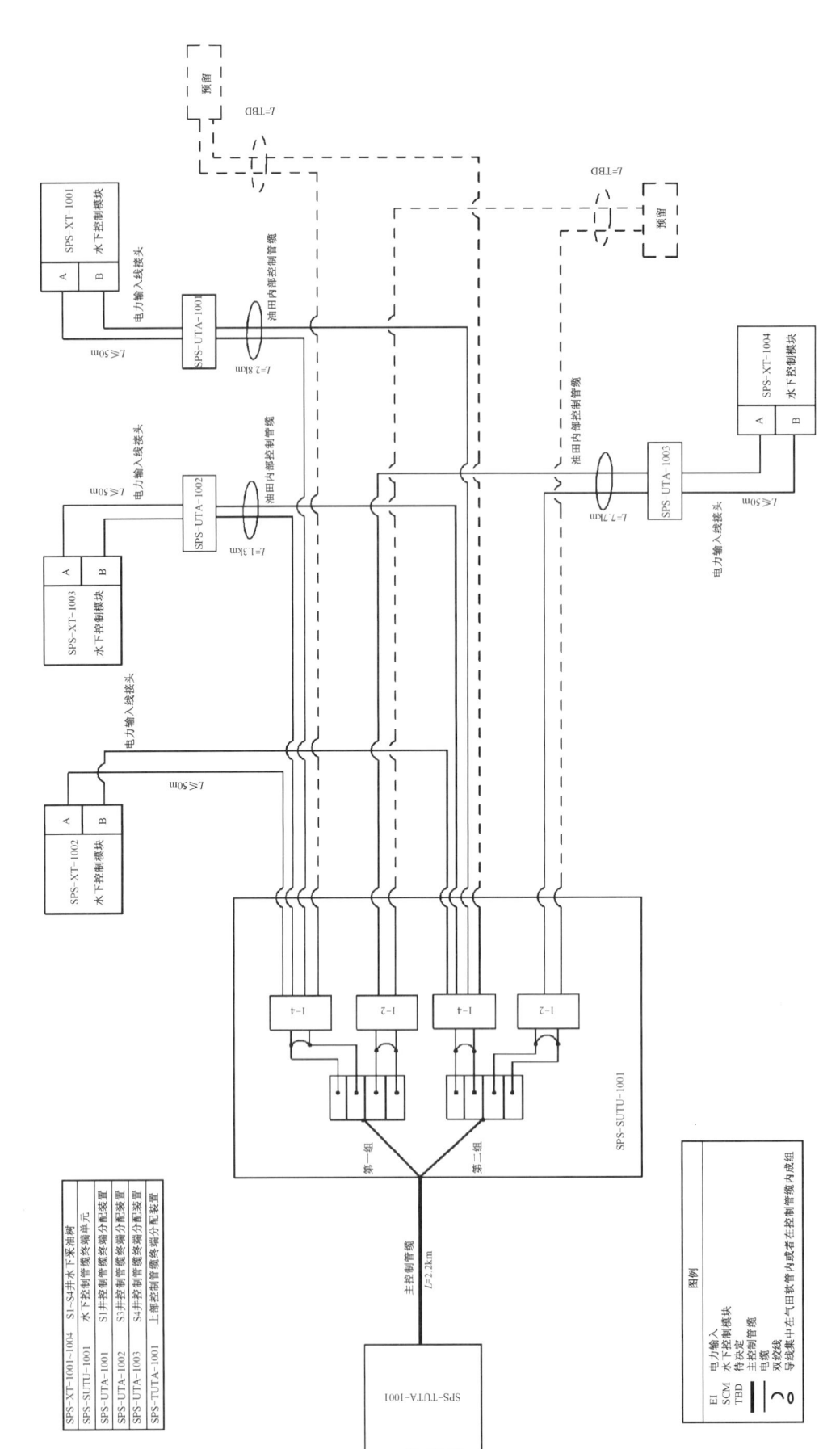

图17-3-97 复合电液控制系统电力信号流程图

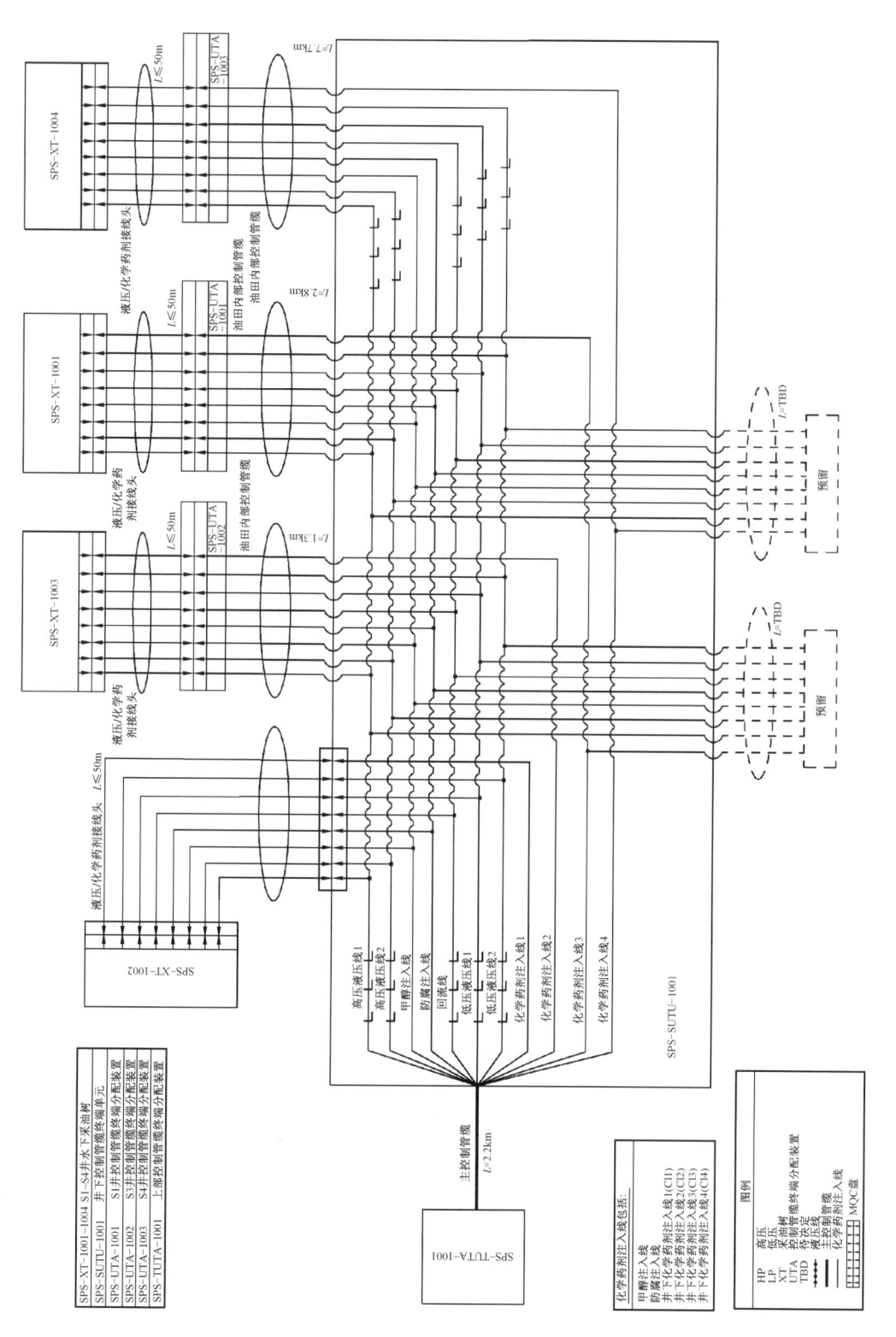

图17-3-98 复合电液控制系统液压流程图

第十七篇 海洋深水油气田开发技术·第三章 水下生产系统

6) ESD 系统

设置乐东 22-1 气田水下生产系统 ESD 的主要目的是保障生产的安全和相关人员的安全,防止环境污染,将事故损失降低到最小。

MCS 对乐东 22-1 平台上的 ESD 系统能够产生报警信号。

乐东 4 井式水下生产系统的 ESD0 级关断信号将送到东方 1-1 终端控制室报警,由终端操作人员根据海上平台的生产情况决定是否进行终端扩建部分的生产关断。东方 1-1 终端扩建部分的生产关断及其更高级别的关断将引起乐东 4 井式水下生产系统的生产关断。

7) 控制脐带缆

控制脐带缆是上部设施遥控水下生产系统的必要通道,控制脐带缆由主控制脐带缆(Main Umbilical)和分支控制脐带缆(Infield Umbilical)组成,其设计长度和设计参数由供应商决定。复合电液控制脐带缆用于输送液压液、化学药剂及水下控制模块电源,控制电信号将叠加在电源线上,从而实现对水下阀门开启和对生产状态的实时监控。详见图 17-3-99 控制脐带缆剖面图。

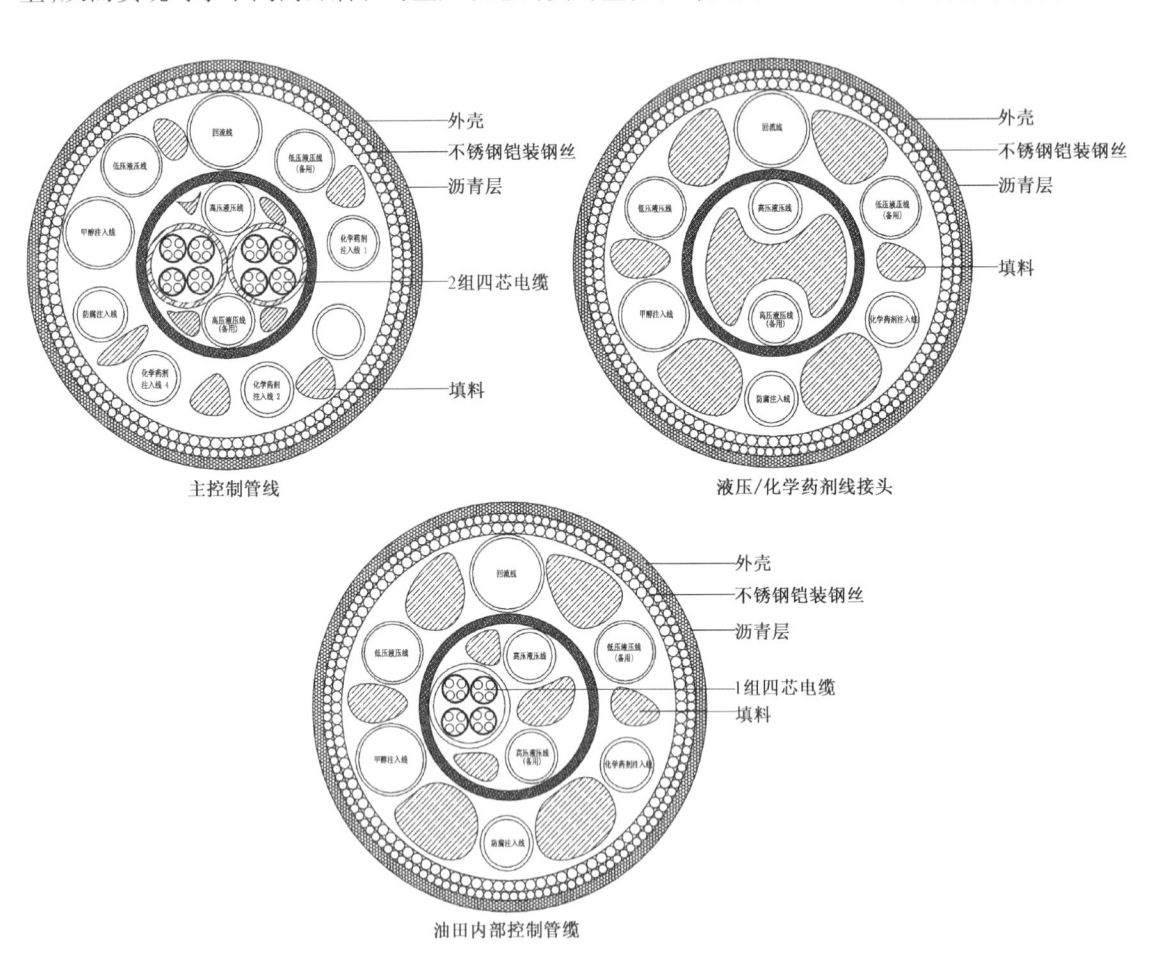

图 17-3-99 复合电液控制脐带缆剖面图

8) 水下控制设备

水下控制脐带缆终端装置(SUTU):这一装置采用外置阴极保护的结构,其内有 2×4 路电子线路接头和液压液/化学药剂注入分配管线。SUTU 的位置在基本设计阶段与 ODP 有所不同,考虑到电压供给和信号衰减的平衡,基本设计中 SUTU 距离 S2 井最近,其中 SUTU 通过小于 50m 的电力/液压/化学剂跨接管与 S2 井相连;SUTU 分别通过油田内部脐带缆与 S1、S3、S4 井的 UTA 相连,然后通过小于 50m 的电力/液压/化学剂跨接管与 S1、S3、S4 井分别相连。

水下控制模块(SCM):乐东 22-1 气田采用 4 个水下控制模块,分别安装在每个井口的采油树上,水下控制模块用于接收 MCS 的指令,对采油树上的阀门进行操作、关断,将阀门的状态及井口的压力、温度信号送到 MCS 进行显示。每一水下控制模块中的水下电子模块(SCM)基于微处理器,冗余设置,可以对来自 MCS 的信号和来自水下井口的信号进行调制解调。

第六节　水下输配电技术进展

早期水下湿式电接头仅用于为水下电液控制系统提供通信所需电力,随着水下可控环境电连接技术的发展,水下电力传输效率、通信速率和带宽等技术瓶颈逐步突破,水下大功率湿式插拔电接头技术日渐成熟,通过海底电缆为水下增压系统等设备供电成为可能。1996 年我国流花 11-1 油田在世界上首次实现了为水下电潜泵供电的水下湿式电接头工业化,目前水下输配电系统选型设计已成为水下电液、全电气控制和水下增压技术等得以实现的核心。

一、水下输配电系统的基本模式

目前应用水下生产系统进行海上油气田开发时,可选择的水下输配电模式主要有三种:
(1)直接输配电。水面配电 + 变频传输 + 水下湿式电连接系统,见图 17-3-100。
(2)水下高压输送系统 + 水下降压变压器以及湿式电连接系统,见图 17-3-101。

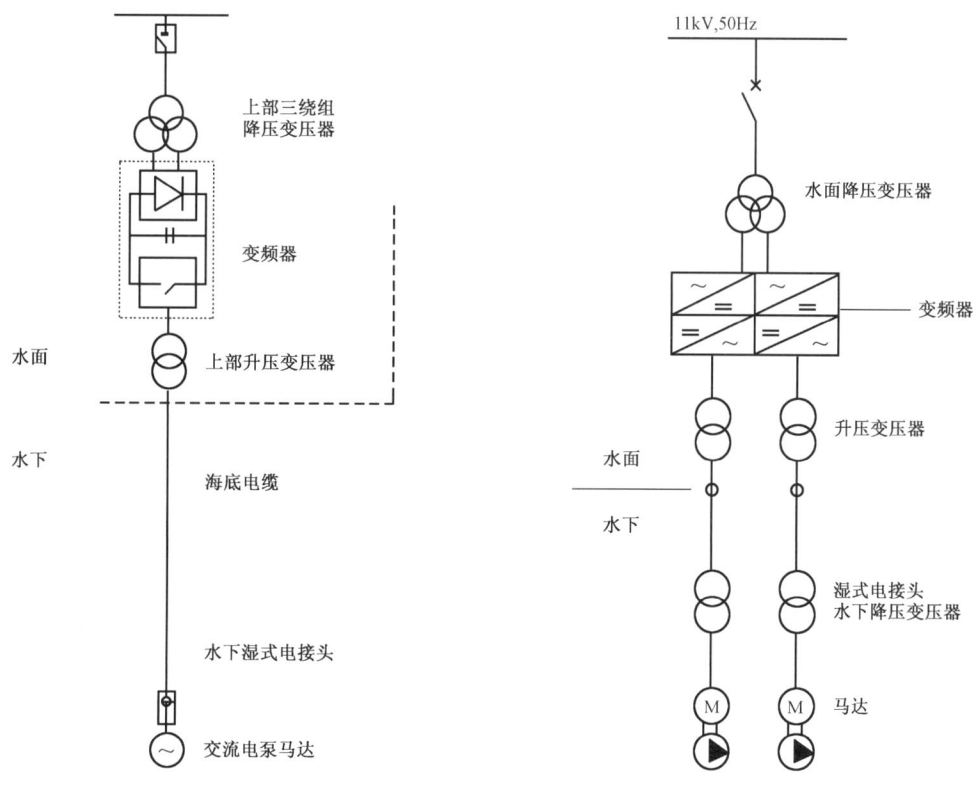

图 17-3-100　直接输配电　　　　图 17-3-101　上部 + 水下变压器

(3)水下输电系统 + 水下输配电(水下变压器、变频器)及湿式电连接系统,见图 17-3-102。

1. 直接输配电

其主要特点是水面配电 + 变频传输,与水下用户之间关系是一对一。早期复合电液控制系统传输功率不大,通常采用水下固定频率交流传输方式,水下配电任务并不复杂。随着大功率变频调速泵的普遍使用,水面配电和高压变频输电成为水下系统输配电的一种重要方式。这一系统包括:水面供电设备,如降压变压器、变频器、滤波器、升压变压器、水下配电设备(如水下湿式电接头/电动机)。

图 17-3-103 给出直接输配电应用案例，当采用变频输电作为长距输电方式时，只需在水下安装电动机和湿式电接头等基本部件，而将主要的电气部件安装在水面。面临的技术难点主要在于：

（1）选择合适的变频设备，避免高频谐波激发连接负载的共振，特别是长距离输电线路难以精确做到阻抗匹配，因此必需作为负载的一部分加以考虑。

（2）补偿传输损失。

（3）如采用升压变压器，则必须考虑低频与磁芯饱和现象。

如当变压器设计参数为 60Hz 时，在预期最小期望负载情况下，变压器的磁芯最大磁通将可能达到 60Hz 时的约 1.6 倍以上。当水下有多个独立的高压用户时，每个用户需独立的供电线路，系统成本将急剧增加。此时变频输电将导致水面升压变压器磁芯过大，这也成为变频输电难以克服的缺陷。因此，通过单根高压线路向水下进行直流（DC）或固定频率交流（AC）供电，而将完整的配电和变频系统移至水

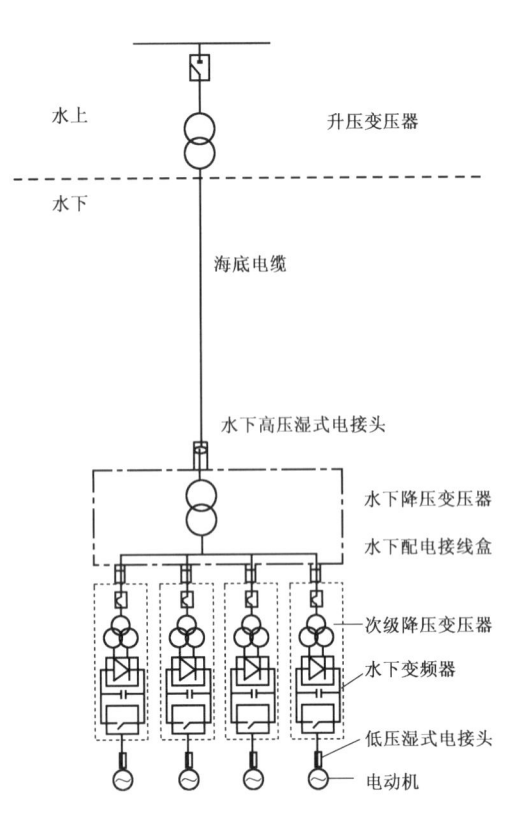

图 17-3-102 水下输配电

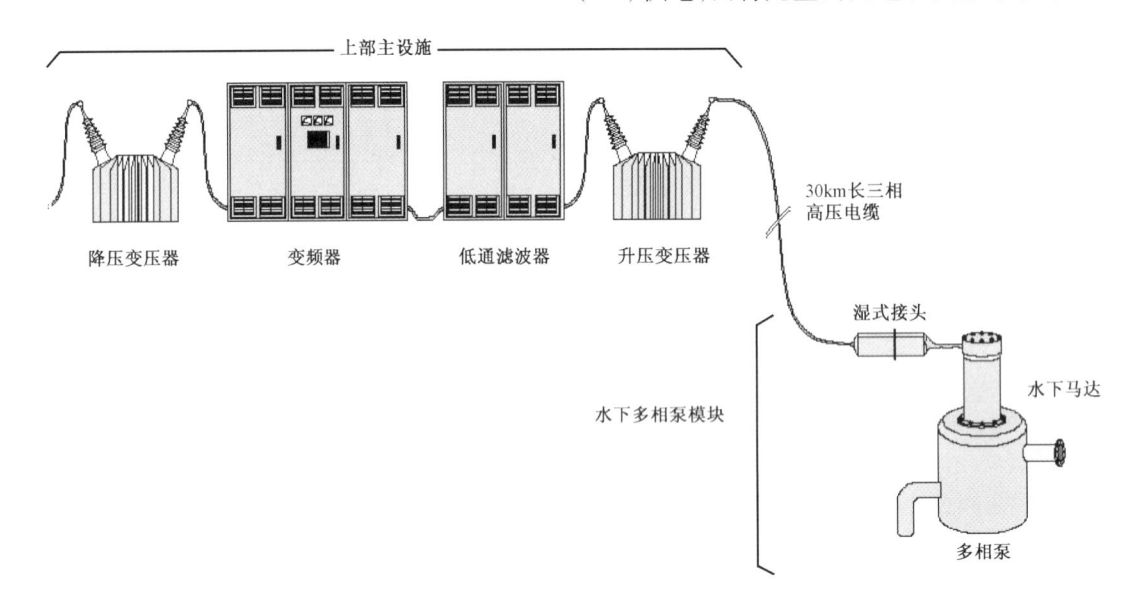

图 17-3-103 水面配电+变频传输示意图

下成为更诱人的方法。

2. 水下高压输配电系统+水下变压器

该方案最大特点是使用了水下变压器，可进一步延长水下系统的回接距离。

目前已经工业应用的水下变压器和电动机都是油浸式的，可通过分离隔膜实现深海海底外部压力补偿。此外，海水具有很好的散热功能。所包括的主要设备包括：水面供电设备（如降压变压器、变频器、滤波器、升压变压器）及水下配电设备（水下高压湿式电接头/电动机、水下降压变压器等）。

3. 水下输配电

这种方式与平台供电类似,特点是应用了水下变压器、水下变频器。采用水下变频器可省去变频器与电动机之间长距离海缆,允许变频器输出电压具有较大的变形,省去了输出滤波器和输出变压器,因而降低了供电设备的尺寸和成本。系统组成包括:水面供电设备(如降压变压器、变频器、滤波器、升压变压器)和水下配电设备(水下湿式电接头、电机、水下降压变压器、水下变频器)。

三种方式比较见表17-3-25。

表17-3-25 各种电力供应方式的简单比较

名称	距离	水深	功率电压	组成及特点	应用业绩
直接输配电	≤30km	≤350m	<3MW <6.6kV	基本组成 水面:降压变压器、变频器、滤波器、升压变压器 水下:高压湿式电接头/电动机、海缆 主要特点: (1)一对一:一用户一套系统、一条海缆; (2)电损耗较大,距离受限制; (3)上部变频器需具有单独的IGBT$_s$开关,需考虑高频谐波; 应用较多	LF22-1 LH11-1 Troll
水下高压输配电系统+水下变压器	≤80km	≤550m	<3MW <36kV 记录12kV	基本组成 水面:降压变压器、变频器、滤波器、升压变压器 水下:水下降压变压器 ≤12kV高压湿式电接头/电动机、海缆 特点: (1)一对一:一用户一套系统、一条海缆; (2)高压输送,损耗减少,回接距离增加; (3)上部变频器需具有单独的IGBT$_s$开关;系统设计中需要考虑变频器高频谐波、升压变压器磁芯饱和; ≤12kV水平上所有技术已经验证	西非ETAP CEIBA
水下输配电	≤200km	≤2000m	单用户 ≤3MW 总功率 ≤10MW	基本组成 水面:变频器、滤波器、升压变压器 水下:高压湿式电接头、水下降压变压器,根据用户情况配置水下变频器、电动机、海缆 特点: (1)多个用户、一套上部系统、一条海缆; (2)水下降压装置可根据用户电压等级配套多个次级变压器; (3)每个用户按性能要求配备水下变频器; (4)水下变频器可以采用GTO$_s$或SCR开关器件,简化了电缆设计; (5)单相技术通过验证,整体无应用	已经过室内测试,还无现场应用案例

二、选型设计要点

进行水下输配电选型设计,需要考虑以下几点:

(1)油气田总体开发方案;
(2)水下配电设备数量;
(3)用电量;
(4)水下安装、维修作业;
(5)所选用水下配电技术成熟度。

三、水下输配电系统主要设备

1. 高压湿式电接头

高压湿式电接头是水下可插拔连接器,每个电插座由独立的油腔保护。TRONIC 最先开发了系列水下湿式电接头,并取得了成功的应用,目前可达到最高电压等级为 36kV。高压湿式电接头特点为:

(1)高压湿式电接头在海水中对接即可通电,确保不漏电。
(2)用电绝缘液冲洗接头间的空间,用氮气将环空中的电绝缘油挤出,保护湿式接头不因金属膨胀而损坏。
(3)高压湿式电接头的插头咬合部分类似于普通的三相插头,该系统中充满了油或电绝缘液,可以在一定程度上补偿湿式电接头长时间在高压、变频强电流工作状态下引起的热膨胀。
(4)其选型设计应符合国际电气协会标准 IEC 60502 – 1/61442(1997)。

高压湿式电接头的选择主要与电压等级、用户、技术水平、水下工程方案等有关。

2. 水下电动机

水下电动机选择应综合考虑以下因素:供电电压、效率、可靠性、技术成熟程度。

电动机:采用油浸、高压鼠笼式感应电动机,包括湿绕型和罐装型。由径向和轴向水动力倾斜填料轴承支撑,其中绝缘介质同时也是润滑冷却液,可以冷却电动机,保证电动机内部压力略高于流体和周围环境,无级转速调节通过上部变频器实现。电动机的额定电压和频率根据生产需求确定,电动机绝缘等级为 F 级,其制造和实验符合国际电器协会 IEC 34 标准,具体电压等级则需要综合考虑变频器、输电线和湿插拔连接器等确定。

至于效率,湿绕电动机比罐装式更高。湿绕电动机效率与填充流体黏性有关,充油式最低、充气式最高,充水式居中,2000kW 时效率接近 90%。当处理的流体较干净时,罐装电动机通常非常可靠,但因为这里处理的多相原油物性复杂,罐装电动机的可靠性优势无法体现,因此常选择简单的湿绕电动机方案。

3. 变频器选择和共振处理

变频器产生的高频谐波未经处理将可能激发变频器负载(包括升压变压器、长距离输电线和电机)共振,造成高频过压和过流、震动、负荷、热,甚至破坏其绝缘能力。因此必须针对具体的线路构成进行计算和仿真,以优化系统参数。

4. 水下变压器

水下变压器(图 17 – 3 – 104)包括内部变压器箱体、外部保护壳体、油补偿装置、高压侧的高压电接头、低压侧的 3 个低压穿透器、绝缘冷却油系统等。当采用水下配电和变频时,其系统模型如图 17 – 3 – 104 所示。

四、传输方式

长距离水下传输既可采用固定频率交流电(AC)也可采用直流(DC)传输。两种输电方式比较如下:

(1)两者都是可行的。

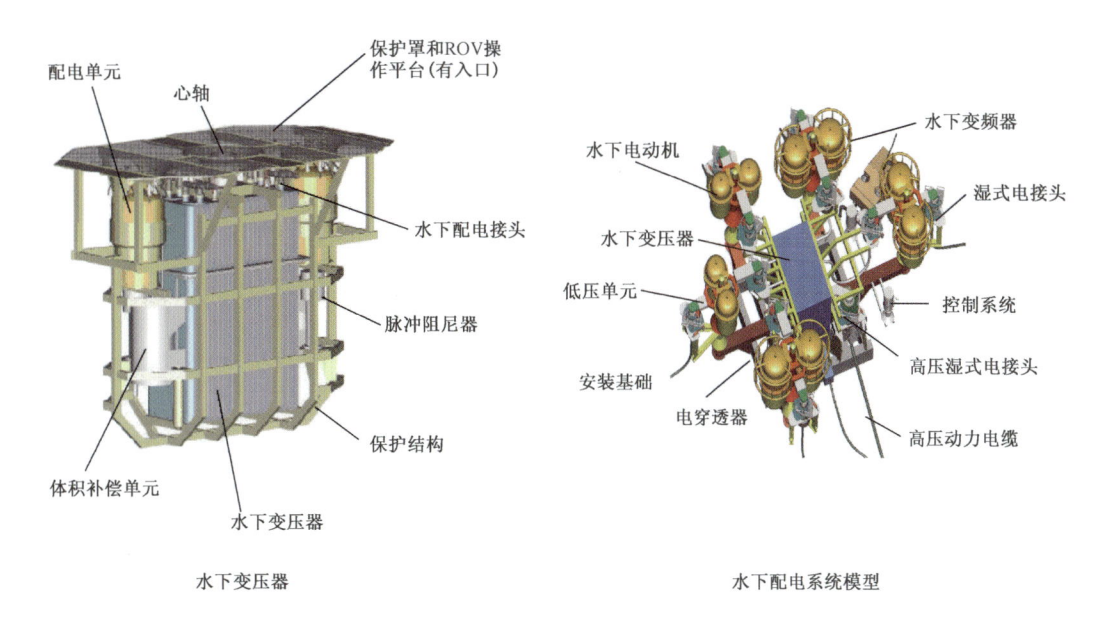

图 17-3-104 水下输配电系统

(2) DC 传输的能量损失远低于 AC 传输。

(3) AC 传输的水下系统要求更为复杂且灵活性差。

(4) AC 传输系统的稳定性必须通过仔细的设计加以保证,并且有谐波损耗等问题,因此传输距离有限;DC 传输更为可靠,本质上是稳定的,其传输距离至受电缆直径和电压影响,理论上可传输 10~800km。

(5) AC 传输的电缆直径通常较细,但绝缘性能要求高,使两者成本基本持平。

用于水下的动力电缆通常既输送电力还需考虑水下电动机等所需的润滑冷却介质输送。同时当有多个用户时,从形式上可用捆扎式或独立铺设。

第七节 水下生产设备的完整性试验

水下生产设备完整性试验的主要目的如下:
(1) 检验产品是否达到合同要求。
(2) 验证产品性能是否满足油气田现场的实际要求。
(3) 使海上工作人员了解和掌握相应的水下生产设备的功能、操作方式和故障诊断方法。

完整性试验应能模拟海上油气田现场的实际操作条件,所以在试验前,应根据具体油气田的操作条件,参考其操作维修手册制定相应的水下生产设备完整性试验内容、试验程序和试验计划,其中包括验收标准、检查清单,完整性试验的所有程序应报业主审查批准。

考虑影像记录是水下设备实际运行中故障诊断的主要手段,推荐使用全息摄像和视频记录试验过程。

水下生产设备的完整性试验主要内容如下:
(1) 现场检查验收;
(2) 陆地试验;
(3) 浅水试验;
(4) 深水试验。

一、现场验收检查

现场验收检查主要是为了验证分承包商所运送设备到货后是否损坏,能否正常工作。

现场验收检查程序应包括试验程序和设备接收程序,同时应明确设施、设备和材料以及其他现场验收清单。现场验收包括如下内容:

(1)开箱、组装并检查设备和系统;
(2)检查液压流体的清洁度;
(3)试验所有的机械和液压功能,从试验 PC 机中发送所有的应用命令,验证水下控制模块的应答和动作执行情况。

现场验收试验适用于所有设备,包括用于完整性或其他现场试验的租用设备。

在现场验收前,厂家应提供水下生产设备性能试验结果报告,包括静水压试验和气密性试验、静水压循环试验、载荷试验、最低和最高温度试验、温度循环、使用寿命/耐久性试验、产品系列的验证等。

表 17-3-26 列出了必须反复承受静水压(或气压,如适用)循环试验以模拟现场长期作业中会出现的启动和关断压力循环的设备。进行这些静水压循环试验时,在达到规定的压力循环数之前,设备应交替地加压到满额定工作压力,然后泄压。每一个压力循环均不要求保压期。在静水压循环试验之前和之后,应进行标准静水压(或气压,如适用)试验。

表 17-3-26 性能验证试验附加要求

零部件	压力循环试验（次数）	温度循环试验（次数）	耐久性循环试验（次数）
OEC（other end connectors 其他末端连接）	200	不适用	PMR[①] 或最小 3[②]（PMR：per manufactures rating）
井口装置/采油树/四通连接装置	3	不适用	PMR 或最小 3[②]
油管悬挂器四通	3	不适用	不适用
阀	200	3	200
阀驱动器	200	3	200
采油树帽连接装置	3	不适用	PMR 或最小 3[②]
出油管线连接装置	200	不适用	PMR 或最小 3[②]
水下节流阀	200	不适用	200
水下节流阀驱动器	200	3	200
水下井口装置套管悬挂器	3	不适用	不适用
水下井口装置环形密封总成	3	3	不适用
水下井口装置油管悬挂器	3	3	3[②]
泥线油管悬挂器四通	3	不适用	不适用
泥线井口装置油管悬挂器	3	3	3[②]
送入工具	3	不适用	PMR 或最小 3[②]

① 厂家所规定的实验次数不应少于规定的最小循环次数;
② 在各循环之间,可更换密封件和其他易损件。

二、陆地试验

1. 子系统试验

子系统试验是将整个水下生产系统分解成若干个能够同时试验的子系统,在独立调试试验中,可以对相关设备进行操作期间可能发生的异常状态下的"系统极限"试验,比如低液压供给、低电压供应等,以便验证子系统的工作性能。

子系统试验是在各个子系统出厂验收试验和全部水下生产系统试验之间进行的中间过程,应根据实际工程的需要制定子系统的试验内容和试验深度,通常包括如下内容:

（1）水下生产控制系统和采油树整体性能试验。

试验目的在于验证水下生产控制系统和采油树协同工作能力，实现既定的各项功能。试验时，采油树将安装在能模拟井筒压力、环空压力、水下采油树水面控制的井下安全阀连接和具有井筒监测传感器的试验架上，同时采用试验用微机和液压动力源，对水下采油树的各个控制阀门以及信号采集功能进行逐一测试验证。

（2）修井控制系统和采油树/立管底部总成/采油树作业工具整体性能试验。

试验目的在于验证修井模式下水下采油树工作性能，试验内容与生产控制模式试验类似。

（3）生产控制系统的试验。

试验目的在于验证水下控制系统与平台 PCDA（生产控制数据管理）、紧急关断系统的界面，同时验证其对各个生产井的控制功能和监测功能，可使用水下控制模块模拟器组合进行试验。

（4）维修系统的试验。

维修系统试验的是为了验证维修系统中各种组件的功能，如遥控作业工具系统、遥控作业机器人及其作业工具包。

2. 系统试验

系统试验是为了验证所有水下设备/系统，包括维修设备在海上实际生产和运行过程中应执行的各种操作功能。系统试验内容如下：

油管挂的安装和回收；

采油树的安装和回收，包括采油树帽、底部立管总成和作业工具等；

验证各部件之间的连接，如采油树和管汇间连接；

修井模式下采油树功能试验；

水下控制模块、油嘴等的安装和回收；

控制管缆（液压/化学剂注入管线和电气连接）和出油管线的牵引和连接；

重新安装后管汇的公差检查；

生产控制模式下采油树功能试验；

维修试验；

试验采油树的验证。

其中人工控制的系统功能性试验非常重要。维修实验的主要目的是验证系统接口以及遥控作业工具 ROT、遥控作业机器人 ROV 和作业工具的功能，此外，还应进行导向柱/小型柱更换和连接器的机械控制等试验。

3. 互换性试验

互换性试验适用于水下生产系统的各种主要设备或部件，如采油树、水下控制模块、水下管汇等，目的在于验证安装在井槽上的采油树、采油树帽、水下控制模块、管汇和其他子系统具有互换性，以便简化加工设计和海上安装、维修作业。其中采油树的互换性通过模拟基盘井槽的特制试验架完成。

三、浅水试验

浅水实验的目的是优化海上安装程序，使海上作业和操作人员熟悉水下设备和整套水下生产系统，提高水下安装操作的效率和安全性，同时为深水实验做好准备。浅水试验包括的主要内容如下：

（1）油管挂的下入和回收；

（2）采油树组件的下入和回收；

（3）安装采油树和管汇间连接装置；

（4）液压中转控制盒，XT 油嘴等的下入和回收；

（5）控制管缆和管线的牵引和连接；

(6)修井控制模式下采油树功能试验;

(7)生产控制模式下采油树的功能试验;

(8)遥控作业工具(ROT)的下入,同时应通过具体操作对遥控作业工具(ROT)完成水下作业的能力进行全面测试;

(9)遥控作业机器人(ROV)功能试验,即使用遥控作业机器人(ROV)对实际的水下设施进行的安装、拆卸功能测试;

(10)验证修井立管在处理和动态载荷期间维持螺母预应力的能力。

另外在浅水试验阶段,应对所有的备份系统进行试验,以最大限度地保证未来实际生产过程中设备的安全可靠。

四、深水试验及后期完整性试验

1. 深水实验

当所设计的水下生产系统中将使用新研制开发的设备或子模块时,一般需要对这一单元进行深水实际试验或能够模拟实际使用深水环境的区域试验后再投入使用。

2. 后期完整性试验

水下设备完整性试验前后,应进行下列准备工作:

(1)执行维修程序(检查相关性和质量);

(2)进行必要的试验活动的修正和重复;

(3)翻新;

(4)保存;

(5)所有文档更新到"已试验"状况;

(6)运输和交付的准备工作。

3. 试验设施

完整性试验对现场各种设施的最低要求如下:

(1)带起吊能力的测试设施。具有吊装和支撑采油树及其组件的能力(采油树、立管上部总成、采油树作业工具、采油树帽、试验框架和作业工具等)。

(2)清洁的试验设施。在试验过程中,试验设备上不应有任何影响试验效果的颗粒摩擦作用如研磨等发生。

(3)高速计算机测试系统。以便进行水下生产控制系统的系统试验。

(4)用于储存设备的室内空间设施。

(5)浅水试验场地应尽量选择靠近陆上场地的、平坦的海底区域,便于模拟模块安装,尽量减少浅水试验所需的控制管缆长度。

(6)浅水试验现场所需的水深根据具体设备和模拟操作等确定。

(7)浅水/深水试验用海底区域应适合于进行管线和控制管缆的牵引。

(8)浅水试验期间,应有模拟钻井船作业船舶或设备。

(9)完整性试验所需要的办公设备。

第八节　水下生产系统的典型投产程序

水下生产设备一般通过钻井船或工作船安装在预定油气田的海底区域,安装过程中需要根据具体安装环节逐级进行安装测试,整个水下生产设施和水面支持设施全部安装到位后,进行投产前系统预调试,测试正常后进入油田试运转或投产环节。

通常应按照水下生产系统相关标准编制调试大纲,并在此基础上制定完整性试验和FAT试验程序,从而保证整个工程的连续性,具体试验人员也可以通过参加FAT、完整性试验积累经验,为预调试/试运转过的顺利进行提供保障。下面将以垂直采油树为例,通过具体案例给出典型的预调试/试运转程序,供工程人员参考。

一、水下油井启动的典型程序

假定投产前整个水下生产系统的初始状态如下:
(1)所有的遥控操作阀门处于关闭状态。
(2)生产控制系统监测到的井筒压力为17MPa(2500psi)。
(3)甲醇注入管线加压到7MPa(1000psi)。
(4)生产主阀(PMV)和井下安全阀(SCSSV)之间的压力约为18MPa(2600psi)。
(5)关井压力为18MPa(2600psi)。
(6)管线加压到18MPa(2600psi)。

生产井启动程序如下:
(1)启动甲醇注入泵,并将压力设定为7MPa(1000psi),打开上部隔离阀,使甲醇直接进入甲醇注入管线。
(2)将甲醇流入压力调节到17MPa(2500psi),以减小通过甲醇注入阀门(MIV)两侧的压差。
(3)打开甲醇注入阀门(MIV)。
(4)将甲醇流入压力调节到18MPa(2600psi),以减小通过生产主阀(PMV)的压差。
(5)打开生产主阀(PMV)。
(6)将甲醇注入压力调节到20MPa(2900psi),以使甲醇能够注入油藏中,同时密切监测井筒中压力的上升情况,当井筒中的压力停止上升时,通过井下安全阀(SCSSV)将甲醇注入油藏中。
(7)打开井下安全阀(SCSSV)。
(8)将所需数量的甲醇注入井中。
(9)确保管线加压到18MPa(2600psi),以减小通过生产主阀(PWV)的压差。
(10)打开生产主阀(PWV)。
(11)打开平台隔离阀。
(12)打开平台油嘴,接着打开油嘴程序。
(13)将甲醇流量调节到生产所需流量。
(14)监测井中的温度上升过程。
(15)当油嘴的产出液温度高于水合物生成温度时,停止注入甲醇(关闭MIV)。
(16)如试验成功,程序就结束,否则检查问题所在,重复以上试验过程。

二、生产主阀(PMV)泄漏试验程序

假定试验前整个水下生产系统的初始状态如下:
(1)所有的遥控操作阀门处于关闭状态,打开LMV阀。
(2)生产控制系统监测到的井筒压力是17MPa(2500psi)。
(3)甲醇注入管线加压到7MPa(1000psi)。
(4)生产主阀(PMV)和井下安全阀(SCSSV)间的压差大约为10MPa(1500psi)。
(5)关井压力为18MPa(2600psi)。

典型的生产主阀(PMV)泄漏试验程序如下:
(1)启动甲醇注入泵,将调节压力设定到7MPa(1000psi),打开顶部隔离阀,使甲醇直接进入甲醇注入管线。
(2)将甲醇流入压力调节为17MPa(2500psi)以减小通过甲醇注入阀(MIV)的压差。
(3)打开甲醇注入阀(MIV)。
(4)隔离甲醇泵,从甲醇注入管线中排放甲醇,直到其压力达到10MPa(1500psi)以减小通过

生产主阀(PMV)的压差。

(5)打开生产主阀(PMV)。

(6)将甲醇流入压力调节到10MPa(1500psi),打开上部隔离阀。

(7)将甲醇流入压力调节到20MPa(2900psi),监测井筒中的压力上升情况,当压力达到18MPa,并停止上升时,通过井下安全阀(SCSSV)将甲醇注入油藏中;当井筒中的压力停止上升时,停止注入甲醇。

(8)关闭生产主阀(PMV)。

(9)将甲醇注入管线的压力降到13MPa(1900psi),使通过生产主阀(PMV)的压差降为5MPa(750psi)[5MPa(750psi)仅为试验案例]。

(10)关闭甲醇注入阀门(MIV),监测井筒中的压力上升4min。

三、环空、井筒、井下传感器现场试验验证

投产前需要测试部分设备/系统的功能,目的在于验证从水下生产系统传输到水面控制设备中的井筒和环空压力、井筒压力和温度等数据是否正确,所需测试的系统和设备如下:

(1)水下采油树;
(2)液压/化学药剂/电力分配系统;
(3)水下控制模块;
(4)液压动力单元(HPU);
(5)安装在平台上的水面控制单元;
(6)甲醇注入系统;
(7)环空排放系统。

如达到下列预期目标,就标志着试验成功。

(1)安装在平台上的水面控制单元至少可以读出低、中和高三种不同的压力等级,同时所测量的井筒和环空压力与实际压力相吻合。

(2)井筒内测试数据和实际"期望"值相吻合。

四、试运转过程

与水下生产系统相关的试运转过程分解为以下三步:

(1)SCSSV的泄漏试验;
(2)SCSSV的性能试验;
(3)油井启动。

通常应一次完成以上各个步骤,其中SCSSV泄漏试验和性能试验的目的在于验证SCSSV的泄漏量是否在验收标准范围内,SCSSV能否正常打开或关闭。

初始状态:

(1)所有的遥控操作阀门处于关闭状态;
(2)生产控制系统监测到的井筒压力为17MPa(2500psi);
(3)甲醇注入管线加压到7MPa(1000psi);
(4)生产主阀(PMV)和SCSSV之间的压力大约为18MPa(2600psi);
(5)关井压力为18MPa(2600psi)。

典型的SCSSV的泄漏试验和性能试验程序如下:

(1)启动甲醇注入泵,将压力设定为7MPa(1000psi),打开上部隔离阀,甲醇进入甲醇注入管线;

(2)将甲醇流入压力调节到17MPa(2500psi),以减小通过甲醇注入阀(MIV)的压差;

(3)打开甲醇注入阀(MIV);

(4) 将甲醇流入压力调节到18MPa(2600psi)，以减小通过生产主阀(PMV)的压差；

(5) 打开生产主阀(PMV)；

(6) 将甲醇流入压力调节到20MPa(2900psi)，使甲醇注入油藏中，当井筒中的压力停止上升时，将甲醇注入量降到最小值(150L/h)；

(7) 打开SCSSV(性能试验)，验证生产控制系统是否响应；

(8) 关闭SCSSV(性能试验)，验证生产控制系统是否响应；

(9) 将甲醇管线卸压到11MPa(1600psi)，此时通过PMV的差压为7MPa(1000psi)[7MPa(1000psi)仅为一个试验点]；

(10) 关闭甲醇注入阀(MIV)，监测井筒中的压力上升时间4min；

(11) 关闭生产主阀(PMV)或继续投产程序。

第九节 典型水下生产系统工程方案

在北海、巴西、墨西哥湾和西非通过FPSO、SEMI-FPS+水下生产系统进行大型油气田的开发，通过水下生产系统回接方式进行卫星井、边际油气田的开发已经成为深水、超深水油气田开发的主要模式之一，SHELL公司的COULOMB气田创造水深记录2413m，STATOIL公司作业的位于挪威北海的Snøhvit气田创造了143km的回接记录，建设中水深记录为JUBILEE气田，水深2756m，最长回接距离为160km。随着我国海洋石油开发的目标由渤海等浅水海域转向东海，特别是南海的中深水域，水下生产技术应用的重要性日益显示出来，随着LH11-1油田的投产，我国海洋石油工业在水下生产技术方面已实现从无到有质的飞跃，已投产的水下油田情况见表17-3-27，目前正在建造中荔湾3-1气田是我国第一个深水油气田，水深1480m，将采用全水下生产设施、约80km海底混输管道回接到水深200m的浅水增压平台进行开发。

表17-3-27 我国水下生产系统的应用现状

项　目	LH11-1	LF22-2	HZ32-5
水深	310m	333m	115m
油田特点	南海最大的深水油田	深水边际油田	卫星油田
基本开发方案	水下井口+FPS(锚泊)+FPSO(自带单点)+海底管线	水下井口+FPSO(自带单点)+柔性立管	卫星井水下气举井口+海底管线、控制脐带缆+处理平台(HZ26-1)
控制系统	液压控制	复合电液压控制	复合电液压控制
合作外方	AOPC	Statoil	CACT

本节主要介绍我国已投产水下油气田和典型的、采用水下生产系统开发的国外油气田工程方案，以期对工程方案的设计与比选提供参考。

一、流花11-1油田深水开发技术——FPS+FPSO+25井水下生产系统

流花11-1油田位于香港东南约200km的南中国海，是迄今为止中国南海最大的油田，于1987年1月由LH11-1-1A探井发现，1996年3月投产。

1. 工程方案简述

流花11-1油田前期研究中进行了固定平台、张力腿平台、SPAR和半潜式平台等方案比选，最终采用一艘FPS+一艘FPSO+25井集中式水下生产系统+电潜泵人工举升相结合的工程方案进行油田开发(图17-3-105)，采用直接液压控制，这是我国第一个采用水下生产技术开发的海上油气田。

工程设施包括一艘永久系泊在那里的浮式生产系统(FPS)、25井式集中式水下生产系统和一艘浮式生产储卸油轮(FPSO)。其中FPS是一艘经过改装的半潜式钻井平台，拥有水平井钻

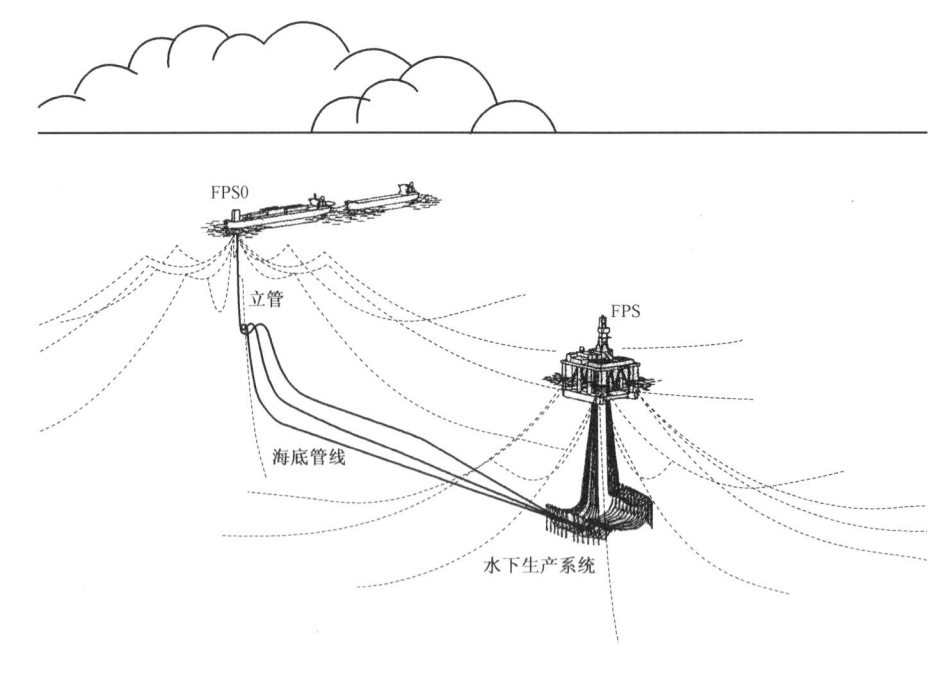

图 17-3-105　流花 11-1 油田总体开发方案示意图

井、完井、修井系统，能安装和操作水下生产设备，并为井下电潜泵提供动力。FPSO 是一艘经过改装的约 14 万吨级的油轮，日处理高达 65000bbl(10335m³)原油和 30×10⁴bbl(47700m³)总液量，包括一级、二级分离器和水处理设备等，水下各个井口生产液通过海底管汇回接到浮式生产储卸油轮(FPSO)上进行处理。

水下生产系统设计能力为 25 口井，采用 H 型中枢管汇系统，长 80m，宽 40m，各井原油从 4 个分支汇集于 H 型中枢管汇，再经两条 13½in(342.9mm)的海底生产管道输送到 FPSO，另有一条 6in(152.4mm)测试管线提供单井计量或作为紧急情况下的备用生产管线，如图 17-3-11 所示。

流花 LH11-1 油田开发工程创造了当时 7 项世界纪录，归纳为以下几点：
(1) 水下大型集中式管汇；
(2) 适用于 ESP 完井的水下卧式采油树；
(3) 井口之间的钢制跨接管及预制技术；
(4) 湿式电接头技术在民用工业首次使用；
(5) 浮式生产平台(FPS)支持的悬链式柔性立管系统；
(6) 水下作业机器人及特殊作业工具的使用；
(7) 新型海底管线固定底座及钢制长跨接管。

2. 水下生产系统组成

流花 LH11-1 采用"组块搭接式水下生产系统"，包括水下井口和永久导向基座，水下卧式采油树，中枢管汇，将各个井口连接成一体的刚性跨接管，直接液压控制系统，电缆悬挂系统及湿式电接头等。基本特点为：
(1) 水下卧式采油树与水下井口、永久导向基座相连；
(2) 以中枢管汇为中心各个井口通过刚制性短跨接管连接成为 4 个分支布置，产出原油先在分管汇汇集后，再输送到总管汇，最后经海底管线送至 FPSO；
(3) 中枢管汇与海底管道之间通过长跨接管连接；
(4) 采用水下电潜泵技术；每个电潜泵由单独电缆供电；
(5) 采用水下直接液压控制系统；

（6）水下作业全部由 ROV 完成；

（7）各个分支管汇和生产井出液管间有一个用 ROV 操作的隔离阀，当采油树需要维修回收时，关闭相应的两组分管汇上方的隔离阀，避免影响其他井的生产；

（8）各分支井与中枢管汇间也有 ROV 操作的隔离阀，以便进行单井测量或其他作业。

柔性立管和海底管道系统用于 FPS、FPSO 和海底管汇及相应的操作系统间的连接与信号传递、原油输送等，主要包括：

（1）每口井电潜泵供电的海底电缆；

（2）液压控制脐带缆；

（3）化学药剂注入管线；

（4）海底管道压力检测管线；

（5）生产管线。

1）水下设备

（1）水下生产系统第一组块——中枢管汇和跨接管。

水下管汇系统包括两条 13 1/8 in 的生产管线和一条 6in 单井测试管线，各个生产井通过刚性跨接管连接，形成 4 个分支管汇，再通过跨接管和中枢管汇相连接。中枢管汇由两条生产管线和一条测试管线组成，两条生产管线中的任何一条均可汇集 25 口井的产出液，这时另一条就用做计量管汇。计量管汇可以和 FPS 上的服务立管阀组连接，在安装期间进行试压，根据油井需要注入化学药剂，在压井或长期停产后进行海底管线清洗和启动。

中枢管汇上安装有 4 个控制液压分配盘，主控室液压信号通过控制脐带缆传输到水下液压分配盘，再传递到各个采油树控制点。

（2）水下生产系统第二组块——永久导向基座（PGFBS）。

LH11-1 项目中使用的永久导向基座尺寸稍大，除具有导向和作为基础（支持泥线上水下钻井完井设备）的功能外，还具有生产导向基盘的功能，即集液作用，基座的下部设有两条 12in (304.8mm) 的集液管，原油经采油树与集液管间的生产阀进入集液管。

（3）水下生产系统第三组块——卧式采油树。

流花 LH11-1 油田采用无潜水作业的卧式采油树、大通道设计，无需回收采油树就可以回收井下管柱及电潜泵；同时为了方便水下机器人（ROV）操作，所有阀门均设计在水平方向，各种功能的球阀、门阀集中设在一块 ROV 操作面板上，利用这些开关可直接控制生产阀、环空阀、安全阀、化学药剂注入阀等，另外，生产阀、水面控制水下安全阀及化学药剂注入阀，也可以在平台上通过液压遥控开启和关闭，安全阀在紧急状态下能够自动关断。

（4）水下生产系统第四组块——采油树帽。

采油树帽内固定着 WMEC（湿式电接头）插座，采油树帽外侧法兰盘内是干式电接头（DMEC）的插头。当采油树帽和油管头连接时，内部电接头也随之连接，连接过程中有一小软管可用来输送矿物油或绝缘油进行电接头的冲洗和海水置换。

设计中考虑到极限海况条件下，将最危险的断面（主要考虑受弯剪切）放在海底电缆接头一端的紧急破坏法兰上，其主要作用是：在外力远未达到破坏井口设备的临界值之前，连接该法兰的螺栓先断裂，从而使海底电缆与采油树帽脱开，以免危害采油树帽及井口。

（5）采油树组件安装工具。

采油树、采油树帽的安装采用同一种安装工具——多功能完井、修井工具（URT）。URT 经 4 条导向缆固定在采油树上，整个安装作业通过计算机控制程序实现，安装工具的手臂能够自动对中，锁定升降高度，整套系统动作通过液压控制完成。这种工具不仅可以进行采油树帽安装、回收，在修井作业中，还可把采油树帽移位到 PGFBS 上的支架上，进行油管塞密封压力、湿式电接头电路测试及水中电缆指定参数测试，这样，可以避免将采油树帽和 IWPC 收回平台的作业，从而减少水中电缆的起下作业，延长电缆线使用寿命，同时减少作业时间。

(6)液压控制系统。

流花11-1油田水下生产系统采用直接液压控制系统,水面控制单元包括HPU、MCS、TUTA等,水下控制单元包括4个水下液压分配盘,每个分配盘负责6~7口井的控制功能,再通过控制脐带缆传递到每个采油树及管汇上相应控制点。

(7)水下系统电潜泵技术。

在流花11-1油田开发中首次使用了水下电潜泵技术,其核心是水下湿式电接头。其他相关设备包括油管挂、采油树帽、水力U形座封式生产封隔器等。

① 湿式电接头、采油树帽、油管挂设计。

电潜泵的井下电缆终端——湿式电接头(WMEC)插头被固定在油管挂中,电潜泵的水中电缆的终端WMEC插座被固定在采油树帽内,盖采油树帽时,套筒形的插座随采油树帽一起套在油管挂的插头上,不用专门安装WMEC。

WMEC的设计工作参数为:电压5000V、电流为125A、频率为60Hz;插头的咬合部分类似于普通的三相插头,加上保护、导向套管的长度约为50cm、直径8cm。

采用WMEC后在海水中对接即可通电,确保不漏电;为了保险起见,用电绝缘液冲洗采油树帽与油管挂之间的空间,以替换环空中的海水,防止漏电,在电绝缘液冲洗后,为补偿因WMEC由于长时间在高压、变频强电流工作状态下引起的热膨胀,用氮气将环空中的电绝缘油挤出,就可以在一定程度上补偿由于温度升高引起的膨胀,保护采油树帽不因金属膨胀而损坏。

② 电潜泵。

鉴于流花LH11-1油田属于高黏、低压底水油藏,选用了Reda公司生产的562系列电潜泵总成HN13500(73Stage、540hp、125A、5000V),电潜泵供电电缆下端与采油树帽相连,上端悬挂在FPS下甲板上,与电潜泵控制室中相应的变频器相连。

单井生产阀及安全阀的开关由FPS通过液压直接控制,采油树的液压接头通过水下控制软管与位于中枢管汇上的液压分配盘相连,液压分配盘又通过液压控制缆直接与FPS的中心控制室相接,液压控制缆与水中电缆一样,悬挂在FPS的下层甲板上。

③ 水力坐封式生产封隔器。

由NODECO提供的可再次坐封的封隔器有4个通道:地层液流动通道、FPS电缆穿越器、化学药剂注入管线和备用控制管线,其最大优势是具有再次坐封的功能,考虑到湿式电接头、油管挂及采油树帽等水下生产系统的复杂性和特殊性,采用这种封隔器,可以避免每次修井都要起出管柱更换封隔器,从而节省修井作业时间和费用。

(8)水下遥控作业机器人(ROV)。

在流花11-1油田的开发中,ROV完成的主要作业:能够代替潜水员执行一切作业;协助安装作业、具有较强的机动性;进行例行的日常维修和检测;可以执行高界面的综合性任务。为了保证系统在任何情况下的正常工作,LH11-1油田共选用了两台ROV,技术要求如下:

① 一台固定式ROV在平台作业,另一台移动式ROV能移至工作船等其他船只上进行水下作业;

② 两台ROV均为100hp,6个推进器;

③ 能在两节海流中拖着600ft(182.88m)的脐带作业,脐带卷筒能绞600ft(182.88m)的ROV脐带;

④ 配备多功能工具模块;

⑤ 一支七功能机械手,一支五功能大力机械手,插、拔插销的工具等;

⑥ 6架摄像机,其中一台可调焦、一台笔式摄像机装在机械手上。

2)水下生产系统安装程序

水下井口设备按照三大块依次安装,次序如下:

(1)首先将永久性导向基座锁紧到30in(762mm)的表层导管头上。

(2)其次将水下采油树锁紧在18¾in(476.25mm)水下井口上,同时将采油树出油管线接头连接到永久导向基座上。

(3)最后将采油树帽连同电潜泵的水中电缆一起盖在采油树上,电潜泵的电路从此接通,原油经采油树的出油管进入永久导向基座下部的集输管线内,通过各井口之间刚性跨接管连接各井,此时永久导向基座的集输管接头与接头连接在一起,将独立的生产单元——水下井口采油树连成一体,这样各个独立的井口就被连接成4个分支,原油从井口汇集到中枢管汇后,再从中枢管汇通过钢制长跨接管进入海底生产管线,回接到油轮。

3. 海上生产设施

1)半潜式生产平台(FPS)的选型

流花11-1油田的设计水深为310m,使用常规的导管架平台作为生产平台,造价高达10亿美元,而建造一座新的张力腿平台的费用估计为12亿美元,最终改装一艘船况、船龄合适的半潜式钻井平台作为生产平台,再加上与之相应的水下生产系统的建造费用约为2亿美元,这座平台具备钻井、完井、修井功能,并能安装回收水下井口设备,为井底电潜泵提供悬挂月池和电力,设计寿命20年,采用永久系泊。

FPS上有7个月池,分别为:转塔月池、ROV前后月池,左舷、右舷悬链悬挂月池,左舷、右舷、跨接管安装月池。

2)浮式生产储卸油轮系统(FPSO)

流花11-1油田的FPSO是由一艘14万吨级的油轮改造而成的,采用永久式内转塔单点系泊系统,这是南中国海第一艘永久单点系泊油轮,该油轮具有电力供给、原油净化处理、储存及卸油等功能。高峰日处理总液量为30×10^4bbl(47700m³),原油65000bbl(10335m³)。在流花油田原油的处理中,采用了世界上较为先进的电脱盐/脱水二合一技术,即在一个罐内同时完成脱盐脱水。

在流花11-1油田系泊系统的设计中,考虑台风极限方向性的问题(对流花11-1油田而言,东北方向的风、浪、流较西北方向的大),对FPSO、FPS两套系泊系统进行了优化设计。

常规FPS的系泊通常采用8条或12条对称锚链,通过应用台风极限方向性理论,最终将FPS永久性系泊中每组对称锚链中减少一条,采用非对称性锚泊系统,且大部分锚链有不同程度的缩短。

FPSO系泊布置注意对称性,采用10根4½in(114.3mm)锚泊系统,应用台风极值方向性理论后锚链长度缩短。

4. 流花11-1油田运行情况

根据流花11-1油田作业者的描述和目前得到的数据分析,自投产至今,水下生产系统和电潜泵运行基本稳定,单井修井间隔约4~5年(不包括必要的钻井),有3口井已连续运行了8年,创造了电潜泵运行的世界纪录;采油树、控制系统除常规维护外没有进行特别修理;但某些采油树间的跨接管、管汇上与FPS服务立管联接的2in(50.8mm)管多次出现腐蚀穿孔,而且越来越频繁,最多一年出现4次穿孔泄漏,故障统计见表17-3-28,水下生产系统泄漏情况汇总表见表17-3-29。

表17-3-28 流花11-1油田水下生产系统投产后故障汇总

序号	问题部件或部位	问题描述	处理方案	备注
1	D-BIV-1	在关阀位置锁死	ROV处理	
2	B-TSV-2	在关阀位置锁死	ROV处理	
3	C-BIV-1	阀内漏	ROV处理	
4	B-BIV-1	阀内漏	ROV处理	

续表

序号	问题部件或部位	问题描述	处理方案	备注
5	B02 PLIV-2	打开不能关闭	ROV 处理	
6	C02 PMIV	在开阀位置锁死	ROV 处理	
7	SRIV-2	指示故障	ROV 处理	
8	B02 UPHV	关阀不能断流	ROV 处理	
9	B04 AMIV	开阀位置锁死	ROV 处理	
10	PWV	开阀位置锁死	ROV 处理	
11	PWV	指示故障 B02，C04	ROV 处理	
12	UPHV	指示故障 A06	ROV 处理	
13	AMIV，PMIV	D06 仪表损坏 AMIV，PMIV 关闭	ROV 处理	
14	CIV	指示故障 A03，B02，B05	ROV 处理	
15		B04 高压液压管线在环形面上有泄漏点	ROV 处理	
16		A06，C04 化学注入管线环形面上泄漏	ROV 处理	

表 17-3-29 流花 11-1 油田水下生产系统泄漏情况

年份	泄漏次数	位置	修复方式	备注
1998	1	中枢管汇 2in 管	化学法	
1999	2	中枢管汇 2in 管	化学法	
	3	中枢管汇 2in 管（同第一次位置）	化学法	
	4	中枢管汇 2in 管（同第一次位置）	化学法加卡箍	
2000	5	A1 井 4in 管线	化学法加卡箍	
	6	A1 井 4in 管线（同一位置）	化学法加卡箍	
2001	7	C7 井 4in 管线	化学法加卡箍	
	8	C7 井 4in 管线（同一位置）	化学法加卡箍	
2002	9	C7 井 4in 管线（同一位置）	化学法加卡箍	
	10	C7 井 4in 管线	化学法加卡箍	
	11	中枢管汇 2in 管	化学法加卡箍	
	12	B1 井 4in 管线	化学法加卡箍	
2004	13	中枢管汇 2in 管	化学法加卡箍	
	14	C7 井泄漏	采油树地面维修	
2005	15	中枢管汇 2in 管	化学法加卡箍	

流花 LH11-1 油田已得到成功开发，充分证明了新技术的使用是降低投资费用、提高油田采收率的有效途径，同时来自流花 11-1 油田开发的经验也为水下生产系统在我国海上油气田中应用拉开了序幕。

二、陆丰 22-1 深水边际油田开发典范——一艘 FPSO + 5 井式水下生产系统

陆丰 22-1（LF22-1）油田位于南中国海，香港东南 265km，水深 333m，由挪威国家石油（东方）有限公司和中海石油（中国）有限公司深圳分公司联合开发。夏季强热带风暴、冬季季风、内波等复杂的环境条件和含蜡原油等多种不利因素使项目开发面临巨大挑战。在 LF22-1 油田的开发过程中，长期租用一艘小巧的半沉式 STP 浮筒与多功能旋转接头相结合的单点系泊系统的 FPSO，配以全自动控制水下生产系统，以及世界石油界首次在采油树上使用泥线增压泵相结合开发油田的新构思，挽救了这个水深 333m、几经易手的小边际油田，仅用不到 1.5 亿美元的前期投入、一年半时间就投产了，成为世界深水边际油气田开发工程的典范。

陆丰 22-1 油田采用一艘带 DP2 动力定位的 FPSO 和一套 6 井式水下生产系统（如图 17-3-106 所示），各个水下井口产出液在海底管汇汇集后通过 2 条海底生产管线、沉没式转塔系统（STP）回接到 FPSO，FPSO 在紧急情况下可以解脱。

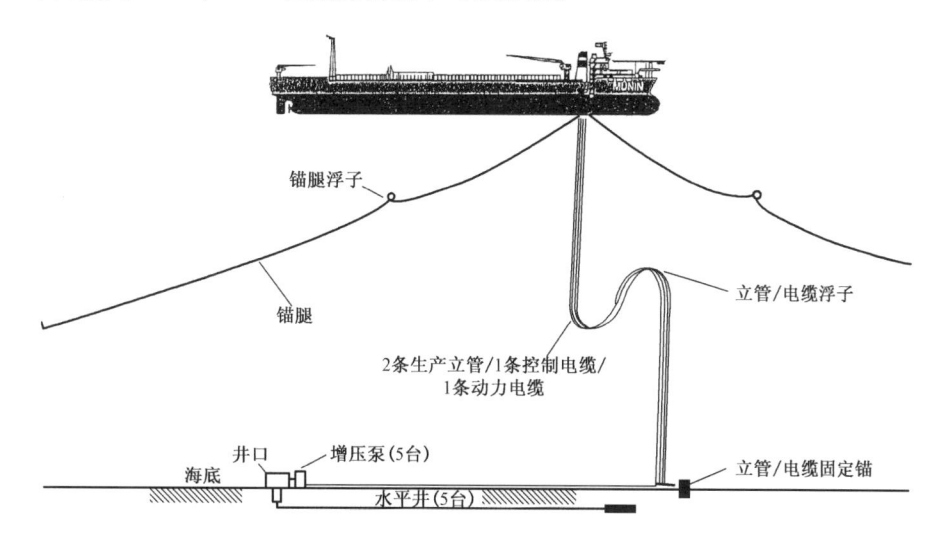

图 17-3-106　LF22-1 水下生产系统

水下生产系统采用 6 井式折叠基盘管汇系统，其中 1 口预留，全部为水平井。各个生产井布置成相对紧凑的扇形，各井产出原油由泥线增压泵增压后汇集到中枢管汇，然后经海底生产管线送至 FPSO；采用复合电液压控制方式；FPSO 采用可解脱单点系泊系统，具有动力定位功能，立管、电缆、电/液压控制脐带缆悬挂在单点浮筒上，海底管线采用柔性管线。由于水深超过了饱和潜水的极限，全部水下作业由 ROV 完成。在 LF22-1 油田的开发系统中，与众不同之处在于无生产平台（FPS），所以不具备修井能力，FPSO 右舷设有一回收专用支架，可起下增压泵。

1. 基本设计参数

陆丰 22-1 油田基本设计参数如下：

API 重度：31.1°API（0.87）；

倾点：46℃；

黏度：4.35~5.1mPa·s（108℃）；

凝固点：43℃；

产量：设计单井高峰期日产液量 25000bbl（3975m³），油轮日处理液量 125000bbl（19875m³）；

温度：井口温度 85℃，管汇、油轮设计温度不低于 65℃；

压力：水下井口配套设备最大工作压力为 3000psi（20.7MPa），采油树工作压力为 5000psi（34.5MPa）。

LF22-1 油田处于内波发生区，在工程设计中采取了针对性措施，具体如下：

（1）根据内波的方向性确定水下生产系统修井、安装作业时船首的方向，以确保受到最强内波袭击时船体处于最小受力状态。

（2）考虑内波流的季节性，即每年 4 月到 10 月初是内波多发季节，应尽量减少在此期间 ROV 水下作业，同时在作业海域东南 2n mile[❶] 布置一个守护船用于内波报警。

（3）优化系泊系统中锚链布置，水下井口布置在两根系泊锚链间夹角的平分线上，以保证 ROV 有足够的作业空间，防止在异常海况情况下，ROV 脐带缆挂在锚链上。1998 年 1 月 29 日，陆丰 22-1 油田就曾发生过因锚链造成脐带缆损坏事故，直接经济损失 300 万美元。

---

❶ 1n mile = 1852m。

2. 水下生产系统组成

LF22-1油田水下生产系统由折叠式基盘、卧式水下采油树、泥线增压泵、基盘管汇、立管、水下控制系统、水下供电系统及相关的连接附件组成。水下井口系统见图17-3-107。

1) 第一组块——折叠式基盘和永久导向基座(PGB)

折叠式基盘:这种基盘最突出的优点是基盘和5~6个井槽连成一体通过钻井平台月池就可以安装,基盘尺寸5.94m×5.94m,如图17-3-108所示,安装时先调整基盘精度,等近海海底泥浆凝固后,ROV接近基盘,解开ROV卸扣,逐个翻开井槽。

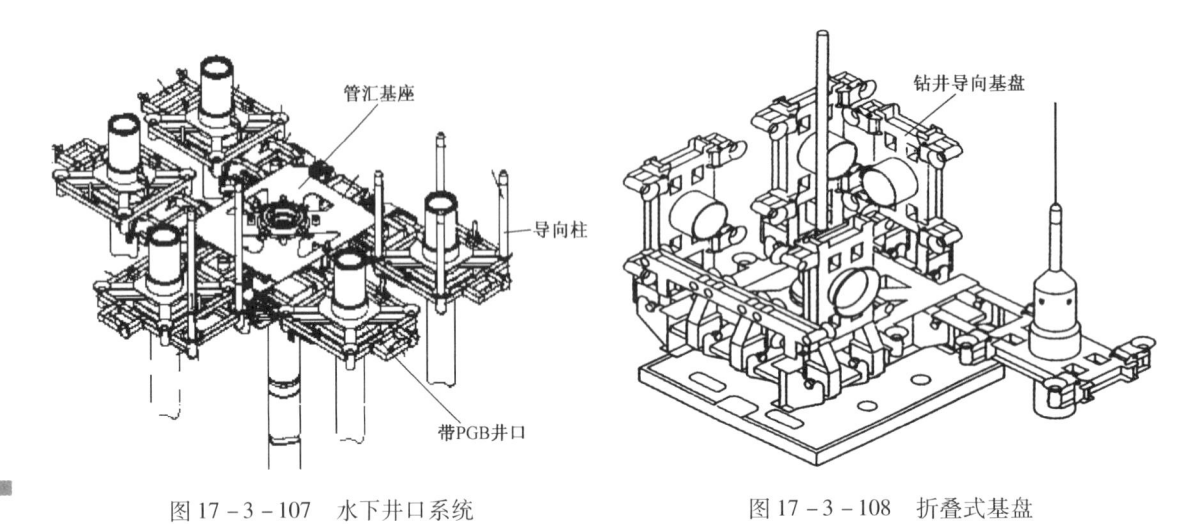

图17-3-107 水下井口系统

图17-3-108 折叠式基盘

永久导向基座:陆丰LF22-1油田采用永久导向基座,具有生产导向基座功能,用于支持泥线上设备,永久导向基座由其安装工具顺着井槽限定的井位和30in表层套管一起下入,永久导向基座水平精度要求非常精确,以保证双定位的采油树出油管连接在中枢管汇一端的分支集液管接口上,然后进行水下管汇的安装准备。

2) 水下井口第二组块——水下管汇和水下复合电液控制系统

水下管汇:水下管汇长7992mm,宽5440mm,高2690mm,重43t,设计能力为6口井,采用常规的半潜式钻井平台就可安装。

中枢管汇为U型生产管线,两个外输接口与海底管线相对应,形成一个封闭环路,可进行清管作业,同时在外输管线的末端、管汇与采油树分支管线上各配有一个ROV操作的球阀,用于切断单井与水下管汇。管汇两侧各有一个导向漏斗,安装时,在钻井平台月池把导向缆放进相应的导向漏斗,管汇即向井口下放、着陆、连接。

复合电液控制系统:陆丰22-1油田采用复合电液控制系统,由水面控制单元(MCS、HPU、EPU、TUTA、CIU)和水下控制模块(SCM)组成,其特点是2个水下控制模块嵌入水下管汇,每个水下控制模块控制3口井的生产。其基本工作原理是:弱电控制信号通过电/液控制脐带缆传输到水下控制模块上,SCM中的单片机驱动模块中的高压蓄能器开启或关闭指定阀组,液压油、柴油、化学药剂等由电/液脐带缆中的液压管供给。

水下控制模块维修、回收、更换通过无导向作业工具(SCMRT)和ROV实现。ROV接受操作命令用SCMRT套住SCM,SCMRT内的膨胀接头打开,SCM锁紧在壳内。

3) 第三组块——水下卧式采油树系统

采油树:陆丰22-1油田采用ROV安装的水下卧式采油树(图17-3-109),16个不同性能的球阀、门阀及锁紧装置分布在三块ROV操作面板上,从操作盘上可直接控制生产阀、环空阀、安全阀、化学药剂注入阀等,其中生产阀、环空阀、生产控制阀、安全阀也可由中控室直接控制,安全阀在紧急情况下可直接关断。采油树安装工具(TRT)采用液压锁紧,安装时保证泥线增压泵接口有一个模型泵安装在采油树上,用于保护其密封,防止污染。

ROV面板:正面两块ROV面板:一块是生产操作面板,用于控制正常作业中的生产阀、生产控制阀、安全阀、化学药剂注入阀;另一块是修井操作面板,用于控制修井阀、柴油注入解堵阀、环空阀。背面ROV面板主要完成采油树外接接头与中心管汇分支接口的连接,完井管串的部分工具作压和解压,以及多功能快速接头的插座等。

采油树帽:采油树帽采用简洁的设计思路,堵头座封在油管挂里,采油树帽可通过隔水套管和防喷器直接座封在采油树井口头上。

4) 第四组块——海底管线垂直重力接头(TDF)

陆丰油田开发中未采用当时海上石油界惯用的UTIS系统——水平牵引连接系统,而采用了海底管线垂直重力接头(TDF),只需安装船本身,就可高效、安全完成海底管线的连接。即利用安装船上张紧导向缆的导轮,TDF接头就顺着两根导向缆落入着陆点,如图17-3-110所示,TDF液压接头锁紧在中心管汇的接口上,ROV完成机械密封和压力测试。

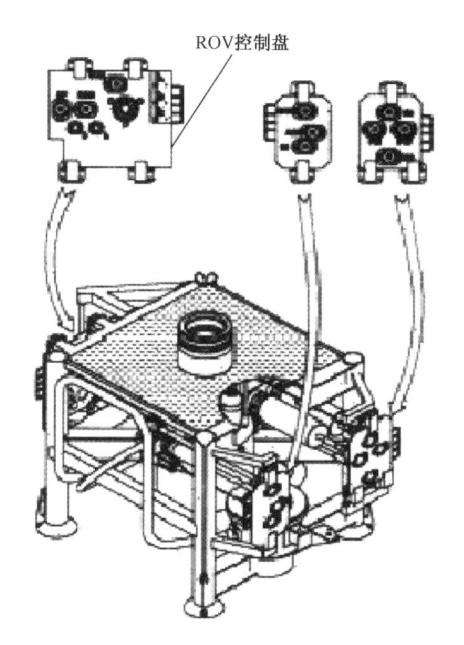

图17-3-109 水下卧式采油树

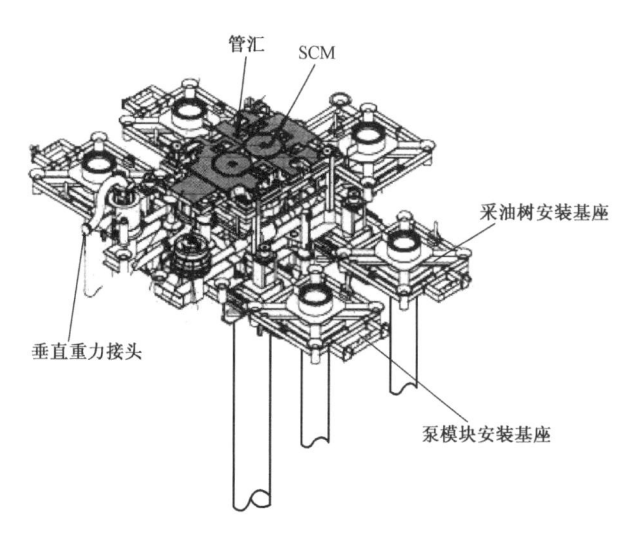

图17-3-110 TDF接头及连接

5) 水下井口的第五组块——人工举升泥线增压泵

泥线增压泵是当时世界海洋石油界创新技术,也是这一技术第一次水下应用,与井下电潜泵相比,泥线增压泵安装在海底,安装时无需起下防喷器、管串、水中电缆、井下电缆等设备,使底水油田通过提高产液量延长油田寿命得以实现。

泥线增压泵是一个双定位组块,即湿式电接头同液压接头同时插入动力电缆终端内,连接泵体与中控室,这时泵的下部也进入采油树的接口,泵体下部包括吸入环空和外输环空,采油树的井液被吸入环空内经过泵体三级增压后,顺着外输环空回到采油树集液管内。ROV起到锁紧和试压作用,同时还可采集增压泵冷却液的油样。

每台增压泵的最大设计排量为25000bbl/d($3975m^3/d$),功率400kW,正常工作电压为3000V,电流为120A,频率为60Hz,设计最大排量为12×10^4bbl/d($19080m^3/d$),最小井口压力100psi(0.689MPa)。

动力电缆内含有6条单独的电缆,ROV将各自电缆悬挂在指定的采油树上,其中落地段的长度因着陆点到各采油树的距离不同而不同,作为备用的第六根最长,可为任一口井备用。每个电缆悬挂终端由3种不同功能的快速接头组成:第一是湿式电接头的插头,用于向增压泵提供电压10000V,电流246A的电力;第二是九针的湿式电接头插头,用于传输泵轴转速和冷却液的物性参数;第三是一个液压快速接头,通过电磁阀源源不断地向泵体输送冷却液。

增压泵环保问题:增压泵的内部环境和外部环境之间的机械密封按 3000psi(20.7MPa)设计,其中润滑油和冷却液的工作压力高于原油吸入环空压力 40bar。如果发生机械密封泄漏,首先是冷却液进入井液,而不是原油污染,随后随压力骤降,控制冷却液的电磁阀开关次数将超过警戒值,增压泵电动机自动关闭。关闭后井口压力回到常压,此时油的泄漏速度将会非常低,11℃的海水会使停产的井形成蜡封,避免进一步的污染。

FPSO 有动力定位功能;可进行增压泵的安装与更换。

6) 水下遥控工作机器人(ROV)

陆丰项目经过详细的技术比较,优化了 ROV 的使用频率,与同类油田相比,同为一台 ROV,总的操作费用仅为二分之一。其 ROV 的技术要求为:一台可移动式 ROV,能移至工作船和钻井平台等其他船只上进行作业;功率 75hp,6 个推进器;4 个摄像机,一台可调焦式主摄像机,一台装在机械手上的笔式摄像机;能够在 2kn[1] 海流中拖着 140m 的脐带作业,脐带卷筒能绞 600m 的 ROV 脐带。

ROV 功能模块:包括旋转工具模块(TT)、插入式液压推动器、辅助作业工具包、柔性工作绳剪断器、低压冲洗枪、黄油注入工具、电缆抓紧器、液压圆盘锯、酸洗泵及工具、一只七功能机械手、一只五功能机械手等。

ROV 作业特点:陆丰油田所采用的、通过动力定位的 FPSO 进行小规模维修作业是世界石油界的首次尝试。海底能见度、各个深度的海流流速,有效波高等都会影响 ROV 作业,而 ROV 的作业时效是决定整个安装作业进程的主要因素。突发性内波威胁着 ROV 作业安全,是致使 ROV 被迫紧急起水的主要原因,如 ROV 正处于作业中,或正在关闭大型阀组,此时如果紧急脱离将会损坏正在作业中的设备;或 ROV 正在运移某个精密、沉重设备,此时如紧急脱离,将会抛弃运移设备,可能砸坏井口其他设备,造成严重的后果。

3. 柔性立管系统

在 STP 浮筒上,悬挂着 4 根柔性立管:

(1) 2 根生产管线与水下中枢管汇相连,管汇具备清管球清管和柴油压井功能。

(2) 1 根绑扎式动力电缆,内含 6 根单井高压电缆、高压电缆芯中配有 1 条液压缆,为海底增压泵提供 2MW 的动力,并提供冷却电动机用的液压油。

(3) 1 根为控制信号缆,包括电、液压传输缆,完成水下井口控制、高压柴油破蜡封、化学药剂注入及计量和监测等。

除此之外,针对陆丰 LF22 – 1 原油含蜡 17% 的特点,油轮的伴热系统需要保持 65℃ 的温度;还应具有海底生产管线及水下总管汇的柴油预循环冲洗系统;清洗球扫线及水下井口液压系统 3000psi(20.7MPa) 高压解封系统;当需要关井 3h 以上时,柴油压至泥线以下 200m,防止蜡封。

4. 陆丰 22 – 1 油田的系泊系统

吸力锚和锚腿:在陆丰项目中首次选用吸力锚作为海上 FPSO 的系泊锚,吸力锚的使用允许锚链起始端有夹角和 300t 以内的上拔力,既节省了费用,又便于安装,还节省了锚链根数,在陆丰 22 – 1 油田中使用 6 根锚链,而流花 11 – 1 使用了 10 条对称的锚链。在锚腿的设计中,考虑到作业海域的海况,东北方向的浪、风、流极值较西北方向大,在确定不同方向的极值后,主要受拉力的东北方向 3 根锚链长于其他 3 根锚链。

多功能旋转接头:在陆丰 22 – 1 项目中首次采用了小巧的半沉式 STP – RC 单点系泊系统和多功能旋转接头相结合的单点系泊系统,任何时候 FPSO 需撤离,只需关断 ESD 阀,盖上临时保护盖,解脱旋转接头,绞车抛放浮筒就可驶离。

---

[1] 1kn = 1n mile/h = (1852/3600) m/s。

多功能旋转接头由4个部分搭接而成,从上到下为:生产集液旋转接头、电刷接头、液压控制接头和电信号接头。在陆丰油田之前,仅丹麦近海的一个油田曾使用过只用于高压油、气田开发的单功能生产集液旋转接头与STP浮筒相结合的单点系泊系统。

STP浮筒的回接与解脱:一般的单点转塔设计必须逐根解脱立管,首先从旋转接头上卸下立管的连接,各自套上临时保护套;然后卸下立管在转塔上的固定法兰盘,绑上回收浮筒临时脱离FPSO;使用STP后,无需逐根解脱立管,4根立管套上保护套,仍固定在STP浮筒上,连同浮筒一起临时脱离FPSO;回接时省去了逐根拔立管的大量时间,STP的倒锥形设计更具有较好的可操作性,回接和解脱时间为32h,而一般单点系统的时间为3～5天;另外,STP的锥形设计,允许在极为恶劣的海况条件下进行回接和解脱作业,在很大程度上提高了油田的生产时效。

5. 安装方式

陆丰22-1油田采油树和水下基盘管汇由钻井船安装,泥线增压泵由FPSO安装,海上安装分五步进行:

第一步,折叠式基盘被锁紧在表层套管头上(30in),下到预定深度和精度后固井,钻井液反至海床,顺着打开的井槽,设置5口井的表层套管。

第二步,水下中心管汇锁紧在钻井底盘上。

第三步,采油树坐在井口头上,采油树的外输管线接头同时连接在中心管汇对应的接口上。

第四步,海底管线的垂直重力接头连接在中心管汇的外输接头上,这样各个独立的井口被连接成封闭回路。

第五步,增压泵安装在采油树上对应支架上,增压泵抽出的原油经各井口汇集到总管汇后,再从中心管汇通过海底输油管线输往油轮。

6. 陆丰22-1油田运行情况

陆丰22-1油田1997年底投产以来累计生产原油超过370×10^4bbl($588300m^3$)(ODP产量250×10^4bbl($397500m^3$)),峰值产量20000bbl/d($3180m^3$/天),目前产量约7000～8000bbl/d($1113～1272m^3$/d)。根据油田作业者的描述和目前得到的数据,除了2004年进行了3口井的侧钻之外没有进行过其他修井活动;自投产至今,水下生产系统和泥线增压泵运行基本稳定,直接影响油田生产的故障共6次,检测到的泄漏事件两次:一次是液压油泄漏,另一次是5号井管汇与采油树之间的密封泄漏。陆丰22-1油田购置了泥线增压泵的起下专用工具,并根据优化后的起下泵程序需要自制了一套模具泵壳,陆丰22-1的专用工具关键部件选用不锈钢,至今状况良好。

创新技术的成功应用使陆丰22-1油田只用一艘FPSO+5井式水下生产系统就得以经济高效开发,之后北海油田、墨西哥湾及北大西洋纽芬兰海域联合开发的Asgard、Terra Norva、Marlim等水深400～1500m巨型油田,均选择了与陆丰22-1类似的水下生产系统工程模式,通过类似的高新技术降低开发成本,使更深海域的边际油气田的经济开发成为可能。

三、惠州32-5油田——水下生产技术在卫星井开发中的应用

惠州32-5和惠州26-1N油田位于中国南海CACT作业者集团合同区块内,油田所在海域水深约120m,距离惠州26-1平台分别为4km和8km。惠州32-5和惠州26-1N油田总体上依托惠州26-1平台进行开发,惠州32-5油田3口生产井,惠州26-1N初期规划两口井,后因油藏方案调整实际投产一口井,都由惠州26-1平台控制,产出液通过海管输送到惠州26-1平台处理。因油藏底层能量低,惠州32-5和惠州26-1N油田采用气举开发。惠州32-5油田1999年3月3日投产,设计寿命15年,惠州26-1N油田2000年6月10日投产。由于水深较浅,水下设施都配备了防渔网拖挂装置,并且购置了一套卧式采油树起下专用工具。

1. 水下方案

惠州32-5油田位于惠州26-1生产平台东南约4km,是一个只有三口分散卫星井的小油

田,水深约115m,在这个油田的开发中采用:卫星井水下气举井口+3条6in海底管线、控制脐带缆+1条4in注气管线回接到惠州26-1生产平台的水下生产系统,见图17-3-111。其基本生产流程是:各井的生产液、气举气混合后经海底管线输送到惠州26-1生产平台处理,分离出的气经净化后做气举气循环使用。惠州32-5油田采用复合电液压控制系统,由混合导向阀/带生产翼阀的直接液压控制。惠州32-5油田的水下生产系统的特点在于:采用了水下管缆终端控制模块、水下气举气调控阀、水下单井防护阀、井口装置、电液压复合控制模块等。作业模式:定期租用ROV巡检。

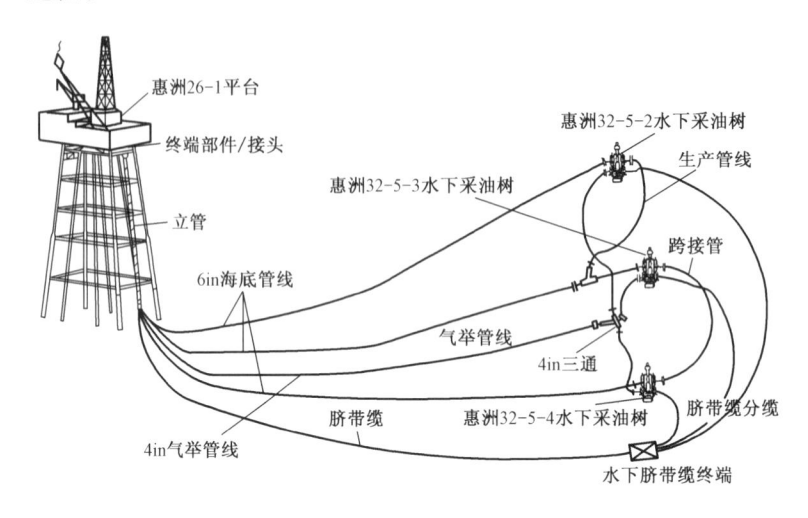

图17-3-111 惠州32-5油田水下生产系统示意图

惠州26-1N油田的水下生产系统包括一棵卧式采油树、一条10in生产管线、一条3.5in注气管线、一条复合电液控制脐带缆及相关附属连接件。

2. 惠州32-5和惠州26-1N油田运行情况

根据油田作业者的描述和目前得到的数据,惠州32-5油田自1999年2月投产以来,水下生产系统主要设施运行基本稳定,共出现甲醇注入管线堵塞、泄漏、注气阀故障、传感器故障等设备故障6次,液压管线被拉断的人为故障1次,因产量低等原因共修井7次;惠州26-1N自2000年6月投产以来,水下生产设备没有出现故障。

四、Mensa凝析气田——水下生产系统回接到浅水固定平台

Mensa气田位于墨西哥湾,水深为1610m,最终可采储量为$20.376×10^8 m^3$($720×10^9 ft^3$)天然气,该气田于1987年发现,1998年正式投产。

Mensa凝析气田采用水下生产系统通过109.4km、12in海底管线回接到浅水固定平台(平台位于West Delta 143区块,水深为112m)进行开发,在固定平台上进行处理后的天然气经过海底管线外输上岸。其开发模式如图17-3-112所示。

三口井的采出液通过跨接管和井口区海底管线回接到水下管汇,见图17-3-113,水下采油树到管汇的距离为9km,跨接管的管径为6in。采用常规采油树、电液控制,采油树的压力等级为10000psia(69MPa)。第四棵采油树于2003年进行安装,利用预留接口。

五、Scarab/Saffron气田——水下生产系统回接到深水管汇

Scarab/Saffron气田位于埃及地中海,距岸90km,水深为620m,储量为$4×10^{12} ft^3$($1132×10^8 m^3$),其开发模式为8井式水下生产系统通过跨接管回接到400m水深的管汇,每套生产管汇与4套水下井口相连,共2套生产管汇,从管汇出来的2根直径为20in并行的海底管线再回接到90m水深的管线终端管汇(PLEM),生产管汇与PLEM的距离为20km,从PLEM出来的天然气分别通过直径为24in和36in的海底管线上岸,从生产管汇到陆上终端的回接距离是90km。Scarab/

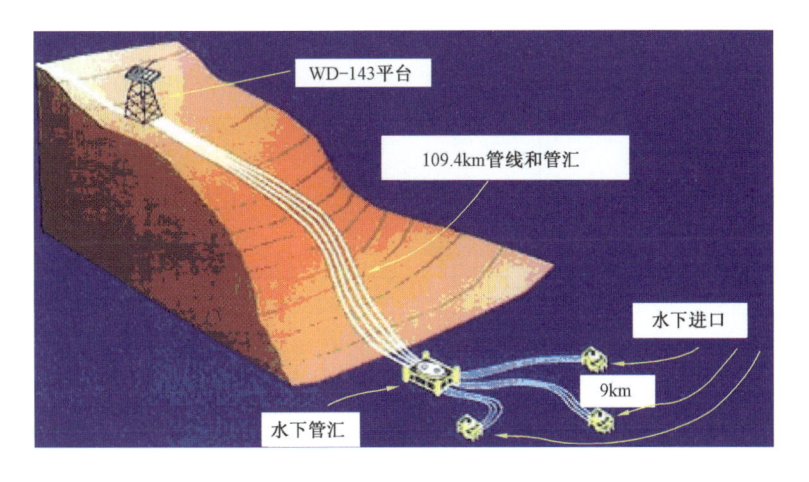

图 17-3-112　Mensa 凝析气田的开发模式

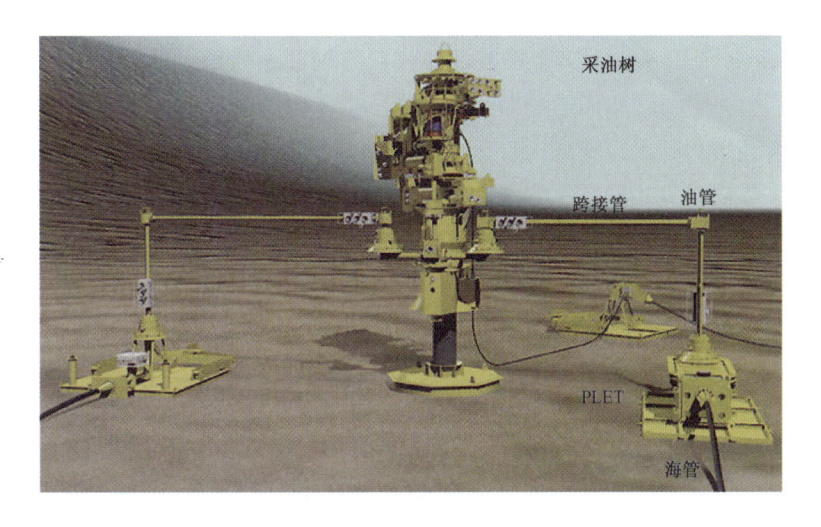

图 17-3-113　水下井口和管汇的连接方式

Saffron gas 气田开发模式如图 17-3-114,开发流程图如图 17-3-115。该气田于 1998 年发现,2003 年 3 月投产。

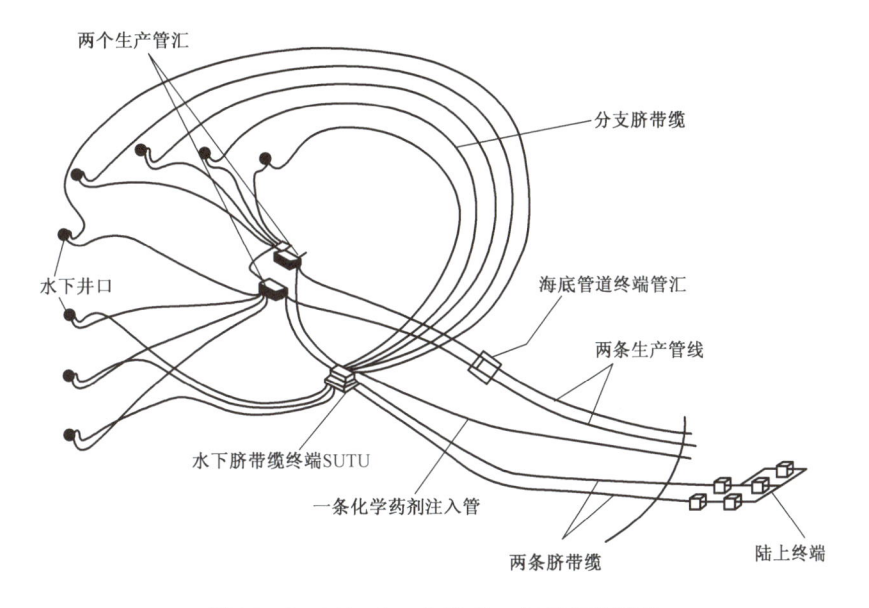

图 17-3-114　Scarab/Saffron 气田开发模式

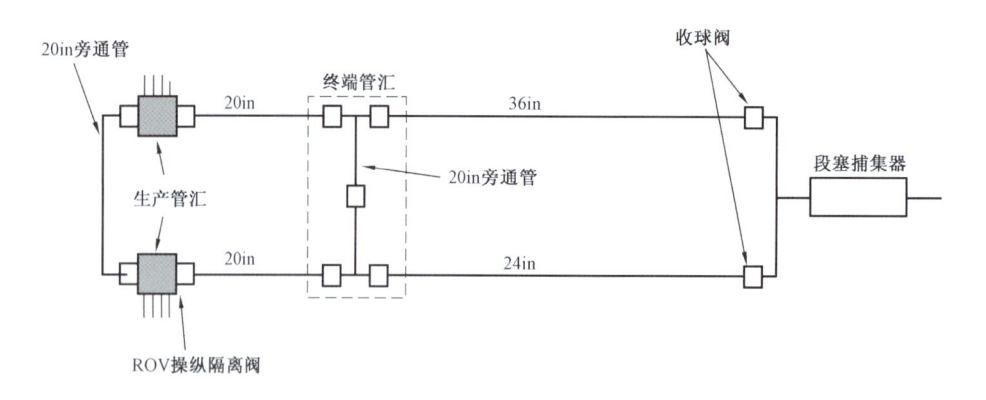

图 17-3-115 Scarab/Saffron 气田流程图

Scarab/Saffron 气田采用复合电液控制系统,水下生产控制系统上部单元安装在陆上终端,通过 2 根海底脐带缆对水下生产系统进行遥控。

六、挪威 Snøhvit 气田——水下生产系统直接回接到陆上终端

Snøhvit 气田是挪威北海区最大气田,气层厚 105m,其下是 14m 厚的油环。储层由下中侏罗统砂岩组成,是从海岸相到内陆架的海侵层序。Snøhvit 气田水深 330m,采用水下生产系统开发的挪威哈默菲斯特以北 140km 的 Snøhvit、Albatross 和 Askeladd 三个气田,直接回接到岸上 Snøhvit LNG 处理终端,年产 $56 \times 10^8 m^3$ LNG,回接距离为 160km,是目前回接距离最长的气田,如图 17-3-116 所示。

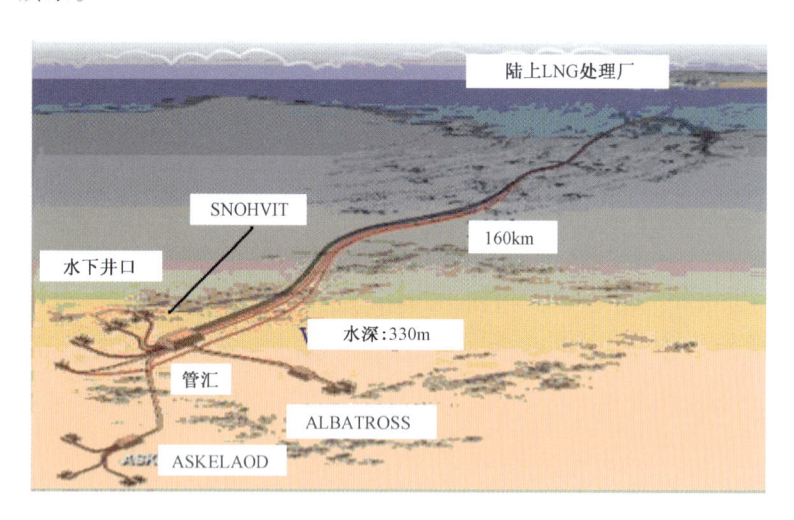

图 17-3-116 Snøhvit 开发方案示意

Snøhvit 气田采出的天然气中含 5%~8% 的 CO_2,这些 CO_2 将在天然气处理过程中分离出来,陆上每年捕集 $CO_2 70 \times 10^4 t$,再通过海底管道注入海底砂岩中储存。

第四章 深水海底管道、立管系统及敷设技术

第一节 概 述

一、海底管道系统

海底管道系统在海上油气田开发建设中主要用途有：
(1) 油气外输管道。
(2) 平台至平台间的管道。
(3) 注水、化学药剂注入、气举管道等，参见图 17-4-1。

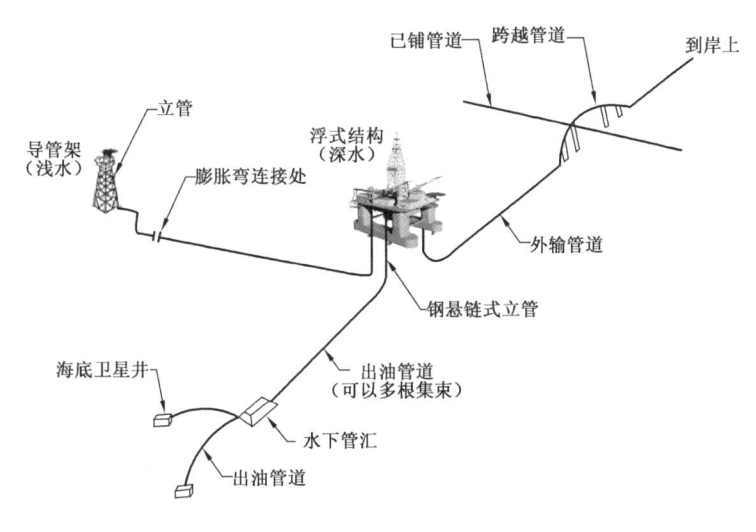

图 17-4-1 海底管道系统示意图

二、海洋立管系统

1. 简述

海洋立管系统是指连接水面上浮式平台和水下设施(如：水下井口、海底管汇、总管等)的导管(包括柔性接头、应力接头、浮筒、端部连接件、抗弯件等)。海洋立管系统通常分为刚性立管和柔性立管(Flexible Riser)两种类型，刚性立管又区分为钢悬链式立管(Steel Catenary Riser,简称 SCR)和顶张紧式立管(Top Tensioned Riser,简称 TTR)。如果采用刚性立管和柔性立管的组合，则将其称为复合立管(Hybrid Riser)。图 17-4-2～图 17-4-5 分别为顶张紧式立管、钢悬链式立管、柔性立管、复合立管四种立管的典型示意图。

2. 国外发展趋势

顶张紧式立管适用于采用 TLP 或 SPAR 浮式平台结构形式的开发方案，用于将水下井口垂直回接到 TLP 或 SPAR 的干式采油树上。目前国外应用的最大水深为墨西哥湾 DEVILS TOWER 项目，水深为 1710m，见图 17-4-6。

钢悬链式立管和柔性立管适用于采用 TLP、SPAR、半潜式浮式结构或 FPSO 的开发方案，用于将水下采油树回接到浮式平台上，但因柔性立管的特殊结构形式，其适应水深远较钢悬链式立管小。目前国外柔性立管应用的最大水深为巴西 Petrobras Roncador P36 项目，水深为 1800m，见

图17-4-7;钢悬链式立管应用的最大水深为墨西哥湾 Na Kika 项目,水深为2316m,见图17-4-8。

复合式立管适用于半潜式浮式结构或 FPSO 的开发方案。目前国外应用的最大水深为安哥拉 Girassol 项目,水深为1350m,见图17-4-9。

3. 立管系统的功能

立管系统的功能主要包括:

(1) 生产或注入;
(2) 钻井;
(3) 外输、输入或介质回路;
(4) 完井;
(5) 修井。

本章深水立管系统仅介绍用于生产的顶张紧式立管和钢悬链式立管,不包括钻井立管、柔性立管和复合立管等。

三、海底管道和海洋立管结构形式

海底管道和海洋立管结构形式主要有:单钢管、双钢管(管中管)及集束管等,参见图17-4-10~图17-4-12。

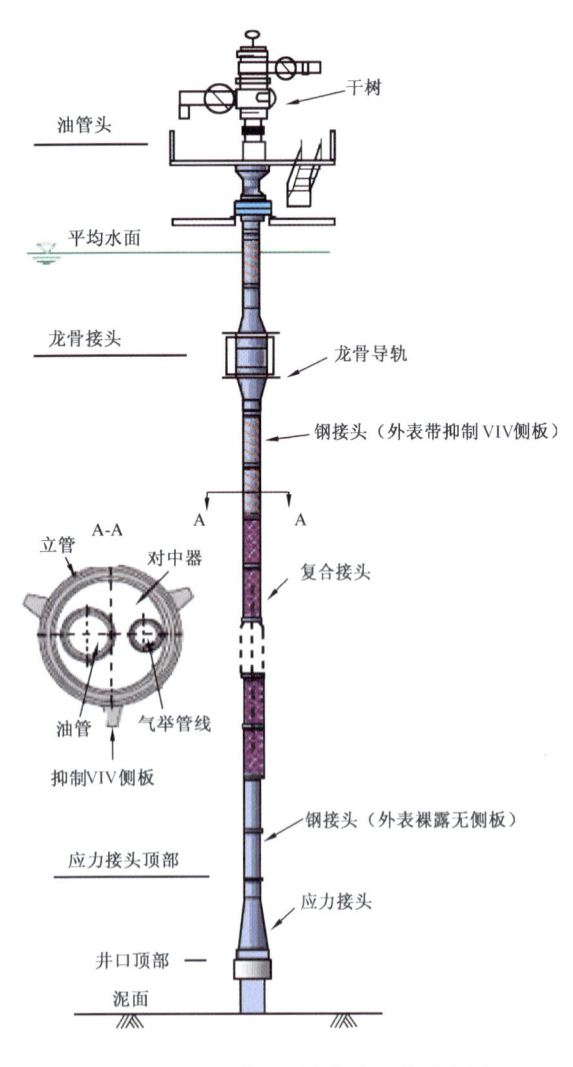

图17-4-2 典型顶张紧式立管示意图

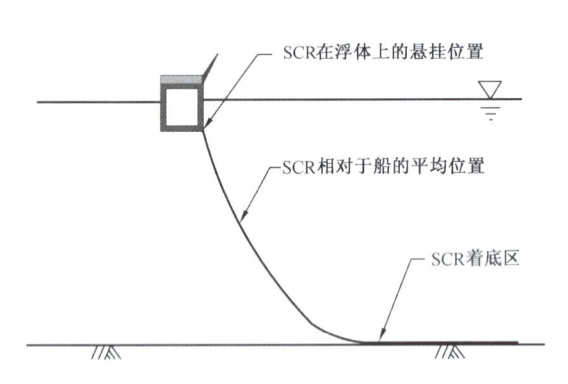

图17-4-3 典型钢悬链式立管示意图

图17-4-4 典型柔性立管示意图

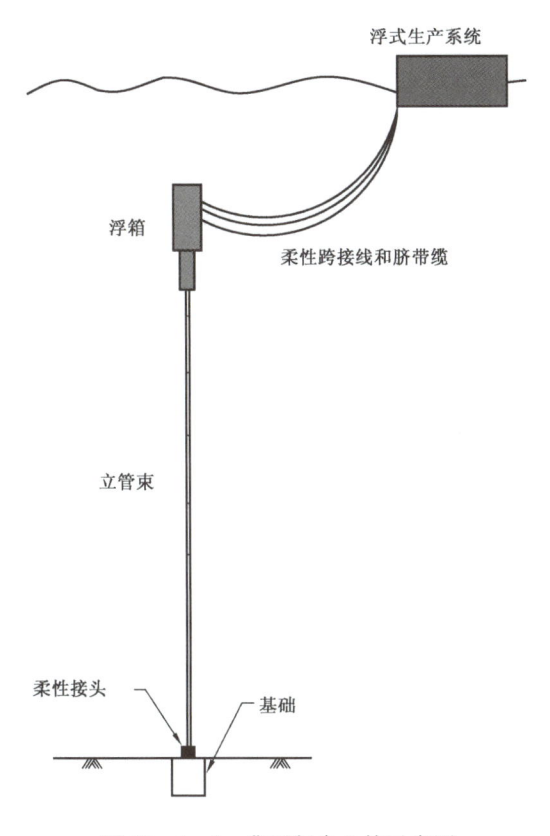

图 17-4-5 典型复合立管示意图

图 17-4-6 墨西哥湾 DEVILS TOWER 项目顶张紧式立管

图 17-4-7 巴西 Petrobras Roncador P36 项目柔性立管

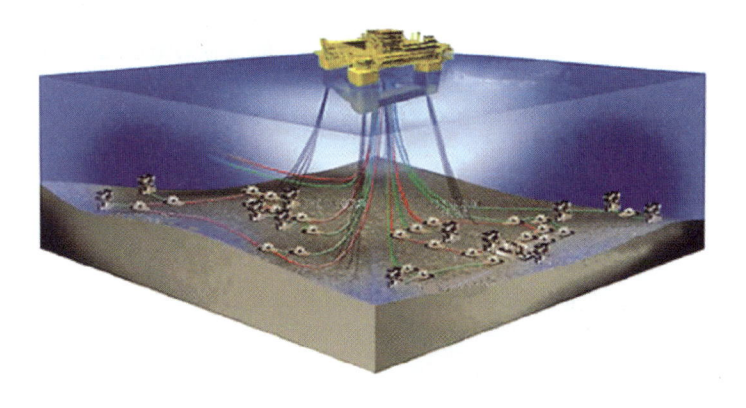

图 17-4-8 墨西哥湾 Na Kika 项目钢悬链式立管

图 17-4-9　安哥拉 Girassol 项目复合立管

图 17-4-10　单钢管示意图

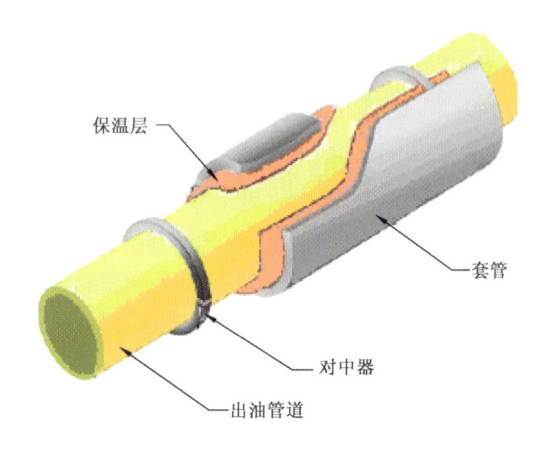

图 17-4-11　双钢管示意图

图 17-4-12　集束管示意图

第二节　深水海底管道

本节主要针对深水油气田开发中的钢质海底管道结构设计进行介绍,不适用于柔性管道结构设计。

深水海底管道结构设计目的是通过对海底管道在不同操作工况(安装、测试、运行等)下强度和稳定性的分析,在保证海底管道安全的前提下,兼顾经济性和可行性,选取适宜的管道结构形式和几何参数。

深水海底管道结构设计与浅水海底管道结构设计方法基本相同,但由于水深增加和深水油气高温高压,深水海底管道较浅水海底管道更易发生压溃和屈曲破坏,对管材要求更高。目前,海底管道结构设计逐渐由许用应力法向基于可靠度分析的荷载抗力系数法过渡,本节以荷载抗力系数法为主对深水海底管道结构设计进行介绍。

深水海底管道对于铺管船的功能、专用机具装备能力要求更高,与浅水作业不同的是:动力定位、张紧器能力更强;弃管/回收靠ROV;水下连接用机械连接器。

一、深水海底管道结构设计标准、规范

目前,在深水海底管道设计中采用的标准、规范主要有:

挪威船级社(DNV) DNV – OS – F101(2002) "Submarine Pipeline Systems";

美国石油学会(API) API RP 1111(1999) "Design, Construction, Operation, and Maintenance of Offshore Hydrocarbon Pipelines – Limit State Design";

美国机械工程师学会(ASME) ASME B31.4(2006) "Pipeline Transportation Systems for Liquid Hydrocarbons and Other Liquids";

美国机械工程师学会(ASME) ASME B31.8(2003) "Gas Transmission and Distribution Piping Systems";

美国船级社(ABS)(2006) "Guide for Building and Classing Undersea Pipelines";

英国标准协会(BS) BS8010 – 3(1993) "Code for Practice for Pipeline – Part3. Pipeline Subsea: Design, Construction and Installation"。

除以上标准、规范外,还常采用一些推荐作法对深水海底管道在某一状态下的安全进行分析,如:

挪威船级社(DNV) DNV – RP – E305(1998) "On Bottom Stability of Submarine Pipeline";

挪威船级社(DNV) DNV – RP – F105(2006) "Free Spanning Pipelines"。

二、深水海底管道结构设计常用软件

在深水海底管道结构设计中,常利用一些通用有限元分析软件和专用分析软件对管道局部强度和某一特定状态或条件下的性能进行分析。

通用有限元分析软件:
(1)ABAQUS;
(2)ANSYS。

专用分析软件:
(1)AGA——管道在位稳定性分析软件;
(2)OFFPIPE——管道海上安装分析软件;
(3)PIPECALC——管道高温屈曲分析软件;
(4)PONDUS——波流作用下海床上管道动力响应分析软件。

三、深水海底管道结构设计基础

深水海底管道结构设计基础包括环境条件参数、土壤条件参数、管道工艺参数和防腐设计

参数。

1. 环境条件参数

对深水海底管道,环境条件参数主要包括水深、波浪、海流、潮汐、温度、海生物及地震等。

2. 土壤条件参数

土壤条件参数包括土壤类别、土壤密度、土壤剪切强度、土壤变形模量、土壤含水量及土体摩擦系数等。

3. 管道工艺参数

管道工艺参数包括管径、管道压力、输送介质密度和温度,以及保温层厚度等。

4. 管道防腐设计参数

管道防腐设计参数包括管内和管外防腐措施、管内腐蚀裕量、管外防腐涂层和牺牲阳极块参数。

以上参数说明参见本指南第五册第六篇第七章第五节"海底管道结构设计的基础资料"。

四、设计荷载和荷载组合

1. 设计荷载

作用在深水海底管道上的荷载可划分为功能荷载、环境荷载和偶然荷载三种。

1) 功能荷载

功能荷载指由于海底管道存在和使用所引起的荷载。海底管道在运行期间和铺设期间功能荷载并不相同。运行期间的功能荷载主要包括重力、压力、温度应力、海床的反作用力等。铺设期间的功能荷载主要包括管道铺设时施加的外力,如铺管船施加的张紧力、浮拖时施加的浮筒浮力、登陆段管道的拖拉力,以及管道挖沟埋设时挖沟机产生的作用力等。

2) 环境荷载

环境荷载是指由于风、波浪、海流等环境现象对管道产生的作用。风、波浪、海流荷载的计算参见本设计指南第五册第六篇第八章第三节"设计荷载和荷载组合"。

3) 偶然荷载

偶然荷载是在异常和意外情况下施加于管道系统上的荷载,如渔网船锚的拖挂、坠落物的撞击、爆炸等。

2. 设计方法

在 DNV – OS – F101 中,采用荷载抗力系数法进行海底管道结构设计,如果设计荷载效应(L_d)不超过设计抗力(R_d),则认为海底管道满足规定的安全等级,即:

$$L_d \leq R_d \qquad (17-4-1)$$

设计荷载效应可表示为:

$$L_d = L_F \cdot \gamma_F \cdot \gamma_C + L_E \cdot \gamma_E + L_A \cdot \gamma_A \cdot \gamma_C \qquad (17-4-2)$$

式中 L_F, L_E, L_A——分别为功能荷载、环境荷载、偶然荷载的特征荷载效应;

$\gamma_F, \gamma_E, \gamma_A$——分别为功能荷载效应系数、环境荷载效应系数、偶然荷载效应系数;

γ_C——条件荷载效应系数,见表 17-4-1。

表 17-4-1 条件荷载效应系数(γ_C)

条件	γ_C	条件	γ_C
管道铺设在不平海床上或处于迂回曲折的状态	1.07	系统压力测试	0.93
连续刚性支撑	0.82	其他	1.00

在具体形式时，设计荷载效应可相应的表示为：

$$M_d = M_F \cdot \gamma_F \cdot \gamma_C + M_E \cdot \gamma_E + M_A \cdot \gamma_A \cdot \gamma_C$$

$$\varepsilon_d = \varepsilon_F \cdot \gamma_F \cdot \gamma_C + \varepsilon_E \cdot \gamma_E + \varepsilon_A \cdot \gamma_A \cdot \gamma_C$$

$$S_d = S_F \cdot \gamma_F \cdot \gamma_C + S_E \cdot \gamma_E + S_A \cdot \gamma_A \cdot \gamma_C$$

$$\Delta p_d = \gamma_P \cdot (p_{ld} - p_e) \qquad (17-4-3)$$

式中 M_d、ε_d、S_d、Δp_d——分别为设计弯矩、设计应变、设计有效轴力、设计压差；

γ_P——压力荷载效应系数；

p_{ld}——局部设计压力；

p_e——管外压力。

设计抗力可表示为：

$$R_d = \frac{R_k(f_k)}{\gamma_{sc} \cdot \gamma_m} \qquad (17-4-4)$$

式中 f_k——特征材料强度；

γ_{sc}——安全等级抗力系数，见表17-4-2；

γ_m——材料抗力系数，见表17-4-3。

表17-4-2 安全等级抗力系数（γ_{sc}）

安全等级	低	一般	高
压力控制	1.046	1.138	1.308
其他	1.04	1.14	1.26

表17-4-3 材料抗力系数（γ_m）

极限状态种类	SLS/ULS/ALS①	FLS①
γ_m	1.15	1.00

① SLS—操作极限状态；ULS—极端极限状态；FLS—疲劳极限状态；ALS—偶然极限状态。

3. 荷载组合

海底管道的每个部分都要按表17-4-4给出的最不利荷载组合来校核。

表17-4-4 荷载效应系数和荷载组合

极限状态/荷载组合		功能荷载①	环境荷载	偶然荷载	压力荷载
^	^	γ_F	γ_E	γ_A	γ_P
SLS 和 ULS	a②	1.2	0.7	—	1.05
^	b	1.1	1.3	—	1.05
FLS		1.0	1.0	—	1.0
ALS		1.0	1.0	1.0	1.0

① 如果功能荷载效应降低了荷载组合效应，则γ_F可以取1/1.1；
② 荷载组合a是系统校核，仅用于系统效应存在情况。

对于操作状态，特征组合环境荷载效应取年超越概率为1%的值，当不同的荷载分量（例如风、浪、流等）之间的相互关系未知时，用表17-4-5中的荷载组合。

表 17-4-5　用年超越概率表示的特征环境荷载组合

风	波浪	海流	地震
10^{-2}	10^{-2}	10^{-1}	
10^{-1}	10^{-1}	10^{-2}	
—	—	—	10^{-2}

对于临时条件下的海底管道,特征组合环境荷载效应取值如下:

(1) 如时间不超过3天,特征荷载效应可以根据可靠的气象预报来确定;

(2) 对于临时条件下的海底管道,可以取考虑的时间周期的10年重现期值,相关的时间周期不应小于一季(即3个月)。如果环境荷载的联合分布未知,组合特征荷载可以采用类似表17-4-5中的组合值,如10年波浪+1年海流或1年波浪+10年海流。

五、深水海底管道结构设计

深水海底管道结构设计主要包括以下内容:

海底管道压力分析;

海底管道压溃分析;

海底管道屈曲分析;

海底管道在位稳定性分析;

海底管道高温屈曲分析;

海底管道悬跨分析;

海底管道铺设分析。

其中海底管道压力分析、压溃分析和屈曲分析(包括局部屈曲、整体屈曲分析和屈曲扩展分析)可参考本指南第五册第六篇第八章第十节"荷载抗力系数法设计导则";海底管道在位稳定性分析和管道高温隆起分析可参考本指南第五册第六篇第八章第五节"海底管道位置稳定性分析";当管道内外设计温差较大时,需要进行管道高温屈曲分析。下面对海底管道悬跨分析和铺设分析进行介绍。

六、深水海底管道悬跨分析

基于 DNV-RP-F105《自由悬跨管道》(2006年版)对深水海底管道悬跨安全分析进行介绍。在 DNV-RP-F105 中,波、流作用下悬跨海底管道按图17-4-13所示流程进行强度校核。首先进行疲劳分析筛选,如果满足筛选要求,就不需要进行

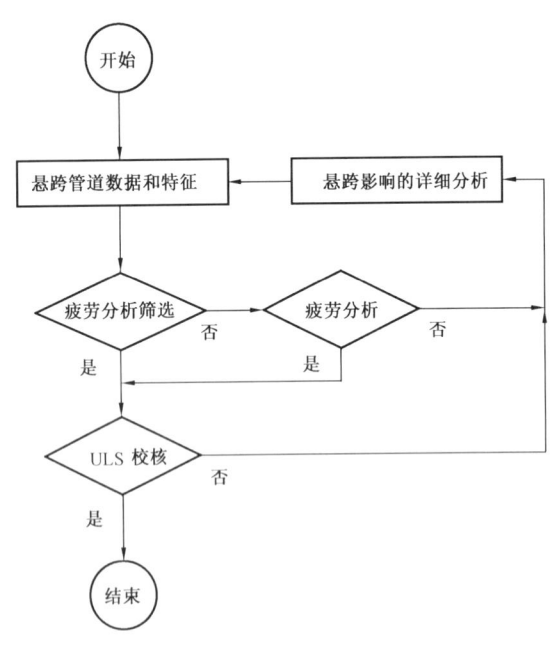

图 17-4-13　悬跨管道强度校核流程图

疲劳分析,直接进行极端极限状态(ULS)校核。如果不满足筛选要求,就需要先进行疲劳分析,如果疲劳分析满足要求,再进行极端极限状态校核。

1. 疲劳分析筛选

筛选标准适用于波、流共同作用下,由涡激振动和波浪引起的,一阶对称模态为主的悬跨管道疲劳分析。该标准基于流速服从三参数的韦布尔分布(Weibull distribution)的假设。如果流速不服从三参数的韦布尔分布,该标准的适用性需要用疲劳分析来校核。

1) 顺流向涡激振动

悬跨管道顺流向自振频率 $f_{n,IL}$ 如果满足式(17-4-5)，则不需进行顺流向涡激疲劳分析，否则需要进行顺流向涡激疲劳分析。

$$\frac{f_{n,IL}}{\gamma_{IL}} > \frac{u_{c,100year}}{v_{R,onset}^{IL} D}\left(1 - \frac{L/D}{250}\right)\frac{1}{\bar{\alpha}}$$

$$\bar{\alpha} = \frac{u_{c,100year}}{u_{w,1year} + u_{c,100year}} \qquad (17-4-5)$$

式中 γ_{IL}——顺流向筛选系数，取1.4；

D——管道的外径（包括涂层）；

L——自由悬跨长度；

$v_{R,onset}^{IL}$——顺流向振动开始时的折合速度值；

$\bar{\alpha}$——流速比；

$u_{c,100year}$——100年重现期的海流在管道位置处产生的流速；

$u_{w,1year}$——1年重现期的波浪在管道位置处产生的流速。

2) 横向涡激振动

悬跨管道横向自振频率 $f_{n,CF}$ 如果满足式(17-4-6)，则不需进行横向涡激疲劳分析，否则需要进行横向涡激疲劳分析。

$$\frac{f_{n,CF}}{\gamma_{CF}} > \frac{u_{c,100year} + u_{w,1year}}{v_{R,onset}^{CF} D} \qquad (17-4-6)$$

式中 γ_{CF}——横向筛选系数，取1.4；

D——管道的外径（包括涂层）；

$u_{c,100year}$——100年重现期的海流在管道位置处产生的流速；

$u_{w,1year}$——1年重现期的波浪在管道位置处产生的流速；

$v_{R,onset}^{CF}$——横向振动开始时的折合速度值。

3) 波浪作用

悬跨管道在波浪作用下，如果满足式(17-4-7)，则不需要进行疲劳分析。如果不满足，则需要进行顺流向涡激振动和波浪作用下疲劳分析。

$$\frac{u_{c,100year}}{u_{w,1year} + u_{c,100year}} > \frac{2}{3} \qquad (17-4-7)$$

式中 $u_{c,100year}$——100年重现期的海流在管道位置处产生的流速；

$u_{w,1year}$——1年重现期的波浪在管道位置处产生的流速。

2. 疲劳分析

疲劳评估标准可用下式表示：

$$\eta T_{life} \geqslant T_D \qquad (17-4-8)$$

式中 η——允许疲劳损伤率；

T_{life}——管道疲劳寿命；

T_D——管道设计寿命。

考虑所有可能出现的海况，并且认为各海况对悬跨管道影响是独立的，悬跨管道顺流向和横向疲劳寿命可表示为：

$$T_{\text{life}}^{\text{IL}} = \left(\sum_\theta \sum_{H_s} \sum_{T_p} \frac{P_{H_s,T_p,\theta}}{\min(T_{H_s,T_p,\theta}^{\text{RM,IL}}; T_{H_s,T_p,\theta}^{\text{FM,IL}})} \right)^{-1} \quad (17-4-9)$$

$$T_{\text{life}}^{\text{CF}} = \left(\sum_\theta \sum_{H_s} \sum_{T_p} \frac{P_{H_s,T_p,\theta}}{T_{H_s,T_p,\theta}^{\text{RM,CF}}} \right)^{-1} \quad (17-4-10)$$

式中 $P_{H_s,T_p,\theta}$——某一海况(H_s, T_p, θ)出现的概率；

$T_{H_s,T_p,\theta}^{\text{RM,IL}}$——某一海况下，顺流向涡激振动和横流引起的顺流向振动共同作用下管道的疲劳寿命；

$T_{H_s,T_p,\theta}^{\text{FM,IL}}$——某一海况下，波浪作用下管道疲劳寿命；

$T_{H_s,T_p,\theta}^{\text{RM,CF}}$——某一海况下，横向涡激振动下管道疲劳寿命。

在 DNV-RP-F105 中，提出了应用响应模型和力模型两种方法进行悬跨管道涡激疲劳分析。管道振幅大小取决于水动力参数和结构参数，在 DNV-RP-F105 中给出了管道顺流向和横向涡激振动两种情况下的振幅响应模型。对于力模型，原则上是只要管道所受的作用力能够用公式表达出来，就可以用力模型进行管道疲劳分析。目前，对于横向涡激振动，力模型还不存在；对顺流向波浪作用，常用基于 Morison 公式的力模型。

1）基于响应模型的疲劳分析

（1）横向涡激疲劳分析。

对于横向涡激振动，某一海况下管道疲劳寿命可以表示为：

$$T_{H_s,T_p,\theta}^{\text{RM,CF}} = \frac{1}{\int_0^\infty \frac{(f_v S_{\text{CF}}^m)}{\bar{a}} \mathrm{d}F_{u_c}} \quad (17-4-11)$$

式中 f_v——管道振动频率；

S_{CF}——管道横向应力变化范围，见式（17-4-12）；

$\bar{a}$——S—N 曲线中疲劳常数；

m——S—N 曲线中疲劳指数；

F_{u_c}——流速的概率分布函数。

管道横向应力幅 S_{CF} 可以表示为：

$$S_{\text{CF}} = 2A_{\text{CF}}(A_Z/D) R_K \gamma_s \quad (17-4-12)$$

式中 A_{CF}——在横向产生单位管径大小变形时管道最大应力；

R_K——阻尼引起的振幅折减系数；

γ_s——安全系数，取 1.3；

A_Z/D——相对于管径 D 的最大横向振幅，它取决于折合速度 v_R、流速比 α 及 KC 数，见图 17-4-14。

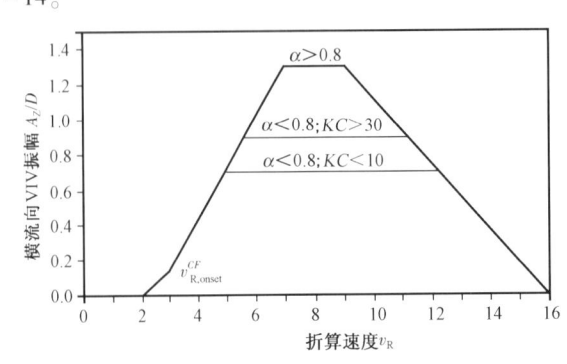

图 17-4-14 横向涡激振动响应幅模型

(2)顺流向涡激疲劳分析。

对于顺流向涡激振动,某一海况下管道疲劳寿命可以表示为:

$$T_{H_s,T_p,\theta}^{\mathrm{RM,IL}} = \frac{1}{\int_0^\infty \dfrac{f_v \max\left(S_{\mathrm{IL}}; \dfrac{S_{\mathrm{CF}}}{2.5}\dfrac{A_{\mathrm{IL}}}{A_{\mathrm{CF}}}\right)^m}{\bar{a}}\mathrm{d}F_{u_c}} \quad (17-4-13)$$

式中 f_v——振动频率;

S_{IL}——管道顺流向应力变化范围,见式(17-4-14);

S_{CF}——管道横向应力变化范围,见式(17-4-12);

A_{IL}——在顺流向产生单位管径大小变形时管道最大应力;

A_{CF}——在横向产生单位管径大小变形时管道最大应力;

$\bar{a}$——S—N 曲线中疲劳常数;

m——S—N 曲线中疲劳指数;

F_{u_c}——流速的概率分布函数。

顺流向管道应力变化范围可以表示为:

$$S_{\mathrm{IL}} = 2A_{\mathrm{IL}}(A_Y/D)\psi_{\alpha,\mathrm{IL}}\gamma_s \quad (17-4-14)$$

式中 A_{IL}——在顺流向产生单位管径大小变形时管道应力;

γ_s——安全系数,取 1.3;

$\psi_{\alpha,\mathrm{IL}}$——流速比 α 的修正系数;

A_Y/D——相对于管径 D 的最大顺流向振幅,它取决于折合速度 v_R 和 K_{sd},见图17-4-15。

$$\psi_{\alpha,\mathrm{IL}} = \begin{cases} 0.0 & (\alpha < 0.5) \\ (\alpha - 0.5)/0.3 & (0.5 < \alpha < 0.8) \\ 1.0 & (\alpha > 0.8) \end{cases} \quad (17-4-15)$$

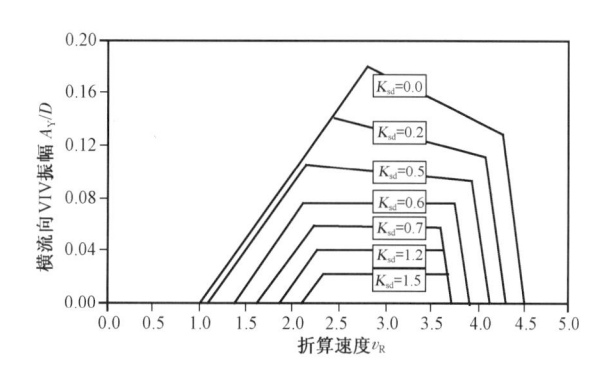

图 17-4-15 顺流向涡激振动响应幅模型

2)基于力模型的疲劳分析

某一海况下,波浪作用下管道短期疲劳寿命可以表示为:

$$T_{H_s,T_p,\theta}^{\mathrm{FM}} = \frac{\bar{a}_1 S^{-m_1}}{f_v \kappa_{\mathrm{RFC}}(m_1)}\left\{G_1\left[\left(1+\frac{m_1}{2}\right)\left(\frac{S_{\mathrm{sw}}}{S}\right)^2\right] + \chi G_2\left[\left(1+\frac{m_2}{2}\right)\left(\frac{S_{\mathrm{sw}}}{S}\right)^2\right]\right\}^{-1}$$

$$(17-4-16)$$

其中
$$\chi = \frac{\kappa_{RFC}(m_2)}{\kappa_{RFC}(m_1)} \frac{\bar{a}_1}{\bar{a}_2} S^{(m_2-m_1)}$$

$$S = 2\sqrt{2}\sigma_s \gamma_s$$

式中 κ_{RFC}——雨流计数系数；

σ_s——应力幅标准差；

f_v——振动频率；

$\bar{a}_1$——双直线 S—N 曲线中第一条直线的疲劳常数；

$\bar{a}_2$——双直线 S—N 曲线中第二条直线的疲劳常数；

m_1——双直线 S—N 曲线中第一条直线的疲劳指数；

m_2——双直线 S—N 曲线中第二条直线的疲劳指数；

S_{sw}——双直线 S—N 曲线中两直线交点处所对应的应力变化幅；

G_1——不完全伽马函数的余函数；

G_2——不完全伽马函数。

当波浪周期远大于悬跨管道自振周期时,可以采用简化方法对悬跨管道进行疲劳评估,波浪作用下管道疲劳寿命可以表示为:

$$T^{FM}_{H_s,T_p,\theta} = \bar{a}S^{-m}T_u \tag{17-4-17}$$

式中 $\bar{a}$——S—N 曲线中疲劳常数；

m——S—N 曲线中疲劳指数；

T_u——平均上跨零点周期。

3. 极端极限状态校核

在进行局部屈曲分析时,功能和环境载荷产生的弯矩、轴力、压力都应该考虑,荷载组合见表 17-4-4,荷载控制条件见本指南第五册第六篇第八章第十节"荷载抗力系数法设计导则"中的局部屈曲校核部分。

在极端极限状态校核中应考虑的典型荷载效应包括垂向方向和水平方向上的荷载作用。

1) 垂向方向

(1) 静弯矩；

(2) 横向涡激振动；

(3) 拖网作用。

2) 水平方向

(1) 顺流向涡激振动；

(2) 波流组合作用下的拖曳力和惯性力效应；

(3) 拖网作用。

悬跨管道在顺流向和横向涡激振动或波流共同作用下产生的最大环境弯矩可以用最大环境应力表示:

$$M_E = \sigma_E \frac{2I}{D_s - t} \tag{17-4-18}$$

式中 σ_E——最大环境应力；

I——惯性矩；

D_s——钢管外径；

t——壁厚。

最大环境应力 σ_E 取为:

顺流向 $$\sigma_E = \frac{1}{2}\max\left\{S_{IL}; 0.4S_{CF}\frac{A_{IL}}{A_{CF}}\right\} + \sigma_{FM,max} \quad (17-4-19)$$

横向 $$\sigma_E = \frac{1}{2}S_{CF}$$

式中 S_{IL}——管道顺流向应力变化范围，见式(17-4-14)；
S_{CF}——管道横向应力变化范围，见式(17-4-12)；
A_{IL}——在顺流向产生单位管径大小变形时管道最大应力；
A_{CF}——在横向产生单位管径大小变形时管道最大应力；
$\sigma_{FM,max}$——波浪作用下管道最大环境应力。

$\sigma_{FM,max}$可以用基于不规则波时(频)域分析的设计风暴方法和基于规则波时域分析的设计波法计算，也可以用式(17-4-20)简单计算：

$$\sigma_{FM,max} = k_p k_M \sigma_s \quad (17-4-20)$$

其中 $$k_p = \sqrt{2\ln(f_v \Delta T)}$$

$$k_M = 1 + \frac{1}{2}\left[\frac{\sigma_s}{\sigma_{s,1}} - 1\right]$$

式中 f_v——振动频率；
ΔT——风暴持续时间，取3h；
σ_s——应力响应σ_{FM}的标准差；
$\sigma_{s,1}$——不考虑拖曳力时应力响应的标准差。

悬跨管道所受拖网作用参见 DNV-RP-F111"拖网与管线间相互作用"。

七、深水海底管道铺设分析

海底管道常用的铺设方法有 S-铺设法、J-铺设法、卷管铺设法和拖管法。图 17-4-16 是 J-铺设法示意图，在铺管船尾部或侧部安装有铺设塔架，塔架可以与水平方向倾斜近 90°，这样能够保证管道铺设时承受较小弯矩。OFFPIPE 软件可以对 J-铺设法铺设深水海底管道进行分析，分析方法与 S-铺设法相似，只是在某些选项上有差异。S-铺设法分析见本指南第五册第六篇第八章第六节"安装期管道和立管强度分析"。

图 17-4-16 J-铺设法示意图

第三节 深水立管系统

一、深水立管系统设计原则

1. 立管系统形式的选择

立管系统形式的选择至少应考虑以下因素：
(1)环境条件，如：风、浪、流和海床土壤特性；
(2)油田布置，如：井口、管道、脐带缆等；
(3)生产介质特性，如：流动性、流动安全保障、工艺数据等；
(4)水下回接和立管连接系统，如：膨胀弯、法兰等；
(5)安装方法，如：J-铺设法、S-铺设法、卷管法、拖管法等；

(6)总体开发费用、服役期间完整性管理要求等。

2. 立管系统规划设计

立管系统的形状设计应考虑浮式平台的运动,如图 17-4-17 所示。

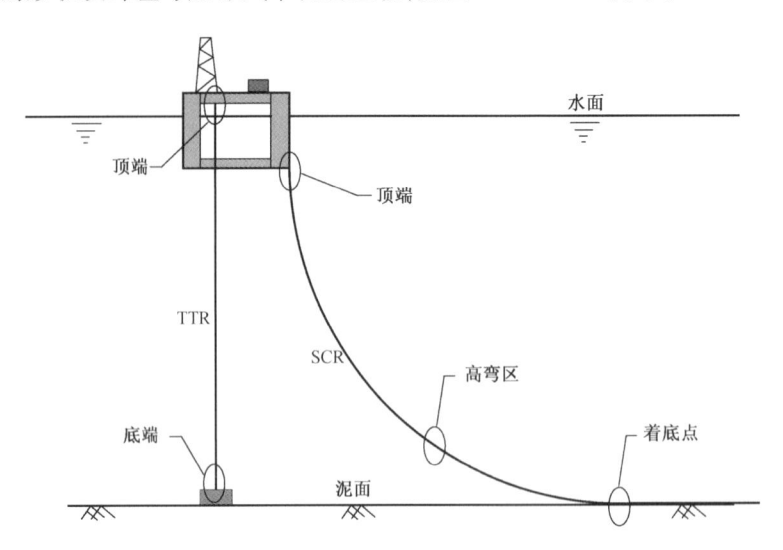

图 17-4-17 立管形状示意图

1)顶张紧式立管

应考虑以下因素：

(1)立管与浮式平台间垂向相对运动；

(2)波与流在立管两端引起的弯矩。

2)钢悬链式立管

应考虑以下因素：

(1)浮式平台运动；

(2)浮式平台飘移；

(3)关键部位,如高弯曲部位、着底点(TDP)、顶部终端位置(Top Termination)。

3. 立管系统设计标准、规范

1)顶张紧式立管

常用规范有：

美国石油学会(API) API RP 2RD(1998)"Design of Riser for Floating Production Systems and Tension Leg Platforms";

挪威船级社(DnV) DnV-OS-F201(2001)"Dynamic Risers";

美国石油学会(API) API RP 16Q(2001)"Design, selection, operation and maintenance of marine drilling riser systems";

国际标准化组织(ISO) ISO/FDIS 13628-7(2005)"Petroleum and natural gas industries-Design and operation of subsea production systems-part 7:Completion/workover riser systems"。

2)钢悬链式立管

常用规范有：

美国石油学会(API) API RP 2RD(1998)"Design of Riser for Floating Production Systems and Tension Leg Platforms";

挪威船级社(DnV) DnV-OS-F201(2001)"Dynamic Risers"。

本节仅简单介绍 API RP 2RD 和 DnV-OS-F201 方法。API RP 2RD 规范是工作应力法(WSD),DnV-OS-F201 规范是荷载抗力系数法(LRFD)。

4. 设计荷载

(1)立管系统设计应考虑以下三种荷载:功能荷载、环境荷载和偶然荷载。

(2)功能荷载主要包括:

① 钢管、介质、防腐涂层等重量;

② 内部介质压力和外部海水压力;

③ 浮力;

④ 温度应力;

⑤ 顶张力。

(3)环境荷载主要包括:波浪、海流、风、地震、冰。

(4)偶然荷载主要包括:落物、船舶撞击、张紧器失效、立管碰撞和爆炸火灾。

5. 设计过程

立管系统设计过程如图 17 - 4 - 18 所示。

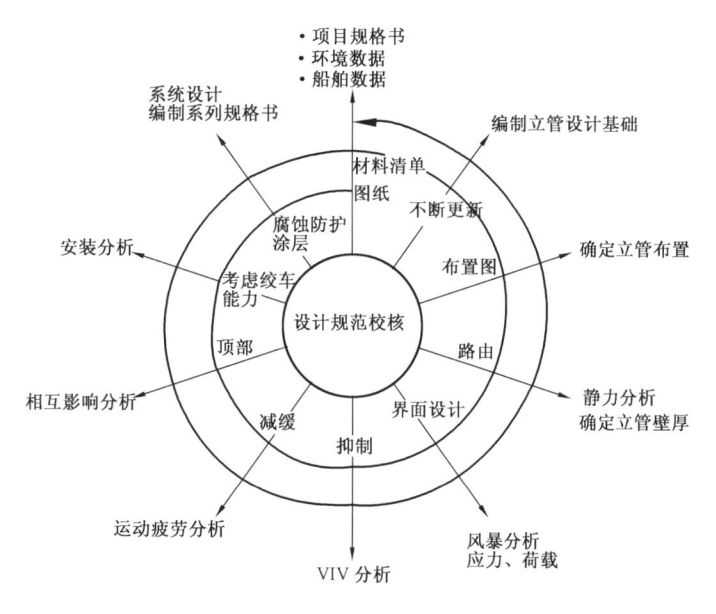

图 17 - 4 - 18 设计过程图

6. 校核标准

1)校核内容

立管系统的设计应满足政府法规、规范、标准及业主设计规格书的要求,应考虑材料选择、制造、安装、检验、维护方法及费用等因素。应对以下内容进行校核:

(1)环向应力;

(2)压溃;

(3)椭圆度;

(4)屈曲;

(5)立管间碰撞;

(6)疲劳等。

2)校核方法

强度校核标准可以用工作应力法(WSD),也可以用荷载抗力系数法(LRFD)。具体采用哪种规范进行分析由客户指定。

(1)工作应力法。

API RP 2RD 工作应力法(WSD)校核标准:

$$\sigma_e \leq \sigma_y \eta \quad (17-4-21)$$

式中 σ_e——等效应力；

σ_y——材料最小屈服强度；

η——使用系数，见表 17-4-6。

表 17-4-6 工作应力法校核使用系数（η）

荷载组合	正常操作工况	极端工况（100 年）	生存工况（1000/10000 年）
功能荷载和环境荷载	0.67	0.8	1.0

（2）荷载抗力系数法。

DnV-OS-F201 中采用的荷载抗力系数法（LRFD）校核标准如下式：

$$S_F \cdot \gamma_F + S_E \cdot \gamma_E + S_A \cdot \gamma_A \leq \frac{R_K}{\gamma_{SC} \cdot \gamma_m \cdot \gamma_c} \quad (17-4-22)$$

式中 $\gamma_F, \gamma_E, \gamma_A$——分别为功能荷载效应系数、环境荷载效应系数、偶然荷载效应系数，见表 17-4-7；

γ_c——条件荷载效应系数，见表 17-4-1；

γ_{SC}——安全等级抗力系数，见表 17-4-8；

γ_m——材料抗力系数，见表 17-4-9。

表 17-4-7 荷载效应系数

极限状态	γ_F	γ_E	γ_A
ULS	1.1	1.3	—
FLS	1.0	1.0	—
SLS 和 ALS	1.0	1.0	1.0

表 17-4-8 安全等级抗力系数（γ_{SC}）

低	一般	高
1.04	1.14	1.26

表 17-4-9 材料抗力系数（γ_m）

ULS/ALS	1.15	SLS/FLS	1.0

二、深水立管系统设计方法

深水立管与浅水立管有重大区别，浅水立管用管卡固定在导管架上，水动力、冰或地震荷载等作用分析与导管架一起考虑；而深水立管，全由自身结构强度承受水动力和自身重力的作用，因此在结构强度设计、变形控制上，从理论方法到准则均是不同的。

1. 设计分析内容

立管系统设计主要包括以下几方面：

强度分析，包括尺寸和形状确定、静态设计和动态设计；

涡激振动（VIV）分析；

疲劳分析；

碰撞分析；

安装分析等。

下面重点介绍涡激振动（VIV）分析和疲劳分析方法。

2. 立管分析程序

(1) 通用有限元分析程序：ABAQUS、ANSYS 等。
(2) 立管疲劳分析程序：Flexcom、Orcaflex 及 Riflex 等。
(3) 立管涡激振动(VIV)分析程序：Shear7、VIVA 及 VIVANA 等。
(4) 耦合运动分析程序：HARP 等。
(5) 立管安装分析程序：OFFPIPE、Orcaflex 及 Pipelay 等。

3. 涡激振动(VIV)分析

处于高海流流速区域的立管，因旋涡脱落引起的高频振动将产生高频循环应力，从而导致立管疲劳损伤，因此立管 VIV 分析十分重要。

目前，多采用 Shear7 软件进行立管 VIV 分析。Shear7 由美国麻省理工大学(MIT)开发，它基于模态叠加方法，识别可能被激励的模态，对稳定流、均匀流和剪切流作用下的立管横向(Cross–Flow)VIV 响应进行评估，它可以分析立管单模锁频共振和多模非锁频共振响应。通过分析，Shear7 能够提供立管固有频率、模态、曲率、位移、应力、疲劳寿命以及局部拖曳力和升力系数。

利用 Shear7 进行立管 VIV 分析需要知道立管固有频率、模态和曲率，Shear7 本身虽然能够计算立管固有频率、模态和曲率，但对较复杂结构其计算精度不高，因此常用有限元分析程序如 ABAQUS、ANSYS 等对立管结构进行模态分析，得到立管结构的频率、模态和曲率，再输入到 Shear7 进行立管 VIV 分析。ABAQUS 是一套功能强大的模拟工程问题的有限元软件，可以分析复杂的力学、热学和材料学问题，分析

图 17－4－19　ABAQUS 分析 Bulkhead

的范围从相对简单的线性分析到非常复杂的非线性分析，特别是能够分析非常庞大的模型和模拟非线性问题。作为通用的模拟计算工具，它除了能解决大量结构(应力/位移)问题，还可以模拟其他工程领域的许多问题，例如热传导、质量扩散、热电耦合分析、声学分析、岩土力学分析及压电介质分析。在立管分析中，ABAQUS 可以用来进行立管模态分析、温度分析、立管与海床相互作用分析、立管局部强度分析(如管中的 Bulkhead 等，见图 17－4－19)等。

1) VIV 分析理论基础

在立管 VIV 分析中，可将立管视为一拉紧的钢索，其控制方程为：

$$m_t \ddot{y} + R\dot{y} - Ty'' = P(x,t) \tag{17-4-23}$$

式中　y——立管位移；

$\ddot{y}$——立管加速度；

$\dot{y}$——立管速度；

y''——对立管长度方向 x 的二阶偏导；

m_t——立管单位长度质量；

R——立管单位长度阻尼；

T——立管张力；

P——立管单位长度激励力。

利用模态叠加法，立管位移响应可以表示为：

$$y(x,t) = \sum_r Y_r(x) q_r(t) \tag{17-4-24}$$

式中　$Y_r(x)$——第 r 阶模态；

$q_r(t)$——t 时刻第 r 阶振型振幅。

将式(17-4-24)代入式(17-4-23)，可得：

$$M_r \ddot{q}_r + R_r \dot{q}_r(t) + K_r q_r(t) = P_r(t) \qquad (17-4-25)$$

式中　M_r——第 r 阶模型质量；
　　　R_r——第 r 阶模型阻尼；
　　　K_r——第 r 阶模型刚度；
　　　P_r——第 r 阶模型激励力。

由式(17-4-25)可以求出 $q_r(t)$，模态 $Y_r(x)$ 可由下面模态方程求得：

$$m_t \ddot{y} + R\dot{y} - Ty'' = 0 \qquad (17-4-26)$$

将 $q_r(t)$、$Y_r(x)$ 代入式(17-4-24)可求出立管位移响应。

对于简支梁，立管第 n 阶自振频率 ω_n 为：

$$\omega_n = \int_0^l \sqrt{-\frac{1}{2}\frac{T(s)}{EI(s)} + \frac{1}{2}\sqrt{\left[\frac{T(s)}{EI(s)}\right]^2 + 4\frac{m_t(s)\omega_n^2}{EI(s)}}}\, \mathrm{d}s = n\pi, \quad n = 1, 2, \cdots$$

$$(17-4-27)$$

式中　$T(s)$——立管张力；
　　　$EI(s)$——立管弯曲刚度；
　　　$m_t(s)$——立管单位长度质量。

立管第 n 阶模态为：

$$Y_n(x) = \sin\left[\int_0^x \sqrt{-\frac{1}{2}\frac{T(s)}{EI(s)} + \frac{1}{2}\sqrt{\left(\frac{T(s)}{EI(s)}\right)^2 + 4\frac{m_t(s)\omega_n^2}{EI(s)}}}\, \mathrm{d}s\right] \qquad (17-4-28)$$

立管第 n 阶曲率为：

$$Y_n''(x) = \frac{1}{2}\left[\frac{T(x)}{EI(x)} - \sqrt{\left(\frac{T(x)}{EI(x)}\right)^2 + 4\frac{m_t(x)\omega_n^2}{EI(x)}}\right] \sin\left[\int_0^x \sqrt{-\frac{1}{2}\frac{T(s)}{EI(s)} + \frac{1}{2}\sqrt{\left(\frac{T(s)}{EI(s)}\right)^2 + 4\frac{m_t(s)\omega_n^2}{EI(s)}}}\, \mathrm{d}s\right]$$

$$(17-4-29)$$

旋涡释放频率 f_s 为：

$$f_s = Sr\frac{v}{D} \qquad (17-4-30)$$

式中　Sr——斯托罗哈尔数；
　　　v——流速；
　　　D——管径。

立管在某一位置 x 处的疲劳损伤 $D(x)$ 可以表示为：

$$D(x) = \sum_r D_r(x) \qquad (17-4-31)$$

式中　D_r——激励频率 ω_r 所引起的立管疲劳损伤。

D_r 可以表示为：

$$D_r(x) = \frac{\omega_r T}{2\pi a}[\sqrt{2}S_{r,\mathrm{rms}}(x)]^m \Gamma\left(\frac{m+2}{2}\right) \qquad (17-4-32)$$

式中 $S_{r,\text{rms}}$——对应于第 r 阶自振频率的 RMS(均方根)应力幅;

T——旋涡释放周期;

a——S—N 曲线中的疲劳常数,$N=aS^{-m}$;

m——S—N 曲线中的疲劳指数;

Γ——伽马函数。

2) 立管 VIV 抑制措施

如果立管 VIV 分析表明立管可能发生 VIV 破坏,那么需要采取 VIV 抑制措施,设计者可以采取以下方法:

(1) 通过改变质量重新设计立管(如:减少浮力),增加张力,或根本改变立管设计(如:用顶张紧式立管取代钢悬链式立管)。

(2) 安装 VIV 抑制装置减小振动。

常用的 VIV 抑制装置有螺旋侧板和整流片,图 17-4-20(a) 和 (b) 分别为螺旋侧板和整流片。带有抑制装置的立管也可以用 Shear7 进行分析。

4. 疲劳分析

对于悬挂于浮式平台上的立管,导致其疲劳损伤的主要原因有:

(1) 波浪荷载(一阶、二阶)和相应的浮体运动;

(2) 海流引起的立管涡激振动(VIV);

(3) 涡激浮体运动(VIM);

(4) 安装作用。

(a) 螺旋侧板　　(b) 整流片

图 17-4-20　常用的 VIV 抑制装置

通常疲劳损伤按以下 Miner 公式判断:

$$D = \sum_{i=1}^{k} \frac{n_i}{N_i} \leqslant \eta \quad (17-4-33)$$

式中 D——累积的疲劳损伤比;

n_i——应力区间 i 内的循环次数;

N_i——对应于应力区间 i 的失效循环次数;

η——允许的疲劳损伤比,一般对于生产立管或外输立管,取 0.1。

对上述 4 种疲劳损伤进行组合后,立管的疲劳寿命由下式计算:

$$T_{\text{life}} = \frac{1}{D_{\text{VIV}} + D_{\text{VIM}} + D_{\text{Wave}} + D_{\text{Install}}} \quad (17-4-34)$$

式中 T_{life}——立管疲劳寿命;

D_{VIV}——VIV 作用下立管年疲劳损伤;

D_{VIM}——VIM 作用下立管年疲劳损伤;

D_{wave}——波浪作用下立管年疲劳损伤;

D_{Install}——安装期间立管年疲劳损伤。

在设计中,立管疲劳寿命应满足式(17-4-35)要求:

$$T_{\text{life}}/f > T_{\text{D}} \quad (17-4-35)$$

式中 T_{D}——立管设计寿命;

f——立管疲劳寿命安全系数,通常取 10。

三、深水立管系统安装铺设方法

深水立管的安装铺设方法通常有以下几种：
(1) J-铺设法；
(2) S-铺设法；
(3) 卷管法；
(4) 拖管法。

1. J-铺设法

J-铺设法如图17-4-21所示，立管在铺管船上进行组对、焊接后，近似垂直地下放入水，直至到达预定位置。

由于是垂直安装，所以张紧器需要提供的张拉力非常小，也不需要托管架，而且可以确保立管稳定性。

对于J-铺设法，因铺管船上仅有一个工作站，所以其安装铺设效率较低，一般仅用于深水立管。

2. S-铺设法

S-铺设法如图17-4-22所示，铺管船在尾部带有托管架，立管在铺管船上进行单节点或双节点组对、焊接后，在张紧器施加张力后，通过向前移船使管道下放入海中设计位置，安置于托管架和船上的辊轮支撑着管道，与张力设备共同对管道形成一个曲线的支撑。管道在曲线支撑中向上弯曲并且入海，这部分管道称为上弯段，托管架半径控制着上弯段的曲率。S-铺设法较J-铺设法效率高。

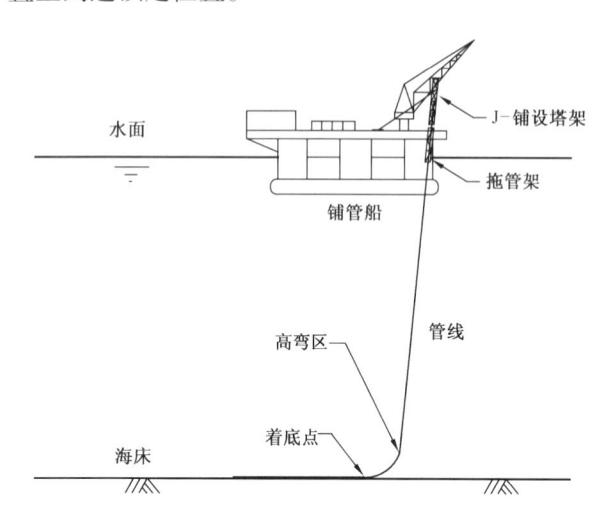

图17-4-21 J-铺设法

使用S-铺设法安装立管受水深限制，原因如下：
(1) 随着水深增加，需要张紧器张拉力能力增大，操作中风险变大；
(2) 随着水深增加，要求托管架增长，托管架长度变大后，其稳定变差。

3. 卷管法

卷管法铺设安装如图17-4-23所示，立管在岸上组对、焊接成一定长度后，被缠绕在滚筒上，然后放置在铺管船安装铺设。卷管法较S-铺设法易于控制且需要的张拉力小，但受立管管径、涂层和运输船运载能力等限制，而且需要有陆地场地支持。

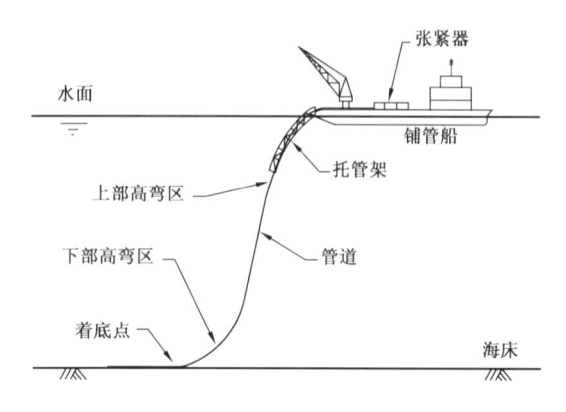

图17-4-22 S-铺设法

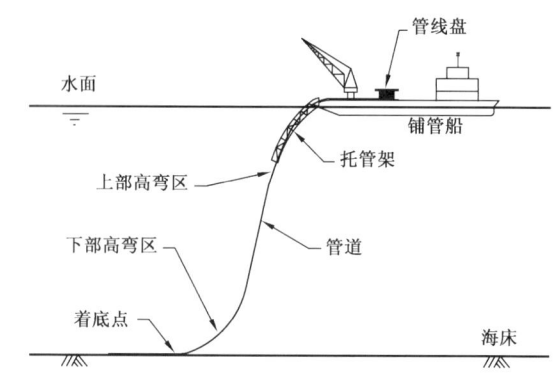

图17-4-23 卷管法

4. 拖管法

拖管法铺设安装如图 17-4-24 所示，对于深水立管，一般在陆地进行管道预制，然后采用浮拖、底拖、近底拖或水中控制深度拖等方法拖拉至设计位置安装。该安装铺设方法受海洋环境影响较大，也需要有陆地场地配合。

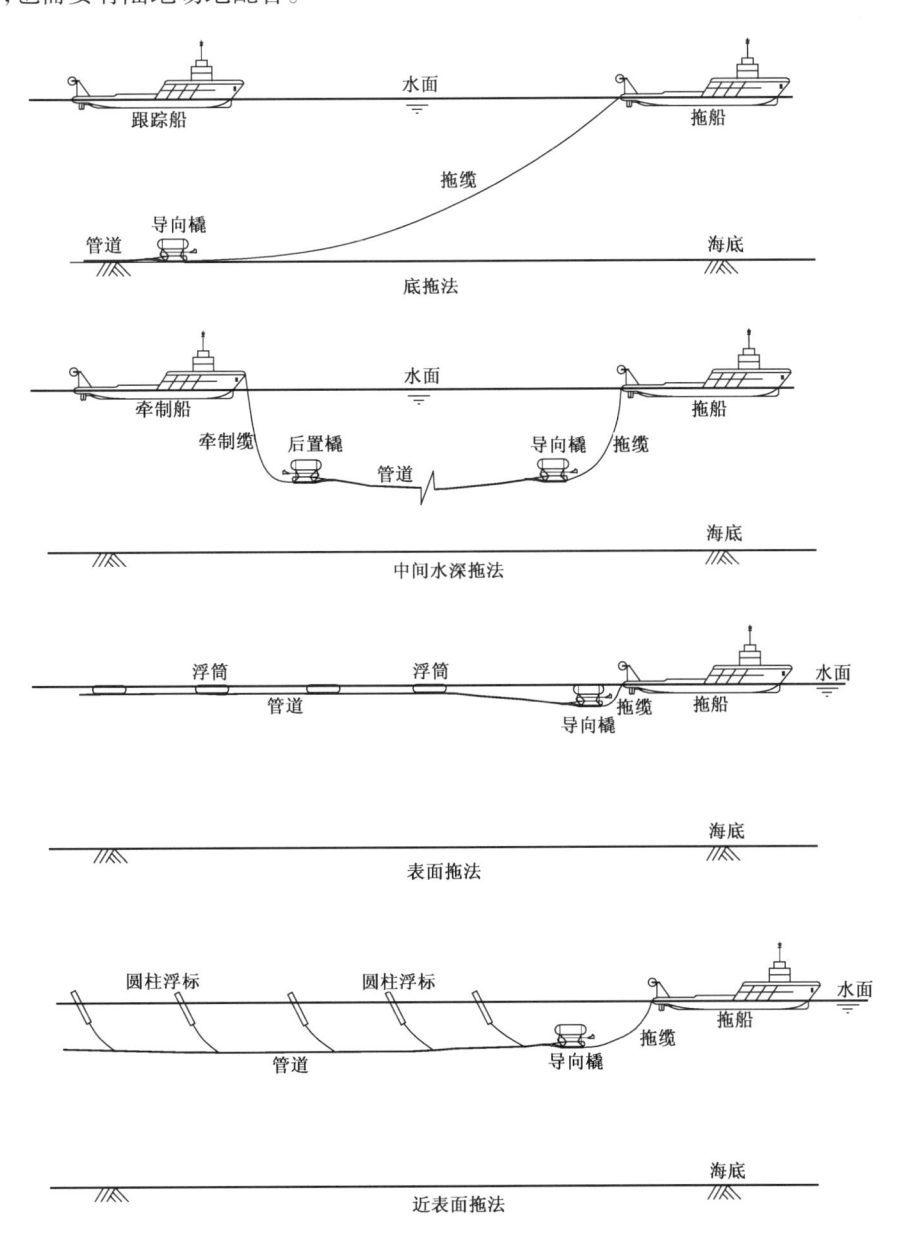

图 17-4-24 拖管法

参 考 文 献

Yong Bai and Qiang Bai. Subsea Pipelines and Risers. Elsevier Science Ltd., 2005

第五章 深水模拟试验技术

第一节 概 述

近年来,海洋油气开发由近海向深海发展已成为必然趋势。相应的深水模拟试验设施相继建成,同时深水试验技术也在不断发展。当前国外有代表性的深水模拟试验设施包括荷兰 MARIN 的海洋工程水池,挪威 MARINTEK 海洋深水试验池,美国 OTRC 海洋工程水池,以及巴西 LabOceano 海洋工程水池等。

目前,我国的海洋工程正在实施走向深海的战略转移,南海等深水油气探区的勘探开发已成为我国中长期能源发展计划的重点。在深水模拟试验设施和技术上,国家也做出了战略性的部署。由国家发展与改革委员会、上海市发展与改革委员会、中国海洋石油总公司和上海交通大学共同投资建设的海洋深水试验池于 2005 年开工建设,2008 年底建成,2009 年初投入试运行。这是我国首座海洋深水试验池,具备模拟风、浪、海洋深水流和 4000m 水深的模拟能力,覆盖我国南海等大部分深海海域的海况,建成后综合能力位居世界前列,是我国研究掌握深海工程关键技术的核心试验设施。

物理模型试验一直是海洋工程领域不可或缺和相对可靠的研究手段,也是检验理论和数值预报有效性和完善数值计算方法的重要手段。对于海洋深水工程,由于其非线性问题、黏性问题和极端海况模拟等许多机理性问题更加突出,许多理论和数值预报手段还处在发展和完善之中,即使使用已经比较成熟的数值计算方法和软件也由于海洋深水环境的复杂性而暴露出种种局限性。因而,在海洋深水结构物的性能预测与设计优化、安全性评价、事故再现与验证等方面,深水模拟试验技术具有不可替代的重要意义。

海洋深水油气开发工程的工作水深越来越大,而对应的海洋工程水池的尺度有限,要把海洋深水作业平台及其系泊系统和立管系统等试验模型按常规方法进行模拟和布置已几乎不可能。因而,深水模拟试验技术除了常规的模型试验技术之外,还有许多特殊的问题需要探索和解决,包括:

(1)深海环境模拟技术;
(2)深海平台的混合试验方法、理论和技术;
(3)深海平台模型制作与物理特性模拟技术;
(4)深水系泊系统、立管系统的模型制作与物理特性模拟及测试技术;
(5)深吃水立柱式平台涡激运动;
(6)深海柔性构件涡激振动模型实验技术;
(7)甲板上浪、气隙、砰击、波浪爬升模型试验技术;
(8)动力定位系统模型试验技术;
(9)模型试验中的数值模拟分析技术等。

深水模拟试验技术的研究对象包含所有海洋深水油气开发工程的各种装备,其中最具代表性的当属各种类型的深海平台,如浮式生产储油装置(FPSO)、半潜式平台(SEMI-FPS)、深吃水立柱式平台(SPAR)、张力腿平台(TLP)等,同时也包括深水平台的系泊系统、立管系统等柔性构件。其技术内容涉及深水平台总体设计、系统集成、水动力性能、非线性流体动力特性、流固耦合、结构强度与疲劳等诸多方向。如深海平台的方案评估、系统配置、安全性论证、技术经济评价等总体设计技术;极限环境载荷、低频慢漂响应、波浪爬升与砰击、涡激运动及其控制等水动力性能;结构强度与疲劳寿命、结构可靠性与安全性、碰撞、柔性构件涡激振动与疲劳等结构性能;系泊定位、动力定位等深海平台定位系统及深海立管系统的关键技术;平台主体海上运输、就位、扶正与安装方法及全过程水动力载荷、姿态控制与稳定性、结构强度等动力性能。

本章就以上深水模拟试验技术的内容作了较为详细的介绍。其中第二节主要介绍深水模拟试验的技术要求,包括试验任务书,具体技术要求,试验内容、方法,以及在试验中的数值模拟等内容;第三节主要介绍深水模拟试验的程序,包括试验大纲的编制、试验准备、试验过程和试验报告;第四节主要介绍各种水动力模拟试验的主要内容,包括试验目的、内容、方法等;第五节主要介绍深水模拟试验的各种试验结果与分析;第六节简要介绍全尺寸/实型试验;最后附录中提供了国内外主要海洋工程水池及其主要试验设施的相关资料。

第二节　深水模拟试验的技术要求

一、试验任务书

在开展深水模拟试验之前,委托方应编制详细的试验任务书,并且准备各种试验所需的技术文件和资料。主要内容包括:

(1)项目的简介。

(2)试验研究的目的、主要内容。

(3)试验对象的技术参数及技术要求,包括:

① 平台主体的形式、主尺度、装载工况、排水量、惯性半径、受风面积等主要技术参数。

② 系泊系统的形式,锚腿的组成、材质、几何尺寸、在空气中重量、在水中重量、主要力学特性参数,导缆孔的位置,系泊系统布置(如无系泊系统,则需提供在试验中的固定方式及要求)。

③ 立管系统形式、组成、材质、在空气中重量、在水中重量、管内物质、弯曲刚度、平台上的固定位置,以及在水中的布置形式等。

以上内容一般应尽量提供相关图纸,并提出制作模型时的误差范围。

(4)水池安装布置说明。根据需要,委托方可对模型在水池中的安装布置提出简要说明和要求。

(5)海洋环境条件,主要包括:

① 平台工作海域的水深。

② 波浪:包括规则波和不规则波。

对于不规则波,需给出采用的波谱、有义波高、谱峰周期等数据;提出波浪模拟的时间长度(耐波性试验通常为对应实际时间1~3h);给出波浪标定时,波浪的测试位置。

对于规则波,直接给出波高与周期的范围组合。

对于白噪声波浪,需给出波浪周期的范围。

给出波浪模拟时的技术要求。

③ 风:包括定常风或非定常风。

对于定常风,需给出风速、风向。

对于非定向风,需给出平均风速、风谱、风向。

给出风模拟时的技术要求。

④ 流:包括均匀流或剖面流。

对于均匀流,需给出流速、流向。

对于剖面流,则给出流速随水深的垂向分布、流向。

给出流模拟时的技术要求。

⑤ 风、浪、流不同极值和不同方向的组合海况。

(6)试验中需要测量的物理量。

① 列出所有需要测量的物理量,通常包括:平台六个自由度的运动、各重要位置处的加速度、各重要位置处的相对波面升高(气隙、甲板上浪或出水)、系泊系统的系泊力、立管的受力、波高、风速、流速、拍摄录像的位置(水上和水下)及录像机的数量。如有特殊要求可增加,如砰击压力等。

② 根据需要列出需要用到的传感器,通常包括:非接触式光学六自由度运动测量系统、拉力传感器、压力传感器、加速度传感器、多分力传感器、浪高仪、风速仪及流速仪等,并给出精度要求和试验要求。

③ 试验结果所有通道的分析要求说明,通常指不规则波试验结束后提供的数据分析,主要包括:平均值、标准差、最大值、最小值、跨零值等初步分析结果。

④ 数据后处理的要求说明,主要包括:高低频信号过滤分离、时域统计分析、谱分析、相关谱分析等。通常根据具体试验需要提出后处理的要求。

(7)试验内容的描述。详细列出所有需要开展的试验内容,如静水衰减试验、风力流力标定试验、环境标定试验、响应幅值算子(RAO)试验、不规则波试验等。给出每项试验中的平台装载工况、系统布置、试验工况表。对于验证性试验,还需要给出试验误差范围。

(8)试验结果要求。主要包括试验报告、数据报告、光盘、录像、照片等记录结果的提交要求和时间期限。

(9)投标建议书中应包括的内容有:对试验设备的描述和模型缩尺比的建议、对模型制作的描述、模型在水池中布置的建议、模型试验过程中的水深、对环境模拟的描述、使用仪器的描述、每项内容的报价、其他需要提供的技术细节,以及测量仪器设备的量程范围和精度。

(10)委托方应在任务书中提出试验研究整个项目的完成日期,有时还需提出试验研究主要环节的工作进度。任务书中应明确的进度要求一般包括:

① 模型制作及模拟、测量仪器标定、海洋环境条件模拟等准备工作的完成日期。

② 模型在水池中的各项正式试验(静水、规则波及不规则波试验)的完成日期。

③ 提交正式试验研究报告及编辑制作录像光盘的日期。

对于不同的试验委托方,试验任务书的格式和内容也不尽相同。任务书可包括全部或部分以上内容,但可不限于以上内容。

二、技术要求内容

(1)参照如下因素提出模型缩尺比或可接受的缩尺比范围(常用缩尺比的范围为 1∶50 ~ 1∶70):

① 海洋平台及其系泊系统和立管系统的主要尺度;

② 水深及风浪流等海洋环境条件;

③ 海洋工程水池的主要尺度和主要设施设备能力;

④ 精度要求。

(2)按缩尺比制作的海洋平台模型(主体、上层建筑)以及系泊系统的模型,其精度应符合规定的要求。一般的,模型的线性尺度误差要求在3%以内,锚泊系统、立管系统尺度误差在3%以内,其他辅助部件的误差范围在10%以内。模型制作完成后需经试验委托方验收。

(3)模型制作完成后,主要技术参数应按给定的实体技术资料进行调节模拟,其模拟结果应符合规定的标准:

① 模型本体所受重力、重心位置及惯性半径等参数的调节模拟,重力误差在1%以内,重心高度、惯性半径的误差在5%以内。

② 系泊系统锚泊线的力学特性(重力、弹性等)的调节模拟,误差在5%以内。

(4)海洋环境条件应在进行正式试验之前,在水池中按模型缩尺比完成水深、风、流和波浪的模拟,模拟结果的精度一般应符合:有义波高、谱峰周期的误差在5%以内;波谱密度的误差在

20%以内;包络谱的误差视具体的试验需要而定;平均风速、平均流速的误差在5%以内。

（5）应选用量程合适的测量仪器,要求提供有关测量仪器的量程、精度,在正式试验之前,对所有测量仪器应进行静态标定,标定结果需经试验委托方确认,并写入试验报告。

（6）根据试验内容及程序,在水池中进行模型的静水衰减试验、风力流力试验、规则波中的试验以及不规则波中的试验。其中静水试验得到的运动固有周期应符合试验要求,如不符合则需重新调整或者验证惯量调节。风力试验主要对模型的受风面积进行测试,如不符合则需要进行调整。流力试验主要为理论预报提供参考依据。规则波试验的持续时间一般不少于10个波浪周期。在不规则波中进行试验时,每次试验的持续时间不少于对应实际的3h(或1～3h),测量数据的采样频率应不少于20Hz。

（7）拍照和录像。对于制作和模拟完成后的试验模型以及模型在水池中的布置等情况,应拍摄必要的照片。在进行各项试验时,需拍摄照片、摄制录像,并编辑制作成可在微机上播放的光盘。

（8）试验报告。最终的试验报告至少应包括:海洋工程水池及选用仪器的简介,模型描述,测试仪器的标定结果,海洋工程环境条件模拟描述及模拟结果,模型在静水中的试验结果,模型在风浪流作用下的六自由度运动、加速度以及系泊系统受力等试验结果与分析。

为了保证试验研究结果的正确可靠,为实际工程项目提供科学依据,委托方应指派工程技术人员与实验方协作,参与和了解试验项目各环节的有关工作,并严格控制质量要求。

下列各项需得到委托方认可后才能进行正式试验:

① 模型制作的精度;模型主体所受的重力、重心位置、惯量的调节结果;系泊系统模型及其力学特性的模拟结果。

② 各类测量仪器的标定结果。

③ 水深、风、浪、流等海洋环境条件的模拟结果。

三、各型平台的试验内容

1. 浮式生产储卸油装置（FPSO）

试验内容包括:模型制作与模拟,环境条件模拟,静水衰减试验,系泊系统刚度模拟试验,风、流作用力试验,规则波和白噪声试验（包括无系泊系统和有系泊系统两种,视具体情况而定）,风、浪、流联合作用下的运动及系泊载荷试验,与旁靠和串靠穿梭油轮组成的多浮体系泊作业试验。

可选试验内容包括:甲板上浪与波浪砰击试验,动力定位试验,一些特殊系泊系统的解脱与再连接试验,倾覆试验及横浪试验。

2. 半潜式平台（SEMI-FPS）

试验内容应包括:模型制作与模拟,环境条件模拟,风洞试验,静水衰减试验,系泊系统刚度模拟试验,风、流作用力试验,规则波和白噪声试验,风、浪、流联合作用下的运动及系泊载荷试验（包括气隙试验）,自航过程的耐波性试验。

可选试验内容包括:动力定位系统性能试验,全动力定位系统试验与辅助动力定位的系泊系统试验,立管的涡激振动试验,甲板上层模块拖航过程的耐波性试验,低速拖曳试验和测量其慢漂力的试验,倾覆试验。

3. 深吃水立柱式平台（SPAR）

试验内容包括:模型制作与模拟,环境条件模拟,静水衰减试验,系泊系统刚度模拟试验,风、流作用力试验,规则波和白噪声试验,风、浪、流联合作用下的运动及系泊载荷试验,立管的涡激振动试验,深吃水立柱式平台的涡激运动试验。

可选试验内容包括:波浪砰击试验,自航或拖航过程的耐波性试验,安装就位试验。

4. 张力腿平台（TLP）

试验内容包括:模型制作与模拟,环境条件模拟,静水衰减试验,系泊系统刚度模拟试验,风、流作用力试验,规则波和白噪声 RAO 试验,风、浪、流联合作用下的运动及系泊载荷试验,张力腿的涡激振动试验。

可选试验内容包括:波浪砰击试验,甲板上层模块拖航过程的耐波性试验,倾覆试验。

四、混合模型试验方法

所谓混合模型试验方法,是将截断水深的物理模型试验和理论数值计算相结合的试验方法。其目的是为了解决深水系泊系统、立管系统在现有水池进行模型试验的问题。其基本思路是,将深水海洋平台的系泊系统、立管系统在截断水深进行截断,采用等效的水深截断系泊系统代替全水深系统在截断水深进行模型试验。选用时域的耦合数值计算软件,建立截断水深模型试验时海洋平台系统的数值模型,对截断水深的模型试验进行"复制式"的模拟,通过调整相应的水动力学参数,获得与截断水深模型试验结果一致的海洋平台运动响应和系泊缆张力时间历程,从而校核时域耦合数值计算软件的准确性。在时域耦合数值计算软件可用的基础上,仍然采用该软件建立全水深海洋平台系统的数值模型,充分考虑深水系泊系统、立管系统与海洋平台之间的耦合,得到全水深的计算结果,该结果为最后的试验结果。

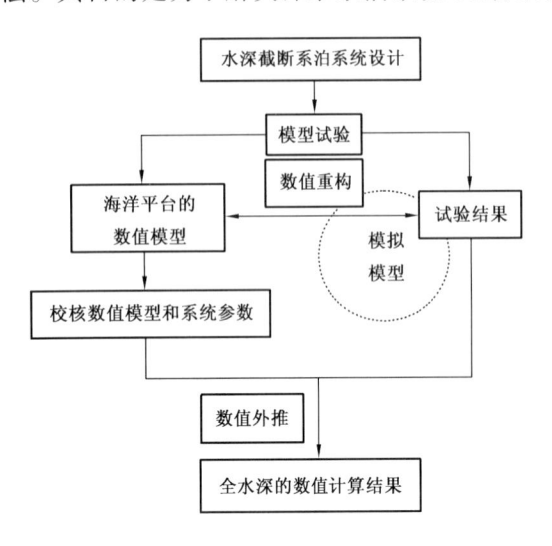

图 17-5-1 混合模型试验方法流程

混合模型试验方法的主要流程如图 17-5-1 所示。

混合模型试验方法主要包括水深截断系泊系统和立管系统的设计、数值重构计算及数值外推计算三个方面的内容。

混合模型试验方法就其本质来说,主要还是在海洋工程水池中进行物理模型试验。目前水深截断系泊系统主要分为两种:主动式和被动式。主动式水深截断系泊系统是采用伺服机构模拟截断点处的运动和受力,如图 17-5-2(a)所示。被动式的水深截断系泊系统是采用弹簧等装置对全水深系统进行被动模拟,如图 17-5-2(b)所示。

关于主动式模拟的混合模型试验方法,尽管已有一些可行性研究的报道,但由于需要非常先进和精确的实时控制系统,而且控制装置需要能够模拟所有六自由度大范围的运动,所以极为困难,迄今尚无实质性进展,具有实际可操作性的主动式的水深截断系泊系统还需要进一步研究。因此,目前广泛采用的是被动式的水深截断系泊系统。由于目前被动式的水深截断系泊系统根据静力相似进行设计,因此不能正确模拟深水系泊缆的阻尼和动力特性,这也是需要进行数值外推并充分考虑海洋平台与系泊系统之间耦合的原因。

水深截断系泊系统的等效设计应尽可能使得海洋平台在截断水深获得和深水一致的运动响应,因此必须遵循相应的等效设计原则。目前国际上公认的等效设计原则主要有:

(1)保证系泊/立管系统对海洋平台的水平及垂向回复力一致。
(2)保证平台主要运动准静定耦合一致。
(3)保证具有"代表性"的系泊缆和立管的张力特性一致。
(4)保证系泊缆、立管在波浪和海流中的阻尼及流体作用力一致。

国际海洋工程界普遍认为:混合模型试验方法是解决深水海洋平台模型试验最有希望的有效途径。近10年来,不少学者从事这方面的研究工作,成为当今模型试验技术中重要的前沿课题之一。

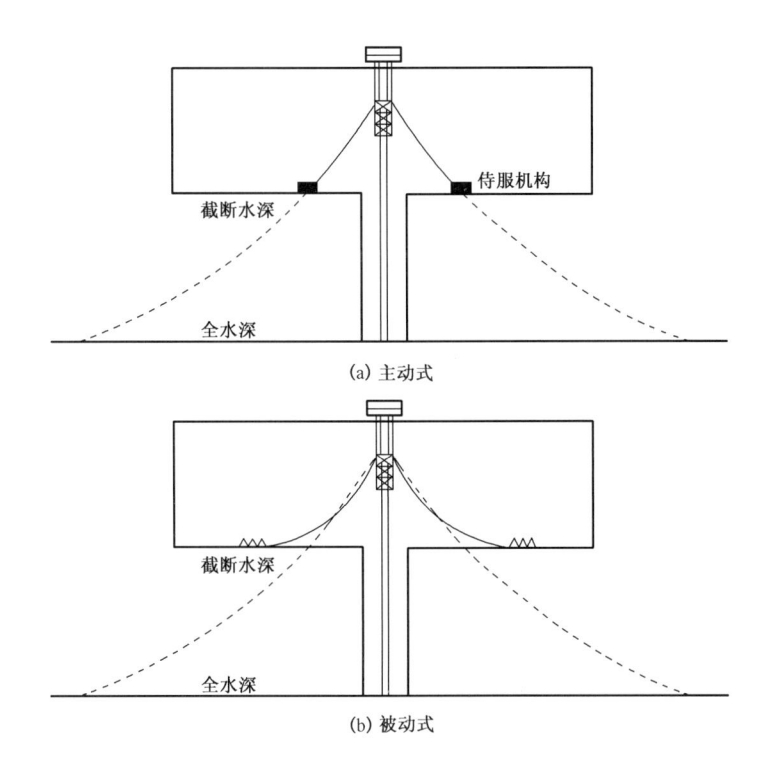

图 17-5-2　深水系泊系统的水深截断示意图

五、深水混合模型试验中的数值模拟

深水混合模型试验中的数值模拟主要指水深截断系泊系统的设计，混合模型试验方法中对截断水深模型试验结果的数值重构计算，以及采用全水深系泊系统的数值外推计算。数值模拟中所用到的计算软件应为国际通用软件。

水深截断系泊系统设计时，首先应考虑试验水池的长度、宽度和水深条件，根据模型缩尺比确定适合的截断水深，并依据全水深系泊缆的静力特性和深水模型试验的经验确定设计方案。然后根据海洋平台的形式确定水深截断系泊系统的设计准则，其中最为关键的是系泊系统的水平回复力—位移特性曲线，该特性曲线将直接影响到海洋平台系统在一定海洋环境条件下的水平位移。对于半潜式平台和深吃水立柱式平台等水线面面积较小的平台形式，还需要校核垂向回复力—位移特性曲线和纵摇—纵荡耦合特性等曲线。最后是通过静力数值计算和对比分析确定水深截断系泊系统的参数。由于影响系泊系统静力特性的参数较多，因此需要逐个调节水深截断系泊系统的各个参数，使得其静力和动力特性与全水深系统接近或者一致。该过程可以采用手动"试凑法"或者相应的优化设计软件完成。

数值重构是依据截断水深模型试验的实际情况，建立截断水深模型试验的数值模型，对试验时添加的弹簧等单元都要进行详尽的模拟，该过程被称为"Model the Model"，如图 17-5-1 所示。为了便于将数值计算结果与试验结果进行直观的对比，数值模型中还要输入试验时采用的试验前校核过的波浪和风的时历。数值重构中需要通过仅有风载荷和流载荷的试验工况对风、流系数进行校核。为了获得和截断水深模型一致的平台运动响应和系泊缆的张力时历，还要调整经验性的水动力学参数，如慢漂力系数和系泊缆的拖曳力系数等。

数值外推是采用数值重构中使用的计算软件，建立全水深的数值模型，进行多工况的数值模拟计算，得到全水深的数值结果。通过对截断水深模型试验结果的数值重构，确定了平台和系泊缆关键的水动力参数，并认为该计算软件具有符合要求的计算精度，全水深海洋平台系统的计算结果也同样有效。在数值外推的过程中，可以采用与截断水深一致的风、流系数、慢漂力系数和拖曳力系数。

第三节 深水模拟试验的程序

一、试验大纲

相比于常规模拟试验,深水模拟试验所涉及的技术范围更广,测试内容更多,因此进行深水模拟试验应制定完整、周密的实施规程,以保证研究工作的顺利进行。

首先,项目的试验任务书是编制试验大纲的依据。试验方在获得任务书后,应仔细阅读委托方的试验任务书,全面掌握任务书中的试验目的、有关基本原理、具体的试验内容、总体要求以及掌握试验项目所必需的技术资料(主要是试验对象的设计技术资料和工作海域的环境条件资料),仔细分析其中各项内容要求,同时结合实验室设施的功能、水池可供进行该项试验的时间等做出总体考虑,经分析后确认可以保质保量完成所委托的试验项目任务,方可拟定深水模拟试验项目的试验大纲。

试验大纲应包括以下主要内容:

(1)项目背景介绍、试验目的以及总体要求。

(2)试验设备总体功能与概略介绍,并根据模拟试验的具体要求选择用途与量程合适的测试仪器。

(3)根据海洋工程水池的主尺度,以及试验设施和主要设备仪器的功能与性能,选定模型缩尺比,并以此为基础对平台模型及其系泊系统和立管系统等进行制作与调节模拟,并对模拟结果提出要求。

(4)各种海洋环境条件及其组合,包括模拟试验的水深、风谱、风速、风向、流速、流向,规则波周期、波高、浪向,不规则波波谱、有义波高、谱峰周期、浪向,以及水深、风、浪、流等环境条件参数的组合。给出环境条件模拟的具体技术要求。

(5)各项试验内容的安排与确认,包括海洋平台模型静水试验、规则波试验以及不规则波试验等的内容安排,并列出详细的试验工况表,为每项试验确定试验编号。

(6)对数据采样频率、试验持续时间,以及各项试验中需要测试与采集的物理量进行详细说明,并给出具体技术要求。

(7)深水模拟试验中拍照和录像的要求。对深水模拟试验中照相机与摄像机的数量、安放位置等给出详细规定。

(8)试验研究初步报告、中期报告以及最终报告、录像编辑等的安排。

(9)试验研究项目各主要环节的计划进度与日程安排。

试验大纲编制完成后,应正式提交委托方,并且需要得到委托方的同意认可。试验大纲的制订表明实验室能够完成委托任务的技术保障和总体安排,同时试验大纲也是实验室所有项目参加人员具体进行模拟试验研究的主要指导性文件。

二、试验准备

实验室在接到委托方试验研究的任务书后,应确定主要负责人员,对任务书进行全面研究分析后做出总体考虑,例如模拟试验中各项要求的内容,实验室各种主要设施和仪器设备的功能能否满足试验要求,实验室现有的研究任务,特别是水池是否能按照委托方要求的时间进行正式试验等。在此基础上撰写完成试验大纲,并组织实验室研究人员,开始试验准备阶段的工作。

在试验准备阶段应完成以下5项工作内容。

1. 人员配备与任务分工

(1)试验项目负责人:与委托方协调、沟通和试验有关的各项工作,编制试验大纲,试验任务与时间安排,测试质量监控,撰写试验报告,提交成果和参加验收评审。

(2)模型准备组:试验模型的制作、调节模拟及模型在水池中的布置。

(3)仪器准备组:试验所需各类仪器的准备、标定,试验中各类测量数据的实时采集。
(4)海洋环境组:按试验要求完成水深、风、流和波浪的模拟。
(5)数据分析人员:试验数据的处理、分析,提交最终的数据分析结果。
(6)摄像人员:照片拍摄、录像,最终编辑制作成光盘。

2. 模型的制作及模拟调节

根据选定的缩尺比和相似理论,制作海洋平台本体和上层建筑的模型。其中海洋平台本体的加工应在外形上保持与实体几何相似,并满足加工精度的要求。此外,还需注意对模型本身质量的控制,以保证有足够的压载重力,通过移动、调节,从而模拟平台模型的重力、重心位置及横向、纵向惯性半径。平台上层建筑中尺寸较大的部分,应根据几何相似原理对其进行制作和模拟,而对于小型物件,可进行适当简化或在模型制作中不予考虑。

此外,平台系泊系统和立管系统的锚泊缆绳、立管以及防护垫等的模拟与制作应根据几何相似与弹性相似进行模拟。对于深水模拟试验而言,由于实验室往往无法采用常规模型试验方法模拟实际水深,所以需要采用混合模型试验方法,对系泊系统和立管系统进行水深截断,并设计力学等效的截断水深系泊系统和立管系统,以实现在模型试验中尽可能准确地模拟实际全水深系统的力学特性。

3. 测试仪器的选用和标定

深水模拟试验中通常需要测量多种物理量信号,因此,需要用到多类测量传感器,其中包括测量模型六自由度运动的光学运动测量系统、加速度仪、浪高仪、风速仪、流速仪,以及各种测力传感器,包括六分力天平、三分力天平和拉力传感器等。此外,在深水模拟试验前,还需大致估计试验中可能出现的力的最大值,并以此确定力传感器的量程,从而选择合适的传感器,以保证测量的准确性。

在模型试验正式开始前,应对所有的测量仪器进行标定,以确定其电容、电阻、电压等信号与测试物理量之间的线性系数。仪器标定结果在最终试验报告中均应给出。

4. 海洋环境条件的模拟

根据深水模拟试验的缩尺比和相似理论,在正式开始风浪试验前,需要在水池中模拟校验模型试验所要求的水深、风、流、波浪等海洋环境条件。测试中应根据深水模拟试验的要求,分别测量试验区域内的风速风向、流速流向以及波浪等参数,并反复调节造风、造流与造波系统,直至各环境条件参数均达到模型试验的技术要求。

5. 平台模型及其系泊系统和立管系统的布置

平台模型及系泊系统和立管系统等应布置于水池的测试区域内,并在静水中达到其平衡位置。系泊系统按照实船布置形式以及相似准则布置于水池中。在正式深水模拟试验前,通常将水池中的假底升至水面,待干燥后用油漆画线做好标记,并对各锚泊线依次进行编号。各抛锚点的位置也应做好相应标记,并将锚泊线一端固定于该位置。

此外,根据深水模拟试验的测试要求,平台模型上安装有多种测量仪器,这些仪器均由专门的传感器线连接至信号放大器并通过 A/D 转换器与数据采集箱,进入采集计算机。众多的测量数据均有各自的专用通道。为避免采集数据发生混淆,必须对通道进行编号,并检查其线路是否接通并接触良好。

三、试验过程

在试验准备阶段的各项工作均完成后,方可开始进行各项正式的试验。
在正式试验过程中,需要完成以下4项内容。

1. 模型在静水中的试验

平台模型在静水中横摇、纵摇及垂荡运动的自由衰减试验,分别获得平台模型横摇、纵摇及垂荡运动的固有周期与阻尼系数。将固有周期与理论值进行比较,以校验模型的准确性,如不符合则需要重新调节模型技术参数并进行校验。

系泊系统的静力特性试验,测量并得到单根锚链及整个系泊系统在纵向、横向上的力学特性曲线,即位移与回复力之间的静态关系。将回复力特性曲线的试验结果与理论结果进行比较,以校验模型和测试仪器的准确性,如不符合则需要寻找原因并重新进行校验。

平台模型与系泊系统相连后,应在静水中进行横荡、纵荡、垂荡、横摇和纵摇运动的自由衰减试验,以分别获得系各个运动模态的固有周期与阻尼系数。将固有周期与理论值进行比较,以校验模型的准确性,如不符合则需要重新调节并进行校验。

2. 风、流载荷系数试验

将平台模型置于静水中进行,试验中无波浪环境条件,即平台仅分别受到风或流的作用。实时测量在不同来风或来流方向、不同风速或流速作用下,平台在各个方向上受到的力与力矩大小,并换算为与风速或流速无关的风、流载荷系数。将风载荷系数的试验结果与理论值进行比较,以校验模型的准确性,如不符合则需要重新调节模型受风面积并进行校验。

3. 规则波中的试验

将平台模型采用若干线性水平系泊软绳固定,进行规则波中的试验,测量平台模型在规则波中的运动和载荷,以获得在不同来波方向上,平台运动和载荷的响应幅值算子 RAO 与相位响应函数,并确定平台波浪慢漂力与力矩系数。

4. 不规则波中的试验

测量平台模型在风、浪、流联合作用下的运动、受力和加速度以及波浪等物理量。对海洋平台在各种海况下的水动力性能进行全面的研究。其中,各项试验的具体内容与目的在本章第四节中均有详细说明,试验的主要结果则在第五节中作详细说明。

此外,由于平台模型在水池中进行各个单项试验的覆盖范围较广,而且每项试验要求测量的参数较多,为避免混淆,需要特别规定两种编号:一种是各单项试验的编号;另一种是各测量仪器接至采集系统通道的编号。

为了保证试验的有序进行,实验室需专门制定水池试验的执行计划表,计划表的内容主要包括单项试验的序号,各序号所对应的海洋环境条件(风速、风向,流速、流向,有义波高及浪向)以及要求测量的参数(模型的六自由度运动、加速度、各系泊缆的受力、风速、流速、浪高等)。

四、试验报告

模型在水池中的所有试验工作完成后,需进行各项测试数据的处理和分析,撰写试验研究的主报告及数据报告,对拍摄的录像进行编辑,并最终向委托方提交正式的报告,经评审验收通过后,才算完成整个试验研究项目。其中数据报告是汇总各单项试验数据分析的结果,作为主报告的附件,而主报告则是整个项目最为重要的关键性的研究成果文件。试验研究主报告的主要内容与要求介绍如下。

1. 前言

扼要叙述试验项目的背景、目的与试验内容等。

2. 试验设备及仪器综述

简要介绍水池的主尺度、水深调节、造风、造流及造波系统的装备、功能及能够调节达到的最大水深、风速、流速及波高。

本试验中选用的测量仪器的名称、量程及测量精度。

3. 相似定律简介

主要介绍试验的理论基础,说明本试验所遵循的相似准则并导出模型和实型之间各种物理量的比例关系,并由此作为本试验中模型值转换至相应实型值的依据。

4. 模型制作与模拟

说明平台本体及其上层建筑的模型制作方法、步骤、材料以及加工精度,给出平台主要设计图、主要参数对照表、模型简图和照片。

说明系泊系统和立管系统等模型的制作情况,锚泊线力学特性的模拟结果。给出系泊系统和立管系统等的主要设计图、模型简图和照片、主要参数对照表以及锚泊线力学特性的模拟曲线。

5. 海洋环境条件的模拟

主要说明需要模拟的海洋环境条件,包括水深、风、浪、流以及浪流不同组合的模拟。根据相似准则依次介绍上述各项模拟的方法、过程及模拟的最终结果。将模拟结果(测量值)与任务书中规定的目标值进行比较并给出模拟的精度。模拟结果应以图表的形式表达。

6. 试验测量仪器的标定

对试验中所用的各类测量仪器进行标定,分别说明标定的方法、过程及结果。标定的结果应以图表形式表达。

7. 模型在水池中的布置及试验工况

主要说明模型在水池中的布置情况,给出相关的图和照片。对于在风浪流中的各项试验,应明确标出风浪流与模型之间的方向和夹角。散布式的系泊系统应标明各锚泊线的编号。

列表给出所有试验工况,对各个试验依次进行编号,并说明每个试验的目的、内容以及对应的海洋环境条件。

试验中所采用的坐标系统、坐标轴的正负方向及有关测量参数的正负方向都应给出明确的定义和示意图。

列表给出试验中所有测量和分析数据的参数名称、单位与相应的通道编号,并对各个参数给予必要的说明。

8. 试验过程、数据采集与分析

对于每一种试验,包括模型在静水、水平刚度试验、规则波以及不规则波中的试验,分别说明试验的方法、过程,对于不规则波中的试验应说明每次试验的持续时间。

简要介绍试验数据采集系统的使用方法、过程以及数据的采集频率。

对试验数据采用的分析方法、分析得出的各项统计数据等应给予必要的解释。

9. 试验结果与分析

对于每一种试验,包括静水衰减试验、水平刚度试验、规则波及不规则波中的试验等,分别以图表的方式给出试验结果,并根据试验结果进行简要的分析。

10. 封面、扉页和目录

封面应以醒目的字体给出试验报告的编号、项目名称、委托方、实验室名称、完成报告的日期。

扉页内容除上述各项外,还需给出项目负责人、报告撰写人、数据分析人、报告审核人的姓名。

目录应列出各项内容的标题及其对应的页次,便于查阅。

11. 附录

委托方的技术要求。

第四节 深水模拟试验的内容

一、环境条件模拟

海洋工程水动力模型试验中,环境条件模拟是研究海洋结构物在其作用下结构物的性能、受力等的基本要求和手段。最基本的海洋环境条件为风、浪、流及水深。

1. 风的模拟

由于海洋工程水池试验场地较大,一般只在模型试验的局部地区造风,即在模型附近安置多台轴流风机组成造风系统。该造风系统是可移动的,因而能产生任意方向的风速以满足试验的需要。轴流风机由变频器供电的交流电动机带动,电动机的转速由变频器输出的频率和电压进行控制,控制电动机的转速也就控制了风速。在只要求模拟平均风速的情况下,调节造风系统的转速即可得到所需的风速。平均风速的数值可由叶轮风速仪测得,所模拟的平均风速误差应小于5%。

如果要求研究不规则风对海洋工程结构物的影响,则应根据给定的风谱在实验室中模拟所要求的不规则风。模拟的大体步骤是:根据给定的风谱编制计算机的控制程序借以实时控制变频器输出的频率和电压,即按照程序控制电动机的转速,由此产生不规则风速。将风速传感器测量得到的不规则风速进行处理即可得到模拟的风谱。所模拟的风谱谱面积要与目标谱的面积大体一致,误差应小于5%。常用的风谱有 API 风谱和 NPD 风谱等。

2. 波浪的模拟

波浪模拟是进行海洋工程结构物试验的首要条件,波浪模拟的正确与否直接影响到试验的正确性。实验室的造波装置为造波机,通常使用的是摇板式造波机和多单元蛇形造波机,前者可以模拟规则波和二维长峰不规则波,后者可以模拟规则波、长峰不规则波以及短峰不规则波(三维波)。

对于规则波的模拟,调整造波机摇板的频率和幅度,即可获得试验所要求的规则波。

不规则波的模拟是根据给定的波谱、有义波高、周期(谱峰周期、特征周期等)进行的,大体步骤为:根据给定的波浪条件编制计算机控制程序,生成相应的摇板运动时历信号用以控制摇板的振幅和频率,由此在水池中产生不规则波浪;然后,将浪高仪测量得到的不规则波进行谱分析得到模拟的波谱,如果模拟的波谱和给定的目标波谱差异较大,则修正控制信号时间序列,重新造波,如此反复,直至不规则波谱与目标谱大体一致,有义波高与周期的误差均应小于5%;此外,还要保证不规则波的重现周期不小于试验要求长度。海洋工程实验中通常采用的波谱有 JONSWAP 谱、ITTC 谱和 P-M 谱等。

如果实验室使用的是摇板造波机,则只能造单方向长峰波,如果要求考察海洋工程结构物在不同浪向时的动力载荷及物体的运动,可变换模型在水池中的布置,即可进行模型在任意浪向、流向及风向情况下的有关试验。

3. 流的模拟

流的模拟一般要求模拟的流场均匀,对沿深度方向的流剖面也有一定的要求。在海洋工程水池中,流的模拟采用整体循环造流的方式,即在水池一端下部均匀安装几排喷嘴,连到一高压泵上,水泵从另一端底部吸取池中的水,高压水从喷嘴中喷出,带动周围的水,绕着水池假底作循环,从而在假底上部表面形成一个方向的流场。控制水泵电动机的转速即可调节流速。模拟所得平均流速误差应小于5%。

对于流速较高的试验,整体造流无法满足要求时,可采用增加局部造流装置,即采用潜水泵从带喷嘴的管中喷出较高的流速,使试验段形成一定流向、流速的水流。流速的大小也是通过调节泵电动机的转速实现的。

流场模拟是否均匀对试验的影响很大。因此对所模拟流场的测试也非常重要,通常采用流速仪完成对流场数据的连续采集。

4. 水深的模拟

通常,海洋工程水池采用大面积可升降假底实现对水深的模拟。在模型试验前,将假底调整到所要求的水深即可。水池中装有水位监控仪,当水位变化超过 1mm 时,水泵将自动调节水位以保证试验水深的稳定。

二、静水衰减试验

静水衰减试验的目的是为了测量和验证海洋平台本体及其与系泊系统的固有周期,并得到黏性阻尼系数。

将平台模型(自由飘浮或与系泊系统连接)静浮于水池中,模型上安装有非接触式六自由度运动测量系统以测量衰减运动。待水面静止后,用外力给模型在特定方向上施加一定幅度的初始位移,然后突然放开,模型将开始作衰减运动,并在静水阻尼的作用下,逐渐趋于静止。记录运动衰减曲线,并进行数据分析以得到固有周期和阻尼系数。

静水衰减试验通常包括横摇、纵摇、垂荡衰减试验。在试验任务书中,试验委托方会给出进行试验的海洋平台的惯性半径和固有周期,试验中通过调节平台模型的重力分布、重心位置等来达到惯性半径与试验要求的一致,然后将模型放入静水中,做静水衰减试验,记录整个过程的衰减时历曲线,通过分析计算得到平台的固有周期和黏性阻尼系数,将固有周期与试验任务书给定的理论计算周期对比,以达到验证的目的。如得到的固有周期与试验要求一致,则可继续进行试验,如不符,则需要重新调整,寻找原因,最终达到正确模拟的目的。试验结束后需将试验结果,包括固有周期、黏性阻尼系数、时历曲线以及对比结果整理写入最终试验报告。

此项试验通常进行单独平台、无系泊系统的衰减试验,如果对系泊系统有一定要求,可加入系泊系统,并增加纵荡、横荡、垂荡、横摇和纵摇衰减试验,以符合试验要求。根据委托方要求,有时也会增加在有流情况下的纵荡、横荡衰减试验。

三、系泊系统刚度试验

系泊系统刚度试验的目的是为了验证系泊系统模拟的准确性,确定系泊系统的特性以及带系泊系统平台的动力特性。

试验内容主要包括单根锚链的刚度校核、整个系泊系统的刚度校核、加入立管系统的刚度校核等。此项试验在静水中进行。

首先需要对单根锚链的特性进行校核,将单根锚链按照试验时的形式布置在静水中,在其顶端,也就是导缆孔的位置施加一定的外力,测量其偏移的位移,得到受力随位移变化的曲线,即单根锚链的刚度曲线。将试验结果与理论计算结果对比,达到精度要求则可进行下一步试验,否则将重新调整和模拟锚链。将系泊系统中的每一根锚链进行校核完毕后,才可进行下一步的试验。

接下来进行整个系泊系统的刚度校核,将所有锚链按照试验时的形式布置在静水中,对整个系统施加不同的外力,测量其偏移量,或者给定偏移量,测量其所受外力合力以及每根锚链的受力,由此得到整个系统受力随偏移量的变化曲线,即系统刚度曲线。将试验结果与任务书给定的理论刚度曲线进行对比,满足精度要求则可进行下一步的试验。

在进行整个系泊系统刚度试验时,通常需要测量几个不同的受力方向时的刚度,如沿着单根锚链方向施加外力和沿着两根锚链之间的方向施加外力,试验时方向的选择必须根据不同系泊系统的实际要求和布置形式来定。

如果试验中需要加入立管系统,则应至少选择一个方向的系泊系统刚度试验,加入立管系统,再进行同样的系统刚度试验,以验证立管系统对系泊系统的刚度特性是否有影响。此项试验是否必要,按具体情况而定。

四、动力定位系统性能试验

研制动力定位系统模型推力器系统,研制动力定位模型测量系统,研制动力定位控制系统,完成整套动力定位集成控制系统的设备调试与功能测试。

对平台进行理论建模,确定平台附加质量、阻尼系数、恢复力系数等水动力学参数,确定其动力定位系统运动基本控制方程。

通过数值计算确定波浪二阶慢漂力,并通过二阶力模型试验进行验证和修正。计算风、流外干扰力,结合二阶波浪力,确定平台模型的外干扰力。根据外干扰力的分析,通过冗余度考虑,估算动力装置的功率需求。

对推力器系统进行研究,研制动力定位的推力器试验模型系统。研制动力定位测量系统并进行调试。根据指定控制方法,设计模型动力定位系统的控制系统,并进行初步系统联调。

进行动力定位系统控制方法模型试验研究,完善模型控制系统,并检验平台模型的运动和推力器系统受力的实时测量系统。

五、风、流作用力试验

试验目的是为了确定不同首向角情况下,作用于平台模型上的风、流作用力及力矩系数,验证平台在试验中所受到的风力和流力是否符合实际要求。这些系数也可以用于分析系泊或动力定位系统。

风、流作用力试验通常包括平台在不同的吃水、不同的风速和风向、不同的流速和流向下的试验,并测量作用力和力矩。

试验中,将平台模型按照不同的吃水、不同的首向角通过六分力传感器固定在水中,根据试验中要求的风速和流速分别造风和造流,测量平台所受到的全局坐标系下的三个方向分力和力矩,即 X 方向和 Y 方向的风力或流力,以及绕垂向轴的首摇力矩,与试验任务书给定的力和力矩的理论值(或风洞试验值)进行对比与分析。风力主要受上层建筑模拟和布置的影响,如不满足要求,则需进行调整,增加或减少上层建筑,以及调整位置和方向,尽量在三个方向均满足试验要求。而流力主要与平台水面以下部分的外形有关,因此流力测量结果通常仅作为记录和参考,无法进行重新调整。

六、响应幅值算子(RAO)试验

试验目的是要确定波浪诱导运动的响应幅值算子(RAO)以及相关的相位响应函数。这些参数通常是需要求得的,因为根据线性假定,可以计算平台在任意海况下的波浪运动。这种模型试验主要是为了获得频率响应函数,以进行进一步的分析和数值模拟,而不是直接测量真实海况下的系泊载荷和运动。

单独平台的 RAO 试验,一般把经过校验的平台模型与顺应式系泊系统一起安装在水池中。这种系泊系统并不一定是设计中实际的系泊系统,而通常由若干水平放置的带有弹簧的软绳组成,以提供足够大的纵荡、横荡和首摇固有周期,这样既可以把平台模型限制在一定的运动范围内,又可以不影响平台的波频运动。其他一些辅助设备如立管系统,在此类试验中,通常不需要进行模拟和安装。

在平台模型上安装有非接触式六自由度运动测量系统,以测量波浪诱导运动。在系泊缆绳上安装有拉力传感器,这样通过力的平衡,就可以确定平台所受的约束力和力矩(三个方向上的力和力矩,即 F_x、F_y、M_z)。

试验通常包括多个不同周期的规则波试验,或者白噪声不规则波试验,并应进行不同浪向角情况下的试验。平台模型安装就位以及测试仪器准备妥当后,造规则波或者白噪声不规则波,在波浪和平台运动趋于稳定后,开始进行数据测量和采集。测量内容包括平台的 6 个自由度运动,与平台重心平行位置和平台前方距离平台一定距离的波高,各系泊软绳的张力。对运动和受力的测量数据进行分析,并与波浪校核时的波浪时历数据进行对比,即可得到平台 6 个自由度的 RAO 曲线和相位响应函数曲线,提供给试验委托方,并将结果与数值计算结果进行对比分析。

对有些平台模型,往往还需要测量与实际系泊系统连接在一起的频率响应函数。此时,用实际系泊系统的模型将平台模型固定,采用同样的方法进行模型试验。

RAO 试验通常在不规则波试验之前进行。

七、风浪流联合作用下的运动及系泊载荷试验

风浪流联合作用下的运动及系泊载荷试验是整个模型试验中最为重要的部分,主要目的是对平台在风浪流联合作用下,也就是实际海况下的运动和受力进行测量和记录,以分析平台及整

个系泊系统的水动力性能,提供真实海况下的平台运动、漂移、加速度、上浪以及系泊载荷的数据,有关立管性能的数据,并研究任何可能发生的碰撞,如立管与立管、立管与系泊缆、平台与系泊缆和立管之间的碰撞。

此项试验将测量的物理量包括:平台的6个自由度运动,平台若干重要位置处的三方向加速度,系泊系统每根锚链的系泊力,立管系统的受力、风速、流速、波高,平台典型位置处的相对波高(甲板上浪、气隙、出水)等。

试验时,用系泊系统将平台按预定方案固定在水池,并安装调试好所有的测量仪器。首先在静水中调整系泊系统每根锚链的预张力,达到试验任务书的要求。等水面平静,采集记录在静水平衡状态时平台的初始位置和初始预张力。开启造流系统,待流场稳定后采集记录在仅有流作用下所有的物理量。开启造风系统,待风场稳定后采集记录在有风、有流作用下所有的物理量。开启造波系统,待整个系统的运动稳定之后,开始记录,按照试验大纲给定的模型试验时间进行,采集所有需要测量的物理量,得到时历数据。进行数据处理与分析,给出所有数据的分析结果,以判断该次试验是否成功。若出现任何意外问题导致试验失败,则需重复该次试验。

此项试验将按照试验大纲要求,进行不同海域环境条件、不同风浪流组合、不同装载工况、不同锚链布置情况和破断情况等的多个试验。试验委托方对平台的运动极值、系泊系统的最大系泊力、平台上浪或者气隙问题比较关心,应在试验结束后尽快给出初步结果。如果对结果有所疑问,可进行重复试验加以验证和对比。

八、全动力定位系统试验与辅助动力定位的系泊系统试验

该项试验的目的为:

(1)确定稳态动力定位能力预报,研究平台模型在稳定的风、浪、流作用下保持固定的位置和艏向角的能力,以及在各个不同方向上所能承受的最大稳定风速和流速。

(2)在全动力定位控制下的各指定试验工况中,验证能否达到足够的定位精度。

(3)对辅助动力定位下的系泊系统进行试验研究,确定定位精度,验证其稳定性和可靠性。

(4)为设计提供试验依据。

试验中,首先安装动力定位模型试验系统,并进行系统联调。根据试验要求,采用或设计控制策略及控制方法,并在模型试验中不断优化子系统各参数,确定各个不同方向上所能承受的最大稳定风速和流速。进行全动力定位模型试验,预报定位精度,并对整套系统进行研究、分析和完善,确定各工况定位精度。进行系泊系统的模型试验单独调试,根据刚度曲线,调试好系泊系统。进行辅助动力定位的系泊系统试验,预报定位精度,测量平台运动、推力器受力及系泊系统受力情况。

试验应在风浪流联合作用的实际海况下进行,试验的步骤与上述各运动及系泊载荷试验基本相同。

九、多浮体系泊作业试验

多浮体系泊作业试验主要指有两个以上的浮体通过柔性系泊的形式连接在一起的模型试验,通常针对FPSO与串靠和旁靠穿梭油轮组成的多浮体系统。

该项试验的目的是:

(1)提供真实海况下的多个浮体的运动、系泊力情况,以及是否会发生多个浮体之间的碰撞等现象,验证多个浮体系泊在一起是否安全。

(2)确定进行多浮体系泊作业的最大海况,并确定需要什么样的控制来保持浮体的稳定。

试验中,要求多个浮体模型与其相互之间的系泊系统安装在一起。此外,如果需要考虑输油的软管系统对整体性能的影响,那么模型中还要包括输油的软管系统;如果穿梭油轮装有推进器,或者对于装有辅助推进器的FPSO和装有动力定位系统的穿梭油轮来说,还需要模拟控制系统的特性。

主要进行风浪流联合作用下的运动和系泊载荷试验,试验步骤同本节中七。试验对于海洋环境条件的选择应集中在限制其作业的临界条件,特别是风浪流不同向的环境条件。测量的内容主要包括:多个浮体的六自由度运动以及相互之间的相对运动、最小间距,系泊系统的系泊力,浮体与浮体之间的系泊缆的受力,浮体与浮体之间的碰撞力,以及风速、流速、波高等物理量。

十、甲板上浪、气隙及波浪砰击试验

深海平台甲板上浪试验的主要目的是确定甲板上浪的频率,同时测量上浪水对船体或甲板结构的砰击载荷,从而评估平台甲板上浪对甲板结构与甲板设备造成损害的严重性。在此基础上通过甲板上浪试验,还可进一步修改与优化平台设计,以减小上浪的频率及其对甲板结构与设备造成的影响,从而尽可能减小结构失效的风险。

在甲板上浪试验中,平台模型的首部甲板应安装数个电阻式浪高仪,组成浪高仪阵列,以监测试验中发生甲板上浪的次数,同时测量上浪时甲板不同位置处的水深分布与变化情况。平台甲板或首部还应安装压力传感器,以测量上浪对平台首部结构造成的砰击载荷。在甲板上浪试验中,通常在平台侧面或上部安装数台高速摄像机,同时平台模型的首部应标示较为明显的方格,以便于从录像中观察上浪形成飞沫或上浪越过甲板时所达到的高度,从而验证或修正浪高仪的测量结果。

对于半潜式平台、SPAR 平台和 TLP 等深海浮式平台而言,其在生存条件下的气隙大小是评价其水动力性能的重要参数。而气隙试验即通过测量平台与水面之间的相对波面升高,从而判断水面与平台底部甲板之间是否发生砰击现象。

在气隙试验中,在平台模型的底部甲板至水面间应安装数个电阻式浪高仪。这些浪高仪随平台共同运动,从而测量水面与平台底部之间的相对波面升高。通过将测量所得到的相对波面升高与平台干舷大小相比较,即可判断平台气隙是否为零。若平台气隙为零,则说明波面与平台底部甲板间发生了砰击现象。同时,在气隙试验中,还通常在平台底部安装摄像机,从而可通过试验录像观察平台气隙的变化情况。

深海平台砰击试验的主要目的则是通过在生存海况下,测量平台首部或底部位置砰击载荷的大小,研究波浪砰击对平台结构所可能产生的危害。同时通过对平台首部形状进行修改与优化,以尽可能减小其所受到的砰击载荷。

在平台的砰击试验中,应在平台模型的首部或底部等可能发生砰击的位置布置数个压力传感器,测量不同位置处发生波浪砰击时,平台结构所受到的载荷大小及其分布情况。同时,在试验中的平台模型一侧,应安装高速摄像机,拍摄砰击发生的全过程,从而通过试验录像观察砰击现象。在砰击试验的结果分析中,应特别关注砰击载荷的最大值,进而判断砰击是否会对平台首部和底部结构产生影响。

十一、立管的涡激振动试验

在海流作用下,大跨度海底管线、深水海洋平台立管、锚链和拖缆等长柔性构件后方会不断释放旋涡,并使得这些构件产生横向振动,发生涡激振动现象。涡激振动现象会给海洋结构物带来不利影响,严重的涡激振动将造成柔性构件的结构疲劳破坏。涡激振动试验的目的是通过试验测定细长柔性构件在海流的作用下,发生涡激振动现象的可能性和振动幅度的大小,从而判断其对柔性构件可能产生的结构损伤程度。

涡激振动试验的场所分为两大类:第一类是水池实验室;第二类是自然环境条件,如近海岸或江河湖泊。在实验室内拖车速度易于控制,还可以通过制造流场来模拟实际环境,采集设备使用方便,但是模型缩尺比较大,柔性构件的长度受实验室尺度影响较大。自然环境条件下的试验可以选取较长的柔性构件,缩尺比小,更接近实际情况,但是流速控制不易,采集设备布置难度大,因此试验成本较高。

涡激振动试验中最重要的一步是设计一个合理的试验装置,该装置要能够为柔性构件提供

支撑,便于安装测试装置,与拖车或船只紧密连接。而且在实验室条件下,该装置最好有提高流速的功能。设计这样一个试验装置难度较大,目前大多数涡激振动试验装置选择的试验场所是长度较大的拖曳水池,由拖车拖动,以获得较高的流速。

涡激振动试验主要测得柔性构件的振动模态、振幅和频率等,获得这些物理量可以通过以下3种方法:

(1)在柔性构件上贴应变片。
(2)在柔性构件中放置加速度仪。
(3)利用水下高速摄像机拍摄。

在柔性构件上贴应变片的方法常常被采用,成本较低,但精度有限。在柔性构件中放置加速度仪的方法,精度可以提高,但是由于加速度仪本身有一定质量,对柔性构件的重力分布会产生影响,而且如果测量点过多,连接线在柔性构件中比较拥挤,信号会受到影响。利用水下高速摄像机可以获得较准确的振动模态数据,但是需要配备有专业的处理软件,设备成本较高。

无论选择哪种试验场所,拖车或船只自身的振动影响必须降到最低,否则无法获得准确的试验结果。

十二、深吃水立柱式(SPAR)平台的涡激运动试验

深吃水立柱式平台在海流的作用下,会在立柱周围不断释放旋涡,并使得立柱结构在水平面内产生周期性的往复运动,这就是涡激运动现象。如果释放涡的频率和立柱结构的固有频率接近,将对结构产生不利的影响。一般情况下,深吃水长立柱结构比较容易发生涡激运动,因此涡激运动的试验研究主要集中在SPAR平台。

涡激运动试验的目的是:通过试验,获得深吃水立柱式平台涡激运动的运动频率,以及相关的运动幅值,并与立柱结构的固有频率相比较,以判断深吃水立柱式平台是否会发生涡激运动现象,以及发生的严重程度如何。

涡激运动的试验场所一般选在有一定长度的拖曳水池。试验装置安装在拖车下方,由拖车带动试验装置在水中匀速运动,水池必须有一定长度才能保证涡激运动达到稳定状态。试验中还要排除其他风浪影响,因此拖曳水池是最理想的试验场所。涡激运动试验前一般需要准备一个试验装置,通常为方形框架,框架四周水平布置SPAR平台系泊链,框架中央布置SPAR模型,并与系泊链相连。框架由拖车带动。由于涡激运动是在水平面内发生的运动,可以在框架上设置特殊机构,以约束SPAR发生横摇和纵摇运动。试验中要测量的物理量是SPAR的六自由度运动。

安装好试验装置后,开动拖车,达到一定速度后以匀速前进。在一定时间后,SPAR平台的涡激运动稳定下来,产生比较明显的周期性往复运动。采集相关运动数据,并进行数据处理与分析。

十三、自航或拖航过程的耐波性试验

自航或拖航过程的耐波性试验的目的是:对深海平台或者其运输船舶在自航或拖航过程中的运动状态和甲板上浪等现象进行研究分析,掌握相关数据和规律,为在方案设计中提高航行过程中的安全性和舒适性提供可靠的依据。

试验在具备造波功能的、且有一定长度的水池中进行。如果只考虑迎浪和顺浪情况,则对水池宽度要求不高,一般在具备造波功能的船模拖曳水池中即可进行,而且航速稳定、航行距离够长。如果要考虑斜浪和横浪情况,则对水池宽度要求较高,一般需要在具备造波功能的海洋工程水池或类似水池中进行。

对于自航过程的耐波性试验,模型内部要安装动力装置、齿轮箱、轴承、螺旋桨和舵等装置,并需具备可遥控功能。对于拖航船舶或平台模型的耐波性试验,模型内不需要以上设备,由水池拖车拖带航行。

试验中,一般需要对以下物理量进行采集和分析:
(1)模型六自由度运动,包括垂荡、横荡、纵荡、横摇、纵摇和首摇运动。
(2)模型航行线速度、角速度。
(3)模型典型位置处的甲板上浪或底部出水情况。
(4)模型重要位置处的加速度。

试验应按以下步骤进行:
(1)调节水深至指定深度,完成模型准备。
(2)开始造波,稳定后启动模型或开动拖车拖带模型,按照一定的方向在水池中航行,在航速达到要求后开始采集,在经过稳定段时间后停止采集。
(3)模型返回出发点。
(4)重新开始造波,并保证模型在下一个稳定段时间开始后开始数据采集。
(5)重复上述步骤,直到模型在一个浪向条件下遭遇的波浪周期数目满足要求,停止试验。

由于水池宽度和长度有限,而遭遇波浪周期数目一般比较大(大于200个波浪周期),通常需要进行多次试验才能满足要求。

十四、安装就位试验

安装就位试验的主要目的是验证海洋结构物的安装就位过程是否可行和安全,确定能够安全进行安装就位作业的极限海况,并测量海洋结构物在安装就位过程中的动力响应。

安装就位试验通常需要在不规则波,甚至是多方向上的不规则波,以及有风、有流的实际海洋环境下进行。水池中试验的环境条件通常是能够进行安装就位作业的最为恶劣的海况(作业极限海况)。同时,还需要验证在作业极限海况下进行安装就位作业,海洋结构物仍保持有足够的安全系数。在某些海域(如西非),主要的环境影响因素是长时间的涌浪,并且这些涌浪在任何环境下都是不可避免的。

对于 TLP、SPAR、半潜式平台等深海平台,通常由驳船将平台拖至预定海域进行安装就位作业,不同形式的平台安装就位的过程和方式会有所不同,试验模拟应该充分考虑各型平台安装就位方案的差异。因此,此类平台的安装就位试验一般应模拟以下过程:
(1)平台从驳船上的下水过程。
(2)水中平衡过程。
(3)水中压载扶正过程(主要针对 SPAR 平台)。
(4)系泊系统安装和连接过程。

安装就位试验中,要对以上作业过程中平台及驳船的运动进行全程测量记录。同时应针对不同类型平台,设计相应的装置测量驳船上支点等处的受力。

FPSO 常由拖轮拖至预定海域安装就位,安装就位试验应模拟以下过程:
(1)锚泊系统的安装。
(2)FPSO 与系泊系统的连接。

如果安装过程在进行到一半时,由于出现恶劣海洋风暴而不能继续进行安装作业,此时尚未完成的系泊系统应具备抵抗适当的设计环境条件作用的能力。

十五、解脱与再连接试验

深海油气开发工程系统庞杂,常需要多个浮体结构相互连接、共同工作才能保证系统的正常营运。为了保证安全操作、及时避免台风等极端环境的损害,多浮体之间的连接有时需要设计各种各样的快速连接(解脱)装置(Quick Connect/Disconnect equipment)。由于复杂多变的海洋环境对连接方法和形式提出了很高的要求,因此,在工程设计阶段可视需要开展相应的系统解脱与再连接试验,检验连接系统的有效性,提前发现实际作业中可能出现的问题,从而验证和改进工程设计方案和相关操作规程。目前开展的解脱与再连接试验主要以下面两类试验为主:

（1）系泊系统与 FPSO 等浮式生产系统的解脱与再连接。

（2）FPSO 等浮式生产系统与穿梭油轮等输运工具间的解脱与再连接。

解脱与再连接试验一般是在完成浮式生产系统等海洋油气开发装备在生存环境和作业环境下的模型试验后进行，据此可以确定系统解脱与再连接的具体海洋环境条件。解脱与再连接试验的基本试验原理和相似定律等与海洋工程结构物耐波性试验类似，所不同的是增加了解脱与再连接的操作过程。

试验的主要目的为：

（1）检验连接（解脱）装置在复杂海洋环境下的有效性。

（2）测量解脱与再连接过程中各个浮体的运动情况。

（3）测量解脱与再连接过程中各浮体所受载荷的变化及极限载荷的情况。

（4）评估解脱与再连接过程中是否会发生碰撞等情况。

（5）确定可安全进行连接（解脱）作业的限制海况。

试验中，应考虑设计所要求的解脱与再连接可能发生的海况，如正常作业海况、安全操作要求的限制海况等；应考虑不同解脱与再连接作业情况下的典型设计装载工况。

试验工况一般选取典型的解脱与再连接状况，尤其是两个连接浮体间相对位置（高度）改变较大的情况。如在 FPSO 油气外输试验中，既需要考虑 FPSO 满载、穿梭油轮空载，二者连接的情况，也需要考虑完成输油后 FPSO 空载、穿梭油轮满载，二者解脱的情况。解脱与再连接试验结果受操作动作、操作过程和瞬时海况的影响较大，为得到有价值的数据，需要在设定海况下进行多次操作，并对结果进行比较分析。

试验测量内容主要包括：

（1）海洋环境条件，包括整个试验过程中的风、浪、流等。

（2）多个浮体的运动（转塔、平台、船、浮筒等）。

（3）连接处在解脱与再连接全过程中的载荷变化等。

试验中应注意的主要问题如下：

（1）解脱与再连接试验的数据分析应注意操作动作与载荷和运动分析相互对应起来，只有这样才能正确分析解脱与再连接操作可能带来的各种影响。

（2）试验录像是分析解脱与再连接试验结果的重要工具，除了浮体运动需要监视外，还必须对解脱与再连接处的连接装置工作情况进行密切关注，才能获得有价值的信息。

（3）解脱与再连接试验结果受操作熟练性和重复性的影响，试验前应对操作过程演练熟练。

十六、倾覆试验

海洋工程结构物在风浪中的倾覆是十分复杂的问题，其主要困难在于随机外载荷的确定和大幅度横摇的非线性性质。海洋结构物在横浪情况下的大幅度横摇以及在随浪状况下，由于遭遇周期性波浪而产生的、随时间周期性变化的回复力矩引起的参数共振是倾覆的主要原因。目前，海洋工程结构物的倾覆机理还没有完全解决，因此，模型试验是研究倾覆的可靠手段。

试验的主要目的是研究海洋结构物在风浪环境中的安全性，确定结构物最小倾覆力矩和横倾角。

海洋工程结构物在风浪中的倾斜过程，将同时受到风倾力矩、回复力矩、惯性力矩和阻尼力矩的联合作用。因此，倾覆试验中，模型与实船应满足的相似条件除几何相似、质量分布相似等以外，还应满足阻尼力矩相似、风压力矩相似等条件。

倾覆试验应选取海洋结构物作业海域的极端海况为模型试验的环境条件。风浪条件应包括迎浪、横浪和随浪等多种浪向。由于在不规则波浪中结构物倾覆发生的时间是随机的，因此模型试验所持续的时间要足够长。

虽然实际波浪都是随机的，但一列持续时间较长，可能导致共振的规则波列对于海洋结构物来说也是非常危险的。因此倾覆试验还应包括模型在规则波中的工况。

倾覆试验过程中,应对结构物的六自由度运动特别是横摇运动、系泊系统受力等进行测量和记录,以获得倾覆时的横摇角度等动力响应数据,进而得到结构物倾覆时的最小倾覆力矩,确定海洋结构物在风浪环境中横摇运动等的稳定区域、临界状态等。

十七、内波试验

由于海洋内波的巨大振幅,内波所诱导产生的较强海流,以及在垂直方向上波动的贯穿性,内波会对海洋工程结构物和水下运动物体的耐波性和适航性产生显著的影响。而在实验室中进行内波试验则是研究内波的一条重要途径,同时也是目前海洋工程界研究的热点之一。通过内波试验,可以对内波的生成、传播以及消衰的物理机制进行直观的研究。

内波试验通常在稳定分层的盐溶液水槽中利用内波造波机,或匀速拖曳运动物体模拟各种类型的内波现象。

内波试验所测量的物理量主要包括内波场的流场要素,以及模型运动的阻力等数据,其中,典型的阻力测量结果包括模型和分层水静止时的测力记录,模型在静止分层水中突然启动时的数据记录,模型进入匀速运动的记录以及模型停止阶段的测力记录等,试验将对其中各个不同阶段的测量数据进行分析,以得到所需的力数据。此外,对内波流场的测量则应测量内波场的波高、波长、相速以及波相角等物理量,并分析得到实验室内波水槽中的密度剖面,以及密度面起伏变化的时间序列等内容。试验测量方法包括电导率仪、染色显形技术、阴影摄影、纹影技术以及粒子跟踪技术等。

第五节 深水模拟试验的结果

一、环境条件模拟结果

在深水模拟试验中,对海洋环境条件的模拟应包含下述模拟结果。

1. 风的模拟

深水模拟试验中对风的模拟可分为定常风与非定常风模拟。对于定常风而言,试验应提供测量所得到的平均风速,其风速大小应达到试验所规定的平均风速。对于非定常风而言,则应根据试验规定所采用的风谱(API风谱或NPD风谱)进行模拟。非定常风模拟结果除提供测量所得到的平均风速外,还应对风速的时历进行谱分析,以得到试验模拟的风谱。对非定常风平均风速与风谱的模拟误差应满足深水模拟试验的要求。

2. 流的模拟

海流的模拟应测量水池测试区域内典型位置处的表层流速随时间变化的情况,其平均流速大小与试验任务书所规定平均流速的误差应符合相关技术要求,流速大小在所规定平均流速附近波动,波动稳定性也应符合相关技术要求,以反映所模拟水流在时间上的稳定性。水流的流向则应根据试验模拟的要求,保持稳定流向。此外,还应测量测试区域内若干空间位置处的水流流速分布情况,并与所要求的平均流速进行比较,两者的误差应小于10%。

若深水模拟试验要求进一步模拟分层流速剖面,则还应测量测试区域内典型位置处的水流随水深变化的流速以及流向分布情况,其不同位置处的垂向流速剖面应与目标流速剖面相符合,误差应符合相关技术要求。

3. 波浪的模拟

波浪的模拟可分为规则波与不规则波的模拟。

试验中应测量测试区域内的波浪波高及周期等参数。其中规则波的模拟结果应提供测量所得到的规则波的平均波高、波浪周期以及波浪时历曲线等结果。其中规则波的平均波高、周期应符合试验所要求的波浪参数,且规则波时历曲线应不少于10个波浪周期。

对于不规则波的模拟,应对测量波浪的时历进行统计分析与谱分析。不规则波浪模拟的时历分析结果应保证波浪的基本性质满足深水模拟试验的要求,统计分析和谱分析结果则应包括以下各项内容:

(1)所模拟的不规则波浪谱与目标谱的比较。
(2)有义波高和谱峰周期等的测量值与目标谱值的比较。
(3)模拟波浪的二阶波浪包络谱与目标波浪包络谱的比较。
(4)统计分析结果、代表性的波浪时历曲线。
(5)波峰、波谷以及波高等幅值的Weibull分布图。

二、静水试验结果

深海海洋平台在开始正式风浪试验前,首先需要将平台模型置于静水中进行静水试验。静水试验的内容包括平台本身的纵摇、横摇以及垂荡的运动衰减试验。并且对于平台的系泊系统而言,则需要根据深水模拟试验的具体情况和要求,在静水中分别进行单根锚链和全系泊系统的静力特性试验,从而获得单根锚链以及整个系泊系统在纵向、横向或者垂向等各个方向上的回复力曲线。此外,将平台与系泊系统相连接后,还应进行平台纵荡与横荡等的运动衰减试验。

其中,在平台的纵摇、横摇以及垂荡运动的衰减试验中,应实时测量平台纵摇、横摇以及垂荡运动的衰减曲线,通过对运动衰减曲线的分析,获得平台纵摇、横摇以及垂荡运动的固有周期与无因次阻尼系数。因此,最后提供的衰减试验结果应包括:运动衰减曲线、固有周期及无因次阻尼系数。

在系泊系统的静力特性试验中,若该系泊系统采用锚链定位形式,则应进行单根锚链的静力特性试验,以获得其静回复力曲线,并将该曲线与理论曲线相比较,以校核单根锚链的刚度是否满足深水模拟试验的要求。在此基础上,将平台与系泊系统相连接后,应测量整个系泊系统在纵向、横向以及垂向等各个方向上的静力特性,从而分别得到系统在各个方向上的静回复力曲线,并将其与理论曲线相比较,直至其满足深水模拟试验的要求。因此,最后提供的静力特性试验结果应包括:各种静力特性曲线的试验结果与目标结果的比较。

若模型系泊系统的刚度曲线已与所要求的刚度曲线基本符合,则还应在静水中进行平台与系泊系统模型的纵荡、横荡等运动的自由衰减试验。试验中,通过实时测量并记录整个系统运动的时间历程曲线,即衰减曲线,根据时间历程曲线可分析得出纵荡、横荡等运动的固有周期及无因次阻尼系数。类似地,最后提供的衰减试验结果应包括:运动衰减曲线、固有周期及无因次阻尼系数。

三、风流载荷系数试验结果

风流载荷系数试验是根据风洞试验结果等理论值对试验模型进行的验证与校核。风流载荷系数试验包括平台风载荷与流载荷的测量。

试验应将平台模型置于静水中进行。试验中无波浪环境条件,即平台仅分别受到风或流的作用。试验中,平台模型被固定于刚性架上,与来风或来流方向保持一定夹角,并通过六分力天平或拉力传感器等仪器测量其所受到的风载荷与流载荷。试验中应实时测量不同风速或流速条件下,平台在各个方向上受到的力与力矩大小。

试验的结果主要包括在不同来风或来流方向,以及不同风速或流速条件下,平台模型在各个方向上所受到的力与力矩大小。一般而言,试验中测量所得到的风载荷或流载荷的大小应换算为无因次载荷系数(即力或力矩除以对应风速和流速的平方)。

由于该载荷系数与风速或流速无关,因此,在不同风速或流速条件下,模型试验所得到的载荷系数一般应大致相同,并将其与目标值相比较。

根据风流载荷试验中所得到的风载荷与流载荷大小的分析,还可进一步确定正式风浪试验中实际所采用的风速或流速大小,从而保证试验结果的准确性与可靠性。

四、规则波试验结果

在规则波中的深水模拟试验主要是为了获得平台在波浪作用下运动和受力的频率响应函数,包括幅值响应算子 RAO 以及相应的相位响应函数,以校验和分析不规则波中的试验结果,分析非线性的影响。规则波中的模型试验还可以用于确定波浪慢漂力和力矩系数。在线性理论的假定下,根据规则波中的试验结果,通过计算分析可以预报任意海况下浮式海洋平台在不规则波浪中的水动力性能。

模型在规则波中的试验通常不需考虑风和流的作用,根据深水模拟试验的具体情况与要求,选择 6~12 个不同周期与波长的规则波进行规则波试验。在每个规则波试验中应实时测量波浪、平台的六自由度运动及有关载荷的数据。

根据国际船舶试验池会议(ITTC)的规定,规则波试验中所采集的数据应不少于 10 个完整的波浪周期数据。在数据处理中,应选取信号较为平稳的一段,对数据进行时域统计分析,即可得到波浪、平台运动以及载荷等有关信号的平均值、平均双幅值、平均过零周期等统计值。根据时域统计结果,将平台六自由度运动与载荷的平均双幅值和相位与波浪统计值相比较,即可分别得到平台在不同周期的规则波试验中的运动与载荷等的幅值响应算子 RAO 以及相关的相位响应函数。将不同波浪频率作为横轴,幅值响应算子与相位响应函数为纵轴,即可得到平台模型的幅值响应算子 RAO 曲线以及相位响应函数曲线。

此外,将平台总的系泊载荷的平均值与波高的平方相除,即可得到平台平均波浪漂移力的传递函数。

根据深水模拟试验的具体情况与要求,应分别进行不同波浪方向,如迎浪、横浪以及斜浪等条件下,海洋平台的规则波试验,以分别获得平台在不同浪向的规则波中运动和载荷的幅值响应算子 RAO,相关的相位响应函数,以及波浪慢漂力系数。

五、不规则波试验结果

不规则波试验是深水模拟试验中最重要的核心试验部分,试验的目的是为了直接获得海洋平台在真实海况下的水动力性能。试验内容通常包括百年一遇的极限海况和作业状态的海况、不同浪向及不同风浪流方向组合下的模型运动和受力情况。不规则波试验通常要求进行较多的试验工况,对每一试验工况要记录大量的测试数据,通过一系列的试验及其结果分析,全面预报海洋平台在实际海洋环境中的水动力性能。

不规则波试验中要求实时采集的物理量较多,不同的深水模拟试验也有着不同的具体要求。一般而言,试验中需要采集的数据包括海洋平台的六自由度运动、系泊载荷、平台不同位置处的加速度及波浪等。

不规则波试验的结果主要包括时域统计结果和频域分析结果。其中,时域统计结果是对试验结果进行统计分析得到,即在时间域内对采样数据进行分析。深水模拟试验的时域统计分析结果除最大值、最小值、平均值和均方差等常用统计结果之外,实际需要的统计特性还可能包括平均过零周期、有义过零周期、有义单幅值、有义双幅值等,这些统计值有时称为高级统计特性。

除以上常用时域统计结果外,不规则波的试验结果通常还根据 Weibull 分布,给出不小于一给定幅值的概率。Weibull 分布中,超越概率分布函数 $F_1(x)$ 的表达式为:

$$F_1(x) = \exp\left[-A\left(\frac{x}{x_0}\right)^B\right] \qquad (17-5-1)$$

式中　x_0——整个试验记录时历曲线中的最大幅值;

x——某一给定的幅值;

A,B——形式参数,由试验数据的分析拟合求得。

如果用累积概率 $F(x) = 1 - F_1(x)$ 来表示,则为:

$$1 - F(x) = \exp\left[-A\left(\frac{x}{x_0}\right)^B\right] \qquad (17-5-2)$$

对式(17-5-2)两次取自然对数,可得:

$$\ln\{-\ln[1-F(x)]\} = A + B\ln\left(\frac{x}{x_0}\right) \qquad (17-5-3)$$

利用 Weibull 概率对数坐标,即可按式(17-5-3)绘制成直线形式的 Weibull 分布图。

上述不规则波试验结果是在时域范围内对测量所得各项物理量的时历过程进行分析。谱分析则是将测量得到的时历过程通过 Fourier 变换转换到频域,在频域范围内进行分析,用以研究和预报海洋平台的响应。

谱分析结果主要是得到各物理量的功率谱密度曲线,并分别获得其谱分析特性,其中包括零阶矩、二阶矩、平均幅值、有义幅值、平均过零周期、谱峰频率、谱峰周期、谱峰值等。

此外,不规则波试验结果还应进行交叉谱分析,以得到平台系统的频率响应函数,即幅值响应算子 RAO、相位响应函数以及相关函数。交叉谱分析中输入谱应采用在水池中模拟校验不规则波时实际测量所得的波谱 $S_x(\omega)$,输出谱密度函数 $S_y(\omega)$ 则应根据试验中测量运动或受力的响应时历曲线分析所得。相关函数 $\gamma_{xy}(\omega)$ 的大小应在 0~1 之间,即 $0 \leq \gamma_{xy}(\omega) \leq 1$。$\gamma_{xy}(\omega)$ 的数值越大,表示响应与输入波浪的联系越紧密。

六、特殊试验结果

根据本章第四节中九~十六项的内容,特殊试验结果包括多浮体系泊作业试验,甲板上浪、气隙及波浪砰击试验,立管的涡激振动试验,深吃水立柱式平台的涡激运动试验,自航或拖航过程的耐波性试验,安装就位试验,解脱与再连接试验,以及倾覆试验等的试验结果。

其中,多浮体系泊作业的模型试验结果应包括多浮体间的相对位置与运动,浮体间连接缆的载荷大小与方向,浮体间的相互作用,以及浮体间是否会发生碰撞等。

甲板上浪试验的结果应包括在生存条件下,深海平台甲板上浪的频率,上浪水在甲板上不同位置的高度与分布情况,上浪水对甲板结构以及甲板上设备的冲击载荷大小等。其中,应特别关注上浪水高度以及上浪载荷的最大值。

气隙试验主要考察平台底部甲板与水面之间的相对波高,当平台气隙值为零时,则表明平台底部甲板与波面发生砰击现象,从而会对平台结构安全产生危害。砰击试验的主要结果则是平台首部或底部区域发生砰击现象时,平台结构不同位置处所受到的瞬时砰击载荷。

立管涡激振动的试验结果主要包括立管在不同流速及流向的海流作用下,其周围流场的涡的脱落情况,以及立管在涡激振动中的振动频率、模态和振幅大小等。

深吃水立柱式平台的涡激运动试验结果应提供立柱结构在不同流向及流速的海流作用下,立柱结构的运动轨迹及运动幅度。试验结果应给出立柱结构涡激运动时,其系泊及立管系统的载荷,从而研究涡激运动对平台系泊与立管系统结构疲劳的影响。

自航或拖航过程的耐波性试验主要考察船模或平台模型在自航或拖航条件下,不同海洋环境以及不同航向时的耐波性。试验结果主要包括平台模型在风浪中航行时的六自由度运动,平台典型位置处的加速度,船舶或平台的上浪频率,以及各重要连接位置处的载荷等。

平台安装就位试验的结果应明确给出深海平台安装就位作业应限制的海洋环境条件。试验结果应分析研究平台在安装作业过程中系之间可能发生的碰撞,以及锚链是否会发生垂向共振等影响平台安装安全的现象。试验中应完全模拟平台与系泊系统相连接的动态过程。此外,试验结果还应考虑当平台安装就位作业尚未完成时,此时未完成的系泊系统所能承受的风浪环境作用载荷。

解脱与再连接试验的结果应明确给出在何种海洋环境条件下,平台应当与其系泊系统解脱,从而保证平台在极限条件下的安全生存。试验结果应提供平台在解脱后,其转塔或浮筒的运动情况,系泊系统、立管等在解脱瞬时所受的载荷情况。试验结果还应给出在何种海洋环境条件下,平台能够与其系泊系统进行再连接,以及浮筒和立管在连接过程中,是否会发生共振,共振的振动模态及其所引起的载荷大小。

倾覆试验主要研究在横浪、随浪以及斜浪等浪向条件下,船舶或平台在极限海况中的运动幅值,及其系泊缆所受到的载荷大小。试验将提供船舶或平台倾覆全过程的模拟结果,并确定其发生倾覆的临界条件,以避免在船舶或平台实际运行中发生倾覆危险。

第六节　全尺寸/实型试验

一、试验目的

全尺寸/实型试验的目的是为了获得海洋工程结构物在真实海洋环境条件作用下的动力响应。对于深水海洋工程结构物来说,测试内容主要包括浮体的运动状态、系泊系统所承受的载荷、立管的动力状态,以及相关海洋环境条件。由于实型试验在实际海洋环境中进行,因此在试验过程中无法对海洋工程结构物所遭遇的海洋环境进行控制,同时实型试验的测量结果也不具有可重复性。此外,实型试验的测量时间通常都需要持续很长的一段时间,有的甚至可能会贯穿于海洋工程结构物的整个寿命期。

二、试验场所

试验场所是在海上作业的深海平台等海洋工程结构物,以及其他各类型海洋油气生产设施。某些特殊试验,如涡激振动试验,试验场所可以选择在近海海岸附近或内陆湖泊中。

三、试验准备

全尺寸/实型试验的试验准备工作比在实验室条件下的试验准备工作要复杂,工作量也相应较大。

首先,研究人员必须亲自到现场完成实地调研,熟悉现场工作条件和试验的可行性,与现场工作人员建立起联系,以便在试验中得到全面的支持与配合。

其次,试验前要通过相关的分析计算,掌握试验能够获得的数据的大致范围,选取合理量程的采集设备;对部分需要设计开发的试验设备,要能够满足现场试验的环境要求,尤其是海上环境条件恶劣,试验设备应能够承受一定的恶劣环境条件,如温度较高、湿度较大的情况。

再次,对全尺寸/实型试验的持续时间要有充分准备,对于持续时间较长的试验要确保试验数据的存储空间。

最后,如果全尺寸/实型试验在有一定风险的海洋工程结构物上进行,试验中必须考虑相关安全措施,以防出现意外事故。

四、试验内容

在深海浮式结构物上开展的全尺寸/实型试验,可以直接获得浮体的六自由度运动数据和加速度数据,浮体的六自由度运动可以利用罗经等设备来测量采集,加速度可以通过加速度仪等设备来测量采集。系泊系统所承受的载荷的测量难度较大,需采用专门的测量装置和设备;另外,也可以通过浮体的六自由度运动数据和数值计算软件,推算出系泊系统所承受的载荷。

对于海洋环境条件的监测工作也非常复杂。风速和风向数据可以采用自动气象站或风速仪等类似设备采集;流速和流向可以采用声学多普勒海流剖面仪或类似设备采集;波浪参数可以利用测波雷达或类似设备采集。

对于涡激振动或涡激运动现象开展的全尺寸/实型试验,设计合理的试验相关装置是十分重要的。在湖泊或海岸边进行的试验通常是由试验船拖着试验装置航行,因此要确保试验装置的强度、刚度和安全性。涡激振动或涡激运动试验的测量内容请参见本章第四节中十一和十二的内容。

附录　国内外深水试验水池及主要试验设施简介

海洋工程试验水池是海洋工程科学研究中不可或缺的重要的技术支撑平台,是发展海洋高新技术一种必不可少的配套基础研究设施,因此美洲及欧洲等各海洋工程强国纷纷建造了自身的海洋深水试验池,开发海洋深水工程试验能力。为推进我国海洋工程走向深水,提高我国深海油气资源自主开发的能力,中国海洋石油总公司和上海交通大学共同建设了我国首个海洋深水试验池。该海洋深水试验池考虑了我国海洋深水工程模型试验的需要,可以模拟4000m的实际海洋水深,装备有可模拟各种复杂海洋环境的试验设施,可以满足当前及将来我国海洋深水工程科学研究与开发的需要。

一、中国海洋深水试验池

位于上海交通大学闵行校区的我国第一座海洋深水试验池是专业从事海洋工程模型试验的大型研究设施。水池主要装备有模拟风、浪、流等各种复杂海洋环境的设备,并具备模拟4000m水深的深海工程试验能力。水池拥有各种海洋工程试验研究所需的测试手段和仪器设备,可以对不同深度环境下的海洋工程结构物的运动、载荷等进行各种测量、分析与研究(附图1)。

附图1　中国海洋深水试验池

海洋深水试验池由水池主体和一个深井组成,主要尺度如下。
水池有效工作尺寸为:

长度	50m
宽度	40m
最大工作水深	10m
深井工作水深	40m
深井直径	5m

水池主要装备有:

(1)造波系统。沿水池相邻两边安装有两组垂直布置的多单元造波机,可产生长峰波或短峰波,最大有义波高可达0.3m。

(2)消波系统。在两组造波机的对岸都设有消波滩,借以吸收波能而防止产生反射波。

(3)造流系统。外循环式造流系统,可在整个水池中产生所需剖面的水流,造流深度为0~10m,水池整体最大均匀流速为0.1m/s。

(4)造风系统。配备移动式造风系统,可产生任意方向的定常风或风谱(非定常风),最大风速可达10m/s,最大风区宽度为24m。

(5)水深调节系统。大面积可升降假底能使整个水池水深在0~10m间按需要任意调节,深井假底可使深井工作水深在0~40m间调节。

(6)拖车系统。横跨整个水池配有大跨度 $X-Y$ 方向拖车,最高速度为1.5m/s。

(7)非接触式六自由度运动测量系统。

(8)实时测量风、浪、流等海洋环境的仪器设备。

(9)实时测量各种运动和载荷等物理量的仪器设备。

海洋深水试验池主要承担的试验任务包括:开展船舶及海洋工程结构物在深海环境中的试验研究,完成相关新装备的研发设计和性能验证工作;开展石油、天然气、多金属结核等深海资源开发工程的模拟试验,为深海资源的开发利用提供技术保障;开展深海潜水器、水下管线埋设与检修等技术的研发,为深海物理研究、深海环境保护等方面提供技术支持。

二、美国海洋工程研究中心(OTRC)水池

位于美国休斯敦的OTRC(Offshore Technology Research Center)水池(附图2)主要用于研究针对墨西哥湾等海域的SPAR、TLP等深海平台。在墨西哥湾工作的大多数深海平台均在OTRC进行过研究。

附图2 美国OTRC水池

该水池由水池主体和一个深井组成,主要尺度如下。

水池有效工作尺寸为:

长度	45.7m
宽度	30.5m
最大工作水深	5.8m
深井工作水深	16.8m
深井长度	9.1m
深井宽度	4.6m

水池主要装备有:

(1)造波系统。水池一边安装有摇板式多单元造波机,可模拟各种风浪和涌,最大波高为0.9m。

(2)消波系统。造波机对面安装有消波装置。

(3)造流系统。组合喷射式造流系统,可以模拟不同深度和方向的流速,最大流速为0.6m/s。

(4)造风系统。造风系统由16个风扇组成,可模拟各个方向的风,最大风速为12m/s。

(5) 拖车系统。拖车最高速度达 0.6m/s。
(6) 光学六自由度运动测量系统。

三、荷兰 MARIN 海洋工程水池

荷兰 MARIN（Maritime Research Institute Netherlands）海洋工程水池于 2000 年建成（附图 3）。该水池装备有各种大型仪器设备，可以模拟各种复杂的海洋环境，可开展各种深海海洋工程结构物的模型试验研究工作。

附图 3　荷兰 MARIN 海洋工程水池

该水池由水池主体和一个深井组成，主要尺度如下。
水池有效工作尺寸为：

长度	45m
宽度	36m
最大工作水深	10.5m
深井工作水深	30m
深井直径	5m

水池主要装备有：

(1) 造波系统。水池相邻两边安装有摇板式多单元造波机，可模拟各种风浪和涌，最大有义波高可达 0.3m。
(2) 消波系统。造波机对面安装有消波滩。
(3) 造流系统。外循环式造流系统，造流深度为 0~10.5m，可以模拟不同的流速剖面。
(4) 造风系统。可移动式造风系统，风区宽度为 24m。
(5) 水深调节系统。大面积假底可在 0~10.5m 范围调整水池，更深的试验水深可用 30m 水深的深井来模拟。
(6) 拖车系统。XY 型拖车，双向最高速度达 3.2m/s，可安装转台以进行操纵性试验。
(7) 光学六自由度运动测量系统。

四、挪威 MARINTEK 海洋深水试验池

挪威 MARINTEK 水池（Norwegian Marine Technology Research Institute）的特点是水池的主体尺度较大，但未设置深井（附图 4）。

水池有效工作尺寸为：

长度	80m
宽度	50m
最大工作水深	10m

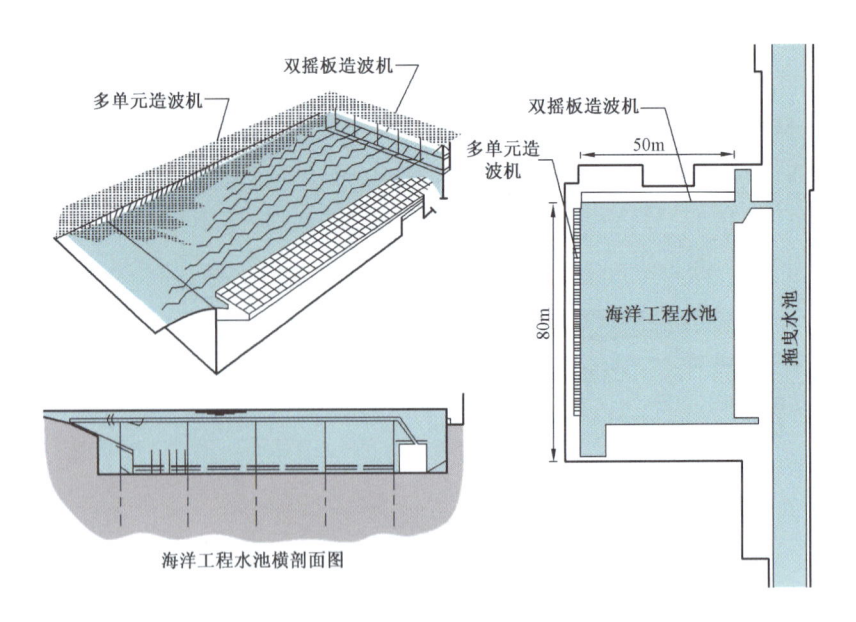

附图4 挪威MARINTEK海洋深水试验池

水池主要装备有：

(1) 造波系统。水池一侧安装有摇板式多单元造波机(最大波高为0.4m)，相邻一侧安装有双摇板整体造波机(最大波高为0.9m)。

(2) 消波系统。造波机对面安装有消波装置。

(3) 造流系统。围绕假底循环的造流系统，可以模拟均匀流，最大流速为0.2m/s(5m水深)和0.15m/s(7.5m水深)。

(4) 造风系统。可移动式造风系统。

(5) 水深调节系统。可在0~10m调整水池试验水深。

(6) 拖车系统。XY型拖车，最高速度达5.0m/s。

(7) 光学六自由度运动测量系统。

五、巴西LabOceano海洋工程水池

巴西LabOceano海洋工程水池位于里约联邦大学，研究工作主要针对深海区域，其水池主体的深度在世界上是最深的，但深井深度较浅(附图5)。

附图5 巴西LabOceano海洋工程水池

该水池由水池主体和一个深井组成，主要尺度如下。

水池有效工作尺寸为：

    长度   40m

宽度 30m
最大工作水深 15m

深井有效工作尺寸为：

工作水深 25m
直径 5m

水池主要装备有：

(1) 造波系统。水池一侧安装有摇板式多单元造波机,最大有义波高为0.3m。
(2) 消波系统。造波机对面安装有消波装置。
(3) 造流系统。外循环式造流系统,造流深度为0~5m(待建)。
(4) 造风系统。8个直径0.5m的风扇,最大风速为12m/s。
(5) 水深调节系统。浮动假底可在2.4~14.85m范围调整水池试验水深,深井水深可在15~24.65m间调节。
(6) 视频六自由度运动测量系统。

六、日本国家海事研究所的深水海洋工程水池

日本国家海事研究所于2001年建成的深水海洋工程水池是圆形水池,形状和配置比较奇特,与通常的海洋工程水池不同。该水池的最大水深为35m,可模拟海上水深为3500m时的波浪和水流,用以研究和发展深海工程技术(附图6)。

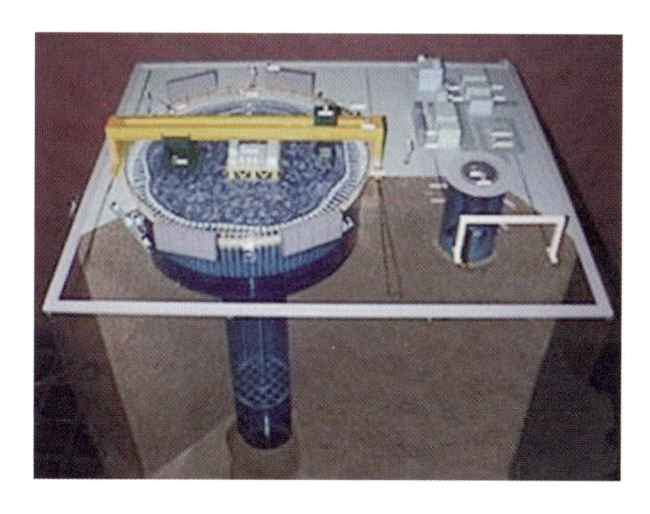

附图6 日本NMRI水池

该水池由圆形水池主体和一个深井组成,主要尺度如下。

水池有效工作尺寸为：

直径 14m
最大工作水深 5m

深井有效工作尺寸为：

工作水深 35m
直径 6m

水池主要装备有：

(1) 造波、消波系统。水池的外圈圆形池壁上,配置了128个单元的推板或蛇形造波机,能产生规则波和不规则波,最大波高为0.5m。同时兼作主动式消波系统,具有消波功能。
(2) 造流系统。配有局部造流系统,在水池中央1m范围内最大的流速为0.2m/s。
(3) 水深调节系统。在深井部分设置了可移动的假底,依靠假底的调节,可使试验水深在5~35m之间变化。

第六章 天然气水合物开发技术

天然气水合物又称"可燃冰",是由水和天然气在高压低温条件下形成的冰态、结晶状、超分子、笼形化合物,它是自然界中天然气存在的一种特殊形式,主要分布在水深大于 300m 的海洋及陆地永久冻土带,其中海洋天然气水合物资源是全球性的,其资源量是陆地冻土带的 100 倍以上。天然气水合物的显著特点是分布广、储量大、高密度、高热值,1m³ 天然气水合物可以释放出 164m³ 甲烷气和 0.8m³ 水。据科学家估计,全球天然气水合物的资源总量换算成甲烷气体约为 $1.8 \times 10^{16} \sim 2.1 \times 10^{16}$ m³,有机碳储量相当于全球已探明矿物燃料(煤炭、石油和天然气等)的两倍。因此,天然气水合物特别是海洋天然气水合物被普遍认为将是 21 世纪替代煤炭、石油和天然气的新型的洁净能源资源。

天然气水合物和常规油气田特别是深水油气田的生产密切相关,由于水合物造成的井筒、处理装置和输送管线堵塞一直是困扰油气生产和运输的棘手问题,开发研制经济环保的水合物抑制剂是当前的热点之一,同时水合物技术正应用到资源、环保、气候、油气储运、石油化工、生化制药等诸多领域,其中典型的例子有:以水合物的形式储存、运输、集散天然气;用水合物法分离低沸点气体混合物(如乙烯裂解气、各种炼厂干气和天然气);用水合物法淡化海水,利用 CO_2 水合物法将温室气体 CO_2 埋存于海底以改善全球气候环境等。

作为一种温室效应比较严重的气体,甲烷可能是全球气候变暖、冰期终止和海洋生物灭绝的重要原因之一,海底天然气水合物的分解对全球气候的变化以及海洋生态环境将产生重大影响。水合物的分解可能引发海底天然气的快速释放和沉积层液化,导致海底滑坡、重力流和海啸等地质灾害,对海洋工程造成毁灭性的破坏作用,天然气水合物与全球环境和海底的地质灾害关系研究已经成为环境科学的热点之一。

本章将简单介绍有关天然气水合物技术的研究与发展现状,为技术人员了解相关的前沿技术提供支持。

第一节 天然气水合物概述

一、水合物的定义及其特性

1. 水合物的定义

水合物是一种较为特殊的、非化学计量的包络化合物,它是主体分子(即水分子)间以氢键相互结合形成的笼形孔穴将客体分子(如烃类分子或非烃类分子)包络在其中所形成的非化学计量的化合物,气体分子和水分子之间的作用力为范德华力,温度低于和高于水的正常冰点均可形成水合物。水合物的生成条件随客体分子种类的不同而千差万别,但所生成的水合物的晶体结构却不是随意变化的,迄今被发现并确认的水合物晶体结构只有 3 种,即 Ⅰ 型、Ⅱ 型和 H 型,水之所以能形成水合物和水分子可以构建四面体结构的氢键分不开。不同结构的水合物具有不同种类和配比的笼子,空的水合物晶格就像一个高效的分子水平的气体存储器,1m³ 水合物可储存 160~180m³ 天然气。

在自然界中,水合物大多存在于大陆永久冻土带和深海中,其所包络的气体以甲烷为主,与天然气组成非常相似,这种化合物具有小的相对分子质量,化学成分不稳定(即成分可变的化合物),可用通式表示为 M·nH$_2$O,式中 M 为水合物中的气体分子,n 为水分子数,除了已知的单种气体水合物外,还有多种气体混合的水合物,在自然界发现的天然气水合多呈白色、淡黄色、琥珀色、暗褐色等轴状、层状、小针状结晶体或分散状、片状沉积物。

从所取得的岩心样品来看,天然气水合物主要存在方式如下:

(1)占据大的岩石粒间孔隙;

(2)以球粒状分散于细粒岩石中;

(3)以固体形式填充在裂缝中;

(4)大块固态水合物伴随少量沉积物。

2. 水合物的晶体结构特征

水合物的基本结构特征是主体水分子通过氢键在空间相连,形成一系列不同大小的多面体孔穴,这些多面体孔穴或通过顶点相连,或通过面相连,向空中发展形成笼状水合物晶格。如果不考虑客体分子,空的水合物晶格可以被认为是一种不稳定的冰。当这种不稳定冰的孔穴有一部分被客体分子填充后,它就变成了稳定的气体水合物。水合物的稳定性主要取决于其孔穴被客体填充的百分数,被填充的百分数越大,它就越稳定。而被填充的百分数则取决于客体分子的大小及其气相逸度,可以按照严格的热力学方法进行计算。目前已发现的水合物晶体结构(按水分子的空间分布特征区分,与客体分子无关)有Ⅰ型、Ⅱ型、H型三种。结构Ⅰ、结构Ⅱ的水合物晶格都具有大小不同的两种笼形孔穴,结构H则有3种不同的笼形孔穴。一个笼形孔穴一般只能容纳一个客体分子(在压力很高时也能容纳两个像氢分子这样很小的分子)。客体分子与主体分子间以范德华力(Van Der Waals)相互作用,这种作用力是水合物结构形成和稳定存在的关键。Ⅰ型、Ⅱ型和H型水合物的典型晶体结构如图17-6-1所示。

(a) Ⅰ型结构水合物 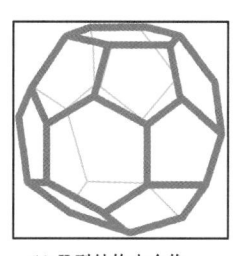　　(b) Ⅱ型结构水合物 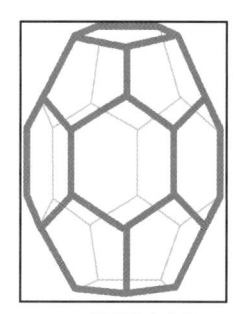　　(c) H型结构水合物

图17-6-1　水合物结构示意图

Ⅰ型水合物的晶胞是体心立方结构,包含46个水分子,由2个小孔穴和6个大孔穴组成。小孔穴为五边形十二面体(5^{12}),大孔穴是由12个五边形和2个六边形组成的十四面体($5^{12}6^2$)。5^{12}孔穴由20个水分子组成,其形状近似为球形。$5^{12}6^2$孔穴则是由24个水分子所组成的扁球形结构。Ⅰ型水合物的晶胞结构式为$2(5^{12})6(5^{12}6^2)\cdot 46H_2O$,理想分子式为$8M\cdot 46H_2O$(或$M\cdot 5.75H_2O$),式中M表示客体分子,5.75称为水合数。Ⅰ型结构在自然界分布最为广泛,形成Ⅰ型水合物的气体分子的直径要小于0.52nm,仅能容纳甲烷(C_1)、乙烷(C_2)这两种小分子的烃以及N_2、CO_2、H_2S等非烃分子。

Ⅱ型水合物晶胞是面心立方结构,包含136个水分子,由8个大孔穴和16个小孔穴组成。小孔穴也是5^{12}孔穴,但直径上略小于Ⅰ型的5^{12}孔穴;大孔穴是包含28个水分子的立方对称的准球形十六面体($5^{12}6^4$),由12个五边形和4个六边形所组成。Ⅱ型水合物的晶胞结构式为$16(5^{12})8(5^{12}6^4)\cdot 136H_2O$,理想分子式是$24M\cdot 136H_2O$(或$M\cdot 5.67H_2O$),Ⅱ型水合物要求气体分子直径小于0.59nm,除包容C_1、C_2等小分子外,较大的"笼子"(水合物分子中水分子间的空穴)还可容纳丙烷(C_3)及异丁烷(i-C_4)等烃类。

H型水合物晶胞是简单六方体结构,包含34个水分子。晶胞中有3种不同的孔穴:3个5^{12}孔穴,2个$4^35^66^3$孔穴和1个$5^{12}6^8$孔穴。$4^35^66^3$孔穴是由20个水分子组成的扁球形的十二面体;$5^{12}6^8$孔穴则是由36个水分子组成的椭球形的二十面体。H型结构水合物的晶胞结构分子

式为 $3(5^{12})2(4^35^63)1(5^{12}6^4)\cdot34H_2O$,理想分子式为 $6M\cdot34H_2O$(式中 M 表示客体分子)。H 型水合物中的大"笼子"甚至可以容纳直径超过异丁烷(i-C_4)的分子,如 i-C_5 和其他直径在 $7.5\sim8.6\text{Å}$ 之间的分子。H 型结构水合物早期仅见于实验室,1993 年才在墨西哥湾大陆斜坡发现其天然形态。Ⅱ型和 H 型水合物比Ⅰ型水合物更稳定。除墨西哥湾外,在格林大峡谷地区也发现了Ⅰ、Ⅱ、H 型 3 种水合物共存的现象。

3 种类型的天然气水合物的结构参数,参见表 17-6-1。3 种天然气水合物的孔隙结构如图 17-6-2 所示。

表 17-6-1 三种类型的天然气水合物的结构参数

项目	Ⅰ型		Ⅱ型		H 型		
晶种类	小晶穴	大晶穴	小晶穴	大晶穴	小晶穴	中晶穴	大晶穴
晶穴结构	5^{12}	$5^{12}6^2$	5^{12}	$5^{12}6^4$	5^{12}	$4^35^63^3$	$5^{12}6^8$
晶穴数目	2	6	16	8	3	2	1
晶穴平均半径,10^{-10}m	3.95	4.33	3.91	4.73	3.8	3.85	5.2
配位数	20	24	20	28	20	20	36
单位晶胞水分子数	46	46	136	136	34	34	34
晶体结构	立方型	立方型	立方型	立方型	六面体型	六面体型	六面体型

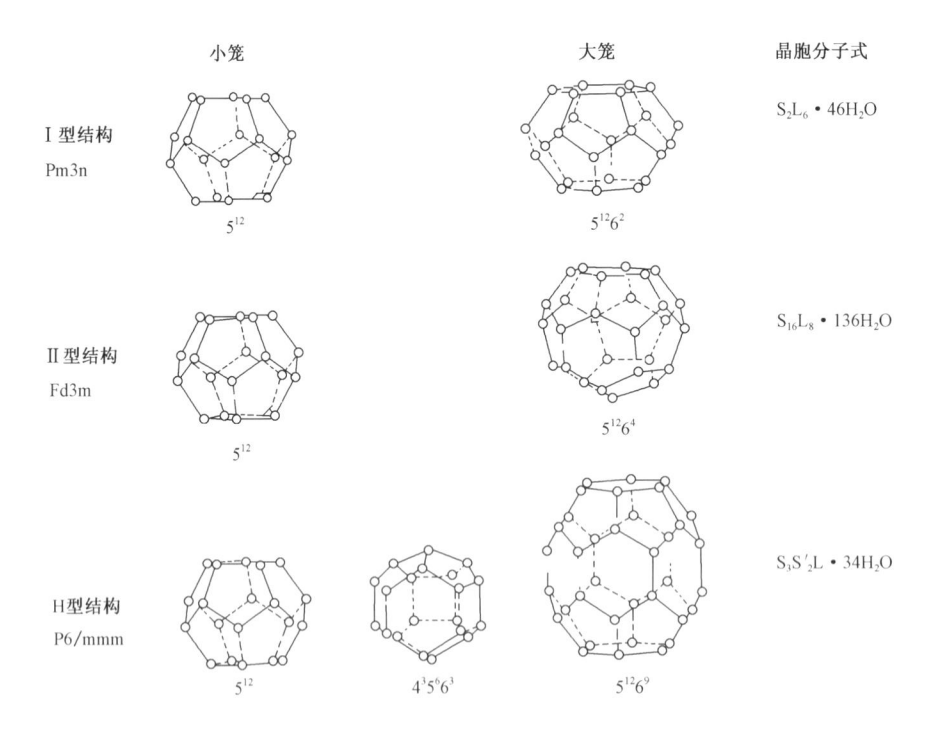

图 17-6-2 天然气水合物的结构图

客体分子与主体分子在一定条件下通常只能形成单一的晶体结构,但随着条件的改变形成的晶体结构也可能发生变化。小客体分子能稳定Ⅱ型水合物中的小孔,因此形成Ⅱ型晶体,如 N_2、O_2 等。中等大小的客体分子能稳定Ⅰ型水合物中的中孔,因此形成结构Ⅰ型水合物,如 CH_4、H_2S、CO_2 及 C_2H_6 等。较大的客体分子只能进入Ⅱ型水合物的大孔,因此只能形成结构Ⅱ型晶体,如 C_3H_8、i-C_4H_{10} 等。更大的客体分子必须与小分子一起形成结构Ⅱ型或 H 型晶体,如正丁烷、己烷、异己烷(金刚烷)、环辛烷及甲基环戊烷等。

---

❶ $1\text{Å}=0.1\text{nm}$。

当温度变化时,环丙烷形成的水合物的晶体结构会从结构Ⅰ变到结构Ⅱ或从结构Ⅱ变到结构Ⅰ,而且可能出现结构Ⅰ、Ⅱ共存的情况。晶体结构还可能会因为另一种客体分子的加入而改变,如甲烷纯态时形成Ⅰ型水合物,如果加入少量的丙烷,将形成Ⅱ型水合物。

比较常用的研究水合物结构的方法有 Raman 光谱法、NMR 波谱法、X 射线多晶衍射法、中子衍射及红外光谱等,应用这些方法不仅可以识别水合物的晶体结构类型,还可以识别客体分子所占据的孔穴结构以及水合数(晶格中水分子数和气体分子数的比值)、占有率等。

3. 水合物的基本物性

由于客体分子在孔穴间的分布是无序的,不同条件下晶体中的客体分子与主体分子的比例不同,因而水合物没有确定的化学分子式,是一种非化学计量的混合物,我们可以这样理解水合物:空的水合物晶格就像一种多孔介质,气体分子吸附于其中后就形成了水合物。如果每个孔都吸附了一个气体分子,则每立方米水合物可以吸附 176m³ 气体,1 体积水合物分解后会释放出 0.8 体积的水。

水合物晶体由于具有规则的笼形孔穴结构,使主体分子之间的间距大于液态水分子间的间距,假如没有客体分子进入孔穴,则晶体密度必然小于 1000kg/m³。在孔穴中没有客体分子的假想状态下,Ⅰ型和Ⅱ型水合物的密度分别为 796kg/m³ 和 786kg/m³,水合物晶体密度在 800~1200kg/m³ 之间,一般比水轻。不同构型水合物的密度可由下面的公式计算。

Ⅰ型水合物:
$$\rho^I = \frac{(46 \times 18 + 2M\theta_S + 6M\theta_L)}{N_0 a^3} \quad (17-6-1)$$

Ⅱ型水合物:
$$\rho^{II} = \frac{(136 \times 18 + 16M\theta_S + 8M\theta_L)}{N_0 a^3} \quad (17-6-2)$$

式中 M——客体分子的分子量;

θ_S, θ_L——分别为客体分子在小孔和大孔中的填充率;

N_0——Avogadro 常数,$N_0 = 6.02 \times 10^{23}$;

a——水合物单位晶格体积(Ⅰ型:$a = 1.2 \times 10^{-7} \text{cm}^3/\text{mol}$;Ⅱ型:$a = 1.73 \times 10^{-7} \text{cm}^3/\text{mol}$)。

典型气体水合物的密度值列于表 17-6-2。

表 17-6-2 典型气体水合物的密度值(273.15K)

气体	CH_4	C_2H_6	C_3H_8	$i-C_4H_{10}$	CO_2	H_2S	N_2
分子量,g/mol	16.04	30.07	44.09	59.12	44.01	34.08	28.04
密度,g/cm³	0.910	0.959	0.866	0.901	1.117	1.044	0.995

客体分子溶于水形成过饱和溶液是水合物形成的必要条件,过饱和度是水合物形成的动力,在疏水物质溶于水时,由于疏水物质与水形成类似于水合物晶体的结构,使水溶液的热容增大,且其熵变和焓变都为负值。298K、0.1MPa 时,部分天然气组分溶于水的溶解度、溶解过程的焓变、熵变及热容变化数据列于表 17-6-3。

表 17-6-3 天然气组分的溶解度、焓变、熵变及热容变化数据

组分	溶解度,10^5 mol/L	焓变,kJ/mol	熵变,kJ/mol	热容,kJ/kmol
纯水	—	—	-0.008	—
CH_4	2.48	-13.26	-44.5	55
C_2H_6	3.10	-16.99	-57.0	66
C_3H_8	2.73	-21.17	-71.0	70
$i-C_4H_{10}$	1.69	-25.87	-86.8	—

续表

组分	溶解度,10⁵mol/L	焓变,kJ/mol	熵变,kJ/mol	热容,kJ/kmol
n-C_4H_{10}	2.17	−24.06	−80.7	72
N_2	1.19	−10.46	−35.1	112
H_2S	—	−26.35	−88.4	36
CO_2	60.8	−19.43	−65.2	34

天然气水合物与冰、含气水合物层与冰层之间有明显的相似性：

(1) 相同的组合状态变化，流体转化为固体。

(2) 结冰或形成水合物均属放热过程，并产生很大的热效应，0℃结冰1g释放出大约0.335kJ的热量，0～20℃生成每克天然气水合物释放大约0.5～0.6kJ的热量。

(3) 结冰或形成水合物时体积均增大，前者增大9%，后者增大26%～32%。

(4) 水中溶有盐时，二者相平衡温度均降低，其中的游离水才能转化为冰或水合物。

(5) 冰与水合物的密度都不大于水，含水合物层和冻结层密度都小于同类的水层。

(6) 含冰层与含水合物层的电导率都小于含水层。

(7) 含冰层和含水合物层弹性波的传播速度均大于含水层。

Dharma Wardana 对水合物的热传导率进行了研究，发现水合物的导热系数较小。他所研究的两种不同结构水合物晶体的导热系数近似相同[约为0.5W/(m·K)]，大致只有在常压状态下低于0℃时形成的 I_h 结构冰的导热系数的1/5，而且水合物的导热系数与冰的导热系数随温度的变化关系正好相反，其导热系数是随温度升高而缓慢增大的，但水合物在远红外光谱等方面却与 I_h 结构的冰类似。表17-6-4列出了水合物结构Ⅰ、结构Ⅱ以及冰的基本物性。

表17-6-4 水合物结构Ⅰ、结构Ⅱ以及冰的基本物性对比

基本物性	结构Ⅰ	结构Ⅱ	冰
光谱性能			
晶胞空间系	Pm3n	Fd3m	P6₃/mmc
水分子数	46	136	4
晶胞参数(273K)	12	17.3	$a=4.52,c=7.36$
介电常数(273K)	约58	58	94
远红外光谱	229cm⁻¹峰和其他峰	229cm⁻¹峰和其他峰	229cm⁻¹峰
水扩散相关时间,μs	>200	>200	2.7
机械性能			
等温杨氏模量(268K),10⁹Pa	8.4	8.2	9.5
泊松比	约0.33	约0.33	0.33
传动比(压力/剪切力)(273K)	1.95	−1.88	1.88
体积弹性模量(273K),10⁹Pa	5.6		8.8
剪切弹性模量(273K),10⁹Pa	2.4		3.9
热力学性能			
线性热膨胀系数(220K),K⁻¹	7.7×10⁻⁵	5.2×10⁻⁵	5.6×10⁻⁵
绝热体积压缩系数(273K),10⁻¹¹Pa	14	14	12
长音速度(273K),km/s	3.3	3.6	3.8
导热系数(263K),W/(m·K)	0.49±0.2	0.51±0.2	2.23

二、水合物的研究历史与资源分布

1. 水合物研究历史、现状与趋势

人们从开始认识天然气水合物直到确认它是天赐人类的巨大资源,经历了漫长而艰辛的历程,其研究历史最早可追溯到 1810 年 Davy 偶然发现氯气水合物,但水合物的晶体结构直到 20 世纪 50 年代才得到确定,近 200 年的研究历程大致可分为 3 个阶段:

第一阶段(1810—1934 年)为纯粹的实验室研究。在这一阶段,科学家完全受一种好奇心的驱使,在实验室确定哪些气体可以和水一起形成水合物以及水合物的组成,最具代表性的是 1810 年英国皇家学会学者 Humphry Davy 在实验室首次人工合成了氯气水合物,随后法国 Berthelot Villard,美国 Pauling 等化学家在科学辩论的同时还成功地合成了系列气体水合物。其他气体水合物相继合成,并引起了各国化学家对其化学组分和物质结构的激烈争论。但历经百年,人们对气体水合物在自然界的存在仍知之甚少。

第二阶段(1934—1993 年)为水合物研究快速发展阶段。这一阶段的研究重点是工业情况下水合物的预测和消除技术。20 世纪 30 年代,人们发现输气管道内形成白色冰状固体填积物,并给天然气输送带来很大麻烦,石油地质学家和化学家便把主要的精力放在如何消除天然气水合物堵塞管道方面,在这一阶段,水合物研究获得了快速的发展:两种主要气体水合物的晶体结构得到确定,基于统计热力学的水合物热力学模型诞生,热力学抑制剂在油气生产和运输中得到广泛应用,并在陆地永久冻土带和海底陆续发现了大量的天然气水合物资源。1968 年苏联在开发麦索雅哈气田时,首次在地层中发现了天然气水合物藏,并采用注化学药剂等方法成功地开发了世界上第一个天然气水合物矿藏,掀起了 20 世纪 70 年代以来空前的水合物研究热潮。

第三阶段(1993 年至今)以第一届国际水合物会议为标志,为水合物研究全面发展和研究格局基本形成阶段。天然气水合物作为人类未来的潜在能源在世界范围内受到高度重视,水合物生成(分解)动力学等基础研究取得重大进展,天然气固态储存等新技术的开发取得重大突破,动力学抑制剂取代传统热力学抑制剂的研究不断深入,天然气水合物和全球环境变迁之间的关系受到关注,形成了以基础研究、管道水合物抑制技术开发、天然气固态储存和水合法分离气体混合物等新型应用技术开发、天然气水合物资源勘探与开发、温室气体的水合物法捕集和封存等为基本方向的气体水合物研究格局。同时在西伯利亚、马更些三角洲、北斯洛普、墨西哥湾、日本海、印度湾、中南海北坡等地相继发现了天然气水合物。

1968 年开始实施的以美国为首、多国参与的深海钻探计划(DSDP)于 20 世纪 70 年代初即将天然气水合物的普查探测纳入计划的重要目标;作为该计划的延续,一个更大规模的多国合作的大洋钻探计划(ODP)于 1985 年正式实施。至 20 世纪 90 年代中期,以 DSDP 和 ODP 两大计划为标志,美国、俄罗斯、荷兰、德国、加拿大、日本等诸多国家探测天然气水合物的目标和范围已覆盖了世界上几乎所有大洋陆缘的重要潜在远景地区以及高纬度极地永久冻土地带。天然气水合物研究和普查勘探被推向一个崭新阶段,天然气水合物开发及其商业化成为重要目标。

由于天然气水合物具有重要的战略意义和巨大的经济价值,20 世纪 80 年代初,世界上许多发达国家和发展中国家都将天然气水合物列入国家重点发展战略,其中,美国和日本等发达国家率先制订了全面的天然气水合物研究发展计划,并从能源储备战略角度考虑,作为政府行为,投入巨大的人力和物力资源,相继开展本国专属经济区和国际海底区域内的调查研究、资源评价和有关天然气水合物的基础和应用基础研究,内容包括天然气水合物的成藏机理、勘探技术、开采技术、利用技术、环境影响等,这些研究目前已取得巨大进展。在此基础上,美国和日本已经分别制订了到 2015 和 2016 年进行商业开采的时间表。日本制订的计划简称"MH21",分三个研究阶段,见图 17 - 6 - 3,其研究内容包括资源的评估、开采与模拟、环境影响等三个研究方向,分别由 JNOC、AIST 和 ENAA 负责,其中陆上试采在加拿大冻土带进行。其他国家,如印度、韩国、俄罗

斯、英国、加拿大、德国、墨西哥、巴西等均先后制订了开发天然气水合物的技术研究和发展计划。一个深入开展天然气水合物调查研究和开发的热潮正在全球兴起，2002年1月，日本与加拿大等国合作在加拿大北部冻土带马更些三角洲Mallik 5L-38井试验开发天然气水合物取得成功，为天然气水合物资源的利用提供了范例，并于2007年实施了第二期试采。与此同时，国外科学家开展了天然气水合物沉积学、成矿动力学、地热学以及天然气水合物相平衡理论和实验研究，并对沉积物中气体的运移方式和富集机制进行了探索性研究，取得了丰硕成果，同时在找矿方法方面综合采用了地球物理、旁侧声纳、浅层剖面、地球化学以及海底摄像等技术手段，在取样技术方面也不断推陈出新，新近研制的天然气水合物保真取心设备HYACE(Hydrate Autoclave Coring Equipment)已在ODP193航次(2001)投入了使用，比ODP164航次采用的PCS(Pressured Core Sampler)技术又有了提高。

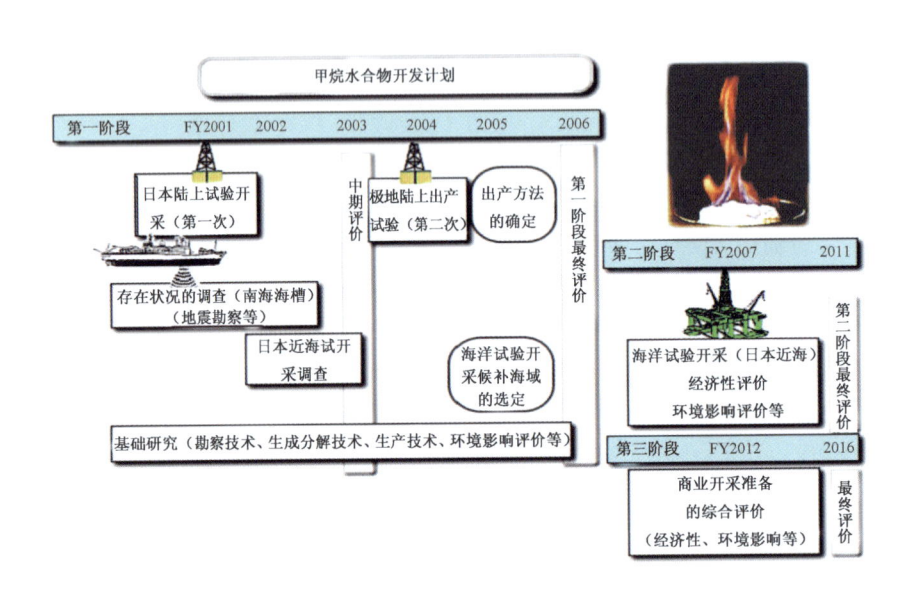

图17-6-3　日本水合物研究计划MH21

除此之外，挪威、日本、美国等国家还在积极发展天然气水合物的新型储运技术。

当前国际上天然气水合物调查与研究趋势表现为：

(1)调查研究范围迅速扩大，钻探、试验开采工作逐步启动。美国、日本、德国、印度、加拿大、韩国等国家成立了专门机构，投入巨资，制订了详细的天然气水合物勘探开发研究计划，正在积极探明本国的天然气水合物资源分布，并为商业性开采作前期试验开采技术准备。

(2)找矿方法上呈现出多学科、多方法的综合调查研究，如美国、加拿大、日本及印度等国通过地震勘探调查并结合已有资料，已初步圈定了邻近海域的天然气水合物分布范围，广泛开展了勘查技术、经济评价、环境效应等方面的研究。

(3)天然气水合物资源综合评价方法有待完善，国际上流行的估算方法有常规体积法和概率统计法两种，虽然近年来开展了许多方法，如地球物理方法、地球化学方法、生物成因气评估方法、有机质热分解气评估方法，以及以天然气水合物的赋存状态来评估的方法等，但都带有很大推测性。

(4)天然气水合物开采技术研究呈现多元化(见图17-6-4)，传统的加热、注剂、降压逐步深入，同时开始探索CO_2置换、等离子开采等新方法，目前大型、可视开采模拟装置成为物理模拟的主要手段，室内模拟、数值模拟与试开采、工业开发计划正在逐步实施。

(5)有关水合物在油气储运、边际气田新型储运技术、深水浅层沉积物中水合物分解可能导致的海底滑坡、海上结构物不稳定及环境影响等方面的研究逐步引起工业界的重视。

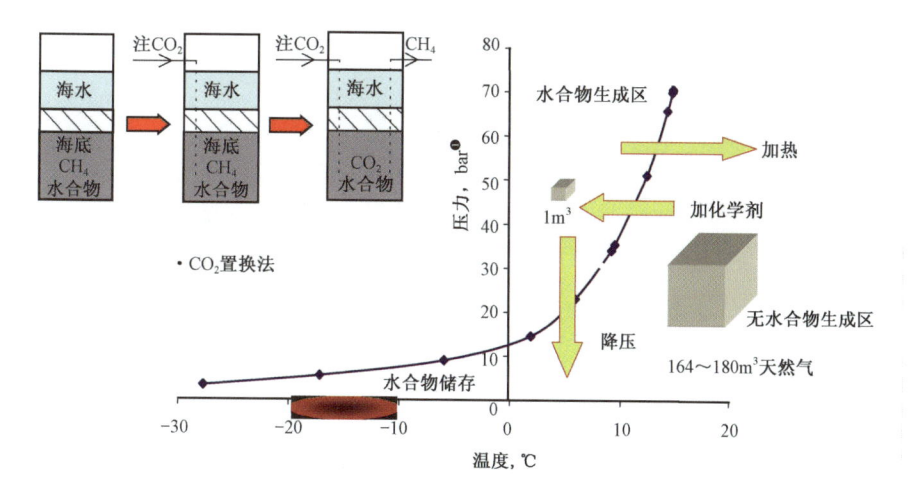

图 17-6-4 天然气水合物开发基本原理

2. 天然气水合物资源分布概况

天然气水合物在世界范围内广泛存在,大约27%的陆地和90%的海洋水域是形成天然气水合物的潜在地区,目前已发现的天然气水合物主要分布在北极永久冻土区和世界范围内的海底、陆坡、陆基及海沟中,初步形成"一陆三海"的天然气水合物勘探区域,一陆为美国阿拉斯加、加拿大马更些三角洲,三海分别为日本南海海槽、美国墨西哥湾和印度洋海域。

由于目前天然气水合物的资源勘探工作还有待深入,所采用的标准不同,所以各个研究机构对全世界天然气水合物储量的估计值差别很大。据潜在气体联合会(PGC)估计永久冻土区天然气水合物资源量为 $1.4 \times 10^{13} \sim 3.4 \times 10^{16} m^3$,包括海洋天然气水合物在内资源总量为 $7.6 \times 10^{18} m^3$,目前大多数学者认为储存在天然气水合物中的碳至少有 $1 \times 10^{13} t$,约是当前已探明的所有化石燃料(包括煤、石油和天然气)中碳含量总和的两倍。

近年来,全球海域天然气水合物矿点的发现与日俱增,2001年,世界上有84处海域直接或间接发现了天然气水合物(包括我国南海北部陆坡、南沙海槽和东海陆坡);截至2006年底,世界上已有130多处海域直接或间接发现了天然气水合物,其中通过海底钻探成功采获水合物岩心30多处,并且在陆地上成功试开采。全球天然气水合物分布参见图17-6-5。2006年4月28日,科学研究钻探船"JOIDES Resolution"号从孟买出发,开始在印度洋的几个站位进行为期为115d的钻探、取心和测井作业,在印度洋的几个站位都成功地取得了水合物岩心,2007年5月中国在南海成功取得天然气水合物岩心,之后我国台湾海峡观察到天然气水合物露头,韩国取得天然气水合物岩心。

我国广阔的海域和专属经济区有着巨大的天然气水合物资源前景。从1999年起,国土资源部中国地质调查局有计划、系统地开展了大量调查研究工作,在我国东海陆坡、冲绳海槽、南海东北部俯冲带、南海北部陆坡和南沙海槽沉积物中发现了拟地震反射层(BSR)、碳酸盐结壳、海底冷泉和伴生的瓣鳃类生物等许多重要的证据,并在海上成功钻探取心。初步估算表明,我国南海陆坡和海槽沉积物中的天然气水合物可以满足我国今后数百年的能源需求,如我国西沙海槽预测值相当于 $45.5 \times 10^8 t$ 油当量,我国东沙群岛附近海域预测值相当于 $37.5 \times 10^8 t$ 油当量,两区已圈的天然气水合物分布区其资源量相当于 $83 \times 10^8 t$ 油当量。

3. 技术进展

同常规油气藏开发相同,天然气水合物藏开发包括勘探、开发、钻完井、工程设施、环境与安全等各个方面,目前在勘探开发方面形成了拟地震反射层识别BSR技术、AVO识别技术、波阻抗反演、弹性波阻抗反演、吸收系数反演技术、全波形反演及VSP等天然气水合物勘探识别技术,

---

❶ $1 bar = 10^5 Pa$。

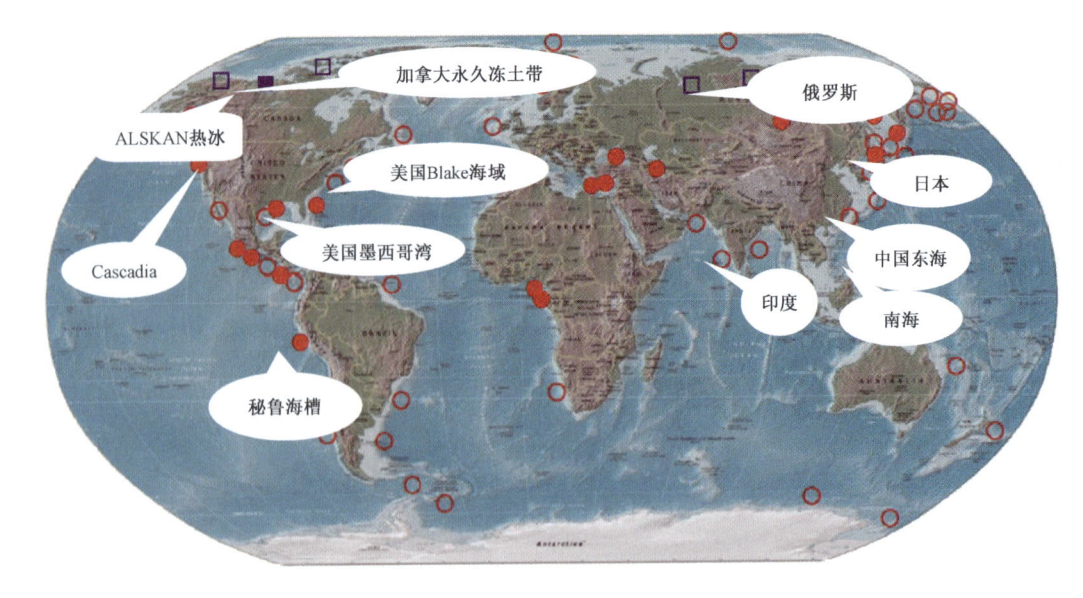

图 17-6-5 全球天然气水合物分布情况

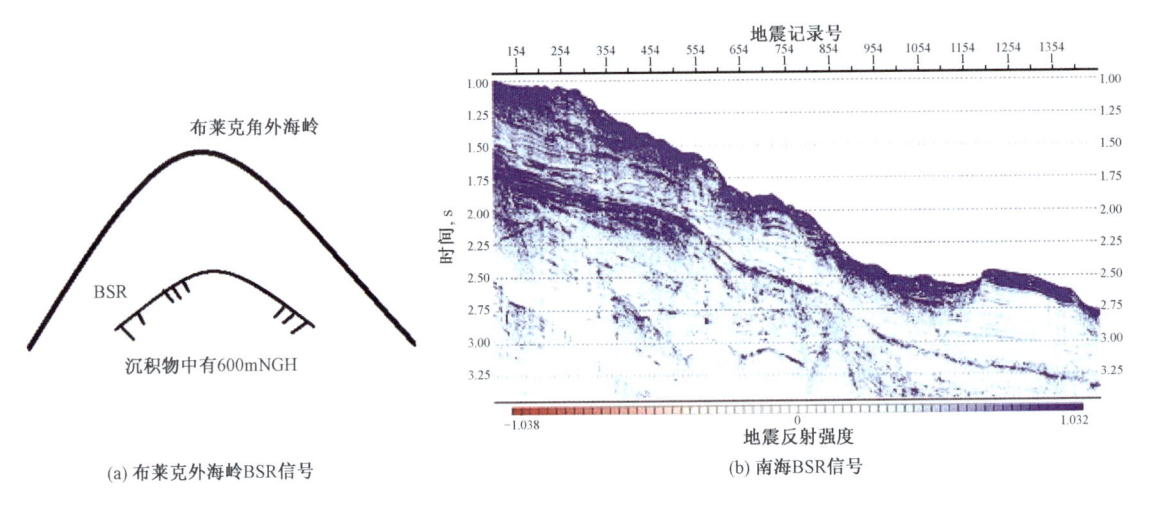

图 17-6-6 海洋天然气水合物区 BSR 特征

(a) 布莱克外海岭BSR信号

(b) 南海BSR信号

其中BSR(与海底平行的拟地震反射层,见图17-6-6)已经成为天然气水合物的重要地震地层学证据,通过地震反射资料的分析可以识别气体水合物形成、分布的地质条件,区分矿层顶底面埋深,确定矿层产状和厚度,查明气体水合物饱和度,识别矿层下面的游离气等,这一技术的发展大大推动了全球范围天然气水合物普查、勘测和远景资源量预测工作的开展。

钻孔地球物理探测方法也已成为天然气水合物赋存带更为直接的识别方法,由于天然气水合物对沉积物的胶结作用,使沉积物较致密、渗透性差、孔隙度低,因而不仅在地震剖面上有明显的响应,在测井曲线上也有异常显示,如气测异常、高电阻率、高声速、中子孔隙度增大、低自然电位等特征,见图17-6-7,其中利用保温保压取样装置通过钻探取心获得天然气水合物岩心是识别天然气水合物最直接的方法,布莱克海岭、中美洲海沟、秘鲁大陆边缘、里海以及我国南海等地都获得了天然气水合物的岩心。

天然气水合物开采研究取得了一系列成绩,室内物理模拟和数值模拟技术不断完善,同时陆上实验开采技术取得初步成功,重要里程碑如下:

① 1968年,苏联发现了位于西西伯利亚Yenisei-Khatanga坳陷中、永久冻土层内的麦索亚哈天然气水合物气田,并于1971年采用降压、化学药剂等方法实现该矿藏的开发,成为世界上第一个真正投入开发的天然气水合物矿藏,由于水合物的存在,使气田的储量增加了78%,至今已

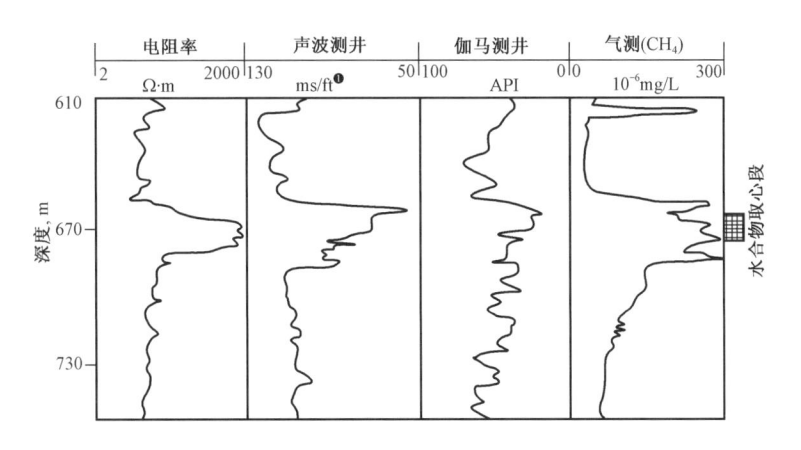

图 17-6-7 典型的天然气水合物测井信号

从分解的水合物中生产出约 $3 \times 10^8 \mathrm{m}^3$ 天然气;

② 1972 年,美国在阿拉斯加北部从永久冻土层取出水合物岩心;

③ 1995 年,美国在布莱克海脊钻探 3 口井,取得水合物样品;

④ 1999 年,日本在近海钻探取样成功;

⑤ 2002 年,日本在加拿大西北部用加热法开采水合物获得成功;

⑥ 2007 年,加拿大等国继续在西北部进行注化学剂法开采水合物矿藏试采;

⑦ 目前美国、加拿大等国正在研究水合物和常规油气资源的共生关系,以确定最有可能优先开发的水合物资源,同时避免在常规油气开发过程中由于水合物带来的灾害和风险。

4. 国内研究进展

国内在天然气水合物的研究方面起步较晚,主要研究进展如下:

1990 年中国科学院兰州冰川冻土研究所与莫斯科大学合作成功地进行天然气水合物人工合成实验;

1992 年中国科学院兰州分院翻译出版了《国外天然气水合物研究进展》一书,较系统地介绍了天然气水合物的研究进展;

20 世纪 90 年代,国内有关单位和学者主要对国外调查研究情况进行了跟踪调研和文献整理,也对我国天然气水合物资源远景作了一些预测;

1995 年,我国正式以 1/6 成员加入 ODP 大洋钻探计划;

2002 年,我国启动天然气水合物资源调查项目,即 118 专项;

2002 年,国家 863 计划关于水合物资源调查关键技术研究项目启动;

2005 年 6 月,中德联合考察发现香港九龙甲烷礁,自生碳酸盐岩分布面积约 $430 \mathrm{km}^2$;

2006 年 12 月,国家 863 计划启动重大专项"天然气水合物勘探开发关键技术研究";

2007 年 5 月,国土资源部在我国南海神户海槽成功钻探取样得到天然气水合物岩心,同时我国台湾海域发现海底水合物露头。

1999 年以来,广州海洋地质调查局在南海北部陆坡区开展天然气水合物资源调查的总工作量为:高分辨率多道地震调查 4470km,海底浅表层地质取样 138 站位,海底摄像 59 站位,浅层剖面 2100km,并取得了丰硕的研究成果,发现了水合物存在的地质、地球物理和地球化学异常标志,如拟地震反射层 BSR(bottom simulating reflector),取得了深水天然气水合物岩心,初步证实我国海域存在天然气水合物,让我们看到了我国清洁天然气水合物能源的美好前景。

2004 年,中国海洋石油总公司成立深水工程重点实验室,挂靠中海石油研究中心,将天然气水合物开采技术作为其中重要的研究领域之一,初步提出了深水浅地层水合物和深层油气联合

❶ 1ft = 0.3048m。

开发的思路,其基本思路是:通过下层游离气、油等开发,储层压力降低,上层水合物自然分解为天然气进入下层,在后期分解能量不足时可通过注热、注剂等促进水合物分解,从而将水合物转变为天然气与下层油气共同开发(图17-6-8),此时可充分利用海上油气生产设施,节省投资,同时通过水合物分解得到相应的天然气资源,也可以提高油气田后期产量。同时海洋天然气水合物的开发牵涉到油气田开发的各个相关领域,其工业性试开采和工业开发需要研究和考虑各个方面的因素(图17-6-9)。

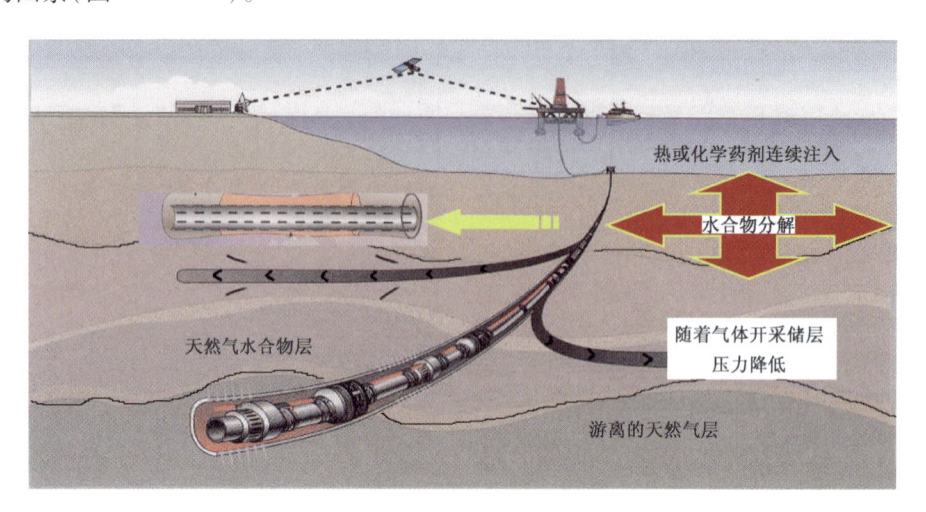

图17-6-8 海上天然气水合物开采思路

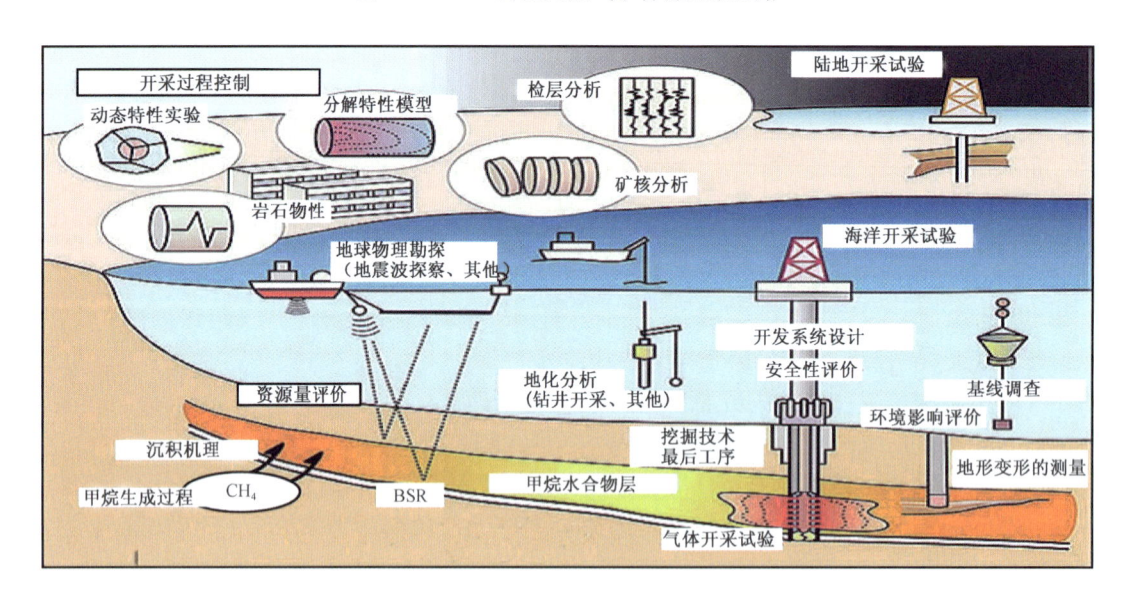

图17-6-9 海上天然气水合物开发整体设想

目前中国海洋石油总公司与中国科学院水合物中心、中国石油大学等合作,建立了一维、二维天然气水合物沉积物原位生成和开采模拟实验装置,建立了三维水合物降压开采数值模拟与分析手段,在天然气水合物基础物性、开采模拟等方面取得初步成果,开展了海洋天然气水合物钻探方案研究。

我国在海底天然气水合物岩石物理模型、AVO分析、实际地震处理、多种地球物理资料的综合分析和速度全波形反演、天然气组成对水合物生成条件的影响等方面也取得了较突出的成绩,部分成果在国际上占有了一席之地,其中Zuo-Guo模型和Chen-Cuo模型被Sandler等国际同行多次引用,并参与国际水合物研究项目,通过载人深潜器对美国墨西哥湾和日本南海海槽海底水合物区进行实地考察。

三、深水浅层天然气水合物对常规油气开发的风险

由于海洋天然气水合物绝大多数分布在300～3000m水深的海底沉积物中,有些还分布在未固结的淤泥中,勘探开发都比较困难,技术难度较大,可以说21世纪海洋天然气水合物发展的实施障碍主要在于其勘探开发技术,而且固结在海底沉积物中的天然气水合物,一旦条件发生变化使甲烷气释出,一方面会改变海底沉积物的物理性质和力学性质,使海底软化,出现大规模的海底滑坡,从而诱发海底地质灾害,毁坏海底电缆、海洋石油钻井平台等重要工程设施,另一方面天然气水合物释放出的甲烷,是一种重要的温室效应气体,所以在天然气水合物勘探开发的过程中,还要首先解决防止天然气水合物的自然崩解、甲烷气的无序泄漏等环境保护方面的关键技术,以免造成严重的环境问题。

目前的初步研究表明,天然气水合物和常规油气有一定的共生关系,在墨西哥湾地区、北海、中国、加拿大冻土带等都发现过天然气水合物和油气储存之间的关系,表17-6-5给出加拿大马更些地区天然气水合物和油气储存之间关系的钻探结果。随着深水油气田的开发,目前国外对天然气水合物区进行常规油气藏开发引发的各种灾害已经遇到,其研究正在逐步深入,如挪威的Storegga滑坡、海底防喷器内形成天然气水合物、多处水下生产设施被天然气水合物堵塞、天然气水合物分解对立柱甚至整个钻井平台、水下生产设施、管线、上部设施造成危害,为了研究墨西哥湾北部典型天然气水合物特性和钻井、开发对天然气水合物的影响,2003年起美国地质调查局、石油公司开始进行深水天然气水合物区域油气开发风险评价与控制技术研究。可以说在进行深水油气田的开发中将不可避免遇到天然气水合物问题,主要有下述3类。

表17-6-5 加拿大马更些区块天然气水合物和油气共生关系

探井、评价井数,口 \ 储 层 \ 层 位	天然气藏	油藏	油气藏	合计
水合物层	24	10	23	57
非水合物层	8	1	9	18
合计	32	11	32	75

1. 钻井过程中的天然气水合物问题

(1)BOP等堵塞无法正常工作:如气体一旦在防喷器闸板腔内形成水合物,将产生严重的井控问题,同时天然气水合物的形成将导致无法连接防喷器的现象。

(2)天然气水合物能导致压井管线和井筒的堵塞。

(3)天然气水合物在油管和套管环空之间形成导致了油管卡住事故。

(4)当钻遇预计的天然气水合物层时,少量气体从钻杆连接处流出井口;在预期天然气水合物层以下层位进行钻井时,轻微的、持续的气流将不断地从表层套管间流出井口。

(5)天然气水合物将改变钻井液的流变性,使得钻井液性态发生变化。

(6)天然气水合物分解使得井径扩大,影响井壁稳定性,影响固井质量和测井质量。

(7)固井后,如有热流体通过井筒导致水合物分解,产生气体会使得水泥胶结质量变差,甚至挤毁套管等,如图17-6-10所示。

2. 天然气水合物分解可能对水下生产、作业设备及管道造成危害

(1)天然气水合物分解可能损害海底设备:如果套管鞋性能不好或者地层胶结性差,导管下的气体可能会流到导管和井口管外边而窜入海底,这种可流动气体将冲蚀破坏导向基座的完整性,并在海底形成大量的天然气水合物,导致严重的安全问题。

(2)天然气水合物分解可能导致采油树堵塞:天然气水合物在水下采油树帽处生成,将阻止常规的起下作业,如图17-6-11所示为天然气水合物封堵采油树帽图。

(3)低温高压环境可能使海底管道设备无法正常启动。

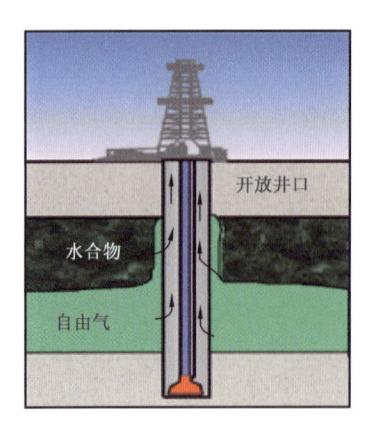

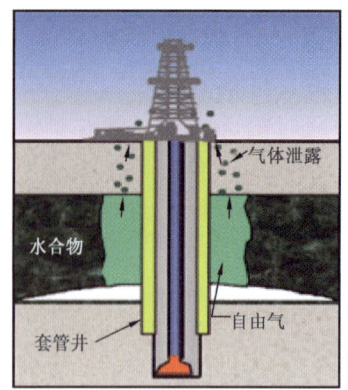

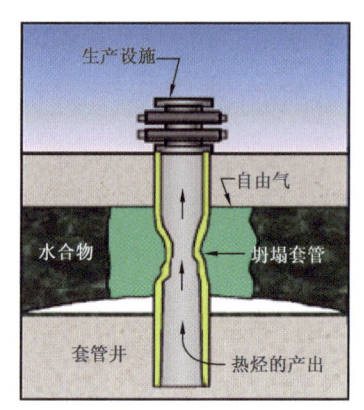

图 17-6-10 水合物导致套管挤毁

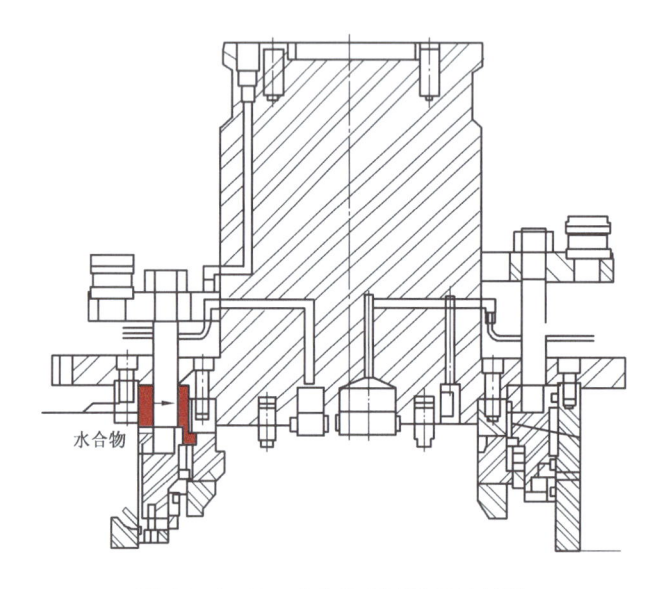

图 17-6-11 水合物堵塞的采油树帽

(4)天然气水合物形成可能使水下、水中作业设备和 ROV 无法正常工作。

3. 天然气水合物对海底和海上结构物的稳定性影响

(1)沉积物中的天然气水合物分解可能引起海底滑坡，如挪威的 Storegga 滑坡、美国南卡罗莱纳州岸外滑坡、美国墨西哥湾 Green Canyon 滑坡及大西洋大陆边缘 Cape Fear 滑坡等，如图 17-6-12 所示。

(2)沉积物中的天然气水合物分解可能导致土壤液化，海水密度变化，严重危害海上结构物和海底设施、管道的安全，如图 17-6-13 所示。

(3)沉积物中的天然气水合物分解可能使井口周围下沉，天然气水合物分解使得井径扩大，影响固井质量和测井质量，严重到井壁失稳。

(4)沉积物中的天然气水合物分解还可能带来浅水流问题，浅水流是一种典型的地层过高压现象，通常发生在 450~2000m 水深、海床下 300~600m 范围内。浅水流的发生有 3 个主要的条件：砂质沉积物、有效的封闭层和过高压。地层天然气水合物分解后使浅层沉积物具有很高的孔隙度，表现出低密度、高孔隙压力，同时沉积颗粒间的有效应力大大降低，可能导致浅层沉积物表现出流体性质，即浅水流。据报道，墨西哥湾 123 口深水井就有 97 口井钻遇浅水流，其中 30 口井因浅水流而无法钻井。

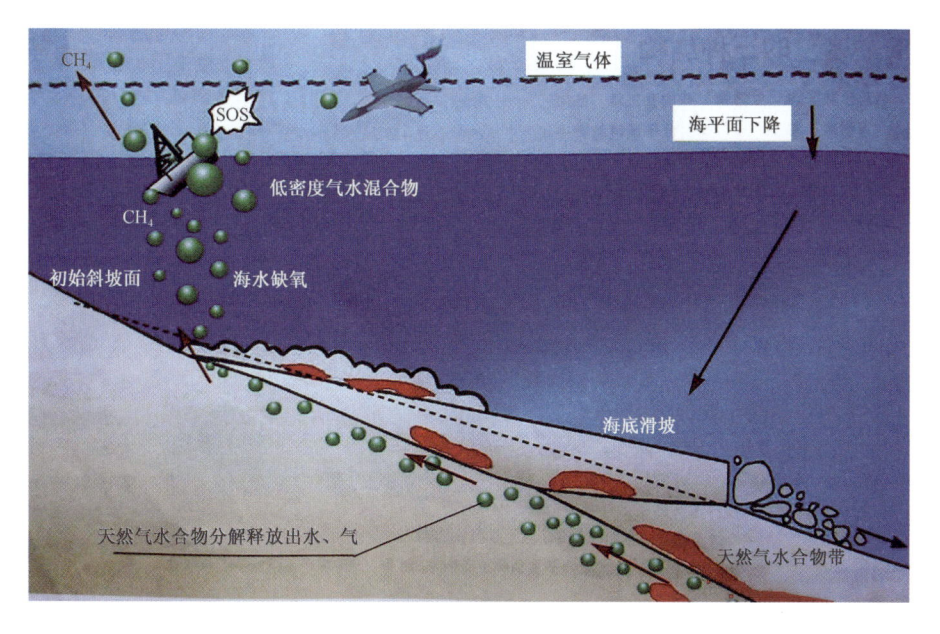

图 17-6-12 浅层水合物导致的滑塌

图 17-6-13 浅层天然气水合物对结构稳定性的潜在危害

(5)泥线附近亚稳态的天然气水合物在水下设备、海底管道处聚集,将形成不稳定因素,影响水下生产设施的安全运行和作业的正常进行。

天然气水合物的形成、分解和利用,以及对环境影响的研究涉及多个学科和技术的交叉与联合。天然气水合物的形成和分解微观上是气-液-固三相间的复杂拟化学作用过程,同时伴随着能量交换与传递等物理过程,宏观上与海洋地质环境及其演化史紧密联系在一起。天然气水合物形成、分布、成矿模式等研究与海洋地质、地球化学、地球物理等领域密切相关。海洋天然气水合物的开发利用与深水工程技术等领域的研究进展息息相关,因此海洋天然气水合物研究和开发利用已经成为化学、地球科学、能源科学、深水海洋工程的前沿,其交叉集成成为未来发展的趋势。

显然,如何安全合理地利用好天赐人类的巨大资源——海洋天然气水合物资源,克服其所带来的负面影响,需要我们全方位、多层次、多学科地开展与天然气水合物相关的基础科学研究和深水海洋工程开发技术研究,从而有望在不久的将来使这一能源真正造福于人类。

第二节 天然气水合物开采技术

随着人们对天然气水合物研究的不断深入,陆地冻土带和海域天然气水合物勘探技术不断完善,如何合理有效地开发和利用这一资源成为当前研究人员关注的热点。目前天然气水合物藏的开采技术和工艺研究还停留在理论和实验阶段,很多开采方案只是概念模式,虽然陆地试验性开采取得了阶段成果,但如何避免天然气水合物开发可能导致的全球性气候变化等潜在风险,实现天然气水合物藏安全、有效、经济地开发将是我们面临的最大挑战。

一、天然气水合物层的地球物理特征

1. 地震特征

拟海底反射层(BSR)是天然气水合物勘查的重要地震地层学证据,BSR 在地震剖面上具有比较明显的特征:

(1) BSR 常分布于海底地形高地之下或陆坡上;
(2) BSR 与海底近于平行分布,并且多与层面反射相交;
(3) BSR 具有与海底反射反转负极性和高反射振幅;
(4) BSR 上方通常为弱地震反射带或空白带;
(5) BSR 横向往往不连续,振幅的强弱和下伏游离气层的厚度有很大关系;
(6) 硅藻类沉积中的蛋白石 A 到蛋白石 CT 的成岩变化能产生伪 BSR;
(7) 在冻土带地区的水合物一般不形成 BSR;
(8) BSR 不出现或者不明显的情况下也有可能存在水合物。

2. 测井特征

由于天然气水合物对沉积物的胶结作用,使之不仅在地震剖面上有明显的响应,在测井曲线上也有异常显示:

(1) 井径扩大;
(2) 自然伽马降低;
(3) 自然电位降低;
(4) 电阻率增高;
(5) 声波时差降低;
(6) 密度降低;
(7) 中子孔隙度增大;
(8) 气测异常;
(9) 介电常数异常。

二、天然气水合物的地球物理识别技术

地球物理综合探测的任务在于识别天然气水合物沉积层,正确评价其含矿性。主要工作如下:

(1) 岩石物理研究:通过岩石物理模型,研究天然气水合物层弹性参数与地震响应之间的关系。
(2) 地震正演模拟:通过地震波数值模拟或物理模拟,研究天然气水合物地层的地震响应特征。

（3）AVO（Amplitude Versus Offset）识别：利用地震反射振幅与偏移距变化的关系来判断天然气水合物层的物性。

（4）弹性波阻抗反演：利用纵波阻抗和横波阻抗数据来预测天然气水合物和游离气的浓度和分布。

（5）吸收系数反演：利用反演的吸收系数来预测水合物的存在及其含量。

（6）全波形反演：通过反演获取的速度剖面来进行水合物层的识别。

（7）VSP（Vertical Seismic Profile）技术：通过垂直地震剖面法来刻画水合物分布的横向变化。

三、天然气水合物的钻探取样技术

钻井取心是识别天然气水合物最直接的方法，但由于天然气水合物特殊的物理学性质，当岩心提升到常温常压的海面时，其中含有的天然气水合物会全部或部分分解。为了能获取保持在原始条件下的沉积物岩心，科学家们已经研制成功保压取心器（PCS，Pressure Core Sampler），如活塞式岩心取样器、恒温岩心取样器、恒压岩心取样器，以及水温探测仪等相继得到应用。1995年在ODP第164航次中首次进行了保压取心器取样的尝试并取得了部分成功；1997年开始的欧盟海洋科学和技术计划所研制了新一代的天然气水合物保压取心器，它的性能与以前相比有较大的提高，它与其他相关设备一起构成一个完善的天然气水合物保压取心系统，见图17－6－14。其功能得到不断的完善和加强，并在OKHOTSK海域水深780m处取得天然气水合物岩心。日本Nankai Trough水合物取样工具（PTCS）是由美国盐湖城Aumann & Associate公司制造，该取样器在现场取样了2次，使用该取样器早在1998年3月在加拿大马更些三角洲Mallik水合物探井中取样过1次。

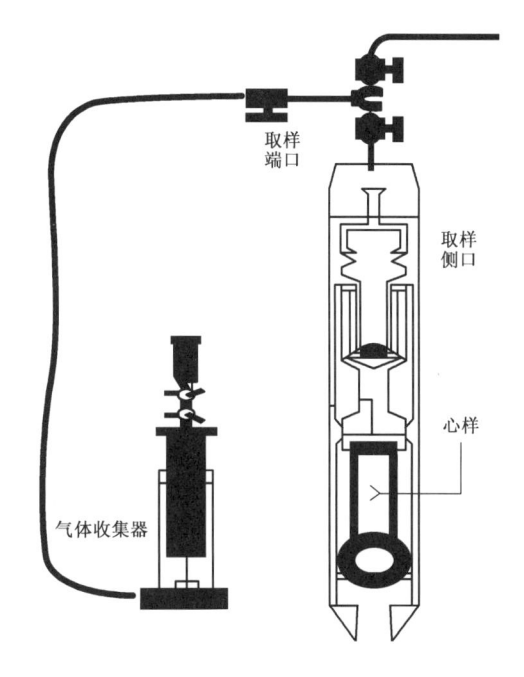

图17－6－14 天然气水合物取心装置

四、天然气水合物开采方法

天然气水合物与常规传统型能源不同，其在埋藏条件下是固体，在开采过程中分解产生天然气和水。针对天然气水合物这一性质，其开采基本原理都是围绕着如何改变天然气水合物稳定存在的温度、压力条件，促使其不稳定发生分解，进而产出天然气。

图17－6－15给出了打破天然气水合物稳定状态的方法，图中实线为天然气水合物相平衡曲线，当温压条件位于曲线右上方时，天然气水合物稳定存在，当天然气水合物的温压条件位于曲线左下方时，天然气水合物不稳定发生分解。图中A点为天然气水合物稳定存在的某个温压条件，可以通过降低天然气水合物藏压力，或者提高天然气水合物藏温度，或者向天然气水合物藏中注入化学剂等使处于A点稳定状态的天然气水合物发生分解，其中图中双点划线为注入化学剂引起的相平衡曲线移动。据此，天然气水合物开采技术大体上可分为以下3类：降压法、注热法和注化学剂法。

1. 降压法

通过降低天然气水合物藏压力至天然气水合物相平衡压力之下而引起天然气水合物分解。如图17－6－15中A点所示，降低压力使得处于A点状态的天然气水合物下移至相平衡曲线之下，从而不稳定发生分解，达到促使天然气水合物分解的目的。减小天然气水合物层中压力，直

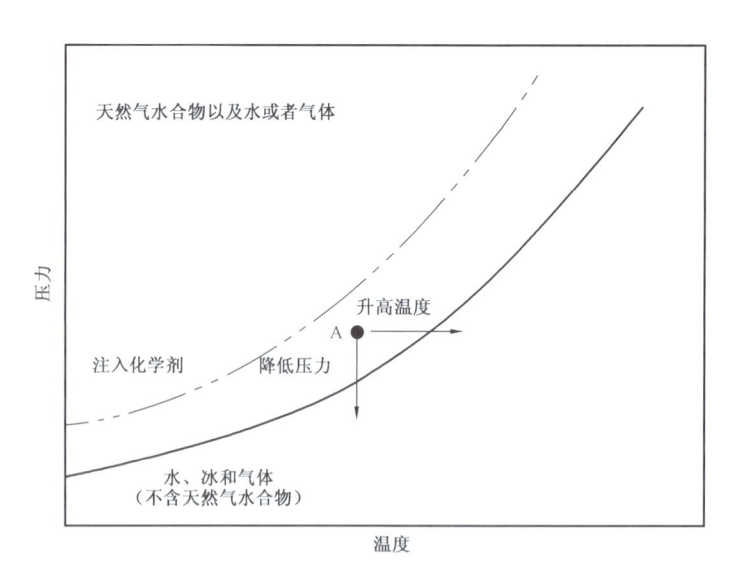

图 17-6-15 各种方法所引起的天然气水合物相平衡曲线的移动

到低于天然气水合物相平衡压力,因为天然气水合物有自己的蒸汽压,因而当降低压力时,天然气水合物必须分解以保持其蒸汽压。

降压法可以开采两种类型的天然气水合物藏,如图 17-6-16 和图 17-6-17 所示。在图 17-6-17 中,天然气水合物藏的底层和盖层都是非渗透层,一口生产井钻穿盖层到达天然气水合物层,通过降低井底压力,使天然气水合物的稳定状态发生破坏,天然气水合物发生分解,连续产出气体。该种类型的天然气水合物藏由于降压初期的降压面积有限,可能会导致较低的初期产气速度,随着天然气水合物的不断分解,分解面会不断增加,产气速度会有所提高。为了提高开采初期产气速度,可以首先通过注热法或者注化学剂法在井底形成一个较大的天然气"囊",增大天然气水合物的不稳定面积,提高产气速度。

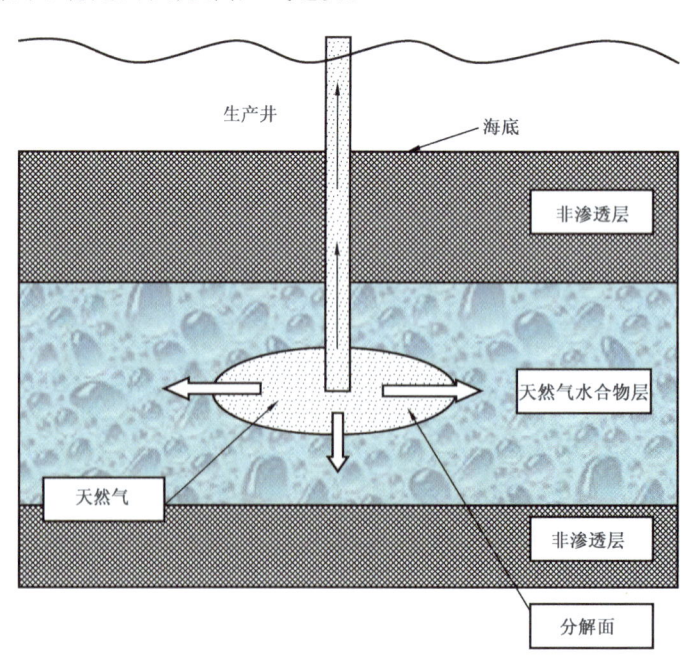

图 17-6-16 降压法开采天然气水合物藏示意图

在某些地质条件下,天然气水合物藏下会有一定规模的油气分布,天然气水合物层由于其渗透率较低可作为盖层封闭游离的天然气藏,如图 17-6-17 所示。此时,生产井钻穿天然气水合物层到达自由气藏,通过开采天然气水合物层之下的游离气来降低储层压力,使得与天然气接触

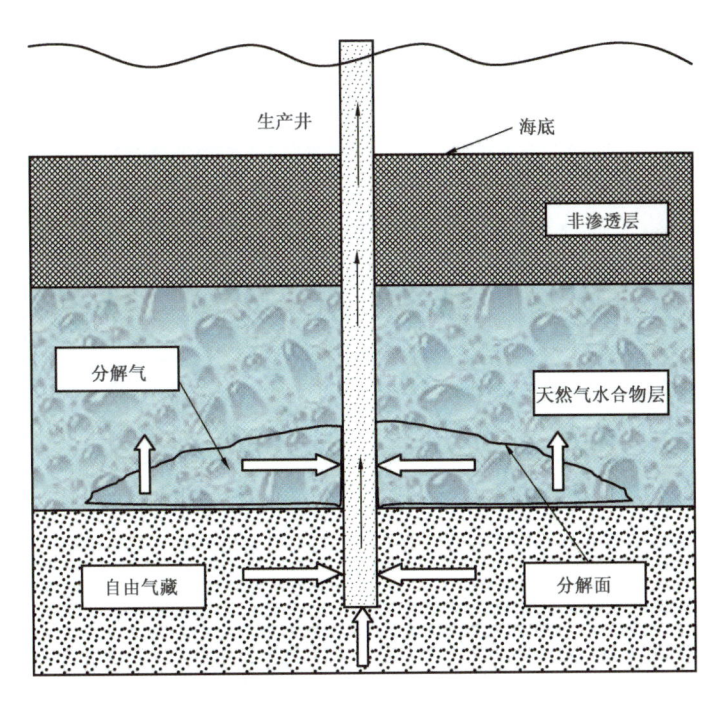

图 17-6-17　降压法开采上覆在游离气藏之上的天然气水合物藏示意图

的水合物变得不稳定而分解。该方法是一种很有效的降压开采方法。此外,还可通过调节天然气的开采速度达到控制储层压力的目的,进而达到控制天然气水合物分解的效果。西伯利亚的麦索雅哈(Messoyakha)气田就是此种埋藏情况,据估计大约有36%的天然气产量来源于上覆天然气水合物层。近期研究表明,类似的气田,诸如加拿大 Machenzie 三角洲等上覆的天然气水合物储层会明显地延长气藏生产寿命。在加拿大西北部地区的 Mallik 油田、美国阿拉斯加 Prudhoe 湾/Kuparuk 河区域以及日本海 Nankai 海槽3个地区已经进行了现场钻井和测试,一些地区已经显示了天然气水合物层下面具有自由气层特征,表明了降压法可能是一种可行的开采方法。

采用单一降压法开采天然气水合物时,天然气水合物分解所需要的热量必须从周围环境中获得。从周围环境中获得热量的能力决定着整个天然气水合物的分解过程,所需的大量分解热会导致降压过程中温度降低。计算表明,天然气水合物分解吸收热量可能会导致气藏温度降到32°F以下,释放出来的水会变成冰,从而降低了天然气水合物的分解速度,甚至可能堵塞流体流动的通道,因为同等质量的水形成冰之后,体积会膨胀约11%左右,从而堵塞孔隙通道。因此,只有存在着较大的传热面积和分解面积时,或者储层具有合适的温度时,降压法才具有开采潜力。降压法最大的特点是不需要连续激发,因而其被认为是经济的开采方法,可能会成为今后大规模开采天然气水合物的有效方法之一。

2. 注热法

此方法是将蒸汽、热水、热盐水或其他热流体注入天然气水合物储层,也可采用开采重油时使用的就地燃烧法或者电加热、电磁加热及微波加热法等。总之,只要能促使温度上升达到天然气水合物分解的方法都可称为注热法,如图17-6-18所示。

注热方法(包括注入和吞吐)注入天然气水合物层中的热量一部分是用来升高天然气水合物藏温度到达相平衡温度,另外一部分使得天然气水合物分解成气体和水。实际上还包括热量在井筒中、上覆岩层和下伏岩层中的损失。注热法开采某天然气水合物藏的基本流程如下:热流体从井口注入管柱,经射孔孔眼进入到天然气水合物目的层后加热天然气水合物,促使天然气水合物分解,而后分解产生的气体、水以及注入的热水等形成的混合流体从管柱及井筒环形空间返回到地面。在高压分离器和低压分离器中依次进行气水分离,产生的气体可以进行回收。气液分离后的液体被加热和加压,重新注入井底,实现了循环注热法开采天然气水合物藏。对于较

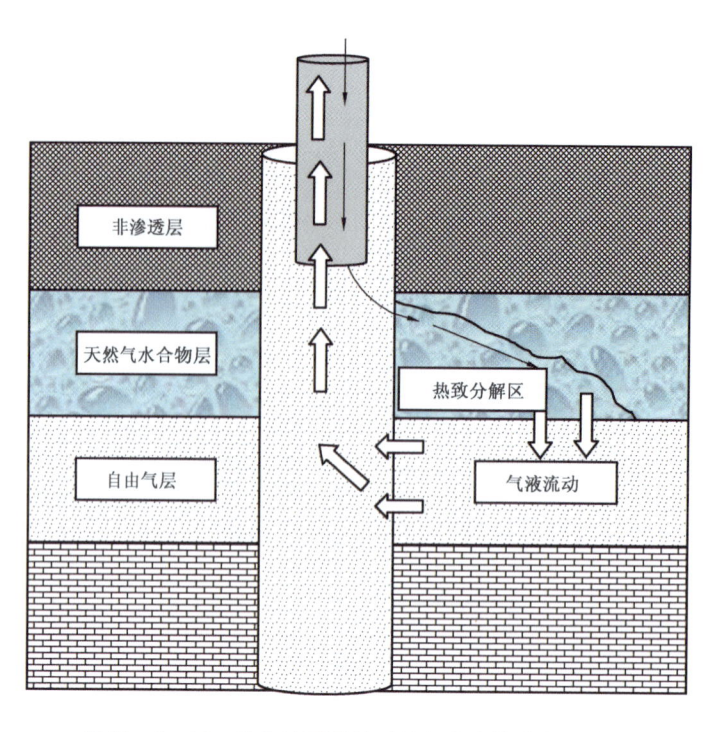

图17-6-18　注热法开采某天然气水合物藏的示意图

厚层而言(大于15m),注热是有效的。热水温度应该控制在一定范围内,要尽量低以保证热损失少,又要达到一定温度以保证在实际可能的热水注入速度范围内具有经济效益的产气量。为了避免过多的热损失和过高的注入速度,目前一般推荐的热水温度为65～120℃,并且井的间距要尽可能大。

每一种注热方法都有自己的缺点和优点:蒸汽注入和就地燃烧法对于薄层热量损失严重,当注入蒸汽的温度超过400℉(204℃)时,加热蒸汽的能量要高于产出天然气的能量,即使在很高的注入速率条件下,也会因能量损失在周围环境中太多而不适用。就地燃烧法由于消耗掉一部分天然气使得产气量减少,产出热值减少,效率低。热水注入法和注蒸汽法以及火烧法相比,热损失要少一些,但是注入的热水在天然气水合物层中的流动却是控制该方法是否可行的关键。和其他注热方法相比,注盐水法具有其独特的优势:第一,在给定压力条件下,盐水可以降低天然气水合物相平衡温度,当然,降低程度的大小依靠盐度;第二,在低的天然气水合物相平衡温度下,分解所需要热量就减少,这由克拉休斯-克拉伯龙(Clausius-Clapeyron)方程就能得知;第三,由于分解温度降低,盐水注入的热损失较注热水和蒸汽要少。另外,也可从临近天然气水合物开采井的地层获得热盐水,特别是在海底环境下,更为容易。地下盐水通常的温度为302～698℉(150-370℃),泥线下深度为1000～1500m,盐度为0.5%～2%(质量分数)。

注热盐水技术的施工设计要求:热盐水的盐度对能量效率比影响很大,在一定盐度范围内,含盐度每增加2%,能量效率就会有所增长,为提高效果,应尽量提高含盐度,或采用稠化盐水方法,使用超饱和度盐水。能量效率比和气产量随着注入量增大而增加。设计最佳注入温度必须考虑热效应,过高或者过低都会带来不良后果。若采用地热储层的热盐水,地热层温度便是热盐水温度上限,一般为121～204℃。目前认为,天然气水合物储层孔隙度至少应在15%以上,厚度不应低于8m。针对低渗透率天然气水合物藏,McGuire等提出了压裂后注热盐水的模型,如图17-6-19所示,首先压裂天然气水合物层,然后利用一些盐类($CaBr_2$和$CaCl_2$等)冰点很低(-83和-55℃)的性质,向地层中注入过饱和热盐水和增黏聚合物。当盐水到达裂缝中之后,由于温度降低,一些盐粒就结晶出来,成为晶体,能够阻止裂缝闭合,同时也能够阻止裂缝中冰的形成。

虽然Dillon(1999)计算表明,通过注入热水和蒸汽的方法可以使得甲烷以足够的速度从天

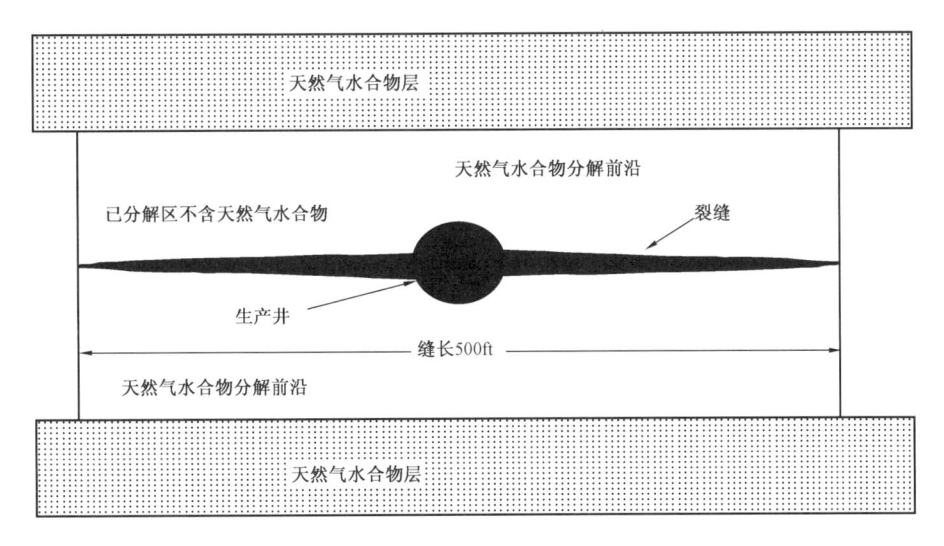

图 17-6-19 单井开采具有垂向裂缝的天然气水合物示意图

然气水合物藏中分解出来,但是 Max(1996)指出,这些注热方法只可用于永冻区天然气水合物开采,却不适合于海洋环境中天然气水合物开采。海洋环境条件下天然气水合物开采的最好方法可能是降压法。注热法的主要不足是能量损失大,效率很低。天然气水合物多发现在环境很恶劣的地方,比如北极地区或者深海等,因此维护和建设这些热设备是非常困难的,特别是在永久冻土区,即使利用绝热管道,永冻层也会大大降低传递给储层的有效热量。近年来,人们为了提高加热法的效率,采用井下装置加热技术,井下电磁加热方法就是其中之一,其在开采重油方面已显示出它的有效性。实验证明,电磁加热法是一种比常规热开采技术更为有效的方法。这种方法就是在垂直(或水平)井中沿井的延伸方向在紧邻天然气水合物带的上下(或天然气水合物层内)各放入不同的电极,再通以交变电流使其生热,直接对储层进行加热。在电磁加热方法中,选用微波加热将是最有效的方法,使用此方法时可以直接将微波发生器置于井下,利用仪器自身重力使发生器紧贴天然气水合物层,使其效果更好;同时发生器可附加驱动装置,使其在井下自由移动,这种方法适合各种类型的天然气水合物资源。与其他方法相比,它具有作用时间短,无污染,对人体无害等诸多优点。

3. 注化学剂法

从井眼向地层中注入某些化学剂,诸如盐类($CaCl_2$,NaCl 等)、醇类(如甲醇、乙醇、乙二醇、丙三醇等),可以改变天然气水合物形成的相平衡条件,降低天然气水合物相平衡温度,从而可以使天然气水合物在较低的温度下分解,化学剂引起天然气水合物相平衡曲线左移,如图 17-6-15 中双点划线所示。添加化学剂较加热法作用缓慢,但却有降低初始能源输入的优点。添加化学剂最大的缺点是费用昂贵,并且对环境也存在较大的污染。注入化学剂方法首先在俄罗斯麦索雅哈(Messoyakha)气田使用过,后来该气田改为降压法开采。注化学剂方法在美国阿拉斯加的 Prudhoe 湾/Kuparuk 河气田的永冻层天然气水合物中做过试验,它在成功地移动相边界方面显得有效,获得明显的气体回收。

4. 其他开采方法

除了上述 3 种基本的开采方法之外,一些学者又尝试着提出一些新方法。如二氧化碳置换法、陆上开采近海天然气水合物法及四合一法等。

1)二氧化碳置换法

日本学者 K. Ohgaki,S. Nakano 等提出采用二氧化碳置换天然气水合物中甲烷气体的方法,该方法从热力学原理上是可行的。每摩尔二氧化碳形成水合物时所放出的热量要比每摩尔天然气水合物分解吸收的热量高 20% 左右。新形成的二氧化碳水合物能够保持沉积物的力学稳定

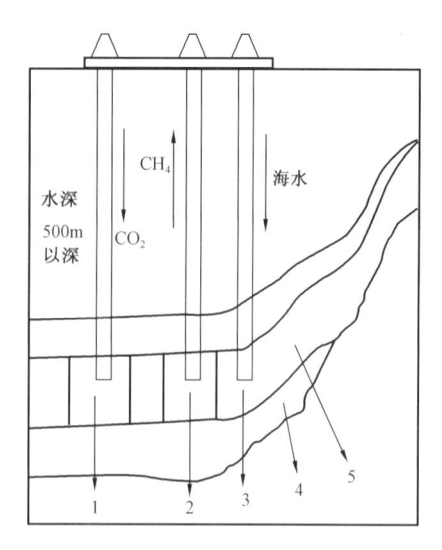

图 17-6-20 海底地层甲烷水合物开发设想
1—CO_2水合物；2—分离气和水；
3—海水等裂解催化剂；4—游离气层；5—甲烷水合物

性,保证安全产气。该方法能够把温室气体二氧化碳储存起来,减少了温室效应。但是此种方法的置换速度却有待于进一步研究。近年来,有些学者通过大量研究,提出了该种新的天然气水合物分子控制开采方案。该方案适用于深水海域的天然气水合物开采。这种开采方案不仅考虑了天然气水合物的裂解和生成,考虑了经济地开采,并且还提出了在开采后消除所产生的有害的海底环境影响的对策,而后者正是海域天然气水合物开采中面临的难题。图 17-6-20 给出了海底地层水合物开发设想。假定水深 500m 左右,天然气水合物层的基底距海底 300m 左右,开采前,预先在海洋钻探设施(海洋平台)上,穿过深水,在海底天然气水合物层中钻 3 口井(保持一定距离),分别下入隔水管柱(密封套管)。当基底下存在游离气时,伴随游离气开采,储层压力下降,促使上部天然气水合物裂解。不论基底下有无游离气,都需要通过隔离管先向天然气水合物层注入高温海水,使天然气水合物裂解。通过另一隔离管提取甲烷气体(靠天然气水合物裂解产生的甲烷气压力上逸)。开采后,通过另一隔离管柱,向产生气后的残流水中注入 CO_2,回收甲烷燃烧的废气,使之在地层中生成 CO_2 水合物。最后,使地球变暖的 CO_2 气体固定在地层中。

2)陆上开采近海天然气水合物法

天然气水合物是固体,往往对海底的沉积物起胶结作用,在海底形成构造支承体的一部分,开采甲烷有可能引起地质灾害,从安全角度考虑,存在不少问题。近年来,国外学者提出了一种新的采用陆地上钻、凿斜井、平巷、配合井下钻孔作为采气通道的海洋天然气水合物开采法。采用这种方法无需海上作业,更重要的它是一种开采海洋天然气水合物的安全方法。施工法特点如图 17-6-21 所示:从相邻埋藏天然气水合物层至海底地层的陆地掘进一斜井至天然气水合物层埋藏深度;然后,朝着天然气水合物层掘进水平巷道至天然气水合物层 70~100m 处;再通过向水平隧道前端围岩中灌注水泥,形成一盖层,如图 17-6-22 所示,盖层的长度最好为 50~70m。形成盖层后,通过井管从水平隧道的端部向甲烷层内注入高温蒸汽,天然气水合物的温度上升后分离成气和水,分离出的气和水通过井管输送至地表(图 17-6-23)。该施工法的最大特点是:能够不利用海洋油气生产设施安全地开采天然气水合物。

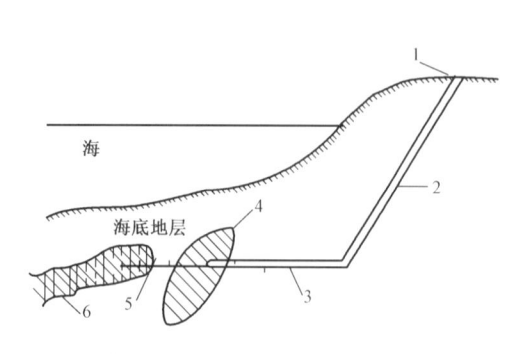

图 17-6-21 施工法概要示意图
1—陆地；2—斜井；3—水平巷道；
4—盖层；5—井管；6—甲烷水合物层

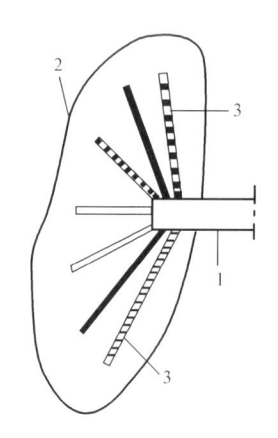

图 17-6-22 盖层形成示意图
1—水平巷道；2—盖层；3—注浆钻孔

3) 四合一法

有学者提出四合一法开采天然气水合物,即利用氧化、还原、催化、置换等 4 种原理进行天然气水合物开采。直接在井下放一个高温催化炉,把甲烷催化成一氧化碳和氢气,利用放出的热量来分解天然气水合物,运用能量平衡条件,在假设无能量损失情况下,从水合物气体中获得的能量是分解天然气水合物能量的 15.5 倍。

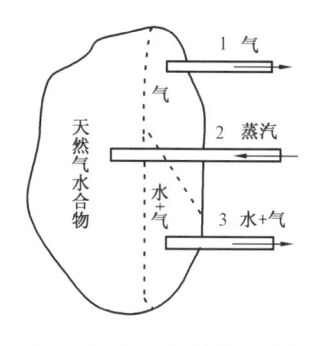

图 17-6-23 通过注入高温蒸汽分离甲烷水合物的模式图
1,2,3—井管

目前的经济评价表明对于同样储量的天然气水合物层,注热法明显要比降压法昂贵,而注入化学剂方法是这 3 种方法最昂贵的方法。当然,对于传热速率低的天然气水合物层来说,降压法可能会导致较低的产气速度,此时结合注热方法便是一种很好的方法。通过对以上各方法的分析可以看出,仅仅采用某单一方法来开采天然气水合物可能是不经济的,只有结合不同开采方法才能达到对天然气水合物藏经济有效的开采。比如,注热法和注化学剂法相结合,降压法与加热法相结合等。综合方法是较好的方法,既用加热法分解气水合物,又用降压法提取游离气体,还可以利用注化学剂法降低平衡温度。从技术角度看,开采天然气水合物已初步具备可行性,但如何安全、有效、经济地开采天然气水合物藏仍旧需要大量的研究和探讨。

总体而言,各国都在积极地进行天然气水合物开采的研究工作。美国、日本、加拿大、印度、韩国等已成功取得天然气水合物样品,我国也于 2007 年在南海神狐海域成功取得天然气水合物样品。日本、美国分别计划于 2015 年和 2016 年实现天然气水合物的商业性开采。目前海洋天然气水合物开采正处于室内实验和理论研究阶段,而陆地上已经进行过成功的天然气水合物试开采,如前苏联麦索雅哈(Messoyakha)气田,加拿大 Mallik 地区等。目前已经成功在加拿大 Mackenzie 三角洲 Mallik 地区,对陆地永冻层天然气水合物聚集区进行了降压法开发测试。三个较短时间的持续生产表明仅仅通过降压法是可以从不同含量和特征的天然气水合物层中开采出气体。数据表明,天然气水合物层的渗透性比预先想象的要高,这有利于压力传播和流体流动。对一个层位进行人工压裂后,发现气体产量明显上升。还对 Mallik 2002 进行了注热水法开采试验,在一个 17m 厚、天然气水合物含量很高的地层中进行了为期 5d 的注热法试验,发现气体能够连续产出,最大产气量达到了 1500m³/d。该次试验总气体产量不是很高,这是因为该试验是控制生产测试,而不是长期生产测试。在 Mallik 2002 科学试开采中,数值模拟及室内实验对现场实验起到了积极的指导作用。

第三节　世界各国天然气水合物钻探取样和试采概况

一、苏联麦索雅哈(Messoyakha)冻土带天然气水合物藏商业开采概况

1. 麦索雅哈气田简介

麦索雅哈气田位于俄罗斯西伯利亚克拉斯诺亚尔边区的乌斯季-叶尼塞永久冻土地区,是一个具有下伏自由气的天然气水合物藏,参见图 17-6-24。该气田是目前世界上唯一一个进行商业化开采的天然气水合物藏,断续生产 17 年;该气田于 1969 年开始试采,1970 年开始正式商业开采。最初以气田的形式开采,投入开采 3 年后压力曲线明显偏离原来预期的曲线,同时经过对开采出来的天然气的同位素和化学分析,发现开采 3 年前后气体组分有着明显的不同,科学家后来经过分析证明,产生组分明显不同的原因是开采 3 年后上覆的水合物层开始分解,然后进入到自由气层后一起采出的缘故。

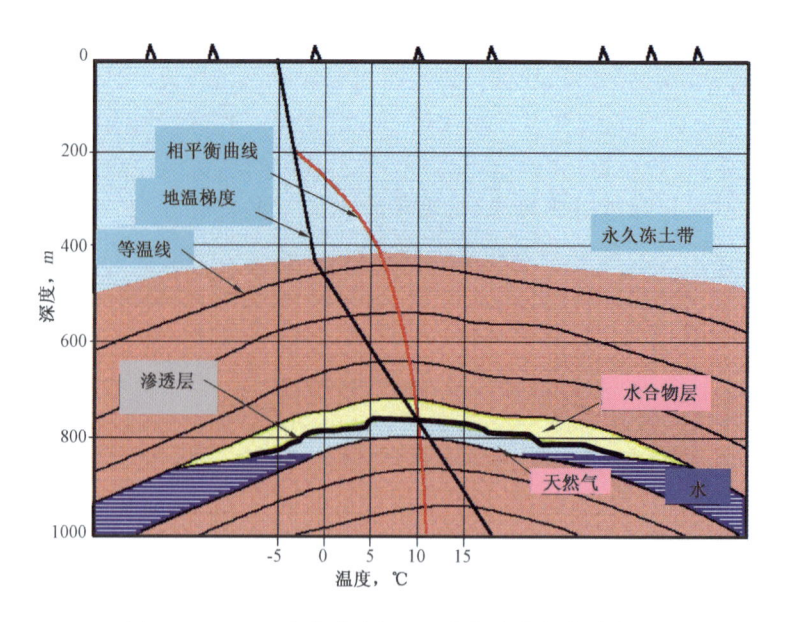

图 17-6-24　麦索雅哈气田天然气水合物藏分布图

2. 麦索雅哈气田生产曲线

麦索雅哈气田利用降压和注入化学药剂(如甲醇和 $CaCl_2$)的方法断续开采 17 年后停止开采,其原因是自由气和水合物分解后的天然气产量降低到经济开采的下限。麦索雅哈气田的生产曲线,参见图 17-6-25。

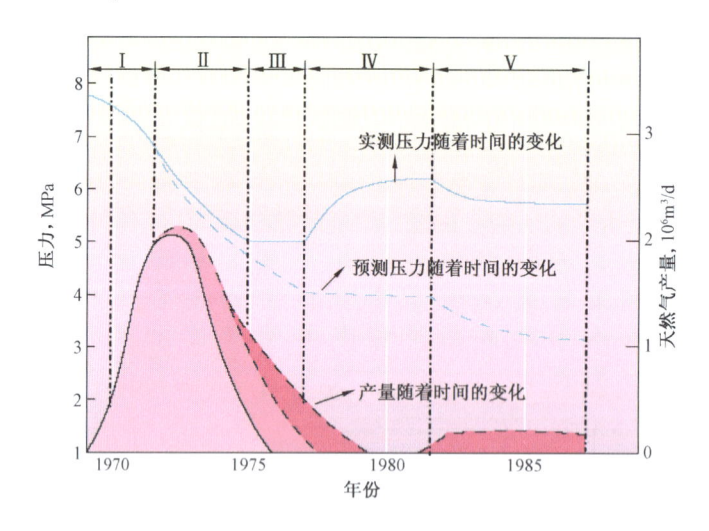

图 17-6-25　麦索雅哈气田的生产曲线

麦索雅哈气田共生产天然气 $16.4 \times 10^9 m^3$,其中有 36% 的气来源于天然气水合物藏分解的天然气。

整个开采期共分为 5 个阶段。

阶段Ⅰ:自由气开发阶段,大约为 1970—1973 年,生产出来的天然气主要来自于下伏的自由天然气。

阶段Ⅱ:自由气与天然气水合物共同开发阶段,大约为 1973—1975 年,生产出来的天然气主要来自于下伏的自由天然气和水合物层分解的天然气。

阶段Ⅲ:只有水合物开发阶段,大约为 1975—1977 年,生产出来的天然气主要来自于水合物层分解的天然气。

阶段Ⅳ:停产阶段,大约为 1977—1982 年,由于在 1977 年末天然气产量低,进行了关井。

阶段Ⅴ:再生产阶段,大约为 1982-1986 年,重新开井生产,但是采出的天然气量很少。

3. 麦索雅哈天然气水合物藏的开采方式

麦索雅哈天然气水合物藏的开采方式主要是采用注入化学药剂(甲醇和$CaCl_2$),同时进行降压开采。现场注入化学药剂的开采效果参见表17-6-6。

表17-6-6 现场注入化学药剂的开采效果

开采井编号	化学药剂种类	化学药剂注入量,m^3/d	未注化学药剂的气体产量,$10^3 m^3/d$	注入化学药剂后的气体产量,$10^3 m^3/d$
109#	96%(质量分数)甲醇	3.5	30	150
121#	96%(质量分数)甲醇	3.0	175	275
150#	甲醇	未知	25	50
	甲醇		50	50
	甲醇		100	150
142#	10%(体积分数)甲醇+90% $CaCl_2$	4.8	200	300
7#	10%(体积分数)甲醇+90% $CaCl_2$	4.8	150	200

从表17-6-6可以看出,对于开采井109#,采用注入96%(质量分数)的甲醇($3.5m^3/d$)作为化学药剂,水合物层分解后的天然气比没有注入甲醇前提高了5倍,增产效果比较明显;但是对于开采井121#,采用注入96%(质量分数)的甲醇作为化学药剂,水合物层分解后的天然气比没有注入甲醇前提高了不到1倍,效果不明显;同样,对于开采井150#、142#和7#,分别注入甲醇以及甲醇+$CaCl_2$作为化学药剂,效果也不明显。可见,单纯采用注入化学药剂提高水合物开采效率,效果不是很明显,其原因是不同开采井具有不同的油藏地质特性,水合物分解过程中不同的多相渗流、传热和传质特性等,导致不同的开采方式,具有不同的开采效率。

麦索雅哈气田开采17年后停止了开采,但它毕竟是世界上迄今为止第一次进行商业开采天然气水合物藏的典范,同时也证明了采用注入化学药剂(甲醇和$CaCl_2$)和降压开采相结合的方式开采冻土地区天然气水合物在技术上是可行的。

二、加拿大Mallik天然气水合物藏试采概况

1. Mallik天然气水合物藏概述

加拿大陆地50%的区域属于永久冻土带,因此加拿大地质调查局等对加拿大西海岸胡安德夫卡洋中脊陆坡区、马更些三角洲、普拉德霍湾等冻土地区的水合物开展了调查研究。

1972年冬,帝国石油有限公司在Mallik永久冻土地区钻探时就钻遇到水合物,并将这口井命名为Mallik L-38井。1998年,加拿大与日本合作,在其西北马更些三角洲进行了天然气水合物钻探,测定了天然气水合物的P波速和抗剪强度,1998—2002年先后完钻3L-38、4L-38和5L-38等示范井或试验井,这3口井位于一条直线上,两侧的3L-38井和4L-38井为观察井。3L-38井未钻及天然气水合物层,井深为1147m;4L-38井穿过天然气水合物层,井深1162.7m;5L-38井为生产测试井,井深1113.7m。目前该区域已经确定为天然气水合物调查试验区,参加该区试验井工作的有来自7个国家20多个研究机构的100多位科学家和工程技术人员。

Mallik天然气水合物联合试采项目先后进行了天然气水合物藏成藏模式、识别技术、钻井取心技术、测井技术、水合物数值模拟技术、水合物藏试采技术以及水合物岩心分析技术等研究工作,其中Mallik5L-38井开发试验计划为:进行水合物层的降压开采和注热开采实验,收集现场数据,确定自然状态下天然气水合物的动力学和热力学特征。试验成功地从天然气水合物地层产出天然气。

第一期试验完成后,日本组织召开了"从 Mallik 到未来"的专题国际研讨会,会上对 Mallik 联合试采项目中所涉及的地球物理、地球化学、测井技术、取心技术、数值模拟及试采技术等进行了全面、深入的总结,对这次试采过程中存在的问题、今后的研究方向和研究计划也进行了讨论,并制订了第二期试验计划,目前正在实施中。

2. 降压试采

Mallik5L-38井开发试验采用斯仑贝谢模块动力测井仪(MDT),MDT长24.4m,重1180kg,最大直径128.6mm,探测厚度1488mm。进行瞬时压力、游离气、游离水、具有不同岩性和饱和度的水合物测试。Mallik5L-38试验井中共使用了6套MDT设备测量了6个层段的饱和度、电阻率、孔隙度以及波速等参数。

试采过程中首先是对 Mallik 5L-38#1/#2/#3/5#/6#共5个层段进行降压开采试验,每个层段约10h。通过MDT测试结果显示,Mallik 5L-382#层段降压产气效果稍好,该层段最大天然气产量为320m^3/d,累计产生天然气约为30m^3。可以看出,采用降压方式开采天然气水合物在技术上是可行的。

3. 注热试采

Mallik 5L-38试验井注热开采试验采用循环注热水法,注热开采试验流程,参见图17-6-26。注入热水温度为70~80℃。在井筒还安装了DTS(Distributed Temperature Sensor)传感器测量井筒的温度分布规律。

从图17-6-26可以看出,采出来的流体经过高压和低压分离器后,分离出的天然气进火炬,分离出的液体介质(温度大于80℃)通过换热器后温度升高,温度升高后的液体被注入到水合物层。循环注热水试采约123.7h,累计产出天然气约468m^3,说明:通过注热方式开采天然气水合物在技术上是可行的。

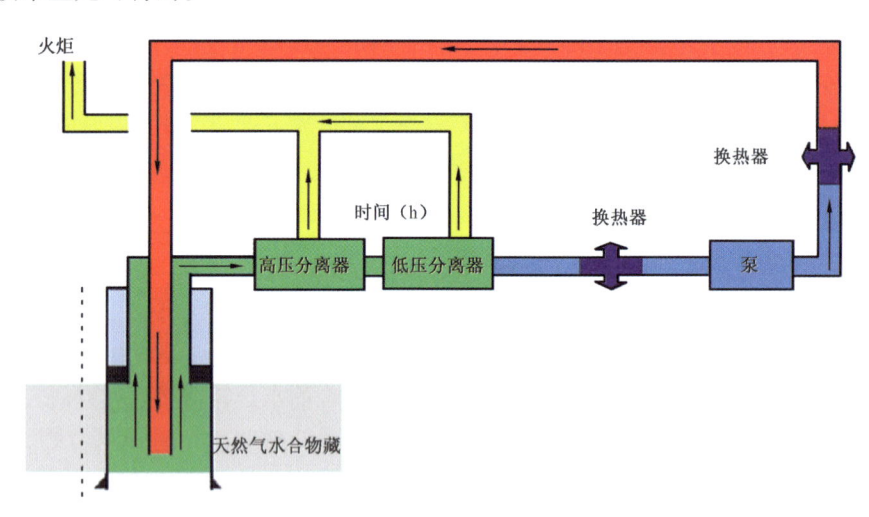

图17-6-26 循环注热水试采流程示意图

三、日本南海海槽天然气水合物藏钻探取样概况

1. 日本南海海槽钻探取样进展

日本南海海槽是菲律宾板块的西北界限,沿此界限菲律宾板块向日本岛弧之下俯冲,水深大约4000m。20世纪70年代后期日本在菲律宾板块向欧亚板块俯冲的南海海槽的地震剖面上发现了天然气水合物存在的主要地震标志BSR(Bottom Simulating Reflector)。1990年,大洋钻探项目ODP131航次(Ocean Deep-Sea Project 131),钻取了808孔,取得了水合物岩样的间接资料。日本石油公团(JNDC)在南海海槽进行了5年(1995—1999年)的天然气水合物联合基础研究工作,1996年完成南海海槽天然气水合物地震调查,结果表明调查区内有4块明显的BSR分布区。1999年日本国际贸工部(MITI)在南海海槽进行天然气水合物钻探,共钻了6口探井,钻井岩心

和测井数据分析证实了天然气水合物的存在。2000年,大洋钻探项目完成了ODP Leg 190航行,虽然2000年的190航次没有采获天然气水合物实物,但有其存在的间接依据。2001年在日本南海海槽进行Leg 196航行钻探,进行随钻测井(LWD)、测井测量并安放一些长期观测设备。2002年在南海海槽进行了天然气水合物3D地震调查,完成地震1960km;2003年1~5月在南海海槽进行水合物多井钻探,钻孔16口。下面简要介绍日本南海海槽较著名的几次钻探取样情况。

2. 1999年钻探取样介绍

1999年11月到2000年2月,由日本国际贸易和企业部(MITI)、日本国家石油公司(JNOC)组织,联合日本石油勘探有限公司(JAPEX),在日本南海海槽水深为945m的海域进行了天然气水合物钻探。采用美国Reading & Bates Falcon Drilling公司生产的半潜式钻井平台R&B Falcon,共钻了6口探井,包括1口主井眼、2口先导井和3口勘探井,每口井的最大间距为100m,钻井位置选在BSR最靠近地震剖面的地方。通过钻井,确定了该区域天然气水合物区域最富集的地方位于海平面以下1135~1213m。水合物岩心取样工具采用美国盐湖城Aumann & Associate公司制造的PTCS取样器,使用该取样器在现场取得了最大长度达79m的天然气水合物岩心。

3. 2000年ODP Leg 190航行钻探取心

2000年,ODP完成了Leg 190航行,虽然2000年的190航次没有采获天然气水合物实物,但有其存在的间接依据。在陆坡上的1176站位与1178站位,温度测量与孔隙水氯离子浓度数据都指示有天然气水合物。ODP Leg 190航行共有9个站位,分别为ENT-01A到ENT-09A,但是只有ENT-06A和ENT-08A这两个站位是专门用于天然气水合物研究的。利用保温保压取心仪与其他取心仪采获了1110~1272m处的一些砂岩层。根据岩样释放的大量天然气以及异常低的岩样温度与异常低的孔隙水氯离子浓度,证实了在1152~1210m处总厚16m的3层沉积物中存在甲烷水合物。

4. 2001年ODP Leg 196航行钻探取心

2001年,ODP在日本西南海海槽进行钻探的Leg 196航行,进行随钻测井(LWD)、测井测量并安放一些长期观测设备。Leg 196主要是在1990年Leg 131航行和2000年Leg 190两次航行所钻的3个站点上开展随钻测井测试和安装长期测试仪器。

在Leg 196航次的随钻测井时采用方位角密度中子(Azimuthally Density Neutron-ADN)和电阻率(Resistively-At-the-Bit-RAB)工具。RAB工具是唯一的在随钻测井中能够进行定量获取全井眼图像信息的工具,RAB工具可以检测出电阻率、非均质性和井眼结构参数。

5. 2003年日本南海海槽钻探取心

2003年1月18日至5月18日(共计122d),经济产业省委托石油公团、石油资源开发株式会社及帝国石油株式会社的共同企业体实施工作,完成了日本南海海槽井的钻探,此次钻探取样的主要目的如下:

(1)获得日本南海海槽区域的天然气水合物矿藏赋存状况,资源量的估计及可选为海洋试验开采的区域,获取岩心样品和数据。

(2)获得能用于开采方法开发及评价对环境影响的必要岩心样品和数据,并进行取样的处理和分析。

(3)为第2阶段的海洋开采试验做必要的技术准备。

此次钻探使用"JOIDES Resolution"号钻探船进行钻井,共钻了16口井。

四、印度天然气水合物的海上钻探取心概况

2006年4月28日,仍采用2003年在日本南海海槽钻探取心的"JOIDES Resolution"号科学研究钻探船;"JOIDES Resolution"号科学研究钻探船从孟买(Mumbai)出发,开始在印度洋的几个预期的站位进行为期为115d的钻探、取心和测井作业。该次航行主要是基于原先的地质和地球物理分析数据确定的天然气水合物远景区(4个地区的11个站点)进行钻探、取心和测井作业。这4个地区的站点分别为:位于印度西大陆架阿拉伯海的康坎(Konkan)盆地、克里希纳戈达瓦里海底盆地(Krishna Godavari Basin)、印度东大陆架孟加拉海湾的默哈讷迪(Mahanadi)、安达曼(Andaman)周边地区。该次钻探在印度科学家和国际科学家的联合指导下进行,船上共有100多名来自各国著名的科学家和企业代表;该项目是国家印度洋甲烷水合物开发项目的一部分,主要由印度石油企业开发董事会(Oil Industry Development Board)投资3600万美元,同时还得到了美国能源部的部分资金资助。

该次航行的主要目的是进行钻探、取心和测井作业,从井下取得的天然气水合物岩心存放在低温高压下的氮气罐中,然后送往印度石油天然气公司(ONGC)的油气开采技术研究所进行分析。

主要目的如下:
(1)海底沉积物中天然气水合物的分布和资源量。
(2)海底沉积物中天然气水合物分解的地质灾害控制。
(3)海底沉积物物性参数对天然气水合物的影响规律。
(4)海底沉积物中微生物和地球化学对天然气水合物形成和分解的影响规律。
(5)天然气水合物的浓度、地球物理以及预测工具的标定。

该次航行主要包括以下3个阶段。

第一阶段:该次航行的计划和动员时期。主要包括该次航行的具体计划,"JOIDES Resolution"号钻探船的动用以及各国科学家和船上工作人员的确定。

第二阶段:该次航行的正式起航阶段。2006年4月28日,科学研究钻探船"JOIDES Resolution"号从孟买出发,开始在印度洋的几个站位进行为期为115d的钻探、取心和测井作业,于2006年8月19日到达钦奈(Chennai)。

第三个阶段:各国科学家遣散,整个航次结束。整个航次的地质数据和样品的测试分析报告。

该次航行所取得的成果如下:
(1)整个115d航行中仅有1%的时间是没有正常工作的时间,主要是由于天气和设备故障维修等。
(2)测试了9250m的沉积物区域,共位于4个地质构造比较明显地区的21个站点。
(3)为了进行航行后对岩心的数据分析,该次航行搜集了大量的天然气水合物岩心样品。共取得了140个天然气水合物样品装在液氮瓶,送往印度石油天然气公司(ONGC)的油气开采技术研究所进行分析;其中有5个1m长的天然气水合物压力岩心,用于分析水合物沉积层的物理和机械特性。

五、韩国天然气水合物的海上钻探取心概况

韩国的天然气水合物研究始于1996年,1998年韩国在其东部海域发现BSR,2002—2004年开展以海洋地质和地球物理为手段的天然气水合物区域调查,共采集地震资料14366km,韩国与加拿大地质调查局、美国地质调查局开展了合作研究,在37个站位用重力活塞取样器取得了38个柱状天然气水合物样品,对2369个样品进行了沉积相、含水饱和度、粒度、总有机碳、总C-N-H-S含量、碳同位素和有孔虫(浮游、底栖)分析,确定绝对年龄和沉积速率,残余碳氢化合物的气体组分与含量分析。

2005年,韩国在地质调查局专门成立了水合物研究开发部,启动了为期10年的天然气水合物研究开发项目,当年采集6690km高精度二维地震资料,在5个站位实行了取心,获得138m岩心样品。

在2007年6月,韩国地球科学和矿产资源研究院(KIGAM)利用重力活塞取样器第一次成功地在日本海获得天然气水合物样品,水深是2072m,在海底3~8m深处发现了2~5cm大小的块状天然气水合物样品,结构分析揭示了是Ⅰ型水合物,含有99%的甲烷。

2007年韩国地质调查局制订了天然气水合物钻探计划,提出14个建议井位,经由加拿大、美国、英国和韩国专家组成的国际顾问委员会进一步论证,选定其中的5个站位,雇佣新加坡辉固公司的Rem Etive钻探船,于9月20日至11月17日实施钻探。历时59d,获得了天然气水合物样品。实际钻探进尺1115.75m,取心346.1m,保压取心样20个。

六、中国天然气水合物的海上钻探取心概况

近年来,我国非常重视天然气水合物的调查与研究。首先是对我国管辖海域历年来做过的大量的地震勘查资料进行分析,在冲绳海槽的边坡、日本南海的北部陆坡、西沙海槽和西沙群岛南坡等处发现了海底天然气水合物存在的拟海底地震反射层(BSR)标志;并在对海底天然气水合物的成因、地球化学、地球物理特征、资料处理解释、钻孔取样、测井分析、资源评价、海底地质灾害等方面进行了系统的研究,并取得了丰富的资料和大量的数据。下面仅介绍影响比较大且比较成功的两次天然气水合物钻探取心活动。

1. 2004年中德合作的"太阳号"科考船勘测考察活动

从1999年开始,广州海洋地质调查局承担了我国海域天然气水合物调查研究工作,但由于受到现有技术方法和技术设备等因素的限制,很难在我国海域获得天然气水合物的实物样品。2004年6月2日,开始了中德合作项目《南海北部陆坡甲烷和天然气水合物分布、形成及其对环境的影响研究》"太阳号"科考船SO-177航次,在南海上展开了为期42d的勘测考察。

该航次获得了一批重大发现:

(1)经过海底电视观测和海底电视监测抓斗取样,首次发现了南海天然气水合物气体"冷泉"喷溢形成的巨型碳酸盐岩(430km^2),并首次取得碳酸盐结壳样品。双方科学家认为,这是目前世界上发现的最大的自生碳酸盐岩区,并将其中最典型的一个构造体命名为"九龙甲烷礁"。同时,还在"九龙甲烷礁"区碳酸盐结壳裂隙中发现了天然气水合物甲烷气体喷溢形成的菌席和双壳类生物,证实了"冷泉"仍在活动之中。

(2)取得了在南海北部陆坡的东沙东南海域浅表层沉积物中存在着天然气水合物的证据。通过海底电视观测到与天然气水合物密切相关的双壳类生物,并通过取样首次获得大批双壳类生物及与之伴生的管状蠕虫;发现了与陆坡浅表层天然气水合物存在密切相关的显著地球化学异常。

(3)首次运用水体地球化学站点调查,在工作海域不同水层中发现了甲烷异常,说明在调查区存在甲烷气体喷溢。

(4)成功获得了一批沉积物地质、地球化学资料,为我国海域天然气水合物的形成机理、分布规律和环境效应研究提供了丰富的资料。

遗憾的是该次勘测考察活动没有直接取得天然气水合物岩心。

2. 2007年南海北部神狐海域钻探取心

2007年4月21日到6月12日,我国正式启动南海北部陆坡海域天然气水合物钻探工作。钻探工作由中国地质调查局统一组织部署,分两个航次实施,由中国科学家主持科研和调度工作,同时有来自9个国家的外国科学家和工程技术人员参与工作。在该航次钻探开始前,科学家经过地球物理资料的精细处理和反复研究,圈定出两个重要目标区,确定了8个钻探井位。神狐海域位于我国南海北部陆坡中段的神狐暗沙东南海域附近,在地质学上,为南海被动大陆边缘。该航次的钻探目标区位于珠江口盆地珠二坳陷南翼,距深圳约300km。由广州海洋地质调查局组织具体实施,并委托辉固国际集团公司Bavenit号钻探船承担。

在南海北部神狐海域共完成了8个站位的钻探、测井,对5个站位进行了取心,其中3个站位上获得天然气水合物样品,其中第一个站位获取的样品取自海底以下183~201m,水深1245m,获取的样品天然气水合物丰度约20%,含水合物沉积层厚度18m,气体中甲烷含量

99.7%。第四个站位取自海底以下191~225m,水深1230m,水合物丰度20%~43%,含水合物沉积层厚度达34m,气体中甲烷含量99.8%,取心发现水合物的成功率高达60%。获取海底多段沉积物岩心之后,在现场对岩心进行X-射线影像、红外扫描等18项测试分析,确认多个层段含有均匀分布状和分散浸染状天然气水合物。迅速剖开岩心,因释压、升温影响,样品大部分迅速分解汽化,但在沉积物新鲜切面仍清晰可见细小斑点状天然气水合物的白色晶体。将保压岩心样品放入水中,涌出大量气泡。将释放的气体直接点燃,火苗旺盛。

通过对这些天然气水合物样品的分析、测试等,科学家初步认为,我国南海神狐海域的天然气水合物是以均匀分散的状态,成层分布,已发现的含天然气水合物沉积层厚度较厚,最大厚度达25m,饱和度较高,显示出我国南海北部天然气水合物资源具有巨大的能源潜力。初步预测我国南海北部陆坡天然气水合物总资源量可能大于$100 \times 10^8 t$油当量。

我国南海神狐海域已成为世界上第24个采到天然气水合物实物样品的地区,也是第22个在海底采到天然气水合物实物样品的地区和第12个通过钻探工程在海底采到天然气水合物实物样品的地区。我国也因此成为继美国、日本、印度之后第4个通过国家级研发计划采到水合物实物样品的国家,是在南海海域首次获取天然气水合物实物样品的国家,标志着我国海域天然气水合物调查研究步入世界先进行列。

第四节 天然气水合物储运技术

自从天然气水合物被发现以后,人们就一直尝试以水合物的方式储存天然气。将天然气在一定的温度和压力下,与水接触生成固态水合物。利用$1m^3$的天然气水合物可储存$164~180m^3$(标准状况下)天然气的特性来储运天然气的技术被称为GtS技术(Gas to Solid),即天然气固态储存。

通常,天然气水合物(简写为NGH)储运技术涉及水合物的生产、储运和汽化应用等过程,如图17-6-27所示,在天然气产地,天然气和水合成固态水合物后,放入储罐储存(常压,-20℃),然后定期通过船舶或槽车等运到消费市场,汽化后供给终端用户。

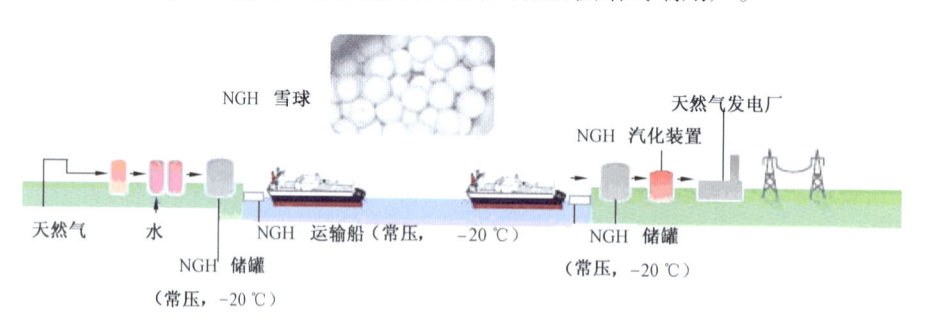

图17-6-27 天然气水合物生产和储运系统

同液化天然气相比,天然气水合物合成工艺简单,不需要很苛刻的压力和温度条件,成本和运行耗费较低,处理过程简单和灵活。但目前水合物储运天然气技术尚未实现工业化应用,主要是因为水合物的大规模快速连续生成、固化成型、快速汽化等关键技术问题尚未得到根本解决。

本节将简要介绍该技术已有的研究成果,使我们对这种全新天然气储运方式的特点和应用前景有更多的了解。

一、天然气水合物快速生成

天然气水合物的快速连续生成是水合物储运技术产业化的基础和亟待解决的关键问题,是目前研究的焦点之一。

1. 天然气水合物快速生成技术

1）天然气水合物的生产原理

天然气水合物是天然气和水在低温及高压条件下接触生成的,形成水合物需要具备两个条件:气体中存在游离水,同时具备足够高的压力和足够低的温度。如气体压力有较大的波动或有晶体存在时,能加速水合物的生成。天然气水合物的形成条件,参见图17-6-28,天然气组分不同,水合物形成曲线略有不同。

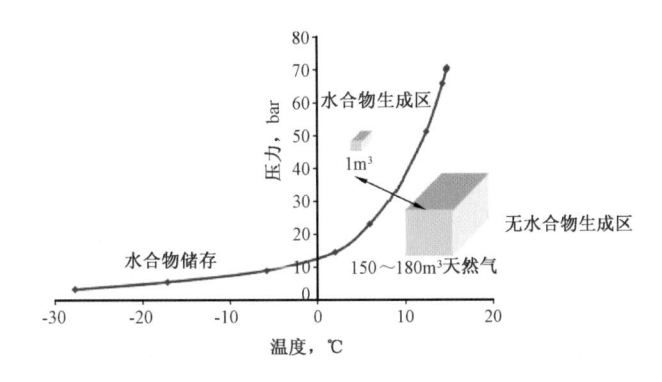

图17-6-28 水合物形成条件示意图

气体和水生成水合物晶体的过程通常被看成化学反应,即

$$M(气) + nH_2O(液) \rightarrow M \cdot nH_2O(固)$$

式中 n——水合数,即水合物结构中水分子和气体分子之比。

这是一个气-液-固三相的多相反应过程,同时也是一个包含传热和传质以及生成水合物反应机理的复杂反应过程。水合物的形成包括气体分子在水(或水溶液)中的溶解过程、晶核形成和水合物生长过程。晶核的形成一般比较困难,一般都包含一个诱导期,而且诱导期具有很大的不确定性和随机性。当过饱和溶液中的晶核达到某一稳定的临界尺寸时,系统将自发进入水合物快速生长期。

影响水合物形成速度和填充率的因素主要包括气体的组成、水合物合成的压力与温度条件、水与气的接触面积、水的表面张力、水(水溶液)的极性以及水分子的排列结构等。

2）天然气水合物的合成工艺

天然气不易溶解于水,天然气水合物只能在气-液两相的接触界面生成,而且水合物生成是放热反应,要维持生成水合物所需的低温条件,反应过程中反应生成热的传递速度就不容忽视。因此水合物的快速连续生成必须满足两个条件:一是大面积气-水接触面的稳定存在;二是水合物生成热的快速散失。天然气合成工艺已有很多文献和专利报道,根据不同用处可有不同的生产工艺。但从原理上讲,反应器的设计大多采用将天然气分散到水中(如鼓泡法)或者将水分散到天然气中的形式(如喷雾法),以期获得较大的气-水接触面积,达到更好的传热和传质条件。目前国际上用于反应器合成的方法大致有三种:连续搅拌式、鼓泡式和喷淋式。

(1) 连续搅拌式反应器。

连续搅拌是实现两种或多种物料均匀混合的有效方式。搅拌式反应器用来合成水合物的优点很明显:可以大大增加气-水反应界面,缩短诱导和成核时间,加快热传递、提高反应速度和储气能力等。但缺点也很明显:带搅拌的反应系统会增加设备投资和设备维护费用,当水合物变稠时,搅拌功耗明显增加;慢慢变稠的浆液会阻止水合物的继续生长;过多的搅拌不但不能增强传热传质速率,相反可能会产生机械热运动,带来副作用,生成的水合物可能会因为搅拌而分解,所以控制合适的搅拌时间和转速比较关键。

目前国内外著名的水合物合成实验装置部分采用的是搅拌式反应器,但从节能和控制的角度来讲,简单的搅拌合成工艺不适宜工业应用。

（2）鼓泡式水合物反应器。

鼓泡式水合反应生产可以分为间歇型生产和连续型生产两种方式，鼓泡式水合反应流程原理参见图17-6-29。两种生产方式的基本原理相同，水作为进料进入反应釜，天然气从底部经分布板或喷嘴以气泡形式通过水层，在反应器的适当位置发生气液面接触，在适当压力和温度条件下反应生成天然气水合物。假如釜内的温度和压力适宜，水合物能够在上升的气泡周围迅速形成，从某种意义上来说可以弥补搅拌方式的不足。鼓泡方式中，气泡是否全部转化为水合物取决于反应驱动力、气泡尺寸和气泡在反应釜中的停留时间。连续型生产流程与间歇型生产的不同是要求在生产过程中水合物要不停地移走以及连续进行供水。

(a) 间歇型生产流程　(b) 连续型生产流程

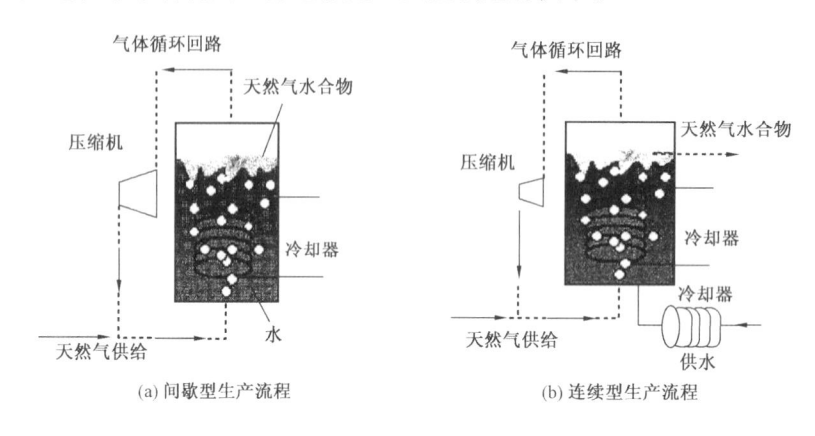

图17-6-29　鼓泡式水合反应生产流程示意图

鼓泡式水合物反应器在传热和操作上都有明显的优势：因为水合物颗粒周围水相的热导率高于气相（气泡）的热导率，水合物反应热可以迅速被周围大量的水带走；可提供较大的气-水接触面；可移动部件比搅拌式少；水合物形成的扰动可由气泡在液相中的上升提供；因为水合物和水密度不同，水合物的连续生产、分离和转移是可以实现的。

鼓泡式水合物反应器也有缺点：在鼓泡过程中没有生成水合物的多余气体，必须经过外部管道的再循环继续反应，相关压缩机应满足高压易燃气体的使用要求。

图17-6-30　管式天然气水合物反应器

2003年，日本NKK将鼓泡式水合物反应器进行改进，开发了高效生产天然气水合物的工业技术，确认该技术可以大幅提高生产效率。水合物生产装置参见图17-6-30，NKK开发的鼓泡式水合物反应器技术只是将一根管子（或一组管子）替代了传统设计中竖直高压鼓泡容器。一方面，采用了一组管式反应器（长5m、宽1.5m和高1.8m），水在进出管道之前先进行雾化，使微细天然气泡分散其中，大大增加了与水的接触面积，然后将分散有天然气的水经管式换热器冷却，水和气两相流在管道流动过程中充分混合，反应速度快，可得到高效生产的天然气水合物。在流出管道时，水合物为水合物浆，处理简便；另一方面，管式反应器换热效果好，造价也低。管式反应器的设计方便冷却，而且布置非常灵活，缺点是需要使用循环泵供水阻止管内水合物堵塞。

（3）喷淋式水合物反应器。

喷淋式水合物反应流程参见图17-6-31，水从反应器的顶部以雾滴的形式喷淋到气相中，能大大增加气-水接触面积，提高反应速率，同时生成的水合物浆可以从反应器内取出过滤。实验发现，水合物的生长速率随着压力、过冷度和水滴的总表面积的增加而增加。

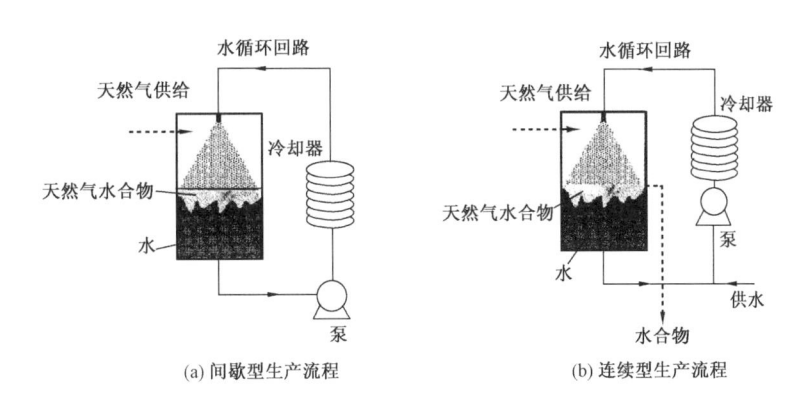

图 17-6-31　喷淋式水合物反应器生产流程示意图

喷淋反应通过雾化液化水可以极大地提高气-水接触面积。因为形成大量众多的细小水滴,加之它们在反应器内具有极大的生成速度,无须其他额外的机械搅拌,使反应器容易设计也容易放大。缺点是:需要在反应器外增设冷却器以便及时去除反应热,水通过循环被冷却后喷入反应器。

实验表明,不管采用何种反应方式,都存在以下规律:一定的温度条件下,压力越高,水合物的形成速度越大,水合反应时间越短,水合物的填充密度随压力增大而增大;在反应压力相同的条件下,反应温度越低(即过冷度越大),标准状况下单位体积的水合物可储存的天然气量越多,但反应速度越慢。在实际的工业生产中一般选择压力为 3~4MPa、温度为 2~4℃。当然最佳生成条件的确定还应综合考虑储气密度、水合物生成速度和高压设备投资等多方面因素。

3)工业上大规模生成天然气水合物的难点

由于天然气水合物的合成是气-液-固多相反应,需要低温和高压条件,而且天然气水合物的反应需要一定的诱导时间,这就造成了工业上大规模生产的许多困难。

(1)混合问题。由于烃类气体大多不溶于水,如果气和水不能充分接触,反应就很难进行,所以一般采用鼓泡或喷淋方式的同时,装置中还带有搅拌装置,设备的结构变得比较复杂,相应的反应器造价增加。诱导时间的存在使能耗也变得比较高。

(2)天然气水合物生成热的消除。天然气水合物生成是一个放热反应,要维持反应所需的低温就必须及时带走反应所产生的热量,但由于冷却效率随反应器尺寸的增大而减小,这就为大型反应器的设计带来了很多困难。

(3)不同的压力和温度条件下,生成的水合物中客体成分会发生变化。气体水合物相平衡和客体的成分有很大的关系,不同的气体组分会有不同的相平衡曲线,就会导致不同组分生成水合物的难易程度不同,因此在不同压力和温度条件下生成的水合物中各种气体的组成会有很大的差别。比如同样的原料气在 275K、0.74MPa 条件下和 275K、2.77MPa 下生成的水合物成分就有很大的差别,参见表 17-6-7。因此要生成特定组分的水合物,选择合适的压力和温度值尤为重要。

表 17-6-7　不同相平衡条件下生成的水合物成分

原料气名称	原料气组分,%	水合物组成(275K,0.74MPa)	水合物组成(275K,2.77MPa)
甲烷,%	88	53.9	98.6
乙烷,%	7	7	1.36
丙烷,%	2	2	0.02
异丁烷,%	3	3	0.02

(4)水循环回路中的堵塞问题。不管采用鼓泡、喷淋或者管式反应器,由于生成的水合物为固体,都会存在管道堵塞,循环泵负荷增大等问题,这些问题是反应器设计的一个难题。

（5）实际生产过程中，天然气水合物储气效率比较低。虽然理论上1m³的天然气水合物可储存150~180m³（标况下）天然气，但实际生产过程中由于受到客体组分、传质（传热）条件以及操作压力、温度等因素的影响，造成天然气水合物储气效率比较低，这是使天然气水合物储运技术未能得到大规模连续生产工业应用的重要因素之一。

由于上述工业上大规模生成天然气水合物的难点，目前水合物合成工艺主要还是停留在实验室研究阶段，还很难评价上面介绍的几种水合物反应器和操作方法哪一种反应器最好。但可以认为天然气水合物在压力为2~6MPa、温度为0~20℃下制备，技术难度相对较低；工厂的建造可以更大限度的利用当地的材料、设备以及人力资源，因此该技术的工业应用只是早晚的事，一旦成熟，对于小型、分散天然气田的开采、运输方面具有很大的优越性。

2. 提高水合物储气效率的措施和技术

作为一种崭新的天然气储运方式，实际生产的天然气水合物的储气密度高低是该技术能否实施的关键。天然气的主要成分是甲烷，甲烷水合物的相平衡压力高、温度低、诱导时间长，水合物不易形成，且甲烷实际吸收率较低。比如，甲烷在Ⅰ型水合物中的理论储气密度为175m³/m³，但目前已知实验中得到的最高的甲烷水合物储气密度换算成标况下的甲烷和水合物的体积比为166（m³/m³）。因此，目前科学家们的工作重点在于如何改善天然气水合物生成的相平衡条件（如压力降低、温度升高等）、缩短诱导时间，以及优化天然气吸收率。

近年来，人们采用和提出了各种不同方法及措施来增加水合物储气密度，缩短诱导时间，加速水合物的生成。采取的措施主要包括：采用合适的反应器形式和操作条件，或者引入介质改变化学反应物组成、进行催化、改善传质（传热）条件、增强混合等。下面简要介绍这些提高水合物储气效率的措施和技术。

1）加入较重组分或液态烃

（1）在天然气中混入一定量较重组成的碳氢化合物（如乙烷、丙烷等）可以改善水合物的相平衡条件（如压力降低、温度升高），对水合物的生成速率及水合物最终储气量也有影响。

挪威科技大学Gudmundsson实验发现，在天然气中混入一定量的较重组分的烃类（如乙烷、丙烷等）可以改善水合物的相平衡条件，认为丙烷对水合物形成的平衡压力影响最大。例如某实验中，天然气中加入5%的乙烷和2%的丙烷可以降低平衡压力约1.15MPa，而且在2~6MPa压力和0~20℃温度下，当反应容器中的气－水体系过冷到理论平衡线以下4~5℃时，在容器中搅拌即可生成水合物。

（2）加入液态烃的水合物的热稳定性和储气量明显提高。这里的液态烃（Liquefied Hydrocarbon）是指碳氢化合物中较重组分、常态下呈液态的烃类化合物，例如甲基环乙烷、环戊烷、环己烷等。

中国科学院广州能源研究所的研究人员设计了一个可以对天然气水合物生成进行定量计量的半连续水合反应装置，研究天然气水合物储气过程。实验结果表明，在水合物反应体系中添加一定量的液态烃，可以加快水合物反应的速率，使水合物反应的诱导时间缩短为原来的1/4，但对储气密度影响并不大。

中国石油大学陈光进等通过蓝宝石釜研究了甲烷－环戊烷体系水合物中甲烷的储气量和水合物的热稳定性。实验表明，水合物中总烃含量可以达到35%（质量分数），其能量密度相当高。实验发现其热稳定性很好，在0℃、常压下未检测到气体析出。

2）采用添加剂

合理使用表面活性剂、离子型化合物、水溶性聚合物、模板剂以及其他物质等添加剂可以促进水合过程，其机理和加入液态烃不同，添加剂对水合物的生成过程、储气量、储气速率等影响主要靠缩短诱导期、加速成核、加速传递（传热、传质）过程等。

典型的添加剂主要包括以下4种：

(1)表面活性剂。非离子型的表面活性剂有烷基多干苷(alkyl poly glycoside,简称APG)和十二烷基多糖苷(dodecyl polysaccharide glycoside,简称DPG),阴离子型的表面活性剂有十二烷基苯磺酸钠(sodium dodecyl benzene sulfonate,简称SDBS)。

(2)离子型化合物类,主要包括次氯酸钙、电解质等。

(3)水溶性聚合物类,主要包括四氢呋喃(THF)、丙酮、PVP(聚乙烯吡咯烷酮)等。

(4)模板剂,主要包括草酸钾、甲醇、氨等。

化学添加剂对天然气水合物形成过程及性能的影响比较复杂,不能一概而论,通过研究,得到如下几个规律:

(1)化学添加剂的浓度影响天然气水合物的生成过程,有一个最佳浓度,在此浓度的溶液体系中一般有较短的诱导时间、较大的储气密度以及较快的生长速度。

(2)不同类型的化学添加剂对水合物生成过程的影响规律不同。有的添加剂(如APG)在较高浓度条件下能较好的优化水合物形成过程,此时它们的储气密度高、诱导时间短;相反,有的添加剂(如SDBS)在较低浓度条件下能很好地优化水合物形成过程,此时水合物生成体系有较高的储气密度、诱导时间以及生成速度。

(3)就促进水合物生成而言,天然气水合物对表面活性剂有一定的选择性,有的表面活性剂根本不能促进水合物的生成。

3)使用多孔介质

多孔介质主要包括纳米金属粉末、沸石以及活性炭等,中国石油大学的科研人员做了大量实验研究活性炭对水合物储气性能的影响和改善情况。实验结果表明,通过使用在甲烷-纯水体系中加入活性炭的方法可以有效提高水的转化率,其储气能力比甲烷-纯水体系的储气密度高1~2倍。主要原因可能是活性炭大的比表面积、高度发达的孔隙及适宜的孔隙结构为水和甲烷提供了良好的气液接触条件,使绝大部分的水都转化成水合物。目前研究结果认为,水炭比是影响活性炭中甲烷水合物储气密度的关键因素之一,该技术仍在继续研究之中。

与纯水合物储存天然气相比,活性炭中生成水合物不仅储气密度高,而且生成速度快,无需搅拌,减少了设备投资,简化了操作工艺,具有工业应用价值。

4)选择合适的操作条件

增加天然气水合物储气密度的措施和技术除上述提到的方法外,还可以通过其他办法(如改变水合物储气反应中的操作条件,即改变反应水-气比例、反应压力、反应温度以及进行搅拌等)实现。

(1)水气比和水历史对水合物储气的影响。这里的水气比是指在水合物的反应过程中,反应釜中与天然气反应的水的总量和接触的反应器中的水的比值。实验表明,水量的增加,在一定程度上总储气密度也增加(可以达到$150m^3/m^3$),但是水量超过容器体积的60%以后,由于传质速度减慢,导致储气密度增幅减缓。

对于由冰及水合物融化所得到的产物,其两次反应间隔的时间越短,则反应物中的水分子排列就越有规律,下一次反应所经历的诱导时间就越短,晶核形成的速率就越快,反应物中所使用的水的温度越低就越具有同样的作用。对此,有科学家认为,水合过程水存在"记忆效应"。当然,这个说法还有争议。

(2)压力和温度对水合物储气的影响。工业上大规模地利用水合物形式储存天然气需满足:反应容器中水合物粒子的空间密度高;单个水合物晶体中空穴的填充率高。其中在静态纯水体系加入表面活性剂可以提高水合物粒子的空间密度,但要提高每个水合物晶体中空穴的填充率可以通过提高反应压力和降低反应温度等途径来实现。

图17-6-32为一定温度下、不同压力时得到的甲烷水合物的储气密度和反应时间的实验数据。实验表明:一定的温度条件下,压力越高水合物的形成速度越大,水合反应时间越短,水合物的储气密度随压力增大而增大。

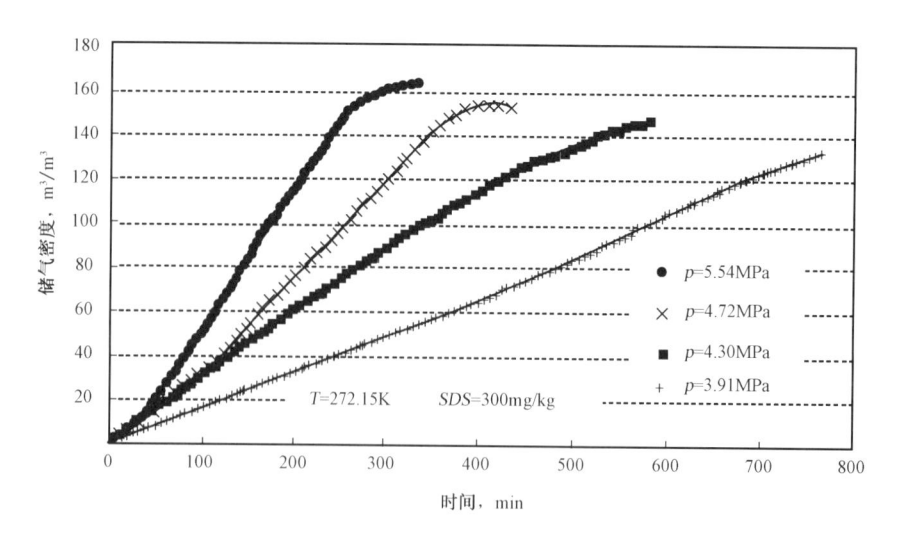

图 17-6-32 压力对甲烷水合物储气密度的影响

图 17-6-33 为一定压力下、不同温度时得到的甲烷水合物储气密度的实验数据。实验表明：在反应压力相同的条件下，反应温度越低（即过冷度越大），水合物储气密度越大。

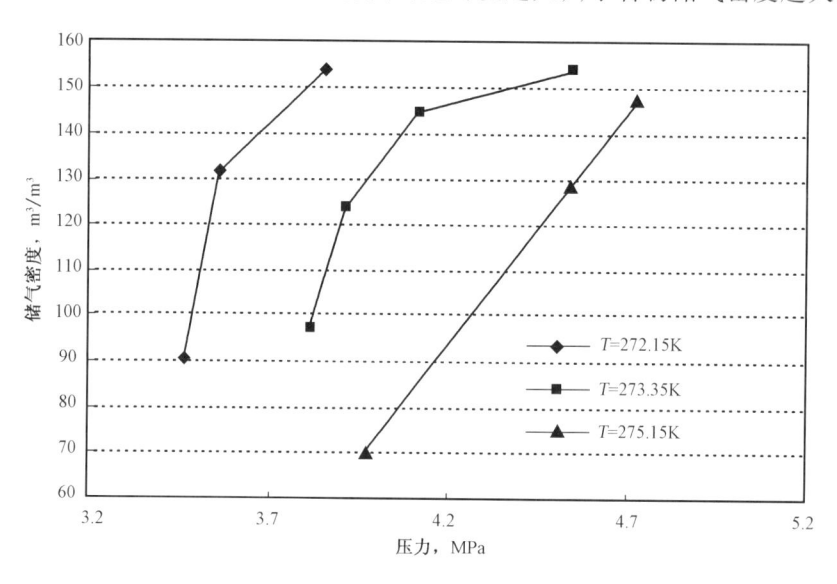

图 17-6-33 温度对甲烷水合物储气密度的影响

因此，在实际的工业生产中，最佳生成条件的确定应综合考虑储气密度、水合物生成速度，以及高压和低温设备投资等多方面因素。

二、天然气水合物储运技术

天然气水合物储运的基本原理是利用天然气水合物巨大的储气能力，根据需要将采出的天然气通过一定的工艺制成干水合物、水合物雪球或水合物浆储存起来，然后通过槽车（图 17-6-34）或运输船（图 17-6-35）运送到储气站，在储气站汽化成天然气供用户使用。

1. 水合物储存表现出的稳定性

天然气水合物在常压下的平衡温度一般比较低，但是在常压下大规模储存和运输时不必冷却到平衡温度以下。在常压下几乎绝热的条件下，储存温度为 -15 ~ -5℃时，NGH 处于亚稳态，分解可以忽略，表现出很好的稳定性。曾有水合物样品在常压下 -6℃存储了两年没分解。这都表明 NGH 储运天然气在技术和经济上都具有可行性。

对于水合物储存表现出的稳定性，可以由以下三方面来解释：

（1）水合物分解成水和天然气是一种相变，需要大量的热量。在几乎绝热的条件下，NGH 的

图 17-6-34　运输 NGH 的槽车

图 17-6-35　NGH 运输船

分解非常缓慢。

（2）大规模储存和运输水合物时，NGH 分解需要的能量只能从临近的 NGH 粒子得到，而 NGH 的热导率比较低，一般为 0.5~1W/(m·℃)，使得 NGH 分解十分缓慢。

（3）由于 NGH 存储温度在水的冰点以下，当 NGH 分解时，分解出的水形成一层冰，成为保护层阻止 NGH 的进一步分解。

2. 水合物典型的储存方式

NGH 生成和储存温度—压力关系曲线如图 17-6-28 所示，从图上可以看出，要使水合物稳定存在，储存方案可以有两种：一种是高压常温（压力 10MPa 以上，温度 5~10℃）；另一种是低温常压（温度 -15℃ 左右）。考虑成本的经济性和运行的安全性，低温常压方案使用得较多。实际工业应用中应根据当地的具体条件和市场需求选择合适的储存方式。

（1）因地制宜，充分利用天然条件进行水合物储存。日本工程促进协会地球空间工程中心在 2000 年提出了利用高压岩床进行水合物储存的设备，配有二次汽化装置，属于水合物的高压常温储存。冻土层地区，可以将天然气水合物（雪球或浆状）储存于周围都是冰冻土壤的地穴中，既安全又经济。特别强调安全和节省空间的地区，还可以将水合物储存罐放在地下。这几种方式就不再详述。

（2）地上金属储罐储存。地上金属储罐是最常用的方式，其中使用最广泛的是双壁金属储罐。内壁用耐低温的不锈钢（9% 镍钢或铝合金钢）制成，外壁由一般碳钢制成，以保护填在内外壁之间的绝热材料。底部的绝热层必须有足够的强度和稳定性，以承受内壁和天然气水合物的自重，一般用绝热混凝土。内外壁之间的绝热材料一般采用珍珠岩、玻璃棉等，或充装微压惰性气体（如干氮气）等。由于天然气水合物的热导率比普通的隔热材料还低，所以简单隔热成本不会太高。

3. 水合物常用的运输技术

在运输过程中，由于天然气水合物自身的热传导率比一般的绝热材料都低，而且分解需要较多的能量，所以对储存容器的隔热材料要求不高，可在简易的隔热散装罐或绝热货舱中储存，只要切断传热途径，即可使天然气水合物长期稳定存在，保证了运输过程的安全性。天然气水合物的运输有以下几种技术，每种技术各有优势和适用范围。

1）干水合物运输

该工艺最先是由英国天然气公司（BG）研究开发的，即生产干水合物，然后装到与 LNG 运输船相似的轮船中运送，到达目的地之后，在船上进行再汽化，分离出来的游离水留在船上用作返航时的压舱水。

干水合物的生产过程是，天然气和水先在压力为 6~9MPa、温度为 10~15℃ 的反应器内进行搅拌，使之充分接触后逐渐生成 NGH，然后进入三相分离器，使水合物浆与游离水和未反应的天然气进行分离，分离出的水和气返回到反应容器继续循环使用，水合物浆则进入筛分器和水力旋流器进行二次脱水,使其稠化到水和 NGH 的质量比接近于 1:1,最后,将已稠化的水合物浆送入离心分离机内再次脱水,制成干水合物。

制作干水合物需要进行三次脱水,生产成本较高,同时,干水合物的装船作业也存在一定的技术难度。因此,工业上往往推荐水合物浆或水合物雪球等方案。

2) 水合物浆运输

该工艺也是由英国天然气公司(BG)研究开发的,即将经过两次脱水后稠度为 1:1 的水合物浆泵入双壳运输船上的隔热密封舱进行运送,该舱压力为 1MPa,温度为 2~3℃。目前生产浆状水合物的方案比较成熟,在除水阶段只是进行粗略的分离,产生 50%(质量分数)的水合物浆。其过程如图 17-6-36 和图 17-6-37 所示。

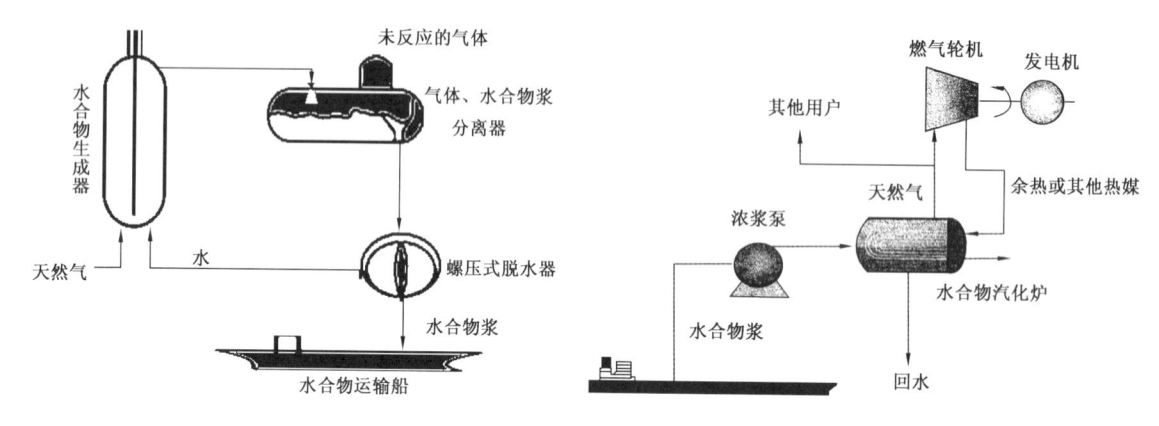

图 17-6-36 水合物浆储运过程

图 17-6-37 水合物浆应用过程

天然气通过一系列连续搅拌的反应器(压力为 6~9MPa,温度为 10~15℃),与水发生反应生成水合物。反应器的设计使水和天然气之间有很大的接触面积,以提高水合物的生成速度。天然气、水合物、水三相混合物在气-浆分离器内闪蒸,产生 7%(质量分数)的水合物浆飘浮于气-水界面。未转化的天然气与分离出的水分开后,均再循环到反应器的入口。含水很大的水合物浆再通过螺压式脱水器(螺旋式脱水器)脱水得到干的水合物浆(部分脱水浓缩的但仍能泵送的水合物浆,每体积至少包含 75 体积的天然气),然后在约 1MPa、2~3℃的条件下输送到运输船内。

这种水合物浆在 2℃左右、低压下很稳定,分解很慢,可在简易的绝热货舱中储存,运输至市场。再汽化时可以得到约为原体积 75 倍的天然气。水合物浆应用起来也比较方便,如图 17-6-37 所示,水合物浆运到指定地点后可用浓浆泵打入储存罐,进入水合物汽化炉汽化得到天然气。根据用户的需要可能对天然气要进行进一步处理,如果用于燃气轮机发电,燃气轮机的尾气一般温度很高,可作为水合物汽化炉的热源。

3) 干水合物和原油混输

这是挪威阿克尔工程公司(AKER)的研究成果。该方法是将制成的干水合物与已经冷冻到 -10℃的原油充分混合,形成悬浮于原油中的天然气水合物油浆液,然后在接近于常压的条件下由泵送入绝热的油轮隔舱或绝热性能良好、运输距离较短的输油管中,输送到接收终端后,在三相分离器升温,分离出原油、天然气和水。据报道,从油浆液中释放出来的天然气约为油浆液体积的 100 倍,其经济效果也与英国天然气公司的工艺方法相近。

4) 水合物雪球运输

水合物雪球储运技术是由日本三井工程、造船公司、大阪大学和日本国家海运研究所联合开发成功的。该技术的流程为:首先天然气在温度高于 0℃,压力为 5~6MPa 下通过水鼓泡,在三节搅拌器的反应器中形成水合物,脱去多余的水后送入储存罐;然后用造球机将固态水合物作成直径为 5~100mm 的水合物雪球,送入水合物雪球储存罐等待运输。制成的水合物雪球,如图 17-6-38 所示。水合物雪球比水合物浆更不易分解,储存时间长,储存安全,便于装卸和运输。

图 17-6-39 为日本三井公司在 2002 年 12 月建成的生产天然气水合物的示范装置。该公司采用的方案是生成水合物后把水合物制成雪球进行储运,生产能力为每天 600kg。

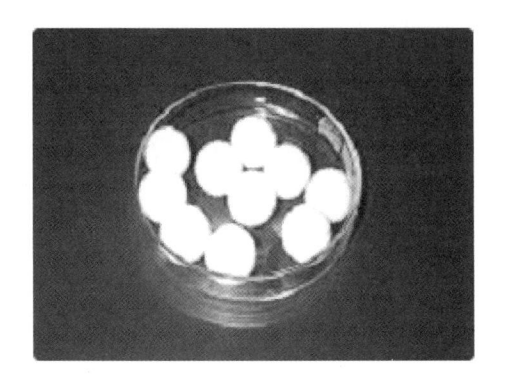

图 17-6-38 制成的水合物雪球　　图 17-6-39 日本三井公司 NGH 生产制备示范装置

5) 活性炭-水合物运输

活性炭-水合物储运技术即在气-水水合物反应体系中加入活性炭。由于活性炭大的比表面积、高度发达的孔隙及适宜的孔隙结构为水和甲烷提供了良好的气液接触条件,使绝大部分的水都转化成水合物,从而提高储气速率和储气密度。在某些试验条件下,甲烷/(纯水+活性炭)体系,其储气能力比甲烷/纯水体系的储气密度高 1~2 倍。在甲烷/(纯水+活性炭)体系中:

(1) 活性炭无需活化,可直接使用。

(2) 对天然气没有太严格的预处理要求,而且杂质(乙烷、丙烷)的存在会大大降低水合物的生成压力。

(3) 储存的气体几乎可以 100% 释放。

该技术目前还处于实验室阶段,还不够成熟。目前研究结果认为,水炭比是影响活性炭中甲烷水合物储气密度的关键因素之一,该技术仍在继续研究之中。

活性炭-水合物储运技术综合了吸附天然气技术(ANG)和纯水合物储运技术的优点,储气密度高,而且生成速度快,无需搅拌,减少了设备投资,简化了操作工艺,具有工业应用价值。

综上所述,这五种生产工艺基本上具有工艺要求不高和操作简便的特点,结合我国天然气生产的具体情况,不仅位于近海的分散小型油气田可以使用上述方法运送伴生气或天然气,处于边远地区的分散小型陆上油气田也可以在对上述方法略作改进后加以利用,从而提高对分散天然气资源的有效利用率。

三、天然气水合物的分解技术

在运输天然气水合物的过程中,一般应尽量避免水合物的分解,以减少损失和降低成本;在目的地又需要经济有效的措施加速水合物的分解,得到天然气。所以,有必要了解避免和强化水合物分解的相关技术。

NGH 的分解必须具备两个条件:NGH 处于非平衡状态(温度高于一定压力下的平衡温度或压力低于一定温度下的平衡压力);获得足够的分解热。

水合物的分解过程是一个通过给定热源到水合物表面的传热速率控制过程,传热速率和气—液—固三相接触情况密切相关。气体水合物分解动力学的研究方法主要有 3 种:加热法、降压法和加热降压法联合使用。目前国际国内的科研人员做了大量的研究工作,主要采取下述几种方法。

1. 微波作用下的水合物分解

美国密西西比州立大学的 Rogers 教授和中国科学院广州能源研究所的科研人员对微波作用下水合物分解规律进行了有益的探索,但由于实验难度较大,研究结果公开发表的较少。初步研究认为,微波是体加热,加热均匀,是一种很好的加热方式,但是对于分解气体水合物的工业应用来说,还需要解决很多问题:水合物电特性的测定及在不同压力温度下这些特性的变化,其中与微波相关最重要的是介电常数和介电损耗因子;微波吸收与水合物之间的精确定量关系;不同水合物含量的沉积物吸收微波的能力研究;微波汽化天然气水合物的经济性分析等。

2. 超声波作用下的水合物分解

超声波对水合物的形成或分解的影响主要来自超声空化。影响超声空化发生的因素主要有超声频率(频率越高空化越难以发生)、外界压力(外界压力越大空化越难以发生)、温度(温度越高空化越容易发生)和介质物性。低频率的超声波对水合物形成影响明显,高频率的超声波对水合物分解影响明显。另外,超声波探头的布置位置会影响水合物的分解效果。目前国内外的科研人员正对此进行大量的实验研究工作。

3. 直接加热法

由于冰浆的流动性,相对于水合物雪球等固体状态的水合物来说分解容易得多,不需要使用微波、超声波等复杂的操作手段,可以直接采用加热的方法将水合物中包裹的气体分解出来。在分解阶段,冰浆被泵送到热交换器进行分解,分解出的气体可以直接输送到用户,也可以供给动力工厂,同时工厂的废热也可以作为热交换器的介质。假如气体直接进入传输系统,气体必须经过干燥除水。

尽管水合物浆分解相对雪球分解来说可能更为容易,但是冰浆的运输没有固体雪球方便,所以实际操作中应该综合考虑二者的利弊,采用最为经济的运输、储存方式。

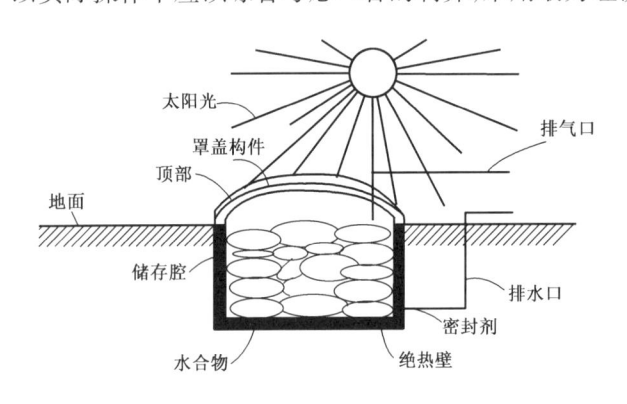

图 17 - 6 - 40 利用太阳能的水合物储存设备

4. 利用太阳能进行水合物汽化

美孚石油公司设计了一个能够利用太阳能对水合物进行汽化的水合物储存设备,参见图 17 - 6 - 40。从节能环保和降低成本来说,适当利用新能源是不错的方法,值得借鉴。但这种方法汽化速度可能比较慢。

5. 降压法

实验室中进行的水合物分解实验,一般采用恒压加热法,主要是考虑分解过程易于控制和模型化,然而对于工业规模的水合物分解来说,降压法可能更有技术和经济优势。但目前这方面的实验结果很少,还有待进一步探索。

总之,由于天然气水合物的分解涉及气、液、固三相,是一种比熔化和升华更复杂的过程,有关的动力学研究方法还很不完善,实验数据也很少。目前,国内外对于多孔介质中水合物的分解动力学研究主要是以面向气体水合物藏开采的理论模型研究为主,基于实验的研究报道不多。

四、CNG、LNG 和 NGH 储运方案比较

海上油气田的开发逐渐走向边际油气田和深水油气田,当铺设海底管线不经济时,海上伴生天然气的回收利用方式主要是将天然气生成压缩天然气(CNG)、液化天然气(LNG)、天然气水合物(NGH)、吸附天然气(ANG)和天然气发电(GTW)等;其中 CNG、LNG 和 NGH 是最具有应用前景的三种储运方案。下面分别对这三种回收利用方式进行详细说明和对比分析。

1. CNG 储运方案介绍

CNG 储运方案,就是在生产设施上(可以是固定平台或浮式平台),将天然气在压力为 15 ~ 25MPa 条件下压缩(在 25MPa 情况下,天然气可压缩到原来体积的 1/300,大大降低了储存容积),并将压缩后的天然气储存在高压容器中,然后再将压缩天然气卸载到 CNG 运输船上,通过

CNG运输船将CNG运输到目的地后减压,变成正常大气压后即可供给用户使用,典型的CNG运输船,参见图17-6-41。一般情况下,CNG储运方案所涉及的关键技术主要包括天然气压缩技术、CNG冷却技术、CNG储存设备承压和密封技术、CNG装卸载技术等。一般气藏井口压力比较高,因此压缩成本相对比较便宜。

CNG船运技术发展历史很长,早在20世纪60年代,就曾试图使用铝合金钢制造CNG储罐,由于成本过高放弃了建造。直到20世纪90年代末,随着储罐制造技术的不断提高和使用先进的工艺设计技术,以及开发边际气田和深水油气田的迫切需求,才使得CNG船运技术又成为研究的热点。

图17-6-41 典型的CNG运输船

目前,即将投入商业运营的CNG运输船主要有两种典型的设计形式,分别为Coselle CNG运输船和VOTRANS CNG运输船。Coselle CNG运输船系统是使用了加拿大Sea NG Corporation公司的专利技术,其特点是在小口径的管道中储存高压天然气,比传统大口径压力圆筒装备在安全和成本上更具优势;此外,Coselle CNG运输船可利用岸边的管道直接装卸天然气,即使没有码头设施,亦可在近岸海域装卸天然气。Coselle CNG运输船参见图17-6-42所示。

Coselle CNG运输船将小口径的管道(如6in❶)缠绕在一个转盘内,将压缩后的天然气储存在这些小口径的管道中,参见图17-6-43。在设计时,可以根据压缩天然气的储存量,优化管径和管道数目。因此具有结构紧凑、安全性高、储存效率高和储存量可调的优点。Coselle CNG系统最大的优势是它需要较少的陆上设施,天然气可在港口附近装卸,这极大地降低了投资成本和对周边环境的依赖性。在没有港口可用的情况下,天然气还可在近海浮标上进行装船,因此Coselle CNG船舶的市场前景非常广阔。

图17-6-42 Coselle CNG运输船示意图

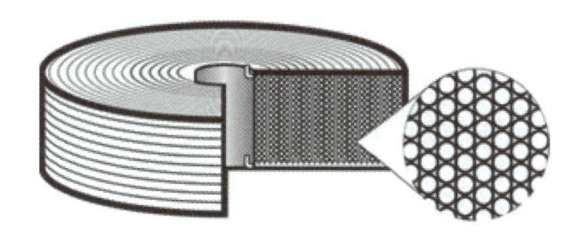

图17-6-43 Coselle CNG运输船上的储存管道剖面图

2006年9月21日,在全球首个用于运输CNG的船舶和货物系统被ABS批准并投入正式建造。在加拿大卡尔加里Sea NG Corporation公司总部建造的Coselle储存盘管如图17-6-44所示。Coselle CNG船舶可用于运送中等输量和中等距离(200~2000km)的天然气。

VOTRANS CNG运输船是美国EnerSea Transport LLC公司推出的一种"Coselle"替代技术。在CNG运输船"VOTRANS"号的舯部,3000多根直径在914mm至1067mm之间的垂

图17-6-44 正在建造中的Coselle储存盘管

❶ 1in = 25.4mm。

直管道被连接成组,沿着船长的方向层叠排列,构成了该船的压缩天然气存储舱。天然气将在常温下被气井中的压力或海洋平台上的压缩机压缩后进入运输船的储存舱。该系统的核心是经过精心设计的、带有大管径长管的运输船舶,这些管子置于绝热良好的冷储存舱内。VOTRANS CNG 技术是基于一整套天然气运输系统而设计的,而不仅仅是一个简单的天然气储存容器。天然气的装卸过程与其他 CNG 船舶基本相同,只是储存压力明显低于其他 CNG 船舶。这种系统可根据船东的具体需要,设计成水平舱或垂直舱两种形式,水平舱一般用于大容量 CNG 船舶,运输和储存容量可达 $0.8496 \times 10^6 \sim 5.664 \times 10^6 \mathrm{m}^3$,在高产量天然气生产基地的 CNG 运输,以及超长距离(可达6400km)的运输中,能够表现出更突出的经济优越性。VOTRANS CNG 船舶还可以由现有的单壳体油船改造而来,这样既可以缩短建造时间,又可以大大降低初始建造投资。

VOTRANS CNG 运输船参见图 17-6-45。

图 17-6-45 VOTRANS CNG 运输船示意图

图 17-6-46 CNG-FPSO 和水下生产系统相结合的开发模式

2003 年 5 月 8 日,EnerSea Transport LLC 公司联合其合作伙伴(包括日本的 Kawasaki Kisen Kaisha, Ltd. ("K" Line)和韩国 Hyundai Heavy Industries, Co., Ltd. (HHI)在美国休斯敦宣布,VOTRANS CNG 运输船正式通过了 ABS 认证,标志着 VOTRANS CNG 运输船正式进入设计阶段;"K" Line 公司负责 VOTRANS CNG 运输船运营,HHI 负责 VOTRANS CNG 运输船的设计和制造任务;目前,已经设计出 V600、V800 和 V1000 三种型号的 VOTRANS CNG 运输船;V600 的设计输送为 $600 \times 10^6 \mathrm{ft}^3$(约为 $17 \times 10^6 \mathrm{m}^3$),V800 的设计输送为 $800 \times 10^6 \mathrm{ft}^3$(约为 $22.7 \times 10^6 \mathrm{m}^3$)和 V1000 的设计输送为 $1000 \times 10^6 \mathrm{ft}^3$(约为 $28.3 \times 10^6 \mathrm{m}^3$),V600 型号的 VOTRANS CNG 运输船已经在 2007 年上半年建造完成并投入正式使用。

目前,国外有部分研究者曾提出将 FPSO 进行适当改造使之适合于 CNG 船运的特点(简写为 CNG-FPSO)并和水下生产系统相结合开发边际气田和深水油气田的开发模式设想,参见图 17-6-46。

今后 CNG 船舶运输可能在以下三个方面发挥优势:

(1)通过海上运输将天然气从生产基地输送给天然气接收站点,或从海上天然气开采平台运输到附近的天然气中转站或接收站。

(2)作为天然气管道输送项目或 LNG 项目的辅助方式,用于项目初期的运输或直接作为附加方式运输。比如利用 CNG 船把其他开发地点的天然气运输到管道输送起点,充分利用管道输送资源,提高管道输送的经济效益;尤其对于某些特殊区域无法铺设天然气管道的情况,CNG 船舶运输十分必要。对于小储量、短距离、不合适使用LNG船舶的天然气运输,可以使用CNG船舶把分散的天然气转运到LNG项目开发地点,再由LNG船舶完成大容量天然气长距离运输的任务。

(3)与FPSO联合使用。目前,FPSO的使用极大地加快了边际油气田和深海油气田资源的开发,但是运输或加工处理伴生天然气花费太高,使其成为边际油气田和深海油气田开发的障碍。CNG船舶则可以直接从深海FPSO接收这些天然气,然后运送到附近的天然气供应站或者浅水区的加工设施。CNG运输技术与FPSO的结合,可以形成一种新的"天然气FPSO",专门用于海洋油气的开发。在FPSO上设置系泊设施,CNG船舶完成所开采天然气的运输任务,一个开发点结束后可以直接转移到另一个开发点继续开发,而不受开采点天然气储量的限制。由于FPSO可以移动和循环使用,提高了利用率,投资效益高。因此CNG船舶运输作为其他天然气运输形式的补充形式,具有非常广阔的潜在市场。一旦技术成熟,它将以最快的速度进入并可能占领整个天然气运输市场。

目前,虽然通过罐车运送压缩天然气技术已经比较成熟和完善了,但是在海上FPSO将天然气压缩成CNG并用船运输CNG到岸边的技术还不够成熟,还有许多技术处在试验物理模型和研究阶段。制约CNG储运方案选择的主要问题是储存高压CNG储存设备的设计成本、安全和经济性等。

2. LNG船运方案

LNG是气田开采出来的天然气,经过脱水、脱酸性气体、重烃及其他杂质,然后压缩、膨胀后低温液化而成。天然气的主要成分是甲烷(CH_4),其标准沸点为111K(-162℃)。标准沸点时液态甲烷密度为426kg/m^3,标准状态时气态甲烷密度为0.717kg/m^3,两者相差约600倍。体积的巨大差异是采取液化方式储运天然气的主要原因。液化天然气是优质、清洁、高效、方便的"绿色燃料",被认为是地球上最干净的化石能源之一。LNG属于典型的链条式产业,其产业链各个环节需要巨额资金投入,运营费用非常高。LNG基础物性及其产业链可参考本指南第十册第十三篇"液化天然气(LNG)接收终端"的相关章节。

LNG是一种非常成熟的产业链技术;另外,还有一种LNG船运方案是大型浮式液化天然气船FLNG(Floating Liquid Natural Gas)(又称为:FPSO-LNG)方案,该方案是近年来海洋工程界提出的,集海上天然气(石油气)的液化、储存和装卸为一体的新型油气田生产装置,具有对海上气田的开采投资成本低、开发风险小,以及便于迁移、安全性高等特点。该方案与常规的LNG产业链不同之处是天然气处理、液化都是在FLNG船上进行,而常规的LNG产业链中天然气处理、液化过程通常是在陆上进行;两种方案中的LNG运输、再汽化和下游应用都是完全相同的。目前,FLNG上天然气处理和液化技术以及装卸技术等还不成熟,还处于探索阶段;FLNG技术在世界上还没有正式投入商业应用。FLNG工程开发方案的概念示意图参见图17-6-47。

图17-6-47 FLNG工程开发方案示意图

3. NGH船运方案

NGH船运方案就是在生产设施上通过一定的工艺将天然气转换为固态水合物,再根据需要制成雪球状或浆状,通过运输船送到储气站汽化供用户使用。

在NGH链条式产业中,一般水合物生成的费用占绝大部分(占63%),其次是水合物船运费用(占22%),终端水合物汽化费用(占8%)和平台上天然气处理费用(占7%)差不多,都占整个费用的很少一部分(图17-6-48)。

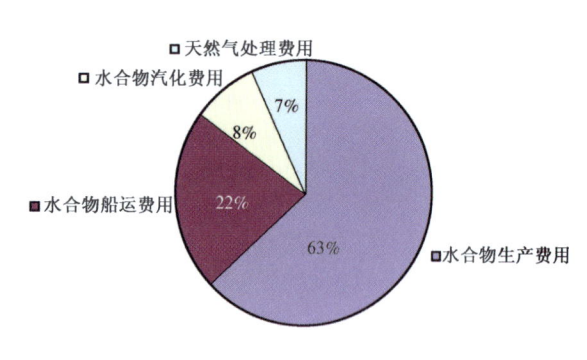

图 17-6-48　NGH 链条式产业中各部分的费用比例

4. LNG 和 NGH 船运方案比较

由于 LNG 和 NGH 各有优缺点,因此必须对这两种技术在生产环节、储运环节、应用环节和经济性等方面进行比较,才能得到一种较好的解决方案。

1) 生产环节比较

(1) 对于 LNG:

天然气液化装置直接影响到整个平台运行的安全性和经济性。目前,天然气液化技术比较成熟,液化方法也较多。由于膨胀机循环流程紧凑安全、冷箱小、对船运动的敏感性低。因此主要液化方式多为膨胀制冷。

(2) 对于 NGH:

NGH 的生产设备一般包括气-液反应器、气体压缩机、制冷机组、循环泵等。由于天然气水合物储运还没有商业化,因此配套的设备还没有定型。

(3) LNG 和 NGH 生产工艺比较:

LNG(液化天然气)由于其技术难度高且高度专业化,其设备尤其是价格昂贵的液化热交换器由少数几个生产厂家提供,对设备、生产工艺和人员有很高的要求。相比之下,天然气水合物可以在 2~6MPa、0~20℃的条件下制备,竞争优势在于其极易实行,没有苛刻的温度要求,没有任何复杂的操作单元。但是,目前 NGH 的生成速率和储气效率都比较低,NGH 生成和分解技术还不完善,制约着 NGH-FPSO 的大规模工业应用。

2) 储运环节比较

(1) 对于 LNG:

目前已经投入商业运营的 LNG 运输船主要有以独立球型(MOSS)储槽和薄膜型(Membrane)储槽为主的两种形式的运输船;其中独立球型储槽 LNG 运输船占 45%。由于 LNG 运输船涉及很多专利技术,储罐的材料和保温性能要满足超低温的要求,通常选用镍钢作为储罐的材料,因此造价非常昂贵。更详细的情况可参考本指南第十册第十三篇"液化天然气(LNG)接收终端"的相关章节。

(2) 对于 NGH:

目前提出的 NGH 储运方案一般有两种,一种是高压常温(压力 10MPa 以上,温度 5~10℃),另一种是低温常压(温度为 -15℃左右),考虑成本的经济性和运行的安全性,优选低温常压方案。可以采用将水合物作成雪球状和浆状进行储运的解决方案。

常压和 -15℃左右的储存条件对储罐材料要求不高,而且天然气水合物本身的热导率比较低,一般为 $0.5W/(m·℃)$ 左右,因此 NGH 储存容器不需要特别的隔热措施;储罐一般选用双壁金属储罐。

(3) LNG 和 NGH 储运方式比较:

NGH 和 LNG 都是常压储存,但 LNG 是超低温(-162℃)方式,储存装置材料需要特殊钢材(9%镍钢),而且储罐一般作成内外两层,设备性能要求高,耗资巨大。相比之下,NGH 在 -15℃左右温度条件下稳定储存,对储罐材料要求不高。海上运输 NGH 在一定绝热条件下即可,部分释放的气体还可以作为轮船的燃料,大大降低了天然气储存的成本。

3) 应用环节比较

(1) LNG 的接收终端和汽化:

LNG 的接收终端和汽化技术可参考本指南第十册第十三篇"液化天然气(LNG)接收终端"的相关章节。

（2）NGH 的接收终端和汽化：

NGH 的接收终端和 LNG 类似，接收用船运来的 NGH，将其储存和再汽化后分配给用户。NGH 储运产业化的另一个关键技术就是水合物的快速汽化，如何采取经济有效的措施加速水合物的分解是目前 NGH 投入大规模商业应用的难点，也是目前科研人员研究热点之一。

（3）NGH 和 LNG 的汽化工艺流程比较：

NGH 的汽化需要热，并压缩脱水，从而需要附加一些设备和设计流程。LNG 的汽化则直接通过常温下液体的蒸发进行，过程简单得多。

4）安全性比较

（1）LNG 安全性。

LNG 的安全隐患来源于：① 天然气可燃性引起的安全隐患；② 液化天然气低温性引起的安全隐患；③ 液化天然气扩散性引起的安全隐患。

虽然 LNG 存在安全隐患，但国外 40 多年的使用统计表明：尽管近 10 年 LNG 行业运行时间迅速增加，但事故发生的频率几乎不变。一方面由于技术不断成熟，另一方面一个重要的原因是制定了一批高水准的标准和规范，并且在 LNG 产业链的各个环节严格贯彻和执行。LNG 安全事故参见表 17-6-8。

表 17-6-8 LNG 安全事故

日期	事故，次	站运行期，a	频率（事故/站运行年）
1965—1974 年	15	44	0.34
1975—1984 年	52	179	0.29
1985—1994 年	94	327	0.29
1995—2000 年	85	191	0.45
总计（1965—2000 年）	246	741	0.33

（2）NGH 安全性。

由于 NGH 是在水分子构成的三维笼状结构中吸附气体分子而形成的固体化合物，其所圈闭的气体释放必须以冰晶骨架的溶化为前提。0℃时冰中每克水的溶化潜热为 0.335kJ，0~20℃时 NGH 中每克水的溶化潜热为 0.5~0.6kJ，比冰高得多，这使得天然气水合物的分解需要吸收大量的热量。此外，由于水合物本身的绝热效应，NGH 即使暴露在大气中，天然气水合物的分解受热传导的影响，气体的释放速度慢，即使点燃也燃烧缓慢，不易发生由于天然气大量泄漏可能导致的爆炸事故。因此 NGH 储运要比 LNG 安全得多，只要切断传热途径，即可使 NGH 长期稳定存在，保证了储运过程的安全性。

5）经济性比较

假设标准状况下单位体积的水合物包含 150m³ 天然气，而 LNG 含天然气 600m³。这样运输相同体积的 NGH 所需船的容积将是 LNG 的 4 倍以上。所以两种储运技术经济性的综合考虑是很重要的方面。由于 NGH 技术还未商业化，所以经济性比较方面的案例比较少。

挪威科技大学的 Gudmundsson 等人（1996）针对挪威北海 Snøhvit 油田的实际情况，对 LNG 和天然气水合物系列技术进行了技术经济评估。在欧洲，假设处理天然气 $11.32 \times 10^6 \text{m}^3/\text{d}$，运输距离 5500km。NGH 在陆上生产，配有适合的大型油轮装载设施，专门用来运输固体水合物，固体水合物的再汽化部分设置于靠近市场的接收站。NGH 和 LNG 的生产设备投资费用比较，参见表 17-6-9，LNG 和 NGH 技术总的投资对比参见表 17-6-10。

表 17 – 6 – 9　LNG 和 NGH 的生产设备投资费用表

LNG		NGH	
设备	成本,百万美元	设备	成本,百万美元
酸气去除器	33	气 - 液分离器	0.735
液化器	180	气 - 燃气分离器	0.735
公共设施	130	气体分离器	0.882
辅助设施	80	水合物反应器 1	5.882
储罐	114	水合物反应器 2	5.882
装载设备	55	水合物反应器 3	5.882
站点设备	25	反应器间的泵	14.118
海上设备	50	水合物/液体分离器	47.059
LPG 回收	100	水合物冰冻	14.706
总的直接投资	767	制冰用水泵	7.059
间接投资(35%)	268	辅助设备	58.824
净建厂费用	1035	制冰设备	44.118
意外费用(15%)	155	能源设备	29.412
总的建厂费用(1985)	1190	材料与建造(设备费用50%)	352.941
总的建厂费用(1994)	1489	海上设备	51.471
		工程与管理(15%)	95.589
		净建厂费用	735.294
		意外费用(30%)	220.588
		总的建厂费用	955.882

表 17 – 6 – 10　LNG 和 NGH 技术总的投资对比

项目	LNG		NGH		费用差	
	成本,百万美元	占总额百分比,%	成本,百万美元	占总额百分比,%	成本,百万美元	占总额百分比,%
生产	1489	56	955	48	534	36
造船和船运	750	28	560	28	190	25
再汽化	438	16	478	24	-40	-9
总额	2677	100	1995	100	684	26

从表 17 – 6 – 10 中可以看出,NGH 的成本比液化天然气的成本低 26%。Gudmundsson 还比较了天然气管道、LNG 和 NGH 输送在不同运输距离与主要费用的关系,参见图 17 – 6 – 49。

在图 17 – 6 – 49 中,纵坐标表示水合物和液化天然气装置(生产和再汽化)的成本,横坐标表示运输距离。管线运输设定的条件是挪威海上直径为 20in 的管线,成本每公里 100 万美元,运输天然气气量大于 $11.32 \times 10^6 m^3/d$。从图中可以看出,运输距离大于约 1000km 时,管输的成本大于 NGH。运输距离大于约 1800km 时,LNG 运输成本低于管输。图中还可以清楚看出,NGH 的成本无论运输距离多大都低于 LNG。同管输和液化天然气相比,天然气水合物需要较低的成本和运行耗费。

日本三井公司 2003 年建设一个日生产能力 600kg 的 NGH 工厂化装置,基建投资比 LNG 约低 25%。水合物储运方式减少了热绝缘、减少自动蒸发,造价低 30 ~ 50%。

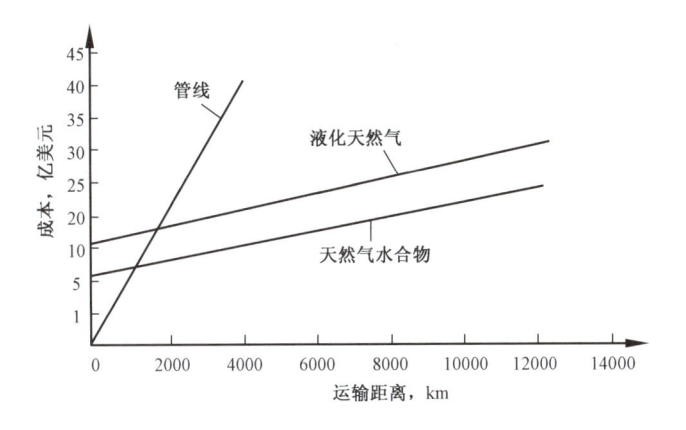

图 17-6-49 运输距离和成本的关系

5. CNG、LNG 和 NGH 储运方案比较

1) 输送量和输送距离比较

一般情况下，在管线输送、CNG、LNG 和 NGH 四种储运方案中，CNG 比较适用于距离短和输量小的场合，NGH 比较适用于输量小，距离相对长的场合，LNG 比较适用于输量大、距离长的场合；管线输送比较适用于输量大，但距离相对短的场合。在管线输送、CNG、LNG 和 NGH 四种储运方案中，LNG 输送方案对距离不如其他三种敏感。

2002 年，Antony Fitzgerald 对管输、CNG、LNG 和 NGH 四种天然气储运方案进行了比较，参见图 17-6-50。

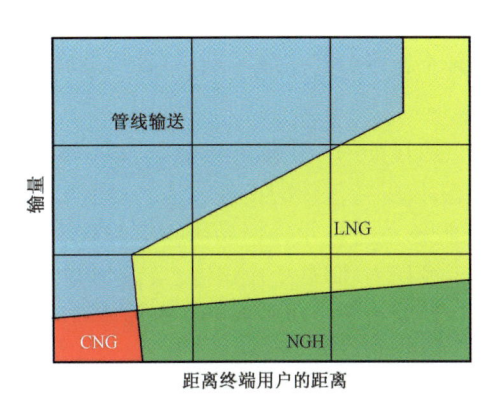

图 17-6-50 管输、CNG、LNG 和 NGH 四种天然气储运方案比较

2) 技术现状比较

在 CNG、LNG 和 NGH 三种储运方案中，LNG 储运技术相对比较成熟，CNG 次之，NGH 储运技术虽然其应用前景十分广阔，但还处在试验和理论研究阶段，要实现 NGH 的大规模工业应用还存在很多亟待解决的技术问题：如何提高 NGH 的生成速率和储气密度，如何开发高效的 NGH 生成技术、输送工艺和 NGH 汽化装置等。

管线输送、CNG、LNG 和 NGH 四种储运方案在有的情况下可以相互配合使用。CNG 和 NGH 可以用于项目初期的运输或直接作为 LNG 和管道输送的辅助输送方案，比如利用 CNG 船或 NGH 船把其他生产地点的天然气运输到管道输送或 LNG 船运的起点，充分利用管道输送或 LNG 船运资源，提高管道输送或 LNG 船运的经济效益。

总之，选择适当的天然气储存和运输方式（管道、CNG、LNG 和 NGH 等），要综合考虑油气田规模、天然气组分、生产工艺、离岸距离、储运技术的成熟程度、安全性、经济性以及市场需求等各种因素。

五、管道中天然气水合物低剂量抑制剂控制技术

在海上石油天然气开采及输运过程中，碳氢物质和水在一定温压条件下很容易生成水合物，导致输油(气)管道堵塞、装置运行故障，甚至发生爆炸事故，影响安全生产。对于深水海底管道和立管系统，由于环境温度低、静水压高，管内高压流体常处于水合物生成区，正常生产条件下就可能形成水合物。工况的变化以及非计划性关停，如输量下降、含水量增高、注入系统事故等，更易出现水合物问题，特别是突发性长时间停输时，由于很难及时采取防范措施，水合物堵塞管道的危险很大，而再启动过程中的高压将促成水合物的快速生成，水合物一旦造成管线堵塞，其定位和消除将十分困难。在深水水下生产系统中，这类问题将更为突出。水合物防治是深海油气开发中面临的流动安全保障难题之一。

1. 天然气水合物防治方法

目前,有关文献报道海上油气田生产中用于防治水合物的费用约占油气生产成本的5%~15%。水合物堵塞时间长,可能造成油气田减产或停产长达几天到几周,操作易出危险,从而给石油天然气开采带来诸多的技术障碍和经济损失。为了有效防治水合物,需从水合物生成、分解的机理及过程分析入手,准确地预测水合物生成生长情况,在此基础上选择经济合理的控制方法、安全适用的监测及解堵技术。因此,研究天然气水合物的控制方法具有重要的理论价值和实际意义。

工业上用来预防和清除管道中生成水合物的方法按其原理主要分为物理方法和化学方法。

1) 物理方法

物理方法主要有:除水法、加热法和降压法;除此之外,还有加入干扰气体(即不易形成水合物的气体)等方法。前者是依靠去除自由水、改变介质存在的物理条件,如提高温度、降低压力,使其不在水合物生成区域;后者则是通过在气相中加入干扰气体来减缓水合物的形成。

2) 化学方法

通过加入一定量的化学添加剂,改变水合物形成的热力学(动力学)条件、结晶速率或聚集形态,以保持流体的正常输送。目前工业界常用的方法是加入热力学抑制剂,通过破坏水合物的氢键,影响气体水合物晶体的形态及结晶凝聚特征,改变介质内水合物生成的热力学条件,如提高生成压力、降低生成温度,从而抑制水合物的生成。普遍采用的热力学抑制剂有甲醇和乙二醇。抑制效果取决于醇的注入速率、注入时间、注入量等参数。实际生产中为达到有效的抑制效果,需添加足够浓度的抑制剂,改变水合物形成的热力学平衡条件,使水合物形成压力高于相同温度时管线的压力,水合物形成温度低于相同压力时管线的温度。但当抑制剂浓度较低时,有时会产生相反的效果。

热力学抑制剂在油气生产中已得到了较广泛的应用。但抑制剂的加入量较大,在水溶液中的质量分数一般为10%~60%。随着含水率增大,所需注入的抑制剂量也相应增加,不但药剂成本高,相应的储存、运输、注入等成本也较高。特别对于海上油气田开发的高含水生产期,所需注入抑制剂的量很大,若在海上建大型的抑制剂回收处理装置,会占据平台空间、增加平台负载,从而增加平台建设费。另外,抑制剂使用和回收过程中的损失也较大,并会带来环境污染等问题。

为了弥补热力学抑制剂的不足,目前国内外正在致力于开发低剂量水合物抑制剂(Low Dosage Hydrate Inhibitors)。有关实验室及现场试验已验证了低剂量水合物抑制剂的可行性,相对于热力学抑制剂而言,低剂量水合物抑制剂具有用量少、综合费用低、低污染等优点,目前已得到广泛关注,具有广阔的发展前景。

2. 天然气水合物低剂量抑制剂

天然气水合物低剂量抑制剂包括动力学抑制剂(KHI)和阻聚剂(AA),其作用机理不同于热力学抑制剂,它们不是改变水合物的形成条件,而是延缓水合物的成核或成长,其加入量较少(在水溶液中的质量分数一般小于1%),综合成本较低,经济可行,因而已在一些油气田得到试验与应用。同时目前已开发的这些新型水合物抑制剂应用范围尚有一定限制,且不具备最佳的结构,深入研究与工业应用还在进行中。

1) 动力学抑制剂控制技术

动力学抑制剂可以使水合物晶粒生长缓慢甚至停止,推迟水合物成核和生长的时间,延缓水合物晶粒长大。在水合物成核和生长的初期,动力学抑制剂吸附于水合物颗粒表面,抑制剂的环状结构通过氢键与水合物晶体结合,从而延缓或防止水合物晶体的进一步生长。

关于水合物动力学抑制剂的作用机理,目前尚未达成共识。总的来说,具有代表性的学说可以分为两类:临界尺寸说、吸收和空间阻碍说。这些学说都是从微观角度,从形成过程中结构方面的变化来解释抑制机理,学说之间有一定交叉和重叠。不过,从水合物的结构来看,气体分子(客体)必须能进入一些不同水分子通过氢键结合而形成的空腔时,才能生成水合物。当抑制剂的侧链基团尺寸大小和客体分子相当时,侧链基团才能取代气体分子,从而阻滞水合物颗粒的生长。如果抑制剂的侧链基团尺寸超过水合物内的晶穴直径时,抑制剂的效果则不理想,也就是一种"笼的匹配"作用。

水合物动力学抑制剂的工业应用依赖于实验室、小试和现场实验结果的可重复性,以及在不同装置上的可移植性。在大量的实验室和小试规模的成功实验基础上,某些动力学抑制剂已经应用于现场油气生产与输送过程中。

在海上油气生产和运输中首次商业应用的水合物动力学抑制剂是由 Exxon 开发的。该类型动力学抑制剂为无毒聚合体水溶液,于 1998 年在墨西哥湾的输气管线中进行了海上应用试验。试验前海底管线中每天需注入 300L 甲醇以防治水合物,采用动力学抑制剂每天则仅需 5L,用量远低于甲醇,药剂费用大大降低,同时也降低了相应的药剂运输储存费用、注入费用和回收费用。

阿科公司在海上气田试验了 VC-713 水合物动力学抑制剂的抑制性能。VC-713 抑制剂在管道水相中的浓度大约在 0.25%~0.5% 之间。若 VC-713 抑制剂注入浓度为 1%,按当前价格计算,处理 100t 水所需 VC-713 药剂成本约为 13.6 万元;而使用热力学抑制剂——乙二醇,按 40% 的注入浓度计算,所需的药剂成本约为 32 万元。

Baker Petrolite 公司研制推出了 HI2M2PACT 型低剂量水合物抑制剂,在现场应用中,低剂量水合物抑制剂可提高常规甲醇处理生产系统的工作效率。在典型处理作业条件下,低剂量水合物抑制剂的添加剂量仅为常规水合物抑制剂的 2.5%。因此新的生产系统便可使用小口径的液流管道,并减少储罐所要求的平台空间。

此外,水合物动力学抑制剂已成功商业应用于连接英国北海 Hyde-West Sole 气田与陆上 Easington 气站之间的输气管线中,北海的 Eastern Area Trough Project 项目和 Otter 系统,以及德士古公司等在美国的陆上油气田等。

目前,国内有关科研单位正积极进行动力学抑制剂方面的研发,中科院能源研究所与中海石油研究中心联合研制了一种组合天然气水合物动力学抑制剂 GHI1[聚乙烯吡咯烷酮(Inhibex157)与二乙二醇丁醚按一定的质量比组合而成]。研究结果表明:在天然气和水的反应体系中添加占水溶液质量 0.5% 的 GHI1 后,天然气水合物生成的平均诱导时间为 4800min,而不添加抑制剂时水合物快速生成,几乎没有生成诱导时间。2011 年初,由中海石油研究中心和华南理工大学联合研制的一种新型水合物动力学抑制剂在渤海某气田完成了现场试验,药剂性能达到预期要求。截至目前,国内尚没有动力学抑制剂在海上油气田现场正式应用的报道。

动力学抑制剂在应用中面临的问题是抑制活性不高、通用性差、受外界环境影响较大。动力学抑制剂的使用受到过冷度的限制,由于实际油气田体系的组分比较复杂,体系中盐度或压力的不同都能影响抑制剂的抑制能力,因此现场使用效果往往跟实验室测试结果有较大出入。

2) 阻聚剂控制技术

阻聚剂由某些聚合物和表面活性剂组成,在水和油同时存在时才可使用,可以防止生成的水合物晶粒聚结,使水合物晶粒悬浮在油相中,以浆液形式输送而不堵塞油气输送管线。

阻聚剂的作用机理与动力学抑制剂有所不同,阻聚剂主要以表面活性剂为基础,它的加入可使油水相乳化,形成油包水乳状液。在水合物生成条件下,油相中分散的水滴形成水合物晶粒,阻聚剂吸附到水合物颗粒表面,使水合物以很小的晶粒分散悬浮在油相中,从而阻止了水合物结块,达到防止水合物堵塞管线的作用。因此,阻聚剂在实际应用中也存在诸多限制,只有水相和油相共存时才能防止水合物晶体的聚结。而且,阻聚剂的使用效果与油水相的组成、物性、含水量大小及水中含盐量有关,还取决于注入处的混合情况及管内的扰动情况。这意味着不同的体系需要采用不同组成的阻聚剂。

相对于动力学抑制剂的应用,阻聚剂的应用发展较晚,起初并没有出现在公开文献中,一般仅在浅海中尝试应用,阻聚剂的首次深海应用是在1999年。在西非,阻聚剂用于新FPSO的初始启动阶段,由于系统注水,可能有高的含水率,在油田开发早期至中期的不加热再启动时使用阻聚剂。在墨西哥湾,某油井含水量约21%,在2003年由于停车和再启动时没有使用抑制剂,造成水合物堵塞事故。此后在油井再启动前注入阻聚剂,避免了水合物堵塞事故发生。在墨西哥湾的一条6in的海底管线,从2002年9月开始连续注入阻聚剂,尽管操作温度为-3.9℃(满足水合物生成条件),结果显示没有出现水合物问题,阻聚剂的使用量比之前甲醇的使用量降低95%。

Shell Global Solutions研发了一种可防止海底管线堵塞的水合物阻聚剂HI-M-PACT。HI-M-PACT阻聚剂已经在美国墨西哥湾10个深水油气田中得到成功应用。目前,SHELL石油公司的8座平台(包括其在西非的一个项目)都采用该类阻聚剂来控制水合物,包括连续注入、启动和关闭的情况。另外,在北海K7-FB油田生产过程中也在使用该类型阻聚剂。

目前,国内有关科研院所也开展了水合物阻聚剂的研发。中国石油大学(北京)与中海石油研究中心联合研制的阻聚剂适用于油-气-水三相体系中水的体积分数小于30%的情况,阻聚剂用量为三相体系中水质量的0.1%~5%,按当前价格计算,处理100t水所需药剂成本约为2.7~3.6万元,而常用的热力学抑制剂——乙二醇,按30%的注入浓度计算,所需的药剂成本约为24万元。所需药剂成本更低。广东东莞理工学院研制的水合物阻聚剂的用量最高只有0.7%(与水质量相比的质量分数),所能承受的最大过冷度最高达到19℃。总之,国内对水合物阻聚剂的研究刚刚起步,尚处于实验室研发阶段。

与动力学抑制剂相比,阻聚剂的实际应用效果在理论上并不取决于过冷度的大小,它不是抑制水合物的生成,而是使水合物颗粒分散悬浮在油相中。因此,考虑将动力学抑制剂和阻聚剂两者结合使用则可以大大提高抑制效果,同时促进水合物颗粒的分散。阻聚剂可以增强动力学抑制剂的抑制能力,液态和非挥发性的活性阻聚剂也可作为高分子动力学抑制剂的载体溶剂。一般动力学抑制剂在载体溶剂中的质量分数超过5%,便会由于黏度太高而不易泵送,也不易在气体蒸汽中分散,但是阻聚剂和动力学抑制剂结合使用后,即使浓度增加了3倍也不会引起这样的问题。GHI-7185型合成类水合物抑制剂即是一种由阻聚剂专利产品和聚合类动力学抑制剂专利产品混合而成的混合剂。

3. 水合物低剂量抑制剂使用时应注意问题及应用前景

1)使用中需注意的问题

对于低剂量水合物抑制剂,不同水合物研究机构有着不同的测试方法,测试结果并不总是一致,而且真实地模拟现场条件特别困难。不同的流体组成,压力高低,流型变化,均影响低剂量水合物抑制剂的现场应用效果。尽管存在这些缺点,大多数低剂量水合物抑制剂的现场应用还是成功的,尤其对于阻聚剂,与小规模的实验室结果符合很好。但在应用中需注意以下问题:

(1)低剂量水合物抑制剂能与其他化学剂一起使用,有现场证明动力学抑制剂和缓蚀剂也可以有好的抑制结果,但有时却有相反的效果,因此混合使用前必须对兼容性进行测试。

(2)尽管低剂量水合物抑制剂的用量明显低于传统的水合物抑制剂,与其他化学剂相比,某些情况下低剂量水合物抑制剂的注入浓度可能高达5%,并带来水质量问题,必要时需设计适当的处理方案。

(3)油的污染是一个特别的问题。某些钻探泥浆中的乳状液介质会对阻聚剂的性能产生干扰,因此,一些受污染的油需要更高浓度的阻聚剂(有时接近正常用量的5倍)。

(4)水合物抑制剂的价格并不能准确地体现出系统的经济性。化学剂的费用仅是控制水合物费用的一小部分,还存在储存、输送、后勤、处理等的费用。

(5)低剂量水合物抑制剂及抑制技术是一个正在发展中的新技术,需要根据实际油气田的情况进行充分的技术可行性研究,并制定合理的工程实施方案,以保证安全可靠的应用。

2) 应用前景

目前,动力学抑制剂在现场应用的同时,开发工作还在深入进行中,最突出问题是抑制剂的分子结构不够理想、抑制活性偏低,其次是温度升高时动力学抑制剂的溶解性变差,从而降低了其应有的抑制效能,主要表现为有效抑制的过冷度范围较小。室内实验时,过冷度在10℃时可使水合物形成时间推迟2~3d,但现场实验时,有效过冷度一般不超过7~8℃。而深海和寒冷地区油气开发要求抑制剂使用的过冷度要达十几到二十度。在动力学抑制剂所适用的过冷度范围得以扩大之前,石油工业更倾向于使用不受过冷度影响的阻聚剂,但阻聚剂也存在两个主要缺点:分散性能有限;仅在油和水共存时才能防止气体水合物的生成,且其作用效果与油相组成、含水量和水相含盐量有关,即阻聚剂与油气体系具有相互选择性。

针对当前水合物低剂量抑制剂存在的不足,今后主要的研究方向应考虑如下几个方面:

(1)在可靠的作用机理理论指导下开发组成和结构更为合理、性能更为优异的动力学抑制剂;

(2)设法改善动力学抑制剂在油气物流中的溶解性,重点解决温度变化对溶解性的影响;

(3)对阻聚剂而言,首先是要大力提高其对水合物晶粒的分散和防聚合能力,然后利用几种适用范围互补、可产生协同效应的阻聚剂联合解决油气体系与水合物阻聚剂具有相互选择性的问题;

(4)在确保抑制剂性能优良的情况下,开发成本更为低廉的新型抑制剂。

另外,目前在实验室内已完成了水合物/腐蚀/结蜡抑制剂等多作用抑制剂的实验,但其兼容性、稳定性不够好,仍需进行大量工作。

参 考 文 献

[1] 徐勇军,杨晓西,丁静,叶国兴. 复合型水合物防聚剂. 化工学报,2004(8)
[2] 裘俊红,张金锋. 水合物抑制剂研究现状. 化学工程,2004(6)
[3] 周怀阳,彭晓彤,叶瑛. 天然气水合物. 北京:海洋出版社,2002
[4] 孙志高,王如竹,樊栓狮,郭开华. 天然气水合物研究进展. 天然气工业,2001(1)
[5] 赵义,丁静,杨晓西,叶国兴. 天然气水合物及其生成促进与抑制研究进展. 天然气工业,2004(12)
[6] Mehran Pooladi – Darcish. Gas Production from Hydrate Reservoirs and its Modeling. SPE 86827,2004
[7] Makogon T Y,Sloan E D. Mechanism of Kinetic Inhibition. Proc 4th Nature Gas Hydrate Conference,Yokohama,Japan,2002
[8] Freer E M,Sloan E D,An Engineering Approach to Kinetic Inhibitor Design Using Molecular Dynamics Simulations. Annals of the New York Academy of Sciences,2000
[9] Changman Moon,Paul C. Taylor,and P Mark Rodger. Clathrate Nucleation and Inhibition from a Molecular Perspective,Can. J. Phys. 2003(81)
[10] Ajay P Mehta,Ulfert C Klomp. An Industry Perspective on the State of the Art of Hydrate Management. Proceedings of the Fifth International Conference on Gas Hydrates,Norway,2005
[11] Ugur Karaaslan,Mahmut Parlaktuna. PEO – A New Hydrate Inhibitor Polymer. Energy & Fuels,2002(16)
[12] Ju Dong Lee,Peter Englezos. Enhancement of the Performance of Gas Hydrate Kinetic Inhibitors with Polyethylene Oxide. Chemical Engineering Science,2005(19)
[13] C Skip Alvarado,R S Cone. Next Generation FPSO:Combining Production and Gas Utilization. OTC 14002,May 2002,Houston,Texas
[14] Antony Fitzgerald and Mark Taylor. Offshore Gas – To – Solids Technology. SPE 71805,4 – 7 September Aberdeen,Scotland